Stadt im Spannungsfeld von Kompaktheit, Effizienz und Umweltqualität

Clemens Deilmann · Iris Lehmann
Ulrich Schumacher · Martin Behnisch
(Hrsg.)

Stadt im Spannungsfeld von Kompaktheit, Effizienz und Umweltqualität

Anwendungen urbaner Metrik

Springer Spektrum

Herausgeber
Clemens Deilmann
Dresden, Deutschland

Ulrich Schumacher
Dresden, Deutschland

Iris Lehmann
Dresden, Deutschland

Martin Behnisch
Dresden, Deutschland

ISBN 978-3-662-48989-5 ISBN 978-3-662-48990-1 (eBook)
DOI 10.1007/978-3-662-48990-1

Die Deutsche Nationalbibliothek verzeichnet diese Publikation in der Deutschen Nationalbibliografie; detaillierte bibliografische Daten sind im Internet über http://dnb.d-nb.de abrufbar.

Springer Spektrum

Planung: Merlet Behncke-Braunbeck

Gedruckt auf säurefreiem und chlorfrei gebleichtem Papier

Springer Spektrum ist Teil von Springer Nature
Die eingetragene Gesellschaft ist Springer-Verlag GmbH Berlin Heidelberg
Die Anschrift der Gesellschaft ist: Heidelberger Platz 3, 14197 Berlin, Germany

Prolog

Diese Publikation stellt einen neuen Analyse- und Bewertungsansatz stadträumlicher Strukturen im Spannungsfeld von Kompaktheit, Effizienz und Umweltqualität vor und steht im Kontext folgender Fragestellungen: Welche Aspekte – die die Leitvorstellung nachhaltiger Entwicklung untersetzen – haben einen unmittelbaren Zusammenhang mit der physischen Gestalt der Stadt? Wie lassen sich städtebauliche Strukturen, geometrische Formen und räumliche Muster einer Stadt hinsichtlich eines solchen Aspektes analysieren? Können im Rahmen der Analyse Messgrößen und Indizes definiert werden, die eine vergleichende Stadtbetrachtung entlang ausgewählter Aspekte nachhaltiger Entwicklung ermöglichen?

Siedlungs- und Bebauungsstrukturen stehen in einem engen Zusammenhang zu den Phänomenen einer Stadt, beispielsweise der Bodenversiegelung, Flächenzerschneidung, Mobilität, Grünausstattung oder stadtökologischen Qualität. Somit können städtebauliche Leitvorstellungen – heute ausgehend von Grundsätzen einer nachhaltigen Stadtentwicklung – in Beziehung zu den physiognomischen Ausprägungen von Siedlungsstrukturen gestellt werden. Einige dieser Zusammenhänge zwischen Form und Lebenswelt lassen sich anhand von Messgrößen und Indizes beschreiben. Dies ist die Ausgangshypothese der vorgelegten Forschung.

Zur quantitativen Charakteristik der Siedlungsstrukturen bedarf es geeigneter Messgrößen und Indizes, durch die relevante physiognomische Merkmale (wie Formkomplexität, Diversität oder Nachbarschaft) abgebildet werden können. Daher wurde zuerst geprüft, inwieweit anerkannte Messgrößen aus der landschaftsökologischen Strukturforschung genutzt und auf den Siedlungsbereich übertragbar sind. Darüber hinaus wurden Messansätze speziell für die Stadtanalyse entwickelt, die z. B. die Bebauungsdichte und Belichtungssituation oder das wärmetechnisch relevante Oberflächen-Volumen-Verhältnis der Bebauung beschreiben. Die im Ergebnis der Forschung vorgelegten Umwelt- sowie Kompaktheits- und Effizienzmerkmale sind meist Kombinationen mehrerer Messgrößen. Sie sollen die komplexen Zusammenhänge zwischen den Prozessen der Stadtentwicklung, die in den Städten durch unterschiedliche Rahmensetzungen gesteuert werden, quantitativ abbilden. Der multikriterielle Ansatz basiert auf Extremwertnormierung zwischen Skalenwerten von Null und Eins für ausgewählte Messgrößen.

Die Erarbeitung der Methodik erfolgte am Beispiel von sieben (ehemals) kreisfreien Städten Deutschlands auf einer mittelmaßstäbigen Betrachtungsebene (1:10 000 ... 1:25 000), bzw. bei Einbeziehung von Gebäuden detaillierter (ca. 1:1 000). Mit dieser Auswahl konnte eine gewisse Heterogenität – klein/groß, altindustriell/ländlich, Ost/West – abgebildet werden. Zudem ist die Methodik das Ergebnis einer kritischen Diskussion innerhalb eines interdisziplinären Teams von Stadt- und Landschaftsplanern, Architekten, Wohnungswirtschaftlern und Geoinformatikern. Der interdisziplinäre Arbeitsprozess war unverzichtbare Voraussetzung, um ausgehend von Vorstellungen eines städtischen Lebens wichtige Bezüge zu den physiognomischen Erscheinungen aufzuspüren. Konkret war es eine Suche nach städtebaulichen Leitbildern, nach lebensweltlichen Mustern, nach umweltorientierten Zielen, von denen anzunehmen ist, dass sie in einem unmittelbaren Zusammenhang zu den sich physisch abbildenden Strukturen und Effekten stehen.

Im Ergebnis konnten zehn Wirkungszusammenhänge formuliert werden, die inhaltlich jeweils durch ein bis zwei Thesen untersetzt wurden. Für diese Thesen wurden sinnstiftende Messgrößen und Indizes gesucht, die eine Beschreibung von Stadt ermöglichen. Eine Messgröße wurde dann als sinnstiftend definiert, wenn die kartographisch erzeugten Analysebilder nach Überzeugung des interdisziplinären Teams mit städtebaulichen, umwelt- und lebensqualitativen Aspekten verknüpft werden können. Für die Untersuchung urbaner Räume auf der Grundlage von Strukturindizes und Messgrößen aus der Landschaftsökologie erweisen sich vor allem die Kernflächenbildung, der Verklumpungsgrad sowie Nachbarschaftskennzahlen, aber auch Formkomplexität, Randliniendichte, Diversität und Zerschneidung als geeignet.

Die Datengrundlage bildet das ATKIS Basis-DLM, d. h. das Amtliche Topographisch-Kartographische Informationssystem. Daneben kommen Hausumringe, d. h. georeferenzierte Umringpolygone der Gebäudegrundrisse aus dem Liegenschaftskataster, zum Einsatz. Für eine deutschlandweite Anwendung der Methodik besteht perspektivisch eine einheitliche Datenbasis.

Kapitel 1 beginnt mit einer Einführung in den Zusammenhang von Prozessen, Formstruktur und Phänomen. Es stellt das Untersuchungsinteresse in den Kontext der Diskussion um angemessene städtische Dichte im Spannungsfeld der Leitvorstellung einer kompakten und zugleich aufgelockerten grünen Stadt.

Der Analyseansatz, das Messkonzept und die Methodik werden in Kapitel 2 vorgestellt. Zunächst wird der Begriff der urbanen Metrik eingeführt. Vorgestellt wird eine Analysematrix, bestehend aus Wirkungszusammenhängen (Zeilen) und Hauptkategorien bzw. analytischen Themenkomplexen (Spalten). Die Wirkungszusammenhänge sind untersetzt durch insgesamt 17 Thesen. Die Wirkungszusammenhänge selbst werden vor dem Hintergrund der wissenschaftlichen Diskussion kurz beschrieben. Die in den Analyseansatz einfließenden Messgrößen der Hauptkategorien bzw. analytischen Themenkomplexe – wie Diversität, Formkomplexität, Heterogenität und Zerschneidung sowie Kernflächen- und Nachbarschaftsanalyse – werden beschrieben. Ergänzt werden sie durch räumliche Basiskenngrößen – wie beispielsweise absolute Flächen- oder Dichteangaben. Darüber hinaus erfolgt eine Zusammenstellung relevanter Quellen raumbezogener Daten und Messgrößen sowie Indizes im urbanen Kontext. Außerdem werden notwendige Vorbereitungsschritte der eigentlichen Datenanalyse erläutert – wie die Konstruktion des Siedlungskörpers als Hauptkomponente einer funktional orientierten Physiognomie des Siedlungsraumes oder die Extremwertnormierung zur multikriteriellen Bewertung.

In Kapitel 3 wird der Anwendungsbereich bzw. räumliche Untersuchungsrahmen der Methodik abgesteckt, gefolgt von einer Vorstellung der sieben Beispielstädte nach vier Aspekten: Allgemeine Grundinformation, Wirtschaft und Soziales, Wohnen, Flächen- und Bebauungsstruktur.

Das Kapitel 4 enthält die Ergebnisse der empirischen Arbeit entlang der 17 Thesen. Die Thesen werden ausführlich erläutert und die Ergebnisse für die sieben Städte jeweils in Form von Tabellen, Grafiken und Text illustriert. Auf Basis der jeweiligen These erfolgen die Stadtvergleiche durch Darstellung der normierten Indizes mit Hilfe von Netzdiagrammen – wohl wissend, dass ein einzelnes Merkmal keine Bewertung für eine Stadt insgesamt übernehmen kann.

Anschließend werden die Ergebnisse in einer Kartenserie mit inhaltlichem Bezug auf die 17 Thesen im einheitlichen Maßstab 1:200 000 visualisiert. Darin werden die unterschiedlichen physiognomischen Erscheinungen der sieben Städte vergleichend nebeneinander gestellt.

Eine systematische Zusammenschau der Ergebnisse, der Versuch einer Gesamtbewertung im Städtevergleich, spezielle Analysen und Interpretationen zu Aspekten ausgewählter Themenfelder sowie eine kritische Diskussion des Untersuchungsansatzes erfolgen im Kapitel 5. Perspektivisch kann auf der Grundlage der entwickelten Methode der urbanen Metrik ein stadträumliches Monitoring umgesetzt werden.

Die Autoren sind der Überzeugung, dass sich die vorgestellten Anwendungen urbaner Metrik deutlich von bisher entwickelten Messkonzepten zur Kompaktheit, Umweltqualität oder Nachhaltigkeit unterscheiden, da sie maßgeblich auf die Physiognomie der Städte fokussieren. Im Kern der Anwendungen urbaner Metrik geht es darum, ob sich die Vorstellungen von einer lebenswerten Stadt auch im räumlichen Gefüge abzeichnen. Auch geht es darum, wie ablesbar bestimmte Leitideen verwirklicht werden konnten, wie unterschiedlich die hinterlassenen Spuren vergangener Generationen und den damit verbundenen Entwicklungen sind und welche Stärken und Schwächen sich im Städtevergleich erkennen lassen.

Die Herausgeber

Dresden 2016

Autorenverzeichnis

Herausgeber und Autoren

Prof. Clemens Deilmann, Dipl.-Ing., Architektur
Leiter des Forschungsbereichs Ressourceneffizienz von Siedlungsstrukturen am Leibniz-Institut für ökologische Raumentwicklung (IÖR)
Arbeitsgebiet: Energiebilanzen, Stoffstromanalysen, Recyclingpotenziale, Stadtstrukturanalysen, Bautätigkeitsszenarien

Iris Lehmann, Dipl.-Ing., Architektur
Arbeitsgebiet: Stadtentwicklung, Stadtökologie, Städtebauhygiene, urbane Ökosystemleistungen, Effizienzbewertung von Siedlungsstrukturen

Ulrich Schumacher, Dipl.-Ing. oec.
Arbeitsgebiet: Angewandte Geoinformatik und Kartographie, Landschafts- und Siedlungsstrukturanalyse

Dr.-Ing. Martin Behnisch, Dipl.-Ing., Architektur und MSc (Geographical Information Systems)
Arbeitsgebiet: Raumbezogenes Monitoring, Geospatial Analysis, Urban Data Mining

Autoren

Karin Gruhler, Dipl.-Ing., Architektur
Arbeitsgebiet: Energiebilanzen, Materialflussanalysen, Ressourceneinsparpotenziale, Bautätigkeitsentwicklung, Strukturtypenansatz

Anne Bräuer, Dipl.-Ing. (*ehem. IÖR)
Arbeitsgebiet: Angewandte Geoinformatik und Kartographie, Siedlungsstrukturanalyse

Juliane Banse, Dipl.-Ing. oec.
Arbeitsgebiet: Wohnlagequalität, Wohnpräferenzen, Wohnen im Alter

Dr. rer. nat. Juliane Mathey, Dipl.-Biologin
Arbeitsgebiet: Stadtökologie, städtische Grün- und Freiraumentwicklung, urbane Biodiversität

Institution der Autoren

Leibniz-Institut für ökologische Raumentwicklung (IÖR)
Weberplatz 1
01217 Dresden
www.ioer.de

Die Herausgeber und Autoren danken an dieser Stelle Regina Lehmann und Martin Schorcht für die Unterstützung bei der GIS-Analyse. Außerdem geht der Dank an Jörg Hennersdorf für das Gesamtlektorat und an Natalija Leutert für die Layoutbearbeitung des Manuskriptes.

Inhaltsverzeichnis

1 Physiognomie des Urbanen

Clemens Deilmann, Iris Lehmann, Juliane Mathey

1.1 Prozesse, Formstrukturen und Wirkungen

Die physischen Ausprägungen der Stadt sind bauliches Resultat aus wirtschaftlicher Aktivität, Planung, Verwaltung, Politik, Konsum. Die Physis ist „sedimentierte" Geschichte im wahrsten Sinne des Wortes. Zugleich ist die Physis selbst Wirkfaktor für städtisches Leben, ist Grundlage ökologischer und ökonomischer Leistungsfähigkeit, die sich in Kennzahlen wie Bruttowertschöpfung, Verkehrsleistung, Bodenversiegelung oder in der Biodiversität ausdrückt. Sie ist Teil der Rahmenbedingungen für soziales Leben; als solche kann sie aber auch Barriere für Veränderungen sein.

Die Physis der Stadt (Dingwelt in Abb. 1.1.1) wird in diesem Buch in ihrer Form und Struktur analysiert. Aus dieser Perspektive heraus ist Stadt charakterisiert durch die räumliche und funktionale Ordnung der Elemente Bebauung, Freifläche, Erschließungs- bzw. Versorgungsnetz. Raumbezogene Aspekte sind Dichte, Muster und Zuordnung. Zu den funktionalen Aspekten zählen Wohnen, Industrie, Gewerbe, Orte mit besonderen Funktionen (Verwaltung, Gesundheit, Soziales, Bildung, Forschung, Kultur, Sicherheit und Verteidigung), Freiflächen bzw. Freiräume sowie Erholungsflächen, wobei deren Lage und Entfernung zueinander von Bedeutung sind. Auf einer mittleren Maßstabsebene (ca. 1:10 000) stehen die Flächennutzung und der zweidimensionale „Fußabdruck" der Gebäude im Fokus der vorliegenden Analyse. Die dritte Dimension (Gebäudehöhen) wird mit Hilfe vereinfachter Blockmodelle („Klötzchen-Modelle") erfasst und für weitergehende Auswertungen herangezogen.

Die Stadt ist ein komplexes Handlungssystem (Abb. 1.1.1). Es gibt systemische Dynamiken (*top down*) und synergetische Dynamiken (*bottom up*), die im Wechselspiel übergreifende Prozesse entstehen lassen (Gebauer et al. 2010). Mit der synergetischen Dynamik sind Einzelakteure gemeint, die durch „kreatives Feuern von unten" bestehende Handlungsrahmen in Frage stellen, durch Innovationen Konsum- und Produktionsmuster verändern sowie neue Entwicklungsmöglichkeiten eröffnen. Mit den systemischen Dynamiken ist das Funktionalisieren angebotener Möglichkeiten, das Ordnen und Einschränken von Freiheitsgraden gemeint, ausgehend von einem bestehenden Ordnungssystem. Die sich im Wechselspiel ergebenden Prozesse bestimmen die Evolution des städtischen Lebens. Sie können

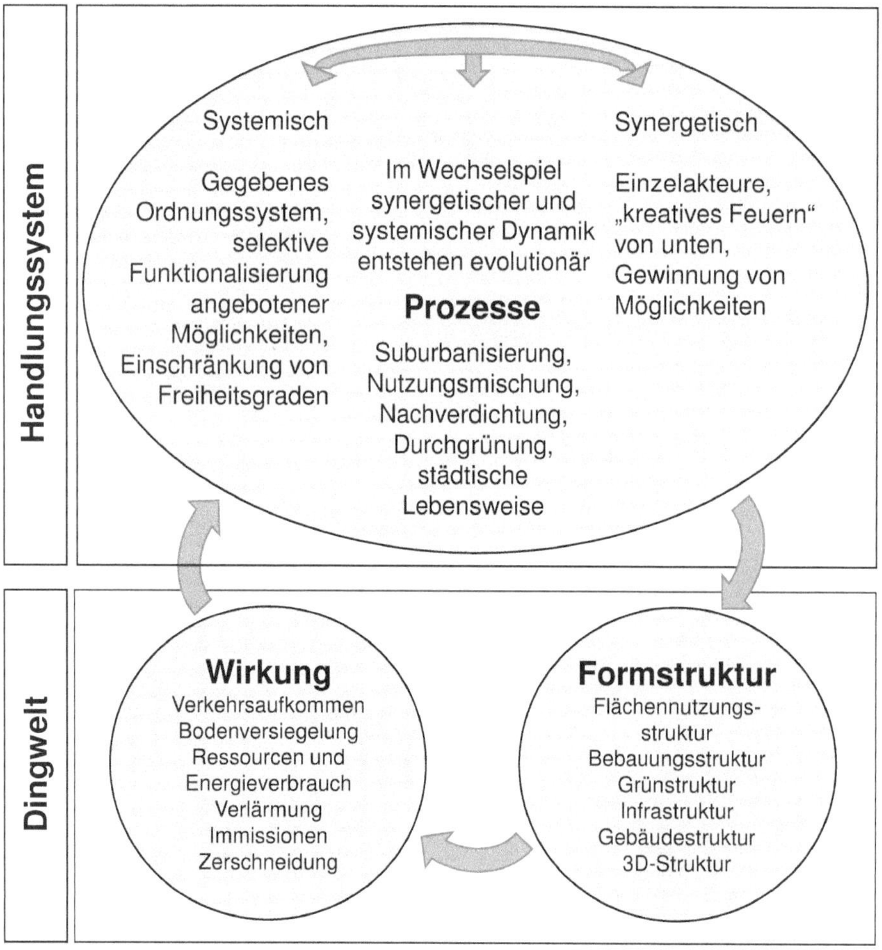

Abb. 1.1.1: *Zusammenhang zwischen Prozessen, Formstruktur und Wirkungen (Quelle: Deilmann, erweitert nach Arlt und Weise 1999)*

für Stadtentwicklung mit Suburbanisierung, Segregation, Nutzungsmischung überschrieben sein. Diese übergeordneten Prozesse wiederum sind verantwortlich für die physische Ausprägung der Stadt mit ihrer Bebauungsstruktur, Infrastruktur, Grünstruktur und die damit erzeugten Wirkungen, seien sie gewünscht (Erreichbarkeit von Zentren) oder unerwünscht (Lärm- und CO_2-Emission).

Was bedeutet das Vermessen, das Mathematisieren der physischen Erscheinungen der Dingwelt-Stadt? Es ist ein naturwissenschaftliches Vorgehen, bei dem – will man einen Bezug zur Phänomenologie nach Edmund Husserl herstellen – von der physikalischen Welt ausgegangen wird, die formalisiert und messbar gemacht wird und darauf eine eigene (Natur-)Wissenschaft aufgebaut wird (Husserl 1913). Eine mit den Sinnen wahrnehmbare, abgrenzbare Einheit erlaubt aber nur einen indirekten Einblick zu der dahinterliegenden Lebenswelt. Die Lebenswelt kann also bei der Auseinandersetzung mit den Phänomenen nur indirekt Gegenstand der Erkenntnis sein. Für Aron Gurwitsch ist *„die mathematische Exaktheit des Universums (die auf der Analyse der Phänomene aufbaut) das Ergebnis einer Idealisierung. Die Welt (davor) hingegen ist ungenau."* (Embree 1974, S. 7).

Die Autoren dieses Buches haben nicht das Ziel, mit einer an Phänomenen orientierten Vorgehensweise die Welt hinter den Phänomenen zu erklären, sondern nehmen die entgegengesetzte Blickrichtung ein, die sich auch unter den Phänomenologen finden lässt. In der Phänomenologie gibt es eine Gegenposition zu Husserl, die von Aron Gurwitsch vertreten wurde, der die Prioritäten - und damit den Zugang - anders verstand. Für Gurwitsch bildet die Lebenswelt *„den Ausgangspunkt wissenschaftlicher Untersuchung, hinter der die Dingwelt in Erscheinung tritt. Im Ausgang der Dingwelt kann man zu einem wiederum hinter dieser liegenden naturwissenschaftlichen Universum gelangen."* (Embree 1974, S. 5).

Aus dieser Blickrichtung lässt sich die Stadtentwicklung als ein komplexer lebensweltlicher Wirkungszusammenhang zwischen urbanen Prozessen, Formstrukturen und Wirkungen beschreiben. Die Prozesse werden durch die politischen Rahmensetzungen, die ökonomischen, ökologischen und sozialen Aktivitäten der Menschen sowie die Entscheidungen in den Verwaltungen gesteuert. Das Resultat sind die Strukturen einer Stadt, wie die Flächennutzungsstruktur, Siedlungsstruktur, Bebauungsstruktur und Infrastruktur, die ihrerseits charakteristische Wirkungen zur Folge haben. In diesem Zusammenhang zu nennen sind beispielsweise veränderte Landschafts- und Ortsbilder, Flächeninanspruchnahme für Siedlung und Verkehr und damit einhergehende Bodenversiegelung sowie Emissionen und Immissionen durch Verkehrsinfrastruktur und der Ressourcen- und Energieverbrauch. Die Strukturen und Wirkungen haben das Leben der Menschen in Städten über Jahrhunderte beeinflusst, sogar geprägt, waren Anlass für neue Leitbilder, die sich wiederum in Strukturen vergegenständlicht haben. Aus der Vogelperspektive sind sie physisch erkennbar und beschreibbar. Deshalb haben die Autoren nach städtebaulichen Leitbildern, lebensweltlichen Mustern, umweltorientierten Zielen, insgesamt nach Vorstellungen eines guten Lebens in der Stadt gesucht, von denen sie annehmen können, dass diese in einem unmittelbaren Zusammenhang zu den sich physisch abbildenden Strukturen und Wirkungen stehen. Im Umkehrschluss konnten die Autoren Wirkungszusammenhänge und Zusammenhangsvermutungen zwischen der Erscheinung (Form/Struktur) und der davorliegenden Lebenswelt formulieren. Zugleich mussten sie anerkennen, dass es über die Historie der Städte hinweg eine Vielzahl von Lebenswelten gab und gibt, die zur heute wahrnehmbaren Ausprägung der Stadt führen. Diese Vielzahl von städtischen Lebensvorstellungen anerkennend, haben sich die Autoren darauf geeinigt, die derzeitigen Paradigmen und Leitbilder des Städtebaus als Vorgabe zu akzeptieren und ggf. auf mögliche Differenzen zu vorgelagerten Zeiten hinzuweisen. Beispielsweise sind die Auswirkungen des Leitbildes der autogerechten Stadt der 1950er und frühen 1960er Jahre in der Analyse zur Physiognomie der Stadt nachspürbar. Deren Wirkung auf die Umweltqualität (Zerschneidung; Lärmimmissionen) sowie die Ressourceneffizienz (Erschließungseffizienz) bildet sich aus heutiger Sicht deutlich ab.

Betrachtet man Städte aus dieser hier skizzierten Richtung mit ihren technischen Infrastrukturen, den Flächennutzungen, den Bevölkerungsstrukturen usw., so wird schnell deutlich, wie eng diese Strukturen zu anderen bekannten städtischen Kenngrößen (Wirkungen) im Zusammenhang stehen – wie dem Verkehrsaufkommen, dem Bodenpreis, der Grundwasserneubildung oder dem Ressourcen- und Energieverbrauch. Frühere Untersuchungen von Arlt et al. (2001) belegen beispielsweise eine hohe Korrelation zwischen Bodenversiegelung und Bodenpreis in den kreisfreien Städten Deutschlands. In dem hier vorgelegten Buch fokussieren die Autoren speziell auf Formstrukturen (hiermit sind im Folgenden die physischen Ausprägungen des Städtischen gemeint), die in engem Zusammenhang mit Aspekten der Umwelt- bzw. Lebensqualität, der Ressourcen- bzw. Energieeffizienz, der Mobilität und städtischen Vielfalt stehen und sich analytisch beobachten lassen. So ermöglicht z. B. ein zerklüfteter Siedlungskörperrand – wie eine gespreizte Hand –, dass Landschaftsstrahlen aus dem Freiraum bis zum Rand des Stadtzentrums hineinfließen und somit viele Stadtbewohner kurze Wege zum Rand, also zum Freiraum haben. Eine ähnliche Wirkung – um bei diesem Beispiel zu bleiben – hat auch ein sogenannter *„green belt"* als innerer Grüngürtel, meist entlang der alten Befestigungsanlagen (Beispiele: Soest, Neubrandenburg), oder als äußerer grüner Ring (Beispiele: Hannover,

Köln). Die Aussage zur Erreichbarkeit solcher „Grünräume" lässt sich gewissermaßen aus der Vogelperspektive formanalytisch mit Hilfe der Topographie bzw. Flächennutzung treffen (Deilmann et al. 2015).

Aus dem Auftreten solcher physiognomischer Strukturen (Beispiel Grüngürtel) in der GIS-Analyse können Vermutungen hinsichtlich bestimmter Leistungen bzw. Qualitäten des Systems Stadt angestellt werden. Welche Leitbilder bei deren Entstehung dabei Pate standen, wird nicht immer nachvollziehbar sein. Bei der Beobachtung aus heutiger Sicht gelten die derzeitigen Leitbilder und Zielstellungen. Auf Grund der Anpassungsträgheit der gebauten Umwelt kann man nicht davon ausgehen, dass Leitbilder des Städtebaus innerhalb weniger Jahre zu nachweisbaren formstrukturellen Änderungen führen. Dennoch bleibt langfristig ablesbar, ob Städtebauplanung und Planungsrecht das Baugeschehen als Teilsystem des Städtebaus strukturiert lenken konnten. Städtebau ohne Leitbild und Planung erzeugt andere Bilder, wie dies informelle Siedlungen aus Indien oder Lateinamerika belegen; Städtebau in anderen kulturellen Zusammenhängen außerhalb Mitteleuropas (z. B. China oder USA) ebenso. Welche Lebenswelten bzw. Kulturwelten diese Formstrukturen hervorgebracht haben, kann die physiognomische Analyse wiederum nicht deuten. Auch hier gilt allein der umgekehrte Blick: Welche messbaren Größen ergeben sich aus der konkreten Lebenswelt in der Dingwelt? Welche Größen können in einen Wirkungszusammenhang zu den derzeitigen gesellschaftskulturell gewünschten Lebens- und Umweltqualitäten in den Städten gesetzt werden? Und abschließend die Frage: Lassen sich die Städte hinsichtlich ihrer Lebens- und Umweltqualität miteinander vergleichen?

Innerhalb des komplexen Gefüges von Stadt sind Kompaktheit, Effizienz und Umweltqualität aktuelle Zielorientierungen der Stadtentwicklung, ausgehandelt zwischen systemischen und synergetischen Kräften. Diese Zielorientierungen können miteinander konkurrieren, da sie unterschiedliche Akteursperspektiven berücksichtigen, können sich aber auch ergänzen. Dem gesellschaftlichen Ziel der Reduzierung von Flächeninanspruchnahme im Freiraum und der doppelten Innenentwicklung als übergeordnetem Leitbild müssen sie sich wiederum unterordnen. Das heißt zum einen maßvolle Nachverdichtung und bauliche Nutzung von Flächenreserven, aber zum anderen auch die Erhaltung und Entwicklung von Freiflächen im Siedlungsraum sowie die Erhaltung der Versorgung und Nutzbarkeit des Freiraums. Angesichts der aktuellen Orientierungen stellt sich die Frage, ob die physischen Ausprägungen mit den Zielen in Einklang stehen? Daraus folgt die Frage, wie Kompaktheit, Effizienz und Umweltqualität quantitativ beschrieben und gemessen werden können? Anhand von sieben Fallbeispielstädten wurde der in diesem Buch vorgestellte Messansatz entwickelt. Die Auswahl dieser untersuchten Städte wurde von drei Grundüberlegungen bestimmt: Es sollten Städte unterschiedlicher Größe, Städte mit unterschiedlichen städtebaulichen Entwicklungen im geteilten Deutschland zwischen 1949 und 1989 sowie Städte in stark urbanisierten Räumen einerseits und solche in ländlich-peripherer Lage andererseits vertreten sein. Die ausgewählten Beispielstädte werden steckbriefartig nach den Aspekten allgemeine Grundinformation, Wirtschaft, Wohnen und Flächennutzungsstruktur in Kapitel 3 vorgestellt.

1.2 Städtebauliche Dichte im Spannungsfeld von Effizienz und Umweltqualität

Städtebauliche Dichte, Effizienz und Umweltqualität sind zentrale Themen der nachhaltigen Stadtentwicklung. Zugleich sind sie verknüpft mit sozialen und wirtschaftlichen Aspekten der Stadt. Die städtebauliche Dichte als Maß und Art baulicher Nutzung, infrastruktureller Dichte sowie Bebauungs- und Einwohnerdichte wird physiognomisch vielfach mit räumlicher Kompaktheit assoziiert. Kompaktheit, Effizienz und Umweltqualität bedingen einander, stehen aber – vor allem bezüglich der Umweltqualität – nicht selten in Konkurrenz. Sie sind Ausdruck des Bestrebens nach Reduzierung der Flächeninanspruchnahme im Freiraum und Innenentwicklung sowie nach größtmöglichem Nutzen bei zugleich konstantem oder rückläufigem Ressourceneinsatz. Die Stadtstruktur mit ihren physischen Ausprägungen der Bebauung, der technischen und sozialen Infrastruktur, Flächennutzungsstruktur und in Folge der Wirtschaftsstruktur, Bevölkerungsstruktur usw. bestimmt maßgeblich die daraus entstehende Verflechtung aus Effizienz und Umweltqualität.

Der in diesem Buch vorgestellte Ansatz versucht diese stadtspezifischen Verflechtungen zu erfassen, indem er die Wirkungszusammenhänge zwischen Siedlungskörperform, baulicher Dichte, Infrastrukturnetzdichte, Durchgrünungsgrad und lebensqualitativen Leitbildern eines umweltorientierten Städtebaus beschreibt. Für sieben Städte Deutschlands werden vergleichende physiognomische Analysen durchgeführt, Effizienz und Umweltqualität entlang von 17 Thesen „kartiert" und illustriert. Dem Ansatz wird eine hohe Relevanz beigemessen, da es gelingt, eine immer wieder kontrovers geführte Diskussion um Dichte sowie Lebens- und Umweltqualität zu versachlichen. Der vorgestellte Ansatz bringt Stärken und Schwächen aus Sicht einer Reihe von Perspektiven ans Licht (siehe Kapitel 2) ohne vorzuspiegeln, es gäbe eindeutige Definitionen, Verfahren und Zielwerte für die Stadtentwicklungsplanung. Dazu sind die Historie, die lokalen Bedingungen und Voraussetzungen für Städte zu verschieden. Jede Stadt ist ein Unikat. Aus dieser Feststellung verbietet sich jede Form einer standardisierten Lösung oder Zielvorgabe. Ein gutes Monitoring, eine multikriterielle Veranschaulichung des „Gelingens" guter Stadtplanung kann allerdings einen Beitrag zur Schärfung der Wahrnehmung leisten und die Städte bei der Fundierung ihres Selbstbildes unterstützen. Dies war und ist ein wichtiges Motiv für die Erarbeitung des in Kapitel 2 und 4 vorgestellten Konzeptes einer phänomenologischen urbanen Metrik. Der stadtplanerische Kontext, in den sich die Arbeit einreiht, wird im Folgenden durch Bezüge zur europäischen und deutschen Diskussion konkretisiert.

In der „Leipzig Charter on Sustainable European Cities" (2007) erklären die verantwortlichen Minister für Stadtentwicklung in den europäischen Ländern, dass sie die Ziele der Bewahrung, der Stärkung und Weiterentwicklung ihrer Städte als Bestandteil der „EU Sustainable Development Strategy" verstehen. Unter der Überschrift „Stärkung der integrierten Stadtentwicklungspolitik" werden darin folgende Strategien empfohlen: Proaktive Bildungspolitik und Schaffung kreativer Milieus, Entwicklung und Sicherung qualitativ hochwertiger öffentlicher Raume, Modernisierung der Infrastrukturnetze und der Energieeffizienz. Weiter wird ausgeführt: *„An important basis for efficient and sustainable use of resources is a compact settlement structure. This can be achieved by spatial and urban planning, which prevents urban sprawl by strong control of land supply and of speculative development. The strategy of mixing housing, employment, education, supply and recreational use in urban neighbourhoods has proved to be especially sustainable"* (Leipzig Charter 2007, S. 4). Vier weitere Strategien orientieren dann auf Ansätze für benachteiligte Nachbarschaften bzw. Quartiere innerhalb des Stadtgefüges, die hier nicht näher ausgeführt werden.

Im Positionspapier des Deutschen Städtetages „Integrierte Stadtentwicklungsplanung und Stadtentwicklungsmanagement – Strategien und Instrumente nachhaltiger Stadtentwicklung" aus dem Jahr 2013 heißt es: *„Vor dem Hintergrund einer regional sehr differenzierten Wirtschaftsstruktur und Bevölkerungsdynamik erfüllt das Leitbild der räumlich kompakten, nutzungsgemischten, sozial und kulturell integrierenden Europäischen Stadt wohl am besten die Anforderungen an eine nachhaltige Stadtentwicklung"* (Deutscher Städtetag 2013, S. 5). Nicht nur in dieser Grundposition, sondern auch in den differenzierten Strategien und Handlungsansätzen wird immer wieder der Bezug zur kompakten, zugleich lebendigen und durchgrünten Stadt hergestellt. Unter den Schwerpunkten mit strategischer Bedeutung werden u. a. Klimaschutz und -anpassung bzw. Energiewende und Stadt als Wohnort hervorgehoben. Untersetzt werden die Strategien mit: *„(...) Erhöhung der Energieeffizienz, z. B. durch kompakte, gemischte Stadtstrukturen und autofreie Nahmobilität sowie durch energetische Sanierung des Gebäudebestandes; Anpassung (Adaption) an den Klimawandel, z. B. mit Grünflächen und Grünzügen, zur Abkühlung und Durchlüftung dicht bebauter Quartiere, Hochwasserretention und -schutz (...)"* (ebenda, S. 12) sowie mit der *„Sicherung eines angemessenen, differenzierten Wohnungsangebotes für unterschiedliche Ziel-/Altersgruppen (...); Verbesserung ihres Umfeldes; Förderung des innerstädtischen/urbanen Wohnens und lebendiger Stadtquartiere"* (ebenda, S. 12 f.).

Die hier deutlich werdenden Differenzierungen belegen, wie sehr jeder einzelne Aspekt mit anderen in Beziehung oder Konkurrenz stehen kann. Konkretisierungen von Strategien werden von Planern und kommunalen Vertretern niemals eindimensional, einseitig formuliert, sondern stets mit einem und/oder um weitere Aspekte angereichert. Dies setzt sich fort in den folgenden fachlichen Schwerpunkten, die der Deutsche Städtetag benennt und die gleichermaßen zu berücksichtigen sind:

- *Sparsame Flächeninanspruchnahme, räumliche Steuerung: Kompakte Innenentwicklung durch Nachverdichtung und Umstrukturierung; Flächenkreislaufwirtschaft und Bauflächenmanagement als strategische Instrumente nutzen; Nutzungsmischung und Stadt der kurzen Wege fördern.*
- *Sozialverträgliche Mobilitätskultur, Lärmminderung: (...) stadt- und klimaverträgliche (Nah-)Mobilität durch kompakte, vielfältige Siedlungsstrukturen mit attraktiven Bedingungen für Fuß- und Radverkehr (...); städtebauliche und technische Maßnahmen zur Lärmminderung und zur Sicherung ruhiger Gebiete im Rahmen der Lärmaktionsplanung.*
- *Zentrenentwicklung und Einzelhandel: abgestufte Zentrenhierarchie; Weiterentwicklung von Stadtteilzentren nicht nur für den Einzelhandel, sondern als kulturelle und soziale Mittelpunkte; Sicherstellung einer stadtstrukturell und städtebaulich integrierten Einzelhandelsentwicklung und einer wohnungsnahen, zu Fuß oder per Fahrrad erreichbaren Lebensmittel-Nahversorgung.*
- *Grün in der Stadt: Vernetzung von Stadt- und Landschaftsräumen durch Grüngürtel bzw. Grünzüge; Verbesserung der Grünversorgung in dicht bebauten Stadtteilen (z. B. „Pocketparks", Dach- und Fassadenbegrünung) sowie der Erreichbarkeit und der Nutzungs- bzw. Aufenthaltsqualität von Parks und Landschaftsräumen; Entwicklung der Potenziale für innerstädtische und stadtnahe Landwirtschaft/Nahrungsproduktion (...)*" (ebenda, S. 13-14).

Die Ausdifferenzierung der oben zitierten Strategien und die vier fachlichen Schwerpunkte transportieren nichts anderes als lebensweltliche Muster, umweltorientierte Ziele, insgesamt Vorstellungen eines guten Lebens in der Stadt. Diese Ausdifferenzierungen lassen sich nicht nur den Strategien, sondern auch in unterschiedlicher Gewichtung den drei eingangs genannten übergeordneten Begriffen Dichte bzw. Kompaktheit, Effizienz und Umweltqualität zuordnen. Analysiert man die städtebaulichen Ausdifferenzierungen hinsichtlich ihrer potenziellen formstrukturellen Ablesbarkeit, so kristallisieren sich einige heraus, die einen Zusammenhang zwischen Leitbild und Formstruktur erkennen lassen. Diese werden in den folgenden 10 Anpunkten vorgestellt.

(1) Kompaktheit bzw. Komplexität des Siedlungskörpers und Erreichbarkeit städtischer Räume,
(2) Grün- und Wasserflächen im Siedlungskörper und Stadtklima sowie potenzieller Wohnwert,
(3) Fragmentierung des Siedlungskörpers und Zersiedelung der Freiraumlandschaften,
(4) Verteilung von Industrie-, Gewerbeflächen bzw. Flächen besonderer funktionaler Prägung und Ausprägung der Nutzungsmischung,
(5) Hauptverkehrstrassen und Zerschneidung, Immissionen im Siedlungskörper sowie potenzieller Wohnwert der Bebauung,
(6) Gebäudeanordnung, -höhen sowie -abstände und dem Grad der Verschattung von Gebäuden und Freiflächen sowie der Wohnnutzungsdichte,
(7) Überbauung sowie versiegelte Flächen und Oberflächenwasserabfluss,
(8) bauliche Verdichtung (Baumasse/Überbauung) und ökologische bzw. ökonomische Situation,
(9) Gebäudekompaktheit und potenzielle Transmissionswärmeverluste,
(10) Strukturvielfalt der Wohnbebauung und der Lebensqualität für unterschiedliche Lebensstile.

Ausgehend von diesen Wirkungszusammenhängen, die der Untersuchung zugrunde liegen, wurden insgesamt 17 Thesen formuliert, die diese weiter konkretisieren. Mit Bezug zu den übergeordneten Begriffen Kompaktheit und Effizienz und Umweltqualität haben die Autoren hieraus ein Ordnungssystem entwickelt, das in den Abschnitten 2.1 bis 2.3 ausführlicher erläutert wird. Diese Thesen wurden GIS-basiert mit Hilfe physiognomischer Messgrößen und Indizes sowie räumlicher Basismessgrößen untersucht. Die detaillierte Beschreibung der Thesen, die Darstellung des GIS-basierten Messansatzes sowie der Ergebnisse erfolgen im Kapitel 4 dieses Buches.

Weitere soziale und wirtschaftliche Aspekte sollen an dieser Stelle aus dem Positionspapier des Deutschen Städtetages nicht vertieft werden, da sich der Zusammenhang zur Physiognomie der Stadt – dem Fokus des Buches – kaum herstellen lässt. Im Folgenden wird der Stand der stadtplanerischen Diskussion aus Perspektive der zentralen Begriffe dargestellt.

Dichte bzw. Kompaktheit einer Stadt

Eine kompakte Stadt ist eine dichte Stadt, wobei bauliche Dichte sowie Einwohnerdichte und Arbeitsplatzdichte lediglich eine Sichtweise auf Dichte in der Stadt darstellen. Dabei können bei gleichbleibender baulicher Dichte sehr unterschiedliche Einwohnerdichten erzielt werden. Sie sind einerseits auf vorhandenen Leerstand

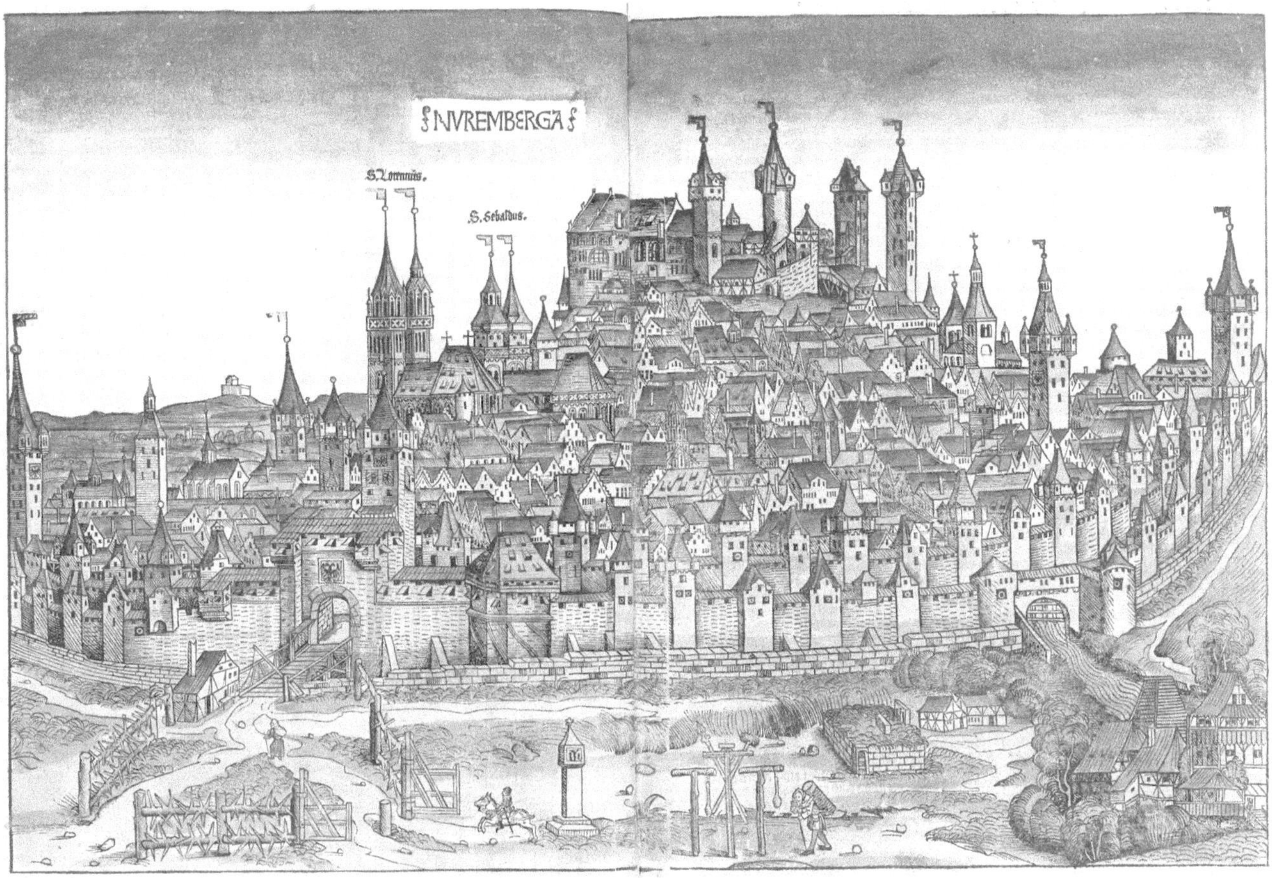

Abb. 1.2.1: *Ansicht der mittelalterlichen Stadt Nürnberg, Holzschnitt aus der Schedelschen Weltchronik von 1493, Blatt 99v/100r, Michel Wolgemut, Wilhelm Pleydenwurff (Text: Hartmann Schedel) (Quelle: https://commons.wikimedia.org/wiki/File:Nuremberg_chronicles_-_Nuremberga.png, Public Domain, {{PD-US}})*

in den Wohnungen, andererseits auf die Belegungsdichte, d. h. die Zahl der Bewohner je Wohnfläche, zurückzuführen (Häussermann 2007). Die urbane Dichte beinhaltet darüber hinaus nahräumige Funktions- und Nutzungsmischung als ein strukturelles Gefüge mit kurzen Wegen sowie eine hohe soziale Mischung von Einkommensgruppen, Haushalttypen und Lebensstilgruppen. Städtische Kompaktheit wird vor dem Hintergrund einer nachhaltigen Entwicklung sowie Konzepten zur Stadtplanung und -entwicklung in vielen Disziplinen als Schlüsselindikator für die Ressourceneffizienz von Siedlungsstrukturen diskutiert (Wentz 2000). Es geht neben der baulichen Dichte und der städtebaulichen Polyzentralität um eine hohe kulturelle und soziale Mischung in den Städten.

Vittorio Lampugnani beginnt seine Abhandlung zur Architektur der städtebaulichen Dichte mit dem Verweis auf die kulturhistorischen Ursprünge: *„Dichte steht am Ursprung allen menschlichen Siedelns. Höfe, Dörfer und größere Ansiedlungen wurden gegründet, um sich zu schützen und geschützt besser wirtschaften zu können. In allererster Linie wurden sie jedoch gegründet, um dank der räumlichen Nähe besser miteinander interagieren und kommunizieren zu können. Seit je ist Dichte die unmittelbare Folge des kulturellen Bedürfnisses nach dem Zusammenrücken. Sie ist die Essenz der Stadt, durch die diese ihre Apotheose erreicht“* (Lampugnani 2007, S. 13). So war die europäische Stadt in der Vergangenheit bis zum 18. Jahrhundert durch einen Kern mit enger Bebauung, durchmischt mit Verwaltungs-, Versorgungs-, Wohn- und Arbeitsfunktionen, durch eine Stadtmauer abgegrenzt von einer nur wenig ausufernden Umlandbebauung, gekennzeichnet (Abb. 1.2.1). Dieses historische Bild wird in der gegenwärtigen Diskussion um Funktionsmischung, Verkehrsreduzierung, Bebauungsdichte, Vielfalt und Urbanität immer wieder bemüht. Hierbei handelt es sich um eine Wiederentdeckung alter städtischer Qualitäten in einem neuen Licht, gab es doch über zwei Jahrhunderte hinweg eine gegenläufige Tendenz. Diese gegenläufige Tendenz lautete raus aus der Enge/Dichte und hinein in die Erschließung neuer Umlandstandorte, bis hin zur Entstehung des gegenwärtigen stadtregionalen Bildes eines fragmentierten, aufgelockerten Siedlungsraumes. Getrieben war die Entwicklung zu Beginn einerseits vom dramatischen Bevölkerungswachstum des 18. und 19. Jahrhunderts und der Industrialisierung sowie andererseits unterstützt durch den militärischen Bedeutungsschwund der Stadtmauer und die Befreiung von zwanghaften sozialen Normen. Mitte des 19. Jahrhunderts war es noch ein Privileg Wohlhabender, eine kleine Vorortvilla zusätzlich zum Haus in der übervölkerten Altstadt zu haben. Mit der Gartenstadtbewegung von Ebenezer Howard und seinem Konzept der Neugründungen vor der Stadt wurde das Umland für mittlere bis untere Einkommensschichten erschlossen und der Startschuss für die Entwicklung Suburbias gegeben. Parallel gab es an die „Altstadt" angelagerte Stadterweiterungen, die häufig durch den Bau von Eisenbahnstrecken initiiert wurden. Heute oft noch an Namensgebungen wie Bahnhofsvorstadt oder Neustadt erkennbar, liegen solche Quartiere vielfach zwischen der Altstadt und den vor der Stadt befindlichen Stationen der Eisenbahn.

Viele Stadtplaner hätten sich nur zu gern von der überkommenen mittelalterlichen Stadt verabschiedet. *„Für den Marquis de Pombal war sie eine obsolete Struktur, die in Lissabon das Erdbeben von 1755 ausradiert hatte und unbedingt durch eine neue, den neuen Anforderungen entsprechende ersetzt werden musste. Für Ildefonso Cerdà war sie innerhalb seines Ensanche für Barcelona wie ein Tuberkulosefleck in einer Lunge. Da es ihm nicht gestattet wurde, den Fleck selbst zu entfernen, tröstete er sich damit, dass die Innenstadtbewohner ihren Heimatort wohl freiwillig verlassen würden, (...). Für George Eugéne Haussmann war sie, jedenfalls in Paris, ein Krankheitsherd und ein ‚fast unbenutzbares Labyrinth, in dem sich hauptsächlich Kriminelle und Aufständische verbargen und das es gewaltsam aufzubrechen galt'"* (Lampugnani 2007, S. 14). Für Cornelius Gustav Gurlitt galt es in Dresden die Abwanderung des Bürgertums aus der Stadt aufzuhalten. Er schlug zur Jahrhundertwende nach Pariser Vorbild vor, Achsen in die Altstadt zu schlagen. Das Bürgertum verlangte großzügige Boulevards, Alleen und gut belichtete Wohnbauten.

Parallel zu diesen Umbauvorstellungen entwickelten sich viele Städte – im 19. Jahrhundert geschah das noch weitgehend planlos – zur Industriegroßstadt mit anhaltendem Bevölkerungswachstum. Dort, wo sich das Marktgeschehen unkontrolliert in extrem hoher Dichte in schlecht erschlossenen und belichteten Neubauwohngebieten ausgetobt hatte, war eine Parallelwelt urbaner Dichte für eine arme, nicht zahlungskräftige Arbeiterschicht mit hohen sozialen und gesundheitlichen Belastungen entstanden. Es wurde deutlich, das Staffel- und Zonenbauordnungen allein nicht ausreichten. Die neue Bauordnung für Berlin 1925 versuchte mit der heute unverständlichen Regelung: *„Je größer das Haus, desto kleiner das Grundstück"* die mit der Bauordnung von 1897 erreichbare Dichte um etwa 25 % zu reduzieren. Bei sechsgeschossiger Bebauung ergeben sich immer noch Dichten von bis zu 1.200 Einwohner je ha Nettowohnbauland – dreimal so hohe Werte, wie nach BauNVO von 1962 zulässig waren. Die BauNVO von 1977 sieht die Höchstgrenze bei 300 EW/ha Nettowohnbauland (Westphal 2008). Angesichts dieser vielfach hoch verdichteten Vorkriegsbebauung lobte schließlich Hans Scharoun nach dem zweiten Weltkrieg – zynisch genug –, dass das unbrauchbare Überbleibsel aus der Geschichte durch die Bombardements *„aufgelockert"* worden sei und nun die Chance eines *„überfälligen Neubaus"* gegeben wäre (Lampugnani 2007).

Die städtebauliche Entwicklung der Nachkriegszeit stand ganz im Zeichen einer Entdichtung. Das Leitbild der gegliederten aufgelockerten Stadt (1949 - 1960) *„das erst nachträglich, mit der Veröffentlichung 'Die gegliederte und aufgelockerte Stadt' von Göderitz, Rainer und Hoffman (Göderitz et al. 1957) seinen Namen erhielt (...), fußte auf der Ablehnung der extrem verdichteten steinernen Stadt der Gründerjahre"* (Westphal 2008, S. 36). Kritisiert werden: *„Ballung von Wohn- und Arbeitsstätten um einen hoch und dicht bebauten Stadtkern, Wohnen in vielgeschossigen Großhäusern, zeit- und kraftraubender täglicher Berufsverkehr in kostspieligen Verkehrsmitteln, riesiger Transportaufwand auch für die tägliche Ernährung und sonstige Versorgung, für die nötige Erholung teure künstliche Grünflächen und lange Anfahrten, um die freie Landschaft zu erreichen (...)"* (Göderitz et al. 1957, S. 17). Der Gegenentwurf beschreibt ein Leben jenseits der Großstadt in Einfamilienhaussiedlungen mit unmittelbarem Bezug zum Garten oder vorzugsweise ein Leben in Kleinstädten.

Parallel hierzu sitzt die Politik in Westdeutschland dem Vorurteil auf, dass in den dichten Vierteln der Innenstadt das sozialistische Milieu lebt und in den Einfamilienhausgebieten das kleinbürgerliche Milieu gedeiht. Nach 1969 gilt erweiternd, dass sich in den Großsiedlungen am Stadtrand das Milieu der Verwahrlosung ausbreitet (Häusermann 2007). Neben der Förderung des sozialen Wohnungsbaus erhält die Einfamilienhausförderung (mit dem konservativen Leitbild der Kleinfamilie, dem Heim und der Frau am Herd) ein großes Fördervolumen. Das Leitbild des Häuschens im Grünen wurde bis 2007 von der Politik gepflegt und mit Fördermitteln bedacht, obwohl man für den sozialen Wohnungsbau bereits in den 1980er Jahren die direkte Förderung mit dem Argument abgeschafft hat, dass es keine Wohnungsnot mehr gebe und alles Weitere dem Markt überlassen werden könnte. Die Einfamilienhauspolitik hat ihren Beitrag zur Ausdehnung der Städte geleistet. Im Ergebnis leben heute 50 % aller Deutschen in einem Ein-/Zweifamilienhaus bzw. sind 82 % aller Wohngebäude in Deutschland Ein-/Zweifamilienhäuser (www.homes-up.ioer.eu).

In der ehemaligen DDR erfolgte in deren Anfängen der Wiederaufbau der zerstörten Städte und speziell der

Neubau von Wohnbebauung als 3- bis 5-geschossige Bebauung in Streifen- und Großblockbauweise. Später erfolgte im Rahmen der planwirtschaftlichen Festlegungen im Fünf-Jahres-Rhythmus der Neubau von Wohngebäuden in industrieller Bauweise in Form von Großwohnsiedlungen mit mehr- bis vielgeschossigen Gebäuden und Punkthochhäusern (Ministerium für Bauwesen der DDR 1976, 1982, 1986). In Abhängigkeit von der Stadtgröße war eine Einwohnerdichte zwischen 50 und 150 EW je ha in Kleinstädten, zwischen 150 und 250 EW je ha in Mittelstädten sowie zwischen 200 und 350 EW je ha in Großstädten anzustreben (Lammert et al. 1979). Neben der hohen Dichte der Bebauung waren u. a. auch städtebauhygienische Richtlinien, wie Besonnung und natürliche Beleuchtung, Lärmschutz, der Schutz vor Luftverunreinigungen etc., bei der Planung von Großwohnsiedlungen einzuhalten. Der Bau von Einfamilienhäusern fand vorrangig in Klein- und Mittelstädten, in ländlichen Gebieten sowie in Randlagen größerer Städte statt. Die Grundstücksgröße war auf maximal 500 m^2 begrenzt. Die Gebäudegrundfläche richtete sich nach der Zahl der Bewohner und betrug in Abhängigkeit vom Gebäudetyp 11 m^2/EW bis 26 m^2/EW (Lammert et al. 1979). Innenstadtsanierungen waren eine Seltenheit. Mit den Orientierungswerten zur rationellen Nutzung des Baulandes galten auch in der DDR klare Dichtevorgaben für unterschiedliche Planungsanliegen (Schulze und Kress 1996).

Der Vollständigkeit halber sind für Westdeutschland die Leitbilder „Urbanität durch Dichte" (etwa 1960 bis 1975) und „behutsame Stadterneuerung" (seit 1980) zu erwähnen. Beide orientierten auf den Vorkriegs-Altbaubestand. Ersteres Leitbild förderte den flächenhaften Abriss von Altstadtquartieren, um sie durch Neubauten mit Geschäftszonen und sozialen Wohnungsbau zu ersetzen. Dies hatte meist auch eine Reduktion der Bebauungsdichte zur Folge. Dagegen regte sich in den 1970er Jahren Widerstand. Hausbesetzungen unter dem Motto „Kein Abriss unter dieser Nummer", Straßendemonstrationen „Gegen den flächenhaften Abriss", „Die Wohnung ist keine Ware" führten zu einer kritischen Revision. Mit der Einführung des Städtebaufördergesetzes 1973 und einer neuen Ausrichtung auf Bestandspflege und Erhalt konnte sich ab den frühen 1980er Jahren das Leitbild der behutsamen Stadterneuerung durchsetzen. Höhere Wohnflächeninanspruchnahme pro Person, Auflockerung und Begrünung von Innenhöfen der Blockbebauung und Wohnumfeldverbesserung führten zur Entdichtung und qualitativen Aufwertung von Stadtquartieren.

Unter dem Nachhaltigkeitsziel, die Flächenneuinanspruchnahme deutlich zu reduzieren, haben viele Städte eine restriktive Baulandpolitik betrieben (Becker 2015). Dies trifft aktuell in den attraktiven Großstädten Deutschlands auf eine Tendenz zur Reurbanisierung. Viele junge Menschen drängen in die Großstädte. Unter dem gegenwärtigen Wachstumsdruck und bei knappem Bauland werden inzwischen wieder Diskussionen um Nachverdichtung und neue Obergrenzen für städtebauliche Dichte geführt. Ebenso ist ein Paradigmenwechsel hinsichtlich der Bebauungshöhe festzustellen. Das in Deutschland seit den späten 1970er Jahren in Verruf geratene Hochhaus – damals aus familiensoziologischer Sicht abgelehnt – erfreut sich bei DINK's (doppeltes Einkommen, keine Kinder) und Einzelpersonen großer Beliebtheit. Wolfgang Christ (2016) sieht sogar einen sich verschärfenden Verteilungskampf um die Ressource Stadt mit eindeutigen Gentrifizierungstendenzen. Die „Beton-Gold"-Industrie bietet Stadt als Konsumgut an. *„Stadt erscheint als ein Ort, der alle gesellschaftlichen, ökonomischen, kulturellen und politischen Widersprüche überwunden hat und der in einem Zustand des ästhetischen und leiblichen Genießens eingetreten ist"* (Christ 2016, S. 23). In der kritischen Auseinandersetzung mit den ‚Premiumwohnungsanbietern' neuer Luxus-Wohnanlagen in den Zentren sieht Christ ein Versprechen: *„Alle Vorteile der urbanen Existenz könnten mit allen Vorteilen des suburbanen Lebensstil verknüpft werden. (...) Auf den Konsum der Landschaft folgt nun der Konsum der Stadt. Kennzeichen ist die Transformation der privilegierten Wohnkultur Suburbias in die Mitte der Stadt. (...) In den Bildräumen der Premiumanbieter wird Wohnen zu einer romantischen Affäre mit der Stadt (...), man kann innen und außen zugleich sein, oder dabei sein, ohne dazuzugehören"* (Christ 2016, S. 24). Die Fragen sind, ob die lebendige Mitte der Stadt hierdurch Schaden nimmt und inwieweit die Verdichtung nicht im Widerspruch zu den ebenso wichtigen Zielen einer durchgrünten Stadt steht, die auf den Klimawandel vorbereitet ist und Flora und Fauna (auch auf Brachen) zu schützen versucht (Mathey et al. 2015).

„Die Abfolge von Dichtezielen der städtebauliche Leitbilder verläuft polarisiert und in einer steten Schwankung zwischen Dichte und Auflockerung, Verdichtung und Zersiedlung. Bei der Diskussion um Dichte geht es nicht allein um Dichtemaße, wie realisierte Geschossflächendichten oder Nettoeinwohnerdichten, es geht auch um die Bilder und Vorstellungen der idealen Lebensform des Menschen. Vorstellungen schwanken entsprechend der jeweiligen gesellschaftlichen Rahmenbedingungen zwischen Stadtfeindlichkeit und Stadteuphorie. Die Diskussion um Dichtevorstellung ist stark ideologisch geprägt" (Westphal 2008, S. 59). Im internationalen Kontext streuen die Vorstellungen noch deutlicher. Zwar ist man sich vielerorts sicher, dass Dichte ein Schlüsselfaktor für zukunftsfähige Stadtentwicklung ist, aber ökonomische Rahmenbedingungen, sozialkulturelle und zeitliche Zusammenhänge der Entwicklungsstufen führen zu einer Vielzahl von Antworten, oder wie Prof. Ricky Burdett es formuliert hat: *„There is no such*

thing as a 'generic city'; therefore there is no such thing as ,generic density'. City form is a reflection of different cultures, political belief systems and ecologies. Understanding the specifics of density requires more than a spreadsheet or matrix; it is a qualitative concept as well as a quantitative measure" (Clark und Moir 2015, S. 6).

Die Wiederentdeckung der urbanen Dichte im neuen Licht des 21. Jahrhunderts ist somit auch ein Ausdruck eines gewandelten Verständnisses von städtischem Leben. Die Impulse kommen derzeit aus drei Richtungen. Die Folgen der Ausdehnung des Siedlungsraumes werden stadträumlich zunehmend kritisch gesehen. Zu nennen sind u. a. Infrastrukturfolgekosten, Versorgungssituation, Arbeitsplatzentfernung, Abgeschiedenheit und Altersungerechtigkeit. Aus Umweltsicht wird bei zunehmender Flächeninanspruchnahme für Siedlungszwecke vor allem der Verlust von Freiraum, Landschaft, stadtklimatischen Ausgleichsflächen und Energie- und Erschließungseffizienz beklagt. Und wohnungswirtschaftlich – da inzwischen Bauland nicht mehr so großzügig neu erschlossen wird – entfacht der Nachfragedruck in den „Schwarmstädten" (Simons 2015) bei Bodenknappheit eine Diskussion um höhere Dichtewerte in den Städten. Nach wie vor ist die Dichte auf der Bundesebene verankert und wird im Baugesetzbuch über das „Maß der baulichen Nutzung" und die „Art der baulichen Nutzung" als Inhalte der Bauleitplanung geregelt. Mit der Lockerung der Dichte-Obergrenzen in der Baunutzungsverordnung und der Möglichkeit, diese zu überschreiten, wird dem Bestreben der verstärkten Innenentwicklung hin zur kompakten Stadt entsprochen. Diese Gesetzesnovelle von Juni 2013 (Gesetz zur Stärkung der Innenentwicklung in den Städten und Gemeinden) steht jedoch immer noch im Konflikt zur aufgelockerten Stadt (Roskamm 2016). Dieser Konflikt ist durch die sogenannte *„Doppelte Innenentwicklung"* überwindbar, indem neben der baulichen Nachverdichtung der Bebauungsstrukturen parallel Freiflächen erhalten und – wenn nicht in ausreichendem Maße vorhanden – neu geschaffen werden (§1 (6) BNatSchG).

Die Dichte und Formstruktur der Stadt – wie man sie heute sehen kann – ist somit ein Ergebnis unterschiedlicher Strömungen und Vorstellungen von einem guten Leben in der Stadt. Die physiognomische Analyse kann in einigen wenigen Fällen die Spuren der Vergangenheit erkennen, wie z. B. die Großwohnsiedlungen der 1970er Jahre. Absolute Kenngrößen, wie z. B. die der städtebaulichen Dichte, sind dabei weniger bedeutsam. Es geht um relative Werte auf Ebene städtischer Teilräume, die zudem im Zusammenspiel mit anderen Kenngrößen gesehen werden müssen. Die im Kapitel 4 dargelegten Analysen verweisen auf Stärken oder Schwächen bzw. über- oder unterdurchschnittliche Ausprägungen des Zusammenhangs aus heutiger Sicht.

Effizienz

Der Begriff Effizienz wird im städtebaulichen Zusammenhang vorrangig mit Energieeffizienz, effizienter Flächennutzung und infrastruktureller Erschließungseffizienz in Verbindung gebracht. Mit Effizienz ist zunächst umgangssprachlich die Vorstellung verbunden, dass mit möglichst wenig Input möglichst viel Output erzeugt wird. Aus wissenschaftlicher Perspektive ist der Effizienz-Begriff vor allem eine Grundkategorie der Ökonomik. Ausgangspunkt aller Effizienzkonzepte ist der Aspekt des Handelns unter Knappheiten. Das allgemeine Effizienzkonzept, das auf wirtschaftlichen Mitteleinsatz abzielt, wird deshalb auch als *„ökonomisches Prinzip"* bezeichnet, das *„ein ständiges Abwägen des Aufwands und Ertrags"* bedeutet (Streit 1991, 3 f.). Der Input spiegelt dabei den notwendigen Aufwand wider. Der Output beschreibt den erzielten Nutzen. Vor dem Hintergrund sich verknappender Ressourcen wird auf einen möglichst rationalen bzw. wirtschaftlichen Umgang mit diesen beschränkt vorhandenen Ressourcen orientiert. Die Effizienz ist damit ein Maß für die Wirtschaftlichkeit. Sie kann aber sowohl innerhalb der Ökonomik als auch in anderen Themenbereichen weiter spezifiziert werden. Für den im Buch vorgestellten Ansatz sind vor allem folgende Spezifizierungen von Relevanz:

- Technische Effizienz (keine Verschwendung von Produktionsfaktoren, rein mengenbezogen),
- Energieeffizienz (das Verhältnis zwischen Nutzenergie und energetischem Aufwand als Teil der technischen Effizienz),
- Ressourceneffizienz (Verhältnis eines bestimmten Nutzens oder Ergebnisses zum dafür nötigen Ressourceneinsatz). Im umweltwissenschaftlichen Sprachgebrauch ist mit Ressourceneinsatz der Einsatz von natürlichen Ressourcen gemeint (Kosmol et al. 2012),
- Erschließungseffizienz, die den Aufwand an technischer Erschließung als monetären Wert, laufende Meter Leitungslänge, Ressourcenaufwendung (Fläche pro angeschlossene Wohneinheit/Nutzfläche) beschreibt.

Effizienz im Kontext von Ressourcennutzung und räumlicher Struktur

Auf dem Weg zu einer dauerhaft umweltgerechten Entwicklung ist der bewusste und sparsame Umgang mit Ressourcen ein unabdingbares Ziel. Im Kontext der Stadtentwicklung wird der Ressourcenbegriff in einem spezifischen Sinne verstanden: Ressourcen sind Flächen, Stoffe (natürliche und künstlich-technische), Energie (fossil, regenerativ) sowie die bereits gebaute Umwelt (Deilmann 2009a, b). Von zentraler Bedeutung ist die räumliche Struktur der Stadt, denn sie bestimmt das Oberflächen-/Volumenverhältnis von Gebäuden

(Materialaufwand, Energietransmissionsflächen), Abstände zwischen Gebäuden, Distanzen und Erreichbarkeiten. Somit steht die Effizienz in unmittelbarem Zusammenhang mit der zuvor diskutierten städtebaulichen Dichte.

Auf der strukturellen Raumebene Stadt bilden die Teile bzw. Elemente „Bebauung" (Wohn-, Sozial-, Gewerbe-, Industrie-Gebäude), „Verkehrserschließung" (Straßen, Wege, Plätze), „Ver- und Entsorgungsnetze und -anlagen" (Wasser, Abwasser, Gas, Strom, IK-Technologien), „Freiflächen" (Sport-, Freizeit-, und Erholungsanlagen, öffentliche und private Grünanlagen, Friedhöfe, künstliche Wasseranlagen) sowie „Freiräume" (Acker, Wiese, Wald, Wasser, Deponie, Ressourcenabbau etc.) das übergeordnete Ganze, die Stadt (Arlt et al. 2010). Die Elemente sind physischer Natur. Das heißt, sie lassen sich in Form von Flächen, Stoffen und Energie mengenmäßig beschreiben. Aus den elementaren Bausteinen der Stadt, d. h. den Bauten (Körper), den Straßen- und Leitungssystemen (Linien) sowie den Freiflächen und Freiräumen (Flächen), lassen sich räumlich-strukturelle Charakteristika, wie die regelmäßige oder unregelmäßige Anordnung von Straßennetzen, die Dichte oder Lockerheit der vorhandenen Bebauung oder die Lage und Form von Freiflächen oder Freiräumen erkennen (Arlt et al. 2010).

Aufwand (*input*) und Nutzen (*output*) sind im Rahmen raumwissenschaftlicher Untersuchungen – und Analysen zur Stadtstruktur zählen dazu – keine festen und eindeutig definierbaren Größen. Prinzipiell ist davon auszugehen, dass die Stadt einen hohen Nutzen spendet, sonst wäre sie als Lebensgrundlage nicht attraktiv. Alle Ressourcen, die eine Stadt in Anspruch nimmt, dienen diesem Nutzen. Es stellt sich die Frage, ob der gleiche oder ein ähnlicher Nutzen mit weniger Ressourcenaufwand erreicht werden könnte. Die Frage könnte auch für einzelne Gebäude gestellt werden. Je nach Untersuchungsgegenstand (Stadtstruktur als Ganzes oder einzelne ihrer räumlichen Elemente), Untersuchungsaspekt (beispielsweise Art und Dichte der Wohnbebauung), den Untersuchungsgrenzen (z. B. Fokussierung auf Varianten der Wohnbebauung oder ausschließlich auf materielle Verbräuche) oder auch den Untersuchungsebenen (z. B. Stadtquartier oder Stadt in ihren administrativen Grenzen) variieren die Bezugseinheiten. Um die Fülle von Betrachtungsperspektiven zu begrenzen, gelten für die in diesem Buch vorgestellte Analytik folgende einschränkende Festlegungen: Monetäre Größen, soziologische und kulturelle Aspekte werden aus der Statistik zur Kurzcharakteristik der Städte herangezogen. Der Fokus ist auf Leitbilder der Effizienz gerichtet, welche ablesbare Spuren in Formstrukturen und Mustern hinterlassen. Sie müssen auf Luftbildern, Schwarzplänen, allgemein raumbezogenen zwei- oder dreidimensionalen Geodaten erkennbar sein.

Das Bearbeiterteam musste somit in der interdisziplinären Auseinandersetzung herausarbeiten, welche Aufwand-Nutzen-Beziehungen sich in der Physiognomie der Stadt ausprägen. Wie im Kapitel 4 dargestellt, sind dies aus Effizienzperspektive: Energieeffizienz als Teil der Oberflächen-Volumen-Effizienz, infrastrukturelle Erschließungseffizienz, Erreichbarkeit, Nutzungsdichte und Nutzungsmischung sowie städtebauliche Vielfalt als wirksame Antwort auf die Nachfragevielfalt.

Umweltqualität

Würde man lediglich dem Ziel der Ressourceneffizienz folgen, so wären die Städte effizient, welche unter Ausschöpfung der Grenzwerte für Abstandsflächen möglichst viel Wohn- und Nutzflächen schaffen, eine Bauweise mit geringstmöglichem Ressourceneinsatz anstreben sowie auf Parkanlagen und öffentliche Plätze verzichten. Den Gegenpol dazu bildet die geräumige, mit großen Abstandsflächen zwischen den Gebäuden bebaute lärm- und schadstoffimmissionsarme Stadt. Sie ist geprägt durch eine Bebauung mit geringer bis mittlerer Geschossigkeit sowie einem gut erreichbaren und durchgrünten Wohnumfeld – insgesamt eine Stadt mit hoher Umweltqualität. Die Beschreibung von Zielen und Merkmalen der städtischen Umweltqualität ist nicht trivial. Umweltqualität ist ein Teil der objektiven Lebensqualität, die sich aus dem Bedingungsgefüge von Wirtschaft, Gesellschaft und Umwelt ergibt (Arlt et al. 2002). Teilaspekte der Lebensqualität sind neben Umweltqualität auch Wohnumwelt, Konsummöglichkeiten, Freizeit, Berufssituation etc. Der Begriff *„Umweltqualität" ist eine Übertragung aus dem amerikanischen „Environmental Quality"*. Eine allgemein anerkannte Definition gibt es nicht.

In Deutschland stößt man immer wieder auf die Definition des Bundesumweltamts (UBA 2000). Danach wird *„als ‚Umweltqualität' (ökologischer Ist-Zustand) im engeren Sinne die Gesamtheit der Strukturen und Funktionen eines Ökosystems bezeichnet, wobei sowohl die „natürlichen" biologischen und nichtbiologischen Bedingungen als auch die anthropogenen Einwirkungen (z. B. Nutzungen) Berücksichtigung finden"* (UBA 2000, S. 7). Mit Umweltqualität wird der Gütezustand der Umwelt beschrieben. Sie ist somit abhängig vom Grad der Funktionstüchtigkeit der Umwelt. Der Erhalt der Funktionstüchtigkeit ist darauf gerichtet, die Lebensvorgänge der Individuen und der Gesellschaft sowie das Funktionieren der Landschaftsökosysteme zu gewährleisten (Ebert und Welsch 2003). Es besteht Konsens darüber, dass der Begriff wissenschaftliche Informationen mit gesellschaftlichen Zielen und Werthaltungen verbindet (UBA 2000) und somit inhaltlich einem permanenten Wandel unterworfen ist (SRU 1987).

Die Umweltqualität lässt sich sowohl anhand subjektiver als auch anhand objektiver Kriterien beschreiben. Subjektive Kriterien ergeben sich aus den individuellen Ansprüchen einer Person an die Umwelt, ihrer Empfindlichkeit auf störende Einflüsse, ihrem Alter, ihrem vorhandenem Wissen oder auch ihrem gegenwärtigen Wohlbefinden, welche sich auf die Beurteilung der Umweltqualität wesentlich auswirken (Wanner und Camenzind 1995, Einführung XIV). Objektive Kriterien sind quantifizierbare Größen, wie beispielsweise Verkehrslärm, Feinstaubbelastung oder die Belastung des Bodens und der Gewässer, Artenvielfalt oder quantitative Flächenbilanzen. Die Beschreibung der Umweltqualität ergibt sich aus dem Vergleich konkreter Umweltsituationen mit den in Form von Standards (Richtlinien und Grenzwerten) formulierten Umweltqualitätszielen, die auf eine dauerhafte Sicherung der menschlichen Gesundheit und der Stabilität der Ökosysteme zielen (LfUG 2001). Sie verbinden einen naturwissenschaftlichen Kenntnisstand mit gesellschaftlichen Wertungen über Schutzgüter und Schutzniveaus (UBA 2000). Leitbilder, Strategien, Kriterien, Grenzwerte, Standards und Normen, Umweltprüfungen (Umweltverträglichkeitsprüfung, Umweltverträglichkeitsstudie, Strategische Umweltprüfung usw.) und Umweltbeobachtungen (Umweltmonitoring) mit geeigneten Indikatoren sollen dazu beitragen, dass vorhandene Umweltbelastungen reduziert und neue vermieden werden. Sie können gesetzlich verankert sein (im ROG, BauGB, BNatSchG, UIG, UVPG etc.), aber auch eher empfehlenden Charakter haben (Albrecht 2008).

Indikatoren, Messgrößen und Indizes zur Bestimmung von Umweltqualität

In der Regel erfolgt die Beurteilung des Umweltzustands mit Hilfe von Umweltindikatoren, beispielsweise Organismen mit Zeigerfunktion, oder durch Schlüsselindikationen, wie Bodenversiegelung und Grünvolumen. Die Ermittlungsgrundlage bilden leicht erhebbare Messgrößen oder Indizes, die es erlauben, den Zustand der Umwelt hinsichtlich einer oder mehrerer Wirkungen zu beschreiben und zu bewerten. Sie liefern eine prägnante Charakteristik des Zustands der Umwelt und dienen der Erfolgskontrolle in der Umweltpolitik. Der Indikator drückt den Zustand der Umwelt oder bestimmte Aspekte dieses Zustands (z. B. Luft- oder Gewässerqualität) in einer Region zu einem bestimmten Zeitpunkt aus (Ebert und Welsch 2003). Bis zum gegenwärtigen Zeitpunkt wurden unterschiedliche Zusammenstellungen von Umweltindikatoren oder auch Nachhaltigkeitsindikatoren erarbeitet, welche in Abhängigkeit subjektiver Schwerpunkte aufgebaut sind. *„Gemäß dem Ansatz der OECD zu Indikatoren (OECD 2000) werden Belastungsindikatoren (pressure), Zustandsindikatoren (state) und Maßnahmeindikatoren (response) unterschieden. Belastungsindikatoren geben in aggregierter Form das Ausmaß von aktuellen Belastungen für die Umwelt an. Zustandsindikatoren sind Größen, anhand derer der Zustand der Umwelt beurteilt werden kann. Maßnahmeindikatoren geben einen Einblick in die Reaktionen der Gesellschaft und (Umwelt-)Politik auf die beobachteten oder prognostizierten Umweltveränderungen“* (Hain und Schönthaler 2004, S. 143). Im Rahmen einer breit angelegten Literaturrecherche stellten van Kamp et al. (2003) fest, dass es zwar eine Vielzahl von Begriffen und Modellen, bezogen auf Umwelt- und Lebensqualität, gibt, aber bisher noch kein kohärentes System zur Evaluierung von Aspekten und Trends in der Umweltqualität, bezogen auf (menschliches) Wohlbefinden, entwickelt wurde. Reginster und Goffette-Nagot (2005) ließen Probanden Kriterien auswählen und definierten daraus Kriterien der Begrünung und der Reduzierung von Umweltbelastungen. Dazu gehören drei Kennwerte: natürliche Effekte grüner Umgebung, Genuss grüner privater Gärten und Erreichbarkeit öffentlicher Parks. Die Deutsche Umwelthilfe (DUH 2015) entwickelte Nachhaltigkeitsindikatoren für die Leitkategorie ‚Umweltqualität und Ressourceneffizienz'. Ein wichtiger Indikator darin ist die Flächeninanspruchnahme auf Gemeindeebene mit den Messgrößen „Anteil der Siedlungs- und Verkehrsfläche an der Gesamtfläche“ und „Siedlungsdichte“. Ein weiterer Indikator ist der Umgang mit der Ressource „Fläche“. Messgrößen zur Beschreibung dieses Indikators sind die „Größe des neu erschlossenen Baulands, bezogen auf die Einwohnerzahl“ und die „Größe der wiedergenutzten Brachflächen, bezogen auf die Gesamtzahl der Brachflächen“. Der Indikator Energieeinsatz wird durch die Messgrößen „Energieverbrauch der kommunalen Liegenschaften in kommunaler Nutzung“ und „privater Stromverbrauch pro Einwohner“ quantifiziert. Der Indikator Baumbestand auf der Siedlungsfläche wird durch die Messgröße „Anzahl der Bäume auf öffentlichen Flächen innerhalb der Siedlungsfläche pro Einwohner“ charakterisiert.

Ein erfolgversprechender Ansatz zur Beschreibung der Umweltqualität ist das Konzept der Ökosystemleistungen, das in den letzten Jahren als Paradigma Akzeptanz fand. Es hat auf allen räumlichen Maßstabsebenen Nachweise erbracht, dass die Qualität der belebten und der unbelebten Umwelt die Lebensqualität in einer Gesellschaft entscheidend mitbestimmt (Borgstedt et al. 2011).

Städte sind auf eine gesunde natürliche Umwelt angewiesen, die kontinuierlich eine Reihe von Leistungen im Sinne von Wohlfahrtswirkungen anbietet. Leistungen, die von der Natur (bzw. der natürlichen Umwelt) erbracht und vom Menschen genutzt werden, werden als Ökosystemleistungen (ÖSL) bezeichnet (Grunewald und Bastian 2015). ÖSL werden unterschieden in: Habitat- und unterstützende Leistungen (*habitat or supporting services*), wie Bodenbildung; Versorgungsleistungen (*provisioning services*), wie Ernährung; Regulationsleistungen (*regulating services*), wie Erosionsschutz und kulturelle Leistungen (*cultural services*), wie

Tourismus (MEA 2003; MEA 2005; TEEB 2011; Bastian et al. 2012; Gómez-Baggethun et al. 2013). Funktionierende Ökosysteme sind die Grundlage nachhaltiger Städte, menschlichen Wohlbefindens und der meisten ökonomischen Aktivitäten, denn fast alle vom Menschen genutzten Ressourcen beruhen direkt oder indirekt auf der Natur (MEA 2005; TEEB 2011; Kowarik et al. 2016).

Die urbanen Ökosystemleistungen sind im Wesentlichen die Versorgungs- und Regulationsleistungen sowie die kulturellen Leistungen. Im Einzelnen gehören dazu Stadtklimaregulation, Luftfilterung, Wasserhaushalt, Landschaft (mit Bildungs- und Erholungsfunktion), Landwirtschaft (Voigt und Wurster 2014). Sie werden im städtischen Lebensraum im unterschiedlichen Maße erbracht. Um sie zu untersuchen und – wenn möglich – zu quantifizieren, wird der Lebensraum auf zwei- und dreidimensionale Elemente abstrahiert und deren Gestalt, Funktion und Lageeigenschaften untersucht. Dadurch lassen sich strukturelle Muster leichter identifizieren und strukturelle Beziehungen zum ökologischen, ökonomischen und sozialen Zustand der Lebensräume ableiten (Arlt et al. 2005).

Eine wichtige Basis für die Erbringung urbaner Ökosystemleistungen ist die biologische Vielfalt (Biodiversität: Vielfalt der Lebensräume, der Arten und der Gene) als wichtigstes Naturkapital (UN 1992; TEEB 2011; Kowarik et al. 2016). Beispielsweise basiert die Erbringung klimatischer Regulationsleistungen auf dieser Vielfalt an Lebensräumen und Arten im städtischen Raum (BMU 2007). Die Komplexität und die Vielfalt städtischer Strukturen sind vielfach als wesentliche Faktoren biologischer Vielfalt beschrieben worden. Strukturell kann eine Stadt als ein mosaikartiges Gefüge von Biotopen charakterisiert werden. Zur biologischen Vielfalt einer Stadt tragen alle Flächen und die dort lebenden Pflanzen und Tiere bei, die sich innerhalb des mehr oder weniger geschlossenen Siedlungskörpers einer Stadt befinden (Werner und Zahner 2009; Mathey et al. 2011). Die spezifischen Strukturen unterschiedlicher Flächennutzungen bestimmen das ökonomische, soziale und ökologische Leistungsvermögen städtischer Flächen maßgeblich. Die Bebauungsstruktur, die Anteile versiegelter und begrünter Flächen und die Geländeausbildung sowie die Flächennutzung gelten als die ökologischen Schlüsselmerkmale (Pauleit und Breuste 2011; Lehmann et al. 2014). Das Wissen über die nutzungsstrukturellen Wirkungsbeziehungen ermöglicht die Einflussnahme auf ökologische Leistungen und Qualitäten in städtischen Siedlungsräumen. Jede Nutzungsart bildet spezifische Muster der Größe, Lage und Verteilung von überbauten und versiegelten Flächen, Grün- und Freiflächen sowie offenen Böden aus. Jede Stadt ist geprägt durch ihre eigenen Flächennutzungsstrukturen. Die Lage, räumliche Verteilung, die strukturellen Muster der Flächennutzungsarten und – daraus resultierend – der Frei- und Grünflächenanteil sind dabei von entscheidender Bedeutung für die erbrachten ÖSL (Arlt et al. 2005). Die ökologischen Leistungen von Grün- und Freiflächen sind schon seit längerem Gegenstand stadtökologischer Forschung. Finke (1993) bezeichnete die Freiflächen der Städte und der angrenzenden Umlandgemeinden als die eigentlichen ökologischen Leistungsträger. Die Zusammenhänge zwischen Stadtvegetation und stadtökologischer Qualität wurden von Nohl 1993 diskutiert und die ökologischen und sozialen Funktionen der Stadtvegetation herausgearbeitet, die in der biologischen und mentalen Gesundheit der Menschen, im Schutz der natürlichen Lebensgrundlagen sowie in der Verringerung der Umweltbelastung gesehen werden. Aktuell rücken diese Leistungen in der Diskussion um ÖSL wieder verstärkt in den Fokus von Forschung und Planung (Lehmann et al. 2014).

Ähnlich wie bei der Effizienzperspektive gilt es, die Auswahl der Umweltqualitätsaspekte auf die physiognomische Betrachtung zu fokussieren: Schadstoffimmissionen durch Luft, Wasser, Böden, oder Ernährungsleistung, Bodenerosion sowie Belastungsindikatoren können nicht stadtteilbezogen betrachtet werden. Der Schwerpunkt ist auf Leitbilder der Umweltqualität gerichtet, welche ablesbare Spuren in physiognomischen Mustern und Strukturen hinterlassen. Größe und Verteilung von Grünflächen, Grün- und Landschaftsraumerreichbarkeit sind auf Flächennutzungskarten, Schwarzplänen, allgemein raumbezogenen 2D- oder 3D-Geodaten erkennbar. Die vom Bearbeiterteam identifizierten Verflechtungen sind im Kapitel 4 dargestellt: Grünausstattung, Baumassendichte, Besonnung/Belichtung, Zerschneidung von innerstädtischen Lebensräumen, Verkehrslärm.

Spannungsfeld zwischen Kompaktheit, Effizienz und Umweltqualität

Die zunehmende Verdichtung städtischer Strukturen nach dem Leitbild der kompakten Stadt und des Strebens nach verstärkter Innenentwicklung, um einer weiteren Flächeninanspruchnahme im Umland von Städten entgegenzuwirken, führt teilweise zum Verlust wichtiger Grün- und Freiflächen für die Erbringung von ÖSL in den Städten (Seiwert 2015). Oft verhindern verdichtete und bebaute Gebiete den Austausch zwischen vorhandenen Biotopen. Hohe Bodenversiegelung in Städten führt zur Beeinträchtigung der Funktionsfähigkeit städtischer Ökosysteme. Das bedeutet, dass ÖSL nur reduziert oder ungenügend bereitgestellt werden können (Dunn 2010; Fritz 2013 in Seiwert 2015).

Um dem Verlust an biologischer Vielfalt und an funktionsfähigen Ökosystemen – und damit einer Verschlechterung der ÖSL – entgegenzuwirken, veröffentlichte die Europäische Union im Jahr 2013 erstmals eine Mitteilung zur grünen Infrastruktur mit dem Titel „Aufwertung des europäischen Naturkapitals" (Europäische Kommission, 2013a in Seiwert 2015). Grüne Infrastruktur ist ein komplexer Ansatz, der auf die Konnektivität und den Schutz von Ökosystemen, auf Multifunktionalität sowie auf räumliche Bereitstellung von ÖSL zielt (EEA 2011; Seiwert 2015).

Die Umsetzung grüner Infrastruktur innerhalb bestehender und dicht bebauter Siedlungsstrukturen ist jedoch meist begrenzt. Der Erhalt vorhandener Grün- und Freiflächen wird durch die Novellierung des BauGB im Jahr 2007 und den Grundsatz der Innenentwicklung vor Außenentwicklung zusätzlich erschwert (BMVBS 2012 in Seiwert 2015; Mathey et al. 2015). Daher ist es wichtig, den Zusammenhang zwischen Dichte und verschiedenen Parametern, welche die lokale Qualität charakterisieren, zu bestimmen (Kimhi 2005). Nach Ansicht einiger Autoren (u. a. Rößler 2015; Kühnau et al. 2016) sollte dem Konflikt zwischen der Durchgrünung und der baulichen Innenentwicklung auf allen Planungsebenen konstruktiv begegnet werden. Bebauung und Begrünung sollten nicht als sich wechselseitig ausschließend betrachtet werden, sondern es sollten Ansätze entwickelt werden, kompakte Stadtstrukturen und kleinteilige Begrünung zu verbinden.

Das Buch leistet mit seinem analytischen Ansatz einen Beitrag zur Strukturierung dieses Spannungsfeldes und zur Versachlichung der Diskussion.

2 Urbane Metrik – Ein Messkonzept zur Physiognomie der Stadt

Martin Behnisch, Iris Lehmann, Ulrich Schumacher, Juliane Banse, Karin Gruhler

2.1 Begriffsbestimmung und Analysematrix

Im Kontext eines Messkonzepts zur Physiognomie der Stadt nehmen Daten, Messgrößen und Bewertungsansätze eine Schlüsselposition ein.

Aufgrund der Verfügbarkeit neuer georeferenzierter Datenquellen haben sich in den vergangenen Jahren die Möglichkeiten zur Erforschung der physisch-strukturellen Eigenschaften von Stadt in Deutschland und Europa deutlich verbessert. Analysen können in größerer sachlicher und räumlicher Auflösung und zum Teil auch im zeitlichen Längsschnitt erfolgen. Genannt seien dazu Daten der Fernerkundung (European Programme Copernicus, EEA High Resolution Soil Sealing Layers, Global Urban Footprint u. a.), Daten aus supranationalen Monitoringsystemen (CORINE Land Cover, European Urban Atlas u. a.), amtliche Geobasisdatenbestände (wie ATKIS oder ALK in Deutschland), wie auch nutzergenerierte Geodatenprodukte (Volunteered Geographic Information, z. B. Open Street Map). Mit solchen Datengrundlagen sind Auswertungen nicht mehr nur auf Ebene von administrativen Raumbezugssystemen möglich, sondern beispielsweise auch auf Ebene von flächennutzungsspezifischen Untersuchungseinheiten oder Rastermodellen.

Aufbauend auf dem verbesserten Datenangebot (vertiefend Abschnitt 2.4) zur Beschreibung von Stadt wird mit dem Begriff der urbanen Metrik ein mehrdimensionaler Untersuchungsansatz zur Physiognomie der Stadt bezeichnet. Der Untersuchungsansatz basiert auf Messgrößen, die explizit eine Beschreibung von räumlichen Strukturen, Formen und Mustern einer Stadt ermöglichen (Abschnitt 2.5: Konstruktion des Siedlungskörpers). Eine Analysematrix (Tab. 2.1.1), die sich in Zeilen und Spalten gliedert, ermöglicht die strukturierte Vorgehensweise bei der Eigenschaftsanalyse von Stadt.

Tab. 2.1.1: *Matrix zur Analyse von stadträumlichen Strukturen – vereinfacht*

	Analyse stadträumlicher Strukturen			**Physiognomie bzw. Geometrie**						
	Wirkungszusammenhänge zwischen ... und ...	**Untersuchungsraum**	**Datenebene**	**Diversität**	**Formkomplexität**	**Heterogenität**	**Kernfläche**	**Nachbarschaft**	**Zerschneidung**	**Räumliche Basisinformation**
1	... Kompaktheit bzw. Komplexität des Siedlungskörpers und Erreichbarkeit städtischer Räume	GS	SK		X	X	X			X
2	... Grün- und Wasserflächen im Siedlungskörper und Stadtklima sowie potenziellem Wohnwert	SK	OBJ (SK)				X	X		X
3	... Fragmentierung des Siedlungskörpers und Zersiedelung der Freiraumlandschaften	GS	SK			X		X		X
4	... Verteilung von Industrie, Gewerbe sowie Flächen besonderer funktionaler Prägung und Ausprägung der Nutzungsmischung	GS	OBJ (SK)					X		X
5	... Hauptverkehrstrassen und Zerschneidung, Immissionen im Siedlungskörper sowie potenziellem Wohnwert der Bebauung	GS	OBJ (SK)						X	X
6	... Gebäudeanordnung, -höhen sowie -abstände und dem Grad der Verschattung von Gebäuden und Freiflächen sowie der Wohnnutzungsdichte	BF	G SST OBJ (SK)							X
7	... Überbauung sowie versiegelten Flächen und Oberflächenwasserabfluss	GS SK	G SST OBJ (SK)							X
8	... baulicher Verdichtung (Baumasse/Überbauung) und ökologischer bzw. ökonomischer Situation	SK	G SST OBJ (SK)							X
9	... Gebäudekompaktheit und potenziellen Transmissionswärmeverlusten	GS	G							X
10	... Strukturvielfalt der Wohnbebauung und der Lebensqualität für unterschiedliche Lebensstile	GS	G SST	X		X	X			X

GS:. Gesamtstadt
SK: Siedlungskörper
OBJ: ATKIS-Objekt
G: Gebäude
BF: Baulich geprägte Fläche
SST: Städtebaulicher Strukturtyp

In den Zeilen der Analysematrix sind ausgewählte Wirkungszusammenhänge aufgetragen. Zwischen den Wirkungszusammenhängen bestehen enge Verflechtungen (Abb. 2.1.1).

Jeder Wirkungszusammenhang (siehe vertiefend Abschnitt 2.2) wird durch Thesen untersetzt, die zum einen die Umweltqualität, zum anderen die Kompaktheit bzw. Effizienz der Städte charakterisieren (Tab. 2.1.3).

Die Wirkungszusammenhänge werden durch Umweltqualitäts-, Kompaktheits- und Effizienzmerkmale lebensweltlicher städtebaulicher Leitvorstellungen beschrieben (Tab. 2.1.2). Dargestellt sind in der Tabelle acht Umweltqualitätsmerkmale sowie neun Kompaktheits- und Effizienzmerkmale, die eine vertiefende Untersuchung ermöglichen (Kapitel 4).

In den Spalten (vertiefend Abschnitt 2.3) der vorgestellten Analysematrix sind Hauptkategorien bzw. analytische Themenkomplexe aufgeführt. Es handelt sich um die folgenden sechs Hauptkategorien: Diversität, Formkomplexität, Heterogenität, Zerschneidung sowie Kernflächen- und Nachbarschaftsanalyse. Jeder Hauptkategorie sind Messgrößen zugeordnet. Es bestehen enge Bezüge zu den etablierten Forschungsansätzen der landschaftsökologischen Forschung und den vor diesem Hintergrund bereits entwickelten Messgrößen zur Charakterisierung von Landschaft und Siedlungsraum (Gustafson und Parker 1992; Li und Reynolds 1993; Hunsaker et al. 1994; McGarigal und Marks 1995; Frohn 1995; Herold et al. 2003; Herold et al. 2005; Lang und Blaschke 2007; Vanderhaegen und Canters 2010; Voorde et al. 2011; Walz 2013). Ergänzt wurde die Analysematrix durch eine weitere Spalte mit räumlichen Basisinformationen (wie z. B. absolute Flächengrößen, spezifische Dichtegrößen), die bei jedem Wirkungszusammenhang Relevanz besitzen.

Bei der Auswahl von Messgrößen zur Analyse der Physiognomie der Stadt und zur Charakterisierung von Wirkungszusammenhängen ist zu berücksichtigen, dass kein Standardset an Messgrößen bereits verfügbar bzw. etabliert ist (Schwarz 2010). Somit sollten die gewählten Messgrößen im Zuge des Untersuchungsansatzes der urbanen Metrik systematisch auf ihre Einsatzmöglichkeiten überprüft werden. Zu hinterfragen ist der Datenbedarf zur Berechnung der jeweiligen Messgröße. Anhand von Testrechnungen lässt sich ferner die jeweilige Problemrelevanz einzelner Messgrößen überprüfen. Vorausgesetzt ist hierbei die genaue Kenntnis der Definition und der Aussagekraft jeder einzelnen Messgröße. Die Messgrößen sollten Eigenschaften des formulierten Wirkungszusammenhangs prägnant und verständlich abbilden sowie geeignet sein, eine eindeutige, bewertende Aussage zu treffen. Darüber hinaus empfiehlt sich dabei der Einsatz thematischer Karten (Abschnitt 2.6), um die Plausibilität des räumlichen Musters der Wertausprägungen von Messgrößen zu überprüfen.

Mit Blick auf das mehrdimensionale Grundprinzip der urbanen Metrik und die in der Analysematrix aufgeführten Hauptkategorien ist darauf zu achten, dass die Anzahl der Messgrößen zur Charakterisierung eines Wirkungszusammenhangs im Sinne der Verständlichkeit und Kommunizierbarkeit von Ergebnissen überschaubar

Tab. 2.1.2: *Umweltqualitätsmerkmale, Kompaktheits- und Effizienzmerkmale zur Charakterisierung der Städte*

Umweltqualitätsmerkmale	Kompaktheits- und Effizienzmerkmale
• Erreichbarkeit des Freiraums (Abschnitt 4.1)	• Siedlungsinterne Erreichbarkeiten (Abschnitt 4.1)
• Mikroklimatische Wirkung von Grün- und Wasserflächen (Abschnitt 4.2)	• Fragmentierung des Siedlungskörpers und Zersiedlung der Freiraumlandschaften (Abschnitt 4.3)
• Wohnumfeldqualität durch Grün- und Wasserflächen (Abschnitt 4.2)	• Erschließungseffizienz der Stadt (Abschnitt 4.3)
• Zerschneidung des Siedlungskörpers (Abschnitt 4.5)	• Nutzungsmischung von Versorgung und Produktion (Abschnitt 4.4)
• Immissionsbelastung der Siedlungsflächen (Abschnitt 4.5)	• Verdichtungsräume der Wohn- und Mischgebiete (Abschnitt 4.6)
• Verschattung baulich geprägter Flächen (Abschnitt 4.6)	• Technische Energie- und Ressourceneffizienz (Abschnitt 4.8)
• Oberflächenabfluss und Regenwasserversickerung (Abschnitt 4.7)	• Gebäudekompaktheit und Energieeffizienz (Abschnitt 4.9)
• Potenzielle Wärmeinseln in der Stadt (Abschnitt 4.8)	• Vielfalt des Wohnens in der Stadt (Abschnitt 4.10)
	• Großflächige Strukturen der Wohnbebauung (Abschnitt 4.10)

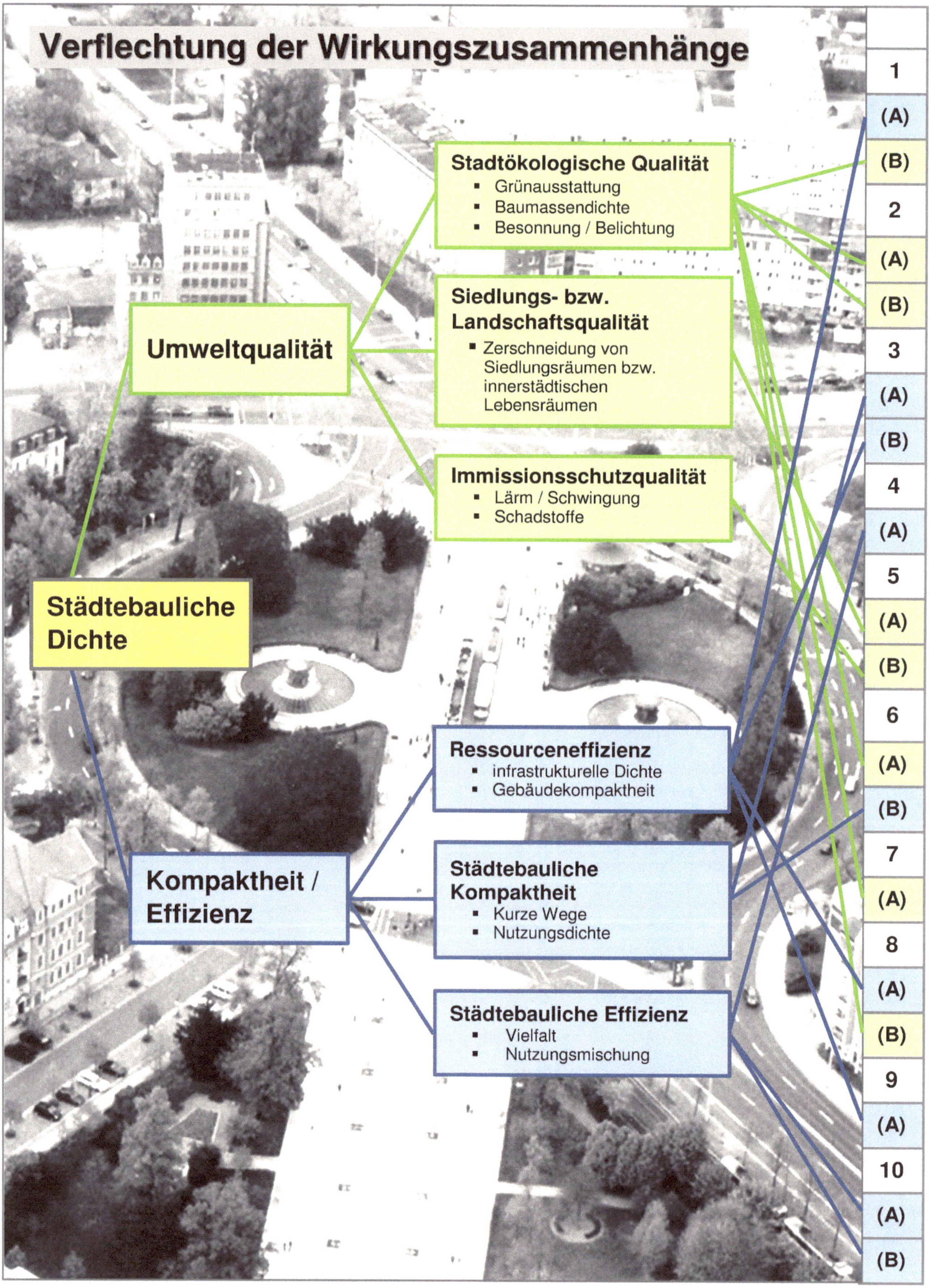

Abb. 2.1.1: *Verflechtung der Wirkungszusammenhänge*

	Wirkungszusammenhänge zwischen…
1	… der Form des Siedlungskörpers einerseits und der Erreichbarkeit von städtebaulichen Räumen im Siedlungskörper sowie von Erholungsräumen im Freiraum andererseits.
(A)	Je kompakter der Siedlungskörper, desto größer ist die Erreichbarkeit städtischer Räume, desto effizienter die theoretisch mögliche Verflechtung der Grunddaseinsfunktionen Wohnen, Arbeiten und Erholen.
(B)	Je stärker die Verzahnung von Siedlungskörper und Freiraum, desto länger ist der Rand der bebauten Siedlungsfläche und desto höher ist der Anteil freiraumnaher bebauter Flächen.
2	… der Lage und Größe der Grün- und Wasserflächen im Siedlungskörper sowie der Lage des Freiraums einerseits und der mikroklimatischen, lufthygienischen Situation in städtebaulichen Räumen sowie dem potenziellen Wohnwert der Bebauung andererseits.
(A)	Je mehr Grün- und Wasserflächen den Siedlungskörper, insbesondere Flächen mit hoher baulicher Dichte, gliedern, desto wirksamer kann möglichem Hitzestress der Stadtbewohner an heißen Tagen entgegen gewirkt werden.
(B)	Die Lage und Größe der Grün- und Wasserflächen im Siedlungskörper sowie die Lage zum Freiraum beeinflussen potenziell die Wohnumfeldqualität der Bebauung in der Stadt.
3	… der Inanspruchnahme von Siedlungsflächen einerseits und dem Maß der Fragmentierung des Siedlungskörpers bezüglich Anzahl, Größe und Lage separater Teilflächen sowie der Zersiedlung der Freiraumlandschaft andererseits.
(A)	Mit steigender Anzahl, disperser Verteilung sowie zunehmenden Abständen separater Siedlungsflächen nehmen die Fragmentierung der Siedlungsflächen und damit die Zersiedlung von Freiraumlandschaften zu.
(B)	Je größer die Anzahl separater Siedlungsflächen einer Stadt ist, desto höher sind die Aufwendungen für deren Erschließung durch Ausbau des Straßenverkehrsnetzes.
4	… der Lage und Größe von Industrie- und Gewerbeflächen sowie Flächen besonderer funktionaler Prägung in einer Stadt einerseits und der Ausprägung der Nutzungsmischung andererseits.
(A)	Je nahräumlicher die Lage der Flächen von Industrie und Gewerbe sowie besonderer funktionaler Prägung, desto höher ist das Potenzial für Versorgungleistungen und Arbeitsplätze in der Stadt.
5	… der Anzahl und Verteilung von Hauptverkehrstrassen im Siedlungskörper einerseits und dem Maß der Zerschneidung des Siedlungskörpers, den Immissionen im Siedlungskörper sowie dem potenziellen Wohnwert der Bebauung andererseits.
(A)	Je mehr Verkehrstrassen einen Siedlungskörper gliedern, desto stärker ist dieser in teilstädtische Räume zerschnitten und beeinträchtigt die Lebens- und Aufenthaltsqualität in der Stadt.
(B)	Je mehr Wohnbauflächen einer Stadt im Immissionsbereich von Verkehrstrassen liegen, desto geringer sind die Wohn- und Wohnumfeldqualität. Der potenzielle Wohnwert in der Stadt sinkt.
6	… der Gebäudeanordnung, der Gebäudehöhe sowie dem Gebäudeabstand einerseits und dem Grad der Verschattung von Gebäuden und den dazugehörigen Freiflächen sowie der Wohn- und Wohnumfeldqualität, aber auch der Nutzungseffizienz der baulich geprägten Flächen andererseits.
(A)	Mit sinkendem Gebäudeabstand im Verhältnis zur Gebäudehöhe nehmen die Verschattung der Gebäude sowie der Gebäudefreiflächen zu. Gleichzeitig sinken die Aufenthalts- und Lebensqualität in den städtebaulichen Räumen.
(B)	Mit steigender Geschossigkeit und Baumassendichte der Bebauungsstrukturen in Wohn- und Mischgebieten nimmt die Wohnnutzungsdichte (Nutzungseffizienz) zu.
7	… dem Überbauungsgrad in Abhängigkeit von dem städtebaulichen Strukturtyp sowie der Nutzungsart einerseits und dem Anteil versiegelter Flächen sowie potenzieller Grünflächen im Siedlungskörper andererseits.
(A)	Mit zunehmendem Überbauungsgrad und Anteil an versiegelten Freiflächen in städtebaulichen Räumen steigt der Oberflächenwasserabfluss. Gleichzeitig verringern sich die lokale Regenwasserversickerung und das Grundwasserneubildungsvermögen.
8	… dem Grad baulicher Verdichtung (Baumassendichte und Überbauungsgrad) einerseits und der ökologischen sowie ökonomischen Situation einer Stadt andererseits.
(A)	Je stärker die baulichen Strukturen verdichtet sind, desto kürzer sind die Verkehrswege und umso geringer werden die technischen Infrastrukturaufwendungen pro Serviceeinheit in der Stadt.
(B)	Mit zunehmender Baumassendichte und Versiegelung städtebaulicher Strukturen steigen das Wärmespeichervermögen und damit die Jahresdurchschnittstemperatur (Wärmeinseleffekt).
9	… dem Verhältnis von Gebäudevolumen und Gebäudeoberfläche (Gebäudekompaktheit) einerseits und den potenziellen Transmissionswärmeverlusten andererseits.
(A)	Mit zunehmender Gebäudekompaktheit steigen die Voraussetzungen für technische Energieeffizienz und Ressourceneffizienz. Damit können die Instandhaltungsaufwendungen sinken.
10	… der Vielfalt der städtebaulichen Strukturen in Art und Lage einerseits und der Lebensqualität für unterschiedliche Lebensstile andererseits.
(A)	Je höher die Anzahl unterschiedlicher Bebauungsstrukturen, desto größer ist die Vielfalt des Wohnens in der Stadt.
(B)	Wird eine Stadt von wenigen großflächigen und homogenen Wohnbebauungsstrukturen geprägt, desto reizloser und eintöniger wird eine Stadt.

Tab. 2.1.3: *Wirkungszusammenhänge und Thesen im Umfeld von Kompaktheit, Effizienz und Umweltqualität*

bleibt. In diesem Kontext sollten auch denkbare Zusammenhangsstrukturen bzw. Korrelationen der Messgrößen untereinander geprüft werden, um darauf aufbauend über die Relevanz jeder einzelnen Messgröße entscheiden zu können.

Ferner sollten die Messgrößen auf ihre Einsatzfähigkeit in einem urbanen Monitoring überprüft werden (zusätzlich Abschnitt 2.4). Urbane Monitoring-Systeme bieten die Möglichkeit, eine einzelne Stadt basierend auf einem Set von Messgrößen zu beobachten oder eine Vielzahl an Städten anhand geeigneter und zuverlässiger Informationen miteinander zu vergleichen. Es sollte geklärt werden, ob eine spezifische Messvorschrift einer Messgröße den Vergleich zwischen unterschiedlich großen und unterschiedlich strukturierten Städten überhaupt ermöglicht. Darüber hinaus ist zu berücksichtigen, dass urbanes Monitoring auf die Beobachtung eines Phänomens im zeitlichen Verlauf fokussiert. Die Daten zur Quantifizierung der Messgröße sowie das der Messgröße zu Grunde liegende Messkonzept müssen somit eine zeitpunktbezogene und regelmäßige Erfassung des Beobachtungsgegenstandes gewährleisten. Erst dann ist es überhaupt möglich, sich über eine Reihe von Messgrößen im zeitlichen Verlauf einen Überblick zu verschaffen, frühzeitig vor problematischen Entwicklungen gewarnt zu sein und Handlungsbedarf erkennen zu können. Bei einem beobachteten Prozess soll dann steuernd eingegriffen werden, sobald gewisse Schwellenwerte überschritten bzw. der beobachtete Prozess nicht den gewünschten Verlauf nimmt. Folglich ist es ratsam, dass bei Anwendung in einem urbanen Monitoring auch die Auswahl der Wirkungszusammenhänge und die Auswahl der Messgrößen wiederkehrend qualifiziert diskutiert wird und eine Verständigung über Erfolg, Misserfolg und Änderungsbedarf erfolgt.

Die Analysematrix berücksichtigt darüber hinaus den Aufbau eines Gesamtindex zur Charakterisierung eines jeden Wirkungszusammenhangs im Stadtvergleich. Die Indizes werden mittels Extremwertnormierung erzeugt und basieren auf den Messgrößen, die zuvor auf Thesenebene (Zeile) ausgewählt und berechnet wurden (vertiefend Abschnitt 2.6). Ausgangspunkt sollte eine ausführliche Datensichtung (Behnisch 2009; Behnisch und Ultsch 2009; Behnisch und Ultsch 2015) jeder einzelnen Messgröße sein. Ferner ist darauf zu achten, dass eine ausreichend große Anzahl von Städten mit bestimmten Kriterien (Anwendungsbereich, Abschnitt 3.1) für den Vergleich zur Verfügung steht.

Zusätzlich zur Gesamteinschätzung auf Zeilenebene bietet die Analysematrix die Möglichkeit zur quantitativen Betrachtung der Verflechtung von Wirkungszusammenhängen untereinander. Beispielsweise lassen sich Umweltqualitätsmerkmale oder Kompaktheits- bzw. Effizienzmerkmale getrennt voneinander analysieren (Tab. 2.1.2). Durch Kombination der Indizes lassen sich so beispielsweise differenzierte Aussagen sowohl zur stadtökologischen Qualität, zur Zerschneidung von Siedlungsräumen und der Immissionsschutzqualität als auch zur Ressourceneffizienz oder der städtebaulichen Kompaktheit und Effizienz treffen (Abb. 2.1.1).

2.2 Wirkungszusammenhänge

Im folgenden Abschnitt werden die Wirkungszusammenhänge vorgestellt und auf der Grundlage eigener und recherchierter Untersuchungsergebnisse diskutiert. Der für die Analyse gewählte Untersuchungsraum ist die Gesamtstadt in ihren administrativen Grenzen auf der Untersuchungsebene des Siedlungskörpers in seiner planaren Ausprägung. Es handelt sich dabei um eine generalisierte Verschmelzung der Ortslage mit den baulich geprägten Flächen der Nutzungsarten Wohnen, Mischnutzung, Industrie/Gewerbe sowie besondere funktionale Prägung (Abschnitt 2.5).

(1) Wirkungszusammenhänge zwischen der Form des Siedlungskörpers einerseits und der Erreichbarkeit von städtebaulichen Räumen im Siedlungskörper sowie von Erholungsräumen im Freiraum andererseits.

Zwischen der Form des Siedlungskörpers und der internen Erreichbarkeit von Flächen mit Daseinsfunktionen sowie der Erreichbarkeit des Freiraumes besteht ein konträrer Zusammenhang. Städte mit einer hohen Kompaktheit des Siedlungskörpers und damit guten Voraussetzungen für räumliche Nähe und Verflechtung der städtischen Daseinsfunktionen können sich dem Leitbild der „Stadt der kurzen Wege" annähern, werden aber einer hohen Verzahnung mit dem Freiraum nicht gerecht. In einer kompakten Stadt kann durch die Konzentration aller Funktionen eine hohe Funktionsmischung und Nutzungsdichte erzielt werden, die positiv auf die infrastrukturelle Effizienz der Stadt wirken.

Zur Verzahnung des Siedlungskörpers mit dem Freiraum gibt es in der Fachwelt sehr unterschiedliche Sichtweisen: Der klaren Trennung von Siedlungskörper und Freiraum durch eine kurze Randlinie steht die starke Verzahnung beider Raumkomponenten gegenüber. Im Fall stärkerer Verzahnung sind die Erholungsflächen des Freiraumes für viele Bewohner der Stadt potenziell schneller erreichbar. Demgegenüber entstehen Nachteile bezüglich der durchschnittlichen Erreichbarkeit kultureller und sozialer Einrichtungen im Zentrum der Stadt. Zugleich steigen der Aufwand und die Kosten für Ver- und Entsorgung.

Die Bedeutung der Verzahnung eines Siedlungskörpers mit dem Freiraum wächst mit der Einwohnerdichte im Siedlungskörper. In Städten mit sehr hoher Einwohnerdichte verbessert sich die Wohnumfeldqualität, wenn die Erholungsräume im Freiraum auf Grund stärkerer Verzahnung von Siedlungskörper und Freiraum besser erreichbar sind.

Je größer der Grünflächenanteil innerhalb des Siedlungskörpers einer Stadt, desto geringer wird die Bedeutung einer Verzahnung des Siedlungskörpers mit dem Freiraum für Erholung und mikroklimatischen Ausgleich (Clemens 2002).

(2) Wirkungszusammenhänge zwischen der Lage und Größe der Grün- und Wasserflächen im Siedlungskörper sowie der Lage des Freiraums einerseits und der mikroklimatischen, lufthygienischen Situation in städtebaulichen Räumen sowie dem potenziellen Wohnwert der Bebauung andererseits.

Die Flächennutzungsstruktur des Siedlungskörpers und insbesondere die Größe, Struktur und räumliche Verteilung öffentlicher Grünflächen und Gewässer sind Schlüsselfaktoren für stadtökologische Qualität und städtische Lebensqualität (Arlt et. al 2005). Es ist seit langem bekannt, dass Grün- und Wasserflächen in den Städten, insbesondere in Strukturen hoher baulicher Dichte, im hohen Maße ökologische Funktionen übernehmen, wie beispielsweise den Ausgleich bzw. die Reduktion von Überwärmung sowie Filterfunktionen. Somit erbringen öffentliche Grün- und Wasserflächen ökologische Leistungen für die Städte. In bebauten städtischen Räumen tragen sie zu einer verbesserten Umfeldqualität bei und erfüllen für die Bevölkerung aber auch die Besucher der Städte die Funktion der Erholung (Clarke und Bach 1971; Finke 1993).

Lufthygienisch tragen urbane Grünflächen durch ihre Filterfunktion zur Reduzierung der Luftschadstoffe bei. Um deren Effekte genauer quantifizieren und verallgemeinernde Aussagen über typische Strukturen der öffentlichen Grünanlagen treffen zu können, untersuchte Bongardt 2005 Parkanlagen und deren Umgebung. Er kommt zu dem Ergebnis, dass sich die Luftqualität – trotz Unsicherheiten – innerhalb der urbanen Grünanlagen und in der unmittelbaren Umgebung verbessert. Entscheidend für den erzielbaren Effekt über die öffentlichen Grün- und Wasserflächen hinaus ist die Struktur der angrenzenden Bebauung (Arlt et al. 2005; Mathey et al. 2011). Zugleich ist die Lage der Grünfläche zur Windrichtung bedeutsam. So entstehen an der windabgewandten Seite von Grünflächen die größten Effekte (Universal-Lexikon 2012). Ebenso wie die Grünflächen reduzieren natürliche und künstliche Wasserflächen am Tag die thermische Belastung im Siedlungskörper. Dies ergaben Modellsimulationen. Im Gegensatz zu Vegetationsflächen, wo die absenkende Wirkung eine Reichweite bis zu 100 m erreicht, beschränkt sich der positive Wirkungsbereich der Wasserflächen meist ausschließlich auf die eigene Fläche (Kuttler et al. 2012).

Über die ökologischen Funktionen hinaus erfüllen Grün- und Wasserflächen in Städten soziale und psycho-hygienische Funktionen. Spätestens seit dem 19. Jahrhundert spiegelt dies die städtebauliche Praxis wider. Seit dieser Zeit wurden in den Siedlungsräumen der Städte gezielt

Parkanlagen geschaffen, wie beispielsweise in Magdeburg der Volkspark (1824-1825), in Dresden die Bürgerwiese (1858-1863), in Köln der Stadtgarten (1865) oder in Bremen der Bürgerpark (ab 1866) (Bunzel 1992). Sie wurden damals, insbesondere in städtebaulichen Räumen mit hoher Bebauungsdichte, als Erholungsräume im Freien geschaffen. Bis zur heutigen Zeit haben sie nicht an Bedeutung verloren und sind ein Kriterium für die Identifikation der Bewohner mit ihrem Wohngebiet (Bunzel 1992).

Über die ökologische und soziale Bedeutung von öffentlichen Grünflächen hinaus beeinflussen Grünflächen die Bodenrichtwerte der Städte. Hoffmann und Gruehn 2010 kamen zur Erkenntnis, dass sich, in Abhängigkeit von spezifischen, räumlich differenzierten Freiraumfunktionen und Merkmalen der Freiraumausstattung (neben städtebaulichen und ökonomischen Faktoren), die Bodenrichtwerte zwischen 5 % und 10 %, unter spezifischen Bedingungen bis zu 20 % verändern, in Ausnahmefällen sogar darüber. Als höchst bedeutsame Faktoren wurden u. a. die Freiraumversorgung mit hochwertigen Parkanlagen und Stadtgrünplätzen bzw. der Freiraummangel identifiziert.

(3) Wirkungszusammenhänge zwischen der Inanspruchnahme von Siedlungsflächen einerseits und dem Maß der Fragmentierung eines Siedlungskörpers bezüglich Anzahl, Größe und Lage separater Teilflächen sowie der Zersiedelung der Freiraumlandschaften andererseits.

Der fragmentierte Siedlungskörper als Ausdruck der Suburbanisierung und Zersiedlung repräsentiert eine gegenläufige Entwicklung zur „kompakten Stadt" mit ihrer kleinräumigen Nutzungsmischung und Urbanität sowie Innenentwicklung und Zentrumsstärkung. Suburbanisierung geht mit Inanspruchnahme von Flächen im Freiraum, der Verstädterung des Umlandes und Zersiedelung der Landschaft einher. Mit zunehmender Anzahl separater Polygone des Siedlungskörpers einer Stadt (innerhalb seiner administrativen Fläche) werden mehr Lebensräume für Pflanzen und Tiere zersplittert oder zerstört. Weitere Folgen sind der Verlust größerer zusammenhängender Freiraumlandschaften, der Verlust der Erholungsfunktion sowie die physische, optische und akustische Zerstörung von Lebensräumen (Aring 1999). Die Landschaft wird verstädtert (Heuer 1978; Hesse 2001).

Ein weiteres Kriterium sind die Entfernungen der separaten Flächen des Siedlungskörpers voneinander. Je größer sie werden, desto höher sind die erforderlichen infrastrukturellen Aufwendungen, um die Gesamtstadt zu vernetzen. Darüber hinaus ist eine erhöhte Alltagsmobilität innerhalb der Stadt zu erwarten, die ein verstärktes Verkehrsaufkommen zur Folge hat. Dadurch kommt es zu größeren Umweltbelastungen in Form von Lärm-, Schwingungs-, Staub- und Luftschadstoffimmissionen. Die Wohn- und Umweltqualität sinkt. Die ökologische Leistungsfähigkeit des Freiraumes wird reduziert.

(4) Wirkungszusammenhänge zwischen der Lage und Größe von Industrie- und Gewerbeflächen sowie Flächen besonderer funktionaler Prägung in einer Stadt einerseits und der Ausprägung der Nutzungsmischung andererseits.

In Deutschland hat sich – bezüglich des Charakters der Arbeitsplätze – ein Wandel vollzogen. Das produzierende Gewerbe wird zunehmend zu Gunsten des Dienstleistungssektors zurückgedrängt. Außerdem werden die Betriebe kleiner. Diese Tertiärisierung der Wirtschaft bewirkt einen Rückgang von Emissionen durch störende Industrie- und Gewerbebetriebe. Damit besteht die Möglichkeit stärkerer räumlicher Funktionsmischung von Arbeiten und Wohnen in der Stadt (Beckmann und Gies 2011). Nach den vorrangig monostrukturell ausgerichteten Prozessen der Stadtentwicklung in der Vergangenheit, die mit den Konsequenzen der Suburbanisierung und Inanspruchnahme von Freiraumflächen einhergingen, besteht in den Städten jetzt die Tendenz zu kompakten, gemischten und durch Funktionsvielfalt geprägten Strukturen. Eine auf kompakte Strukturen orientierte Stadtentwicklung wirkt sich positiv auf die städtebauliche Qualität aus und passt sich an die unterschiedlichen Bedürfnisse und Lebenslagen in einer Stadt an. Sie erhöht die Effizienz durch reduzierten Energieverbrauch und höhere Flächenproduktivität bei der Inanspruchnahme von Flächen für Siedlung und Verkehr. Darüber hinaus werden die Emissionen durch Verkehr reduziert. Gleichzeitig sinken die Folgekosten, die sich beispielsweise durch geringere Fahrwege ergeben (Hesse 1996).

(5) Wirkungszusammenhänge zwischen der Anzahl und Verteilung von Hauptverkehrstrassen im Siedlungskörper einerseits und dem Maß der Zerschneidung des Siedlungskörpers, den Immissionen im Siedlungskörper sowie dem potenziellen Wohnwert der Bebauung andererseits.

Verkehrstrassen wirken wie Barrieren und können zusammengehörende städtebauliche Strukturen (Stadtteile) trennen. Der Siedlungskörper als wesentlicher Lebensraum für den Menschen wird durch Verkehrstrassen fragmentiert – vergleichbar mit der Landschaftszerschneidung. Damit wird die Lebens- und Aufenthaltsqualität in Abhängigkeit von der Verkehrskategorie beeinträchtigt. Es kommt zu einer Zäsur, die je nach Stärke des Verkehrsaufkommens zu einer „harten" Trennung der zerschnittenen städtischen Räume führt. Je nach Lage der Verkehrstrasse können somit „Insellagen" innerhalb einer Stadt entstehen. Es kommt zu stofflichen, energetischen, funktionstrennenden, visuell-ästhetischen oder nutzungsstrukturellen Veränderungen (Clemens 2002).

Mit steigendem Verkehrsaufkommen auf den Trassen nehmen die durch Lärm- und Schadstoffimmissionen betroffenen Flächen zu. Befragungen haben ergeben, dass Straßenverkehrslärm am stärksten störend empfunden wird, u. a. auch dadurch bedingt, dass die Menschen ihm nicht entrinnen können, der Verkehr ständig zunimmt und es kaum noch Zeiten gibt, in denen der Verkehr abflaut (Fürst und Kuhne 2010).

Straßenverkehrslärm beeinflusst das Wohlbefinden der Menschen und fördert Gesundheitsrisiken, wie Bluthochdruck, Herzerkrankungen oder psychische Erkrankungen. Darüber hinaus kommt es verstärkt zu Schlafstörungen (Fürst und Kuhne 2010).

Nach Giering 2009 betragen die volkswirtschaftlichen Kosten des Straßenverkehrslärms geschätzt ca. 9 Milliarden Euro pro Jahr. Es besteht eine signifikante Korrelation zwischen Lärmemission und Betroffenheit, wobei die Betroffenheitsangaben der Bevölkerung durch nichtakustische Parameter, wie beispielsweise individuelle Reaktionen gegenüber Lärm, sowie dem Ort der Pegelmessung (innen, außen oder innen am geöffneten Fenster) stark beeinflusst wurden (Giering 2010). Analysen von Schultz 1978, Fidell et al. 1991, Finegold et al. 1994 und Miedema et al. 1998 belegen diesen Zusammenhang. Quartiere mit Belastung durch mehrere Schallquellen weisen auf ihren Freiflächen eine geringe Aufenthaltsqualität auf. Die Folgen sind geringere Mieten und Mieteinnahmen, verminderte Grundstückswerte und sinkendes Steueraufkommen (Fürst und Kuhne 2010).

(6) Wirkungszusammenhänge zwischen der Gebäudeanordnung, der Gebäudehöhe sowie dem Gebäudeabstand einerseits und dem Grad der Verschattung von Gebäuden und den dazugehörigen Freiflächen sowie der Wohn- und Wohnumfeldqualität, aber auch der Nutzungseffizienz der baulich geprägten Flächen andererseits.

In Abhängigkeit von der Bebauungsstruktur sowie der Stellung der Gebäude zur Himmelsrichtung, der Gebäudehöhe und Bebauungsabstände ergeben sich unterschiedliche Situationen der Belichtung bzw. Verschattung der Gebäude und der Freiflächen innerhalb und zwischen den Quartieren (Strukturen). Deshalb ist es wichtig, den Zusammenhang zwischen baulicher Dichte und Wohnqualität auszuloten. Dabei erweisen sich historische Stadtkerne bzw. gründerzeitliche Quartiere als problematisch, da diese meist eine hohe Bebauungsdichte aufweisen, welche ein hohes Maß an Verschattung verursacht. Die geltenden Mindestforderungen basieren auf den gesetzlichen Regelungen der Baunutzungsverordnung (BauNVO) § 17 Abs. 1, worin die Obergrenzen für die Bestimmung des Maßes der baulichen Nutzung festgelegt sind, die in der Regel nicht überschritten werden dürfen, wobei die Möglichkeiten der Überschreitung der Dichte-Obergrenzen gelockert wurden (Roskamm 2016). Ausnahmen ergeben sich aus besonderen städtebaulichen Gründen (Nachverdichtung), bei Gewährleistung der allgemeinen Anforderungen an gesunde Wohn- und Arbeitsverhältnisse (BauNVO §17 Abs. 2). Der Belichtung und Besonnung der Bebauungsstrukturen, besonders in den Wintermonaten mit niedrigem Sonnenstand, kommt an dieser Stelle eine besondere Bedeutung zu. Aus diesem Grund sind bestimmte Bebauungsabstände einzuhalten, die den gesetzlichen Regelungen zu Abstandsflächen entsprechend der Musterbauordnung (MBO, Bauministerkonferenz, ARGEBAU 2008, § 6) unterliegen. Auf Grund der Gesetzgebungskompetenz der Länder für das Bauordnungsrecht erfolgt die Spezifizierung der Regelungen zu Abstandsflächen in den Landesbauordnungen. Ein hohes Maß an Verschattung der Gebäude und Freiflächen innerhalb von Bebauungsstrukturen beeinträchtigt stark die Wohn- und Wohnumfeldqualität sowie die Aufenthaltsqualität auf den Freiflächen. Andererseits ermöglichen dichte Bebauungsstrukturen bei einer hohen Einwohner- und Arbeitsplatzdichte eine hohe Nutzungsdichte und damit Nutzungseffizienz.

(7) Wirkungszusammenhänge zwischen dem Überbauungsgrad in Abhängigkeit vom städtebaulichen Strukturtyp sowie der Nutzungsart einerseits und dem Anteil versiegelter Flächen sowie potenzieller Grünflächen im Siedlungskörper andererseits.

Es besteht ein grundlegender Zusammenhang zwischen dem nutzungsartspezifischen Überbauungsgrad, der Versiegelung sowie der potenziellen Grünausstattung teilstädtischer Räume bzw. einer Stadt. Mit steigendem Überbauungsgrad erhöht sich die bauliche Dichte. Der Bedarf an versiegelten Freiflächen für Verkehrs- und Erschließungsflächen steigt jedoch nicht zwangsläufig proportional. Vielmehr ist es notwendig, die versiegelten und damit abflusswirksamen Flächen zu minimieren. Die Zunahme dieser Flächen durch die anhaltende Siedlungsentwicklung sowie die forcierte Innenentwicklung reduzieren die Grundwasserneubildung durch größere Abflussmengen in das kanalisierte Abwassersystem. Sie führen bei Starkregen zu Abflussspitzen mit Überstauereignissen in der Kanalisation, zu Schmutzwassereinträgen durch Notabflüsse aus überlasteten Kläranlagen in die Fließgewässer sowie zu Hochabflüssen in den Vorflutern bzw. Fließgewässern (Heber 1998).

Mit zunehmender Überbauung und Versiegelung der städtischen Flächen werden auf diesen die Ökosystemleistungen, d. h. im speziellen Zusammenhang regulierende Leistungen, immer stärker eingeschränkt.

(8) Wirkungszusammenhänge zwischen dem Grad baulicher Verdichtung (Baumassendichte und Überbauungsgrad) einerseits und der ökologischen sowie ökonomischen Situation einer Stadt andererseits.

Der Grad der baulichen Verdichtung ist eine Kenngröße aus der Stadtplanung und im Rahmen der Diskussion zur nachhaltigen Stadtentwicklung ein wesentliches quantitatives städtebauliches Maß neben anderen Dichtemaßen, wie beispielsweise der Einwohnerdichte, der Beschäftigtendichte und der Nutzungsdichte (Apel et al. 2000).

Je geringer die bauliche Dichte städtebaulicher Strukturen ist, desto höher ist der spezifische infrastrukturelle Erschließungsaufwand. Damit sinkt die spezifische Erschießungseffizienz pro Kopf. Beträgt beispielsweise der Erschließungsaufwand in verdichteten Bebauungsstrukturen 1 m pro Einwohner, so erhöht sich die Länge in einer aufgelockerten Ein- und Zweifamilienhausstruktur um Faktor zwei bis Faktor sieben (Westphal 2008). Im Sinne des ökologischen Leistungsvermögens und der damit einhergehenden ökologischen Lebensraumqualität gibt es für kompaktere städtebauliche Siedlungsstrukturen ein bisher noch nicht quantifiziertes Optimum baulicher Verdichtung (Arlt und Lehmann 2005). In städtebaulichen Räumen mit hoher baulicher Verdichtung können Nachverdichtungsmaßnahmen im Sinne von Innenentwicklung zu erheblichen stadtökologischen Funktionsverlusten führen. Unter anderem kommt es zur Reduzierung der Grundwasserneubildung, zur Beeinträchtigung der mikroklimatischen Situation sowie zur Erhöhung der Lärm- und Luftimmissionen (Henkel et al. 2010). Aber auch soziale Konflikte und Beeinträchtigung der Wohnzufriedenheit können die Folge und Gründe für die mangelnde Akzeptanz hoher städtebaulicher Dichten sein (u. a. BfLR 1996; Jenks et al. 2000).

(9) Wirkungszusammenhänge zwischen dem Verhältnis von Gebäudevolumen und Gebäudeoberfläche (Gebäudekompaktheit) einerseits und den potenziellen Transmissionswärmeverlusten andererseits.

Eine kompakte Siedlungsstruktur mit einer hohen Siedlungsdichte erfordert eine hohe Kompaktheit der Baukörper. Sie steht wiederum im engen Zusammenhang mit dem zu erwartenden Heizwärmebedarf und damit den potenziellen Transmissionswärmeverlusten der Gebäude. Die Kompaktheit der Baukörper ergibt sich vor allem aus dem Verhältnis von Volumen (V) des Baukörpers zur Außenwand- oder Hüllfläche (A) und wird als A/V-Verhältnis definiert (die Bauform bestimmt weitgehend das A/V-Verhältnis). Bei gleichem Dämmstandard gilt, je geringer das A/V-Verhältnis, desto geringer sind die relativen Wärmeverluste eines Gebäudes. Dabei handelt es sich um einen Orientierungswert, der im konkreten Fall geprüft und durch eine fallbezogene Energiebilanz untersetzt werden muss (Energiesparhaus 2015). Die Spannweite der A/V-Verhältniswerte der verschiedenartigen Bauformen reicht im Einzelnen von 0,25 (günstig) bei einer mehrgeschossigen Blockrandbebauung bis zu etwa 1,2 (ungünstig) bei einer eingeschossigen Winkelbungalowbebauung, wobei mit steigendem A/V-Verhältnis die relativen Wärmeverluste zunehmen. Im Allgemeinen tendieren verdichtete Bebauungsformen zu günstigen A/V-Verhältnissen.

(10) Wirkungszusammenhänge zwischen der Vielfalt der städtebaulichen Strukturen in Art und Lage einerseits und der Lebensqualität für unterschiedliche Lebensstile andererseits.

Eine lebenswerte Stadt erfordert städtebauliche Angebote für unterschiedliche Lebensstile. Je größer die Vielfalt der Strukturen ist, desto anziehender und lebendiger wird eine Stadt. Dies äußert sich zum einen in der Nutzungsmischung der Siedlungsflächen, zum anderen aber auch in den unterschiedlichen Bebauungsstrukturen, die soziale, kulturelle und funktionale Vielfalt ermöglichen. Städte, die durch großflächige Monostrukturen geprägt sind, bergen die Gefahr der Segregation von Bevölkerungsgruppen und der Konzentration von Problemlagen in sich. Außerdem sind diese Strukturen wenig anpassungsfähig gegenüber sozialen und gesellschaftlichen Veränderungen.

2.3 Sinnstiftende Messgrößen und Indizes

Über die Spalten der vorgestellten Analysematrix (Tab. 2.1.1) erfolgt die Zuordnung sinnstiftender Messgrößen zu den in den Zeilen dargestellten Wirkungszusammenhängen. Von sinnstiftend wird gesprochen, wenn sich Messgrößen mit städtebaulichen, umwelt- und lebensqualitativen Aspekten verknüpfen bzw. spezifische Sachverhalte indizieren lassen (siehe dazu Abschnitt 2.1). Folgende Hauptkategorien der physiognomischen Analyse des Siedlungsraums bündeln die Messgrößen und lassen sich unterscheiden: (A) Diversität, (B) Formkomplexität, (C) Heterogenität, (D) Kernfläche, (E) Nachbarschaft und (F) Zerschneidung. Die Auswahl der geeigneten Messgrößen zu den einzelnen Hauptkategorien erfolgt auf Basis von formulierten Zusammenhangsvermutungen und weiteren inhaltlichen Überlegungen, die in einem interdisziplinären Team von Architekten, Stadtplanern, Grün- und Landschaftsplanern sowie Geoinformatikern im Konsens entwickelt wurden. In einer weiteren Spalte sind räumliche Basisinformationen (wie z. B. absolute Flächengrößen, spezifische Dichtegrößen) enthalten, die zur Beschreibung eines jeden Wirkungszusammenhangs Relevanz tragen. Nachfolgend werden die Hauptkategorien und dazugehörigen Messgrößen überblicksartig präsentiert:

(A) Diversität

Die Messgrößen zur Diversität eignen sich, um auf städtischer oder teilstädtischer Ebene den Grad der Mischung von spezifischen Klassen zu quantifizieren bzw. (allgemein gesprochen) den Informationsgehalt in einer Raumeinheit zu bestimmen. Beispielsweise lassen sich Nutzungsklassen wie Arbeiten – Wohnen – Erholen analysieren oder städtebauliche Strukturen in ihrer Zusammensetzung untersuchen. Haber nutzt den Begriff „Raumdiversität" und charakterisiert damit *„das Gefüge oder Mosaik (pattern) unterschiedlicher, aber in sich gleichartiger Raumeinheiten oder -zellen [...]"* (Haber 1979, S. 21). Folgende Messgrößen gelten als typisch zur Beschreibung der Diversität, wobei zur Interpretation empfohlen wird, mehrere Messgrößen in ihren Ausprägungen heranzuziehen:

- Shannon-Wiener-Diversität,
- Relative Fülle *(Richness)*,
- Ausgewogenheit *(Evenness)*,
- Dominanz.

Die Messwerte variieren in Abhängigkeit von der thematischen Auflösung der verfügbaren Daten und dem angewandten Klassifikationsschema (Lang und Blaschke 2007).

Sowohl Wiener als auch Shannon entwickelten unabhängig voneinander die Grundlagen für die Messvorschrift zur Diversität, so dass die Messgröße nach beiden Urhebern benannt wurde (Washington 1984). Die Messgröße Shannon-Wiener-Diversität bietet die Möglichkeit, Vielfalt (Diversität) in einem räumlichen Untersuchungsgebiet zu quantifizieren. Mit Blick auf den Untersuchungsgegenstand Stadt lassen sich städtische Strukturen bzw. Eigenschaften in ihrer Zusammensetzung und statistischen Verteilung analysieren und darauf aufbauend Aussagen über deren Vielfalt treffen. Der Diversitätsindex H eines Untersuchungsgebietes (z. B. eine Stadt in ihren administrativen Grenzen) mit N Objekten und SG unterschiedlichen Strukturgruppen, von denen jeweils n_i zu einer Strukturgruppe gehören, berechnet sich wie folgt:

$$H = -\sum_{i=1}^{SG} P_i \cdot \ln P_i \qquad \text{mit } P_i = \frac{n_i}{N}$$

P_i Anteil der jeweiligen Strukturgruppe i an der Gesamtzahl N (die relative Häufigkeit von Objekten dieser Strukturgruppe).

Einheit: dimensionslos; Wertebereich: $0 \leq H \leq \ln(SG)$

Die Vielfalt wird also gemessen als negative Summe der einzelnen Produkte aus Flächenanteilen der jeweiligen Strukturgruppe und natürlichem Logarithmus des Bedeckungsgrades der jeweiligen Strukturgruppe, über die Anzahl der vorhandenen Strukturgruppen. Ist die Anzahl SG der Strukturgruppen vorgegeben, so erreicht der Shannon-Index sein Maximum, wenn alle Strukturgruppen gleich stark besetzt sind. Der Diversitätswert nimmt durch eine größere Klassenanzahl oder bei Annäherung an eine Gleichverteilung zu. Andere Messgrößen zur Diversität (z. B. *Simpson's Evenness Index* (*SIEI*) oder *Modified Simpson's Evenness Index* (*MSIEI*)) basieren dagegen nicht auf der Informationstheorie (McGarigal und Marks 1995).

Die Messgröße Ausgewogenheit (*Evenness, E*) bezieht sich auf das Vorkommen von verschiedenen Strukturgruppen und bestimmt die relative Diversität einer Strukturgruppe. Erfasst wird die Gleichverteilung bzw. Ausgewogenheit, indem die Diversität über den maximalen Diversitätswert standardisiert wird. Der theoretische Wertebereich liegt zwischen Null (Ungleichverteilung) und Eins (Gleichverteilung). Die Messgröße eignet sich für den Vergleich von Objekten bzw. Strukturgruppen hinsichtlich ihrer Diversität in unterschiedlichen Gebieten oder in einem Gebiet zu unterschiedlichen Zeitpunkten.

$$E = \frac{H}{\ln SG} = -\frac{\sum_{i=1}^{m} P_i \cdot \ln P_i}{\ln SG}$$

P_i = Anteil der jeweiligen Strukturgruppe i an der Gesamtzahl N (relative Häufigkeit von Objekten dieser Strukturgruppe)

SG = Anzahl Strukturgruppen

Einheit: dimensionslos; Wertebereich: $0 \leq E \leq 1$

Die Messgröße Dominanz quantifiziert die Abweichung von einem maximalen Diversitätswert und wird in der Regel nur in Verbindung mit den anderen Maßzahlen zur Interpretation herangezogen. Die Dominanz DOM berechnet sich wie folgt:

$$DOM = \ln SG - H = \ln SG + \sum_{i=1}^{SG} P_i \cdot \ln P_i \qquad \text{mit } P_i = \frac{n_i}{N}$$

H = Diversitätsindex

P_i = Anteil der jeweiligen Strukturgruppe i an der Gesamtzahl N (relative Häufigkeit von Objekten dieser Strukturgruppe)

SG = Anzahl Strukturgruppen

Einheit: dimensionslos; Wertebereich: $0 \leq DOM \leq H_{max}$

Die Messgröße Fülle (*Richness*) erfasst die Anzahl der Strukturgruppen in einem Untersuchungsgebiet und dient der Beurteilung, inwiefern Strukturgruppen in diesem Gebiet überhaupt vorkommen. Normiert man die absolute Anzahl der Strukturgruppen auf die maximal mögliche Anzahl von Strukturgruppen in einem Untersuchungsgebiet, so erhält man die relative Messgröße (relative Fülle). Sie ist vom ausgewählten Maßstab, der Datengrundlage bzw. der thematischen Tiefe (Anzahl der Strukturgruppen) abhängig (Lang und Blaschke 2007; Walz 2013). Es wird angenommen, dass bei großen Gebieten im Vergleich zu kleineren Gebieten der Grad der Heterogenität größer ist.

(B) Formkomplexität

Die Messgrößen zur Beschreibung der Form von räumlichen Untersuchungseinheiten sind vielfältig und werden auf verschiedenste Bezugsgeometrien angewendet (Turner 1989; McGarigal und Marks 1995; Schwarz 2010; Lowry und Lowry 2014; Lang und Blaschke 2007). Überprüft wird die Regelmäßigkeit bzw. Komplexität in Bezug auf eine Referenzgeometrie. Im Umfeld der Analyse von Stadt sind die meisten Messgrößen sowohl auf ein geometrisches Einzelobjekt als auch auf mehrere Objekte der teil- und gesamtstädtischen Ebene anwendbar. Häufig angewendet werden die folgenden Messgrößen, um Grundgeometrien, wie z. B. Siedlungen, bebaute Flächen einer spezifischen Nutzung oder Gebäudebestände, in ihrer Formkomplexität zu charakterisieren (Silva et al. 2015; Herold et al. 2003; Batty 2005 u. a.):

- Flächengewichteter mittlerer Formindex,
- Randlängendichte,
- Fraktale Geometrie.

Der flächengewichtete mittlere Formindex (*engl. Area Weighted Mean Shape Index, AWMSI*) repräsentiert eine dimensionslose Kennzahl zur Beschreibung der Formkomplexität von Polygonen (Zerlappung versus Kompaktheit) und wird wie folgt berechnet:

$$AWMSI = \sum_{i=1}^{n} (0{,}5 * E_i / \sqrt{\pi A_i})(A_i / A)$$

E_i = Randlinie i-tes Polygon,
A_i = Fläche i-tes Polygon,
A = Gesamtfläche Polygone

Einheit: dimensionslos; Wertebereich: [1; ∞]

Es wird ein modifiziertes Randlängen-Flächen-Verhältnis betrachtet, wobei größere Flächen mit stärkerem Gewicht in die Berechnung einfließen als kleinere. Bei der Idealform eines einzigen Kreispolygons ergibt die Messgröße den Wert Eins. Je zerklüfteter die Randlinie und je komplexer die Struktur, desto größer ist der Messwert. Die Korrelation von AWMSI zur Größe des Untersuchungsraumes ist in der Regel gering, weshalb die Messgröße auch zum Vergleich von Polygonen aus verschieden großen Untersuchungsgebieten verwendet werden kann (Schumacher und Thinh 2009). Im Vergleich zu fraktalen (logarithmierten) Kenngrößen liefert der AWMSI stärker differenzierte Werte für unterschiedlich strukturierte Städte.

Die Randlängendichte oder Kantendichte (*engl. Edge Density, ED*) wird berechnet, indem die Summe der Randlinienlängen von Untersuchungsobjekten durch die Fläche eines gewählten Untersuchungsgebiets geteilt wird. Der Faktor 10.000 dient der Umrechnung von Quadratmeter in Hektar. Die Randlängendichte beträgt Null, wenn die Fläche des einzigen Einzelpolygons der Gesamtfläche des Untersuchungsgebiets entspricht. Es handelt sich eher um ein Maß für die Strukturiertheit oder Zerschnittenheit einer Landschaft, so dass auch die Interpretation mit Blick auf die Formkomplexität erschwert wird.

$$ED = \frac{\sum_{i=1}^{n} E_i}{A} * 10.000$$

E_i = Randlinie i-tes Polygon
A = Fläche des Untersuchungsgebietes

Einheit: Meter pro Hektar; Wertebereich: [0; ∞]

Die Fraktale Geometrie (*Fractal Dimension Index, FRACT*) erlaubt eine Beschreibung der Formkomplexität über verschiedene räumliche Skalen. Berechnet wird die Fraktale Dimension, indem der zweifache Logarithmus des Umfangs durch die logarithmierte Fläche geteilt wird.

$$FRACT = \frac{2 * \log\left(\sum_{i=1}^{n} E_i\right)}{\log\left(\sum_{i=1}^{n} A_i\right)}$$

E_i = Umfang i-tes Polygon = Randlänge
A_i = Fläche i-tes Polygon

Einheit: dimensionslos; Wertebereich: [1; 2]

Die Messwerte sind umso größer, je zerklüfteter die Randlinie und je komplexer die Struktur ist. Auch diese Messgröße korreliert mit der Größe des Untersuchungsraumes üblicherweise kaum, weshalb hier ebenfalls ein Vergleich von Polygonen aus verschieden großen Untersuchungsgebieten möglich ist. Anzumerken wäre, dass es sich um ein weniger intuitives Maß zur Charakterisierung der Grenzlinienlänge bzw. deren Komplexität handelt (Lang und Blaschke 2007).

(C) Heterogenität

Die Messgrößen zur Heterogenität sind geeignet, um auf städtischer oder teilstädtischer Ebene die Regelmäßigkeit der Verteilung von Flächen (z. B. Nutzungsklassen oder städtebaulichen Strukturen) zu erfassen. Es lassen sich Aussagen über die Zergliederung bzw. Fragmentierung eines Untersuchungsgebiets treffen. Die räumliche Verteilung von Untersuchungseinheiten kann über verschiedenste Messgrößen (vgl. McGarigal und Marks 1995) in einem Untersuchungsgebiet erfasst werden, z. B. *Contagion Index*, *Interspersion Juxtaposition Index*, *Aggregation Index*, *Percentage of Like Adjacencies*. Es empfiehlt sich, mehrere Messgrößen zur Heterogenität zu berechnen und die Ergebnisse miteinander zu vergleichen. Je nach Messgröße sind vektor- und/oder rasterbasierte Messansätze umsetzbar.

Ergänzend zu den typischen Messgrößen der Heterogenität sei im Kontext von Zergliederung und Fragmentierung auch auf die Zersiedelungsindikatoren verwiesen, die einerseits die quantitative Dimension der Flächeninanspruchnahme durch bauliche Nutzung und andererseits die qualitative Dimension der Flächeninanspruchnahme im Hinblick auf die räumliche Konfiguration neuer Siedlungsflächen erfassen (Siedentop und Fina 2010; Jaeger et al. 2014; Fina 2013). Beispielsweise bietet der Zersiedelungsindikator nach Schweizer Messkonzept (Jaeger und Schwick 2014) die Möglichkeit zur differenzierten Analyse der Siedlungsstruktur. Dies erfolgt sowohl anhand eines Multi-Indikators (gewichtete Zersiedelung Z, *engl. weighted urban proliferation, WUP*) als auch anhand seiner Teilkomponenten wie Dispersion, urbane Durchdringung und Ausnutzungsdichte. Nachfolgend werden zwei Messgrößen zur Heterogenität ausführlicher beschrieben, die explizit die räumliche Konfiguration von siedlungsstrukturellen Eigenschaften berücksichtigen und in den nachfolgend dokumentierten Stadtvergleichen Anwendung finden:

- Verklumpungsgrad (*Contagion, CI*),
- Grad der Durchmischung (*Interspersion Juxtaposition Index, IJI*).

Beim Verklumpungsgrad handelt es sich um eine rasterbasierte Messgröße, welche die Nachbarschaften einzelner Pixelzellen beschreibt. Es wird eine gegebene Anzahl an Strukturen ins Verhältnis zur maximal möglichen Aggregation gesetzt, um darauf aufbauend Aussagen über den Zusammenhalt der gegebenen Strukturen treffen zu können (O'Neill 1988).

Der modifizierte Verklumpungsgrad (Li und Reynolds 1993) wurde entwickelt, da der ursprüngliche Verklumpungsgrad nur sensitiv gegenüber der Anzahl der vorhandenen Strukturen eines Untersuchungsraumes ist, jedoch nicht die räumliche Anordnung angemessen abbildet.

Die Annahme von zwei Wahrscheinlichkeiten bildet die Grundlage für die nachfolgende Berechnung des Verklumpungsgrades:

- Eine willkürlich gewählte Zelle gehört zur Struktur i (geschätzt über die proportionale Fülle der Struktur i) und
- eine gegebene Zelle der Struktur i besitzt eine Nachbarschaft zu einer Zelle der Struktur j.

Die Formel zur Berechnung des modifizierten Verklumpungsgrades (CI^*) wird wie folgt abgebildet:

$$CI^* = \left[1 + \frac{\sum_{i=1}^{m}\sum_{k=1}^{m}\left[(P_i)\left(\frac{g_{ik}}{\sum_{k=1}^{m} g_{ik}} \right) \right] \times \left[\ln(P_i) \times \left(\frac{g_{ik}}{\sum_{k=1}^{m} g_{ik}} \right) \right]}{2\ln(m)} \right] \times 100$$

m = Anzahl der Strukturen (Typen, Klassen)
$P(i)$ = Anteilswert von räumlichen Untersuchungseinheiten, die durch eine Struktur i belegt sind
g_{ik} = Anzahl von Berührungen zwischen Pixeln der Strukturen i und k

Einheit: Prozent; Wertebereich: [0; 100]

Im Zähler steht das Produkt aus Flächenanteil einer Struktur i und Anteil an Nachbarschaften zwischen Zellen dieser Struktur und anderen Strukturen (McGarigal und Marks 1995). Dieses Produkt wird mit dem Logarithmus des Anteilswertes multipliziert. Summiert man die Ergebnisse dieses Ausdrucks für alle Strukturen auf und teilt diesen Wert durch den zweifachen Logarithmus der Anzahl an Strukturen, so liegen die Werte für den Verklumpungsgrad zwischen 0 und -1. Wenn man zu diesem Ergebnis dann Eins addiert, so erhält man ein positives Ergebnis, welches durch Multiplikation mit 100 schließlich in Prozent ausgedrückt wird.

Falls alle Strukturen die maximale Aggregation aufweisen, so beträgt der Verklumpungsgrad 100 %. Im Falle maximaler Zerstreuung (z. B. wenn jede Zelle eine andere Struktur aufweist) tendiert dieser Wert gegen Null. Die Messvorschrift ist nur definiert, falls mindestens zwei

Strukturen im Untersuchungsraum vorliegen. Lang und Blaschke (2007) verweisen im Kontext von Parametern, die das Messergebnis beeinflussen, auf Frohn (1998), der folgende Parameter hervorhebt: 1. Rasterauflösung, 2. Anzahl Strukturen (thematische Tiefe), 3. Rasterorientierung, 4. Nachbarschaftsdefinition.

Die Messgröße Grad der Durchmischung *(Interspersion Juxtaposition Index, IJI)* (McGarigal und Marks 1995) stellt eine Alternative zur Messgröße Verklumpungsgrad dar, die das Durchmischungsverhältnis von Struktureinheiten in einem Untersuchungsgebiet quantifiziert und wie folgt berechnet wird:

$$IJI = \frac{-\sum_{i=1}^{m}\sum_{k=i+1}^{m}\left[\left(\frac{e_{ik}}{E}\right)\cdot \ln\left(\frac{e_{ik}}{E}\right)\right]}{\ln\left(0{,}5\left[m(m-1)\right]\right)} \times 100$$

e_{ik} = Kantenlänge zwischen Struktur i und k
E = Kantenlänge insgesamt
m = Anzahl der vorhandenen Strukturen
Einheit: Prozent; Wertebereich: $0 < IJI \leq 100$

Bewertet wird jede Struktureinheit nach der Nachbarschaft zu allen anderen Struktureinheiten. Auf Rasterebene bilden die einzelnen Zellen die Struktureinheiten, welche die Abgrenzung bestimmen. Ein hoher Wert der Messgröße indiziert, dass Strukturen in einem Untersuchungsgebiet tendenziell gleichverteilt sind. Da die Formel der Messgröße nur die Kanten der Zellen berücksichtigt, wird das Messergebnis nicht von der Rastergröße beeinflusst.

(D) Kernfläche

Die Berechnung eines negativen, nach innen gerichteten Puffers (*engl. Buffer*) dient der Konstruktion von sogenannten Kernflächen. Angenommen wird ein Randeffekt, der durch die Wahl einer Pufferbreite (Kernflächendistanz) definiert wird und abhängig von der Fragestellung ist bzw. üblichen Problemen der Schwellwertfestlegung unterliegt. Die Konstruktion bzw. der Verbleib von Kernflächen steht in engem Zusammenhang mit den geometrischen Eigenschaften des Untersuchungsgegenstandes. So können große Bezugsgeometrien potenziell große Kernflächen enthalten. Allerdings spielt auch die Form eine entscheidende Rolle für die Ausprägung der Kernbereiche. So können langgestreckte oder zerlappte Formen geringere Kernbereiche als kompakte Formen gleicher Flächengröße aufweisen (Lang und Blaschke 2007). Je komplexer die Ausgangsgeometrie ist, desto eher treten beliebig viele, nicht zusammenhängende (disjunkte) Kernflächen auf.

Es stehen verschiedene Maßzahlen zur Charakterisierung der Kernflächen zur Verfügung (u. a. Anzahl und Flächensumme der Kernflächen, vgl. McGarigal und Marks 1995). In Bezug auf denkbare raumstrukturelle Stadtanalysen werden der Kernflächenanteil und die Messgröße *Cority* ausführlicher dargestellt:

- Kernflächenindex (*Core Area Index, CAI*),
- *Cority (CY)*.

Das Verhältnis aus der Summe der Kernflächen und der Bezugsfläche des betrachteten Polygons beschreibt der Kernflächenindex (CAI), gemessen in Prozent:

$$CAI = \frac{TCA}{CA} * 100$$

TCA = Summe der Kernflächen
CA = Bezugsfläche
Einheit: Prozent; Wertebereich: [0; 100]

Je größer der Wert des Kernflächenindex ausfällt, desto höher ist der Anteil an Kernflächen. Beträgt der Messwert Null, so können keine Kernflächen in der betrachteten Geometrie konstruiert werden. Die Messgröße wird für Polygone berechnet. Durch Angabe des Mittelwerts oder anderer geeigneter Lage- und Streumaße ist auch ein Vergleich von teil- und gesamtstädtischen Untersuchungseinheiten möglich.

Die Wirkung von bestimmten Kernflächendistanzen (Randpuffer, Randeffektdistanz) wird durch die Messgröße *Cority* (CY) abgebildet. Im Zähler steht bei dieser Messgröße die Differenz aus der Anzahl der Polygone (n) und jenen Fällen, in denen keine Kernfläche mehr übrig bleibt (n_0). Im Nenner steht die Summe aus der Anzahl der Kernflächen (n_{CA} und n_0).

$$CY = \frac{n - n_0}{n_{CA} + n_0}$$

n = Anzahl der Polygone
n_{CA} = Anzahl der Kernflächen
n_0 = Anzahl Polygone ohne Kernfläche
Einheit: dimensionslos; Wertebereich: [0; 1]

Die Messgröße charakterisiert die Neigung zur Bildung von Kernflächen in Abhängigkeit der geometrischen Eigenschaften der Bezugsgeometrie und der gewählten Kernflächendistanz. Der theoretische Maximalwert beträgt Eins, wenn jedes Polygon genau eine Kernfläche besitzt. Diese Messgröße ist besonders geeignet, um Kernflächenanalysen mit variierender Pufferweite einem Vergleich zu unterziehen (Lang und Blaschke 2007).

(E) Nachbarschaft

Nachbarschaftsmaße bieten die Möglichkeit, Lagebeziehungen von ausgewählten Strukturen zu bestimmen. Innerhalb eines definierten Untersuchungsgebiets lässt sich das räumliche Verteilungsmuster von Untersuchungseinheiten beschreiben. Die Untersuchungseinheiten können in Bezug auf Fragmentierung, Isolation, Vernetzung oder Konnektivität analysiert werden. Anwendungen sind sowohl auf städtischer als auch teilstädtischer Ebene denkbar. Im Kontext von Nachbarschaftsmaßen ist zu beachten, dass oftmals die Festlegung einer definierten Nachbarschaftsumgebung (Konzept der Nähe, Lang und Blaschke 2007) erforderlich ist. Diese variiert je nach Fragestellung und hängt auch von den jeweils zu betrachtenden Untersuchungseinheiten ab. Folgende Nachbarschaftsmaße erscheinen aufgrund ihrer relativen mathematischen Einfachheit und bestätigten Anwendungsfähigkeit in zahlreichen anderen Disziplinen auch für die Stadtanalyse als relevant:

- Nächster Nachbar (*Nearest Neighbour*),
- Eingebundenheit (*Proximity*),
- Euklidische Distanz.

Die Messgröße *Nearest Neighbour* bestimmt den nächsten Nachbarn von einem gewählten Polygon zu seinen Nachbarpolygonen. Gemessen wird die kürzeste Distanz von Grenze zu Grenze des jeweiligen Polygons. In der Regel werden die Abstände zwischen Objekten der gleichen Klasse (z. B. Nutzungsklasse) bestimmt.

$$Euclidean\ Nearest\ Neighbour\ Distance = h_{ij}$$

h_{ij} = Distanz von Objekt i zum nächsten Nachbarn j der gleichen Klasse (kürzeste Entfernung von Rand zu Rand)

Einheit: Meter; Wertebereich: [0; ∞]

Darauf aufbauend können die Entfernungen der nächsten Nachbarn von allen Objekten mit Hilfe von Lage- und Streumaßen ausgewertet werden. So kann vor dem Hintergrund der Zersplitterung von Siedlungselementen die mittlere Nächster-Nachbar-Distanz zwischen bebauten Flächen bestimmt werden. Außerdem lassen sich typische Abstände zwischen Grünflächen innerhalb eines Stadtgebiets identifizieren. Es bleibt je nach Anwendung und Verteilung der Messwerte zu prüfen, ob der Median oder der Mittelwert eine sinnvollere Aussage liefert und inwiefern weitere Maßzahlen zur Analyse der Messwerte hilfreich sind.

Die Berechnung der Messgröße Eingebundenheit (*Proximity, PX*) kann nach vier unterschiedlichen Messvorschriften erfolgen (Lang und Blaschke 2007; Gustafson und Parker 1994; McGarigal und Marks 1995). Üblicherweise ist zu Beginn ein Objekt (Ausgangsobjekt bzw. Ausgangspatch) zu bestimmen, von dem die Messung in einem definierten Suchradius zu einem oder mehreren Zielobjekten (Zielpatches) erfolgen soll. Blaschke (1999, S. 6) verweist auf das Messkonzept *Proximity*: *„Ein vielversprechender Ansatz ist […], der nicht nur die minimale euklidische Distanz zum nächstgelegenen patch oder alle betrachteten patches berücksichtigt, sondern zwischen einer räumlich weitabständigen und geclusterten Verteilung unterscheidet sowie die Flächengröße berücksichtigt."* Folgende Berechnungsformeln sind zu unterscheiden (Prinzipskizzen siehe Abbildung 2.3.1):

Variante 1: $$PX_{Zielobjekt} = \frac{A_Z}{d_{NN}}$$

Variante 2: $$PX_{Ausgangsobjekt} = \frac{A_A}{d_{NN}}$$

Variante 3: $$PX_{Aufsummiert} = \sum_{i=1}^{n} \frac{A_{Z_i}}{d_i}$$

Variante 4: $$PX_{Verkettet} = \frac{A'_A}{d_{NN}} + \sum_{i=1}^{n} \frac{A'_{Z_i}}{d_{K_i}}$$

A_Z = Fläche des Zielobjekts
A_A = Fläche des Ausgangsobjekts
d_{NN} = Nächste-Nachbar-Distanz zwischen Ausgangs- und Zielobjekt
d_K = Distanz zum nächsten Nachbarobjekt, ausgehend vom nächstgelegenen Objekt in Verkettung
d_i = Distanz vom Ausgangsobjekt zum i-ten Objekt im Umkreis eines definierten Suchradius
A'_A = Fläche des Ausgangsobjekts (nächstgelegenes Objekt in Verkettung)
A'_Z = Fläche des i-ten Zielobjekts (nächstgelegenes Objekt in Verkettung)

Einheit: Meter; Wertebereich: [0; ∞]

Die Variante 1 setzt die Fläche des Zielobjekts in Beziehung zur Nächste-Nachbar-Distanz zwischen Ausgangs- und Zielobjekt.

Die Variante 2 setzt die Fläche des Ausgangsobjekts in Beziehung zur Nächste-Nachbar-Distanz zwischen Ausgangs- und Zielobjekt.

Die Variante 3 wird häufig angewendet und bietet im Kontext der Analyse von städtischen Eigenschaften ein großes Anwendungspotential, da sich Aussagen über die durchschnittliche Nähe von Objekten treffen lassen und gleichzeitig die Größe der Objekte in einem definierten Suchradius mit berücksichtigt wird. So deutet ein großer Messwert auf dicht beieinander liegende oder tendenziell große Objekte in der Umgebung des Ausgangsobjekts. Ist der Wert klein, so deutet dies auf Isolierung oder Fragmentierung der Untersuchungsobjekte bzw. auf eine geringe Konnektivität. Wird der *Proximity* nach Variante 3 für eine größere Zahl von Objekten berechnet, so bieten sich im Anschluss ebenfalls Möglichkeiten, die Messwerte in ihrer statistischen Verteilung zu untersuchen sowie diese mit Hilfe von Lage- und Streumaßen weiter zu charakterisieren.

Bei Variante 4 werden Flächen bzw. Entfernungsverhältnisse jeweils zum nächstgelegenen Objekt berechnet – allerdings in der Form, dass die schrittweise Verkettung

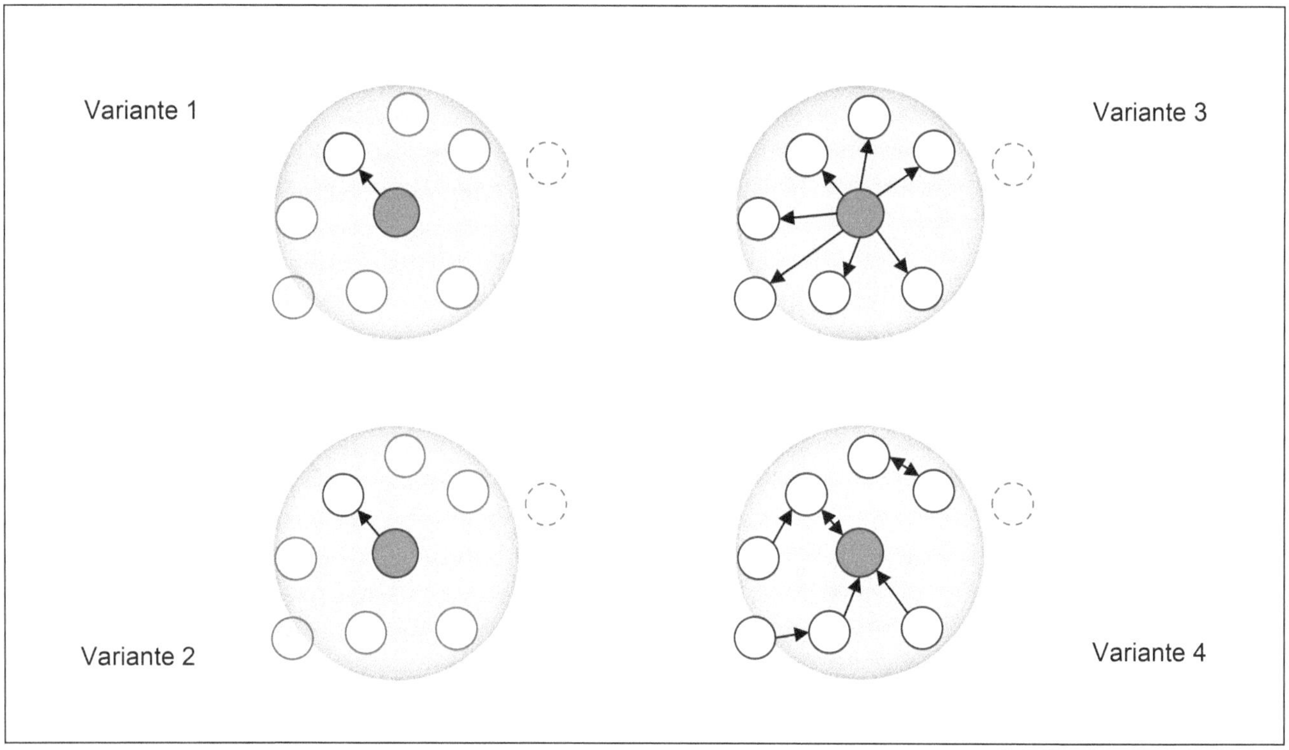

Abb. 2.3.1: *Prinzipskizzen zur Messgröße Proximity (in Anlehnung an Lang und Blaschke 2007)*

der Objekte in einem definierten Suchradius mit erfasst wird. Die Anwendungsmöglichkeiten dieser Variante sind auf dem Gebiet der Stadtanalyse noch zu erkunden.

In Ergänzung zu den Messgrößen *Nearest Neighbour* und *Proximity* bietet die Euklidische Distanzfunktion, welche in den meisten geografischen Informationssystemen standardmäßig implementiert ist, eine Möglichkeit, um Aussagen über die Entfernungsbeziehung von verschiedenen Klassen (z. B. Wohnen und Grünflächen) zu treffen. Der Ansatz ist rasterbasiert und es empfiehlt sich mit Blick auf den Vergleich von Städten, auf ein Raster mit definierter einheitlicher Zellgröße (z. B. 100 m, 200 m usw.) und definierter Position zurückzugreifen (INSPIRE-konformes Raster, INSPIRE 2010). Zu Beginn wird für jede Rasterzelle die kürzeste Distanz zu einer gewählten Klasse bestimmt (vgl. Abb. 4.2.2 und 4.2.3). Im Ergebnis liegt eine Zonierung der Distanzwerte vor, welche die Entfernung zur gewählten Klasse abbildet. Um für eine weitere Klasse die mittlere Entfernung zur Ausgangsklasse zu bestimmen, kann über zonale Statistik eine rasterbasierte Auswertung erfolgen. Es lassen sich verschiedenste Lage- und Streumaße berechnen.

(F) Zerschneidung

Die Messgrößen zur Zerschneidung bieten nicht nur auf Landschaftsebene im Freiraum, sondern auch auf städtischer Ebene die Möglichkeit zur Quantifizierung der zerschneidenden Wirkung von Infrastrukturtrassen wie Straßen, Bahnstrecken oder Hochspannungsleitungen. Neben diesen anthropogenen Zerschneidungselementen sind auch sogenannte geogene Zerschneidungselemente denkbar, wie z. B. große Flüsse oder steile Hangbereiche bzw. Abbruchkanten im Stadtgebiet. Dabei sind nicht nur linienhafte, sondern auch flächenhafte Zerschneidungselemente mit Barriere- oder Emissionswirkung auf die betrachtete Funktion bzw. Nutzung (Gewerbeflächen, Bahngelände, Seen usw.) möglich. Die Zerschneidung kann außerdem ästhetische Beeinträchtigungen auslösen. Als typische Messgrößen zur Beschreibung von Eigenschaften der Zerschneidung gelten (Lang und Blaschke 2007):

- Effektive Maschenweite (*Effective Mesh Size*),
- Kohärenzgrad (*Coherence Degree*).

International hat sich die Messgröße Effektive Maschenweite (*engl. Effective Mesh Size*) nach Jaeger (2001) als Maß für die Zerschneidung eines Untersuchungsgebiets etabliert und durchgesetzt. Die Messgröße besitzt diverse Vorteile gegenüber anderen Messgrößen der Zerschneidung (Jaeger 2001), wie z. B. dem Zerstückelungsindex, der Anzahl oder der Größe der verbleibenden Flächen nach der Zerschneidung. Als entscheidende

Gründe dafür können die Anschaulichkeit der effektiven Maschenweite, die Vergleichsmöglichkeit unterschiedlich großer Gebiete, die Robustheit gegenüber Kleinstflächen, die relative Einfachheit in der Berechnung und der geringe Datenbedarf genannt werden. Es gilt folgende Messvorschrift:

$$m_{eff} = \frac{1}{A_g} \sum_{i=1}^{n} A_i^2$$

A_g = Gesamtfläche des Untersuchungsgebietes
A_1 bis A_n = Flächengröße der betrachteten Teilflächen (Polygone)
n = Anzahl der Teilflächen (Polygone)

Einheit: Quadratkilometer; Wertebereich: $m_{eff} > 0$

Nach Jaeger ist die effektive Maschenweite definiert als: *„Größe der Flächen, die man erhält, wenn das Gebiet in lauter gleich große Flächen zerteilt würde, so dass sich dieselbe Wahrscheinlichkeit C dafür ergibt, dass zwei zufällig ausgewählte Orte in derselben Fläche liegen wie für die zu untersuchende Zerschneidungssituation (mit unterschiedlich großen Flächen)"* (Jaeger 2001, S. 3). Je geringer die Maschenweite ausfällt, desto zerschnittener ist also das Untersuchungsgebiet.

Die Summe der Teilflächen kann dabei kleiner als die Gesamtfläche sein.

Eng verknüpft mit der effektiven Maschenweite ist die Messgröße Kohärenzgrad (*Coherence Degree, C*), die Auskunft über die relative Häufigkeit bzw. Wahrscheinlichkeit gibt, dass zwei beliebig ausgewählte Punkte in derselben Teilfläche nach der Zerschneidung liegen. Folgende Formel dient der Berechnung, wobei durch Multiplikation mit 100 eine Angabe in Prozent möglich wird:

$$C = \sum_{i=1}^{n} \left(\frac{A_i}{A_g} \right)^2 * 100$$

A_g = Gesamtfläche des Bewertungsgebietes
A_1 bis A_n = Flächengröße der betrachteten Teilflächen (Polygone)
n = Anzahl der Teilflächen (Polygone)

Einheit: Prozent; Wertebereich: $0 < C < 100$

Der Kohärenzgrad fällt umso geringer aus, je mehr Zerschneidungselemente in einem Untersuchungsgebiet vorhanden sind und je größer folglich die Zerschneidung ist.

2.4 Daten und Indikatoren im urbanen Kontext

ATKIS Basis-DLM

Für das Verständnis der in diesem Buch beschriebenen Raumanalysen ist es notwendig, die verwendeten Grundlagendaten näher zu erläutern. Dabei spielt das ATKIS Basis-DLM eine entscheidende Rolle. ATKIS ist das Amtliche Topographisch-Kartographische Informationssystem in Deutschland. Das Konzept dieses Systems wurde von der Arbeitsgemeinschaft der Vermessungsverwaltungen der Länder der Bundesrepublik Deutschland entwickelt (AdV 2014). Im Fokus steht dabei die digitale Führung der topographischen Karten als Ergebnis der Landesaufnahme in den einzelnen Bundesländern. In digitalen Landschaftsmodellen (DLM) werden entsprechende Geobasisdaten für topographische Objekte der Erdoberfläche abgespeichert. Darüber hinaus umfasst ATKIS noch folgende Bestandteile:

- Digitale Geländemodelle (DGM),
- Digitale Orthophotos (DOP) und
- Digitale Topographische Karten (DTK).

Bei digitalen Landschaftsmodellen sind verschiedene Maßstabsbereiche zu unterscheiden:

- Basis-DLM (ehem. DLM25) für die Kartierung im Bereich 1:10 000 bis 1:25 000,
- DLM50 für die Kartierung im Bereich 1:50 000 bis 1:100 000,
- DLM250 für die Kartierung im Bereich 1:200 000 bis 1:500 000,
- DLM1000 für die Kartierung im Bereich 1:1 000 000 und kleiner.

Die topographischen Objekte der Landschaft werden nach Objektarten unterschieden, deren Beschreibung in einem Objektartenkatalog für den entsprechenden Maßstabsbereich vorliegt (BKG 2011). Dabei handelt es sich um Geodaten im Vektorformat – also Punkte, Linien und Polygone. Jede Objektart kann durch weitere Attribute differenziert werden, beispielsweise baulich geprägte Flächen mit der Funktion „Kultur" und entsprechender numerischer Codierung. Die Objektarten werden nach Ebenen bzw. Inhaltsschichten zusammengefasst, wobei zahlreiche Überlagerungen möglich sind.

Im Rahmen eines grundsätzlich neuen Datenmodells dürfen Überlagerungen zwischen den Objektarten der tatsächlichen Nutzung (Bereiche Siedlung, Verkehr, Vegetation und Gewässer) nicht mehr auftreten (BKG 2013). Dieses neue, sogenannte AAA-Modell wurde zur Harmonisierung dreier komplexer Systeme geschaffen:

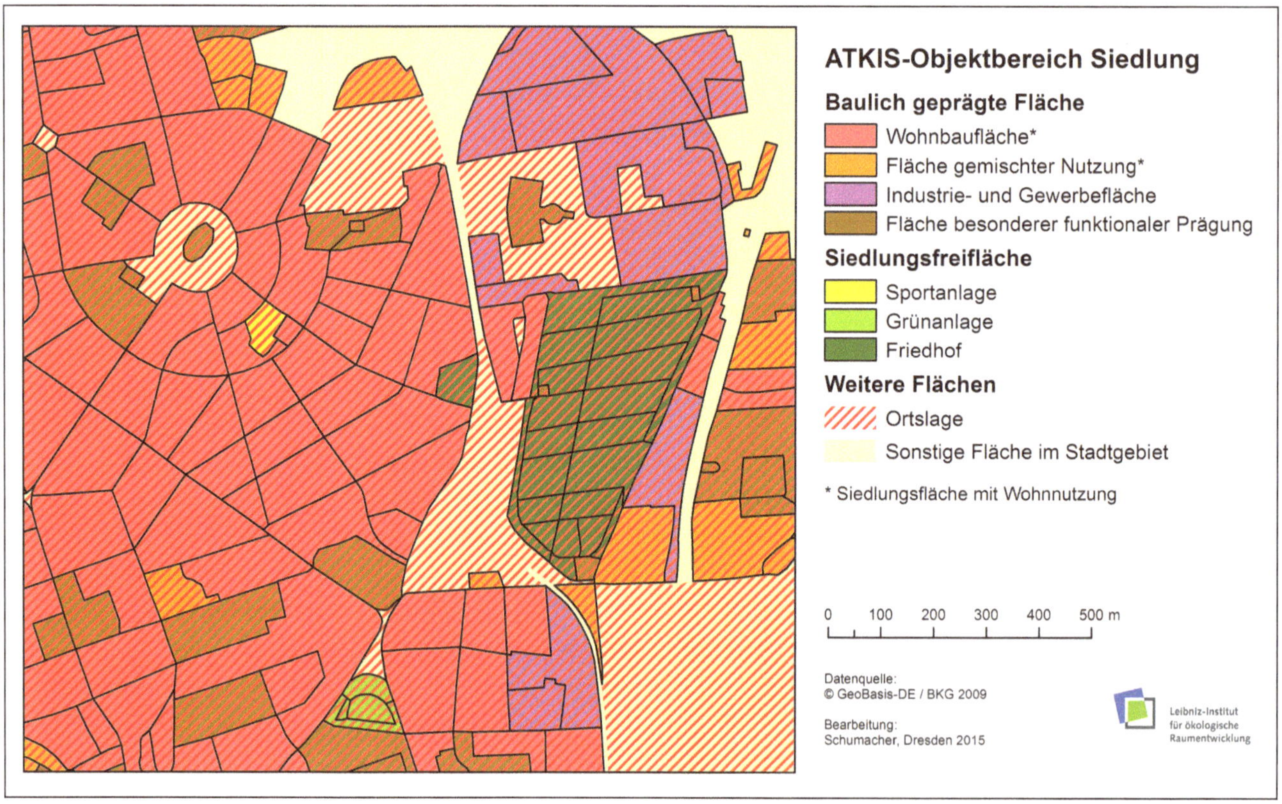

Abb. 2.4.1: *Ausgewählte Siedlungsobjekte des ATKIS Basis-Landschaftsmodells – Beispielausschnitt*

Tab. 2.4.1: *Ausgewählte Objektarten des ATKIS Basis-Landschaftsmodells aus dem Bereich Siedlung (Quelle: BKG 2011, 2013)*

Objektbereich Siedlung		
Objektart		**Beschreibung**
Altes Modell 3.2	**Neues Modell 6.0 (AAA)**	
Ortslage	AX_Ortslage	Im Zusammenhang bebaute Fläche mit einer Ausdehnung von mindestens etwa 10 ha oder 10 Anwesen
Wohnbaufläche	AX_Wohnbauflaeche	Baulich geprägte Fläche, die ausschließlich oder vorwiegend dem Wohnen dient (einschl. Hofraumflächen und Hausgärten)
Fläche gemischter Nutzung	AX_FlaecheGemischter Nutzung	Baulich geprägte Fläche, auf der keine Art der baulichen Nutzung vorherrscht (einschl. Hofraumflächen und Hausgärten)
Industrie- und Gewerbefläche	AX_IndustrieUnd Gewerbeflaeche	Baulich geprägte Fläche, die vorwiegend industriellen oder gewerblichen Zwecken dient (einschl. zugehöriger Freifläche)
Fläche besonderer funktionaler Prägung	AX_FlaecheBesonderer FunktionalerPraegung	Baulich geprägte Fläche, auf der Gebäude und/oder Anlagen bestimmter Funktion vorherrschen: Verwaltung, Gesundheit, Soziales, Bildung, Forschung, Kultur, Sicherheit, Verteidigung (einschl. zugehöriger Freifläche)
Sportanlage	AX_SportFreizeitUnd Erholungsflaeche	Bebaute oder unbebaute Fläche, die dem Sport, der Freizeitgestaltung oder der Erholung dient (Neues Modell: einschl. Kleingarten)
Freizeitanlage		
Grünanlage		
Friedhof	AX_Friedhof	Fläche, auf der Tote bestattet sind
...	...	...

Tab. 2.4.2: *Ausgewählte Objektarten des ATKIS Basis-Landschaftsmodells aus dem Bereich Verkehr (Quelle: BKG 2011, 2013)*

Objektbereich Verkehr		
Objektart		**Beschreibung**
Altes Modell 3.2	**Neues Modell 6.0 (AAA)**	
Straße	AX_Strasse	Befestigter, dem allgemeinen Verkehr dienender Verkehrsweg (einschl. der auf Brücken oder in Tunneln verlaufenden Abschnitte sowie die begeh- und befahrbare Fläche in einer Fußgängerzone)
–	AX_Strassenverkehr	Für die bauliche Anlage Straße erforderliche sowie dem Straßenverkehr dienende bebaute und unbebaute Fläche
Straßenkörper	AX_Strassenachse	Mitte der baulichen Trennung (bei Straßen mit baulich getrennten Richtungsfahrbahnen)
Platz	AX_Platz	Verkehrsfläche in Ortschaften oder ebene, befestigte oder unbefestigte Fläche für bestimmte Zwecke mit Verkehrsbezug
Schienenbahn	AX_Bahnstrecke	Verkehrsweg schienengebundener Verkehrsmittel außerhalb von flächenförmigen Bahnhofsanlagen
Bahnstrecke		Abschnitt im Schienenbahnnetz (innerhalb von Bahnhofsanlagen)
Bahnkörper	AX_Bahnverkehr	Für den Schienenverkehr erforderliche Fläche (Bahnkörper und damit im Zusammenhang stehende Fläche)
Bahnhofsanlage	AX_Bahnverkehrsanlage	Fläche mit Einrichtungen zur Abwicklung des Personen- und/oder Güterverkehrs bei Schienenbahnen
...	...	...
Anmerkungen: 1. Wegen strukturell unterschiedlicher Modellierung sind die alten und neuen Objektarten im Bereich Verkehr nicht äquivalent vergleichbar. 2. Betrachtung ohne Flug- und Schiffsverkehr		

Tab. 2.4.3: *Ausgewählte Objektarten des ATKIS Basis-Landschaftsmodells aus dem Bereich Gewässer (Quelle: BKG 2011, 2013)*

Objektbereich Gewässer		
Objektart		**Beschreibung**
Altes Modell 3.2	**Neues Modell 6.0 (AAA)**	
Strom, Fluss, Bach	AX_Fliessgewaesser	Natürlicher Wasserlauf (flächenförmig über 12 m Breite)
Kanal (Schifffahrt)	AX_Kanal	Künstlicher schiffbarer Wasserlauf
Binnensee, Stausee, Teich	AX_Stehendes Gewaesser	Mit Wasser gefüllte, allseitig umschlossene Hohlform der Landoberfläche ohne unmittelbaren Zusammenhang mit dem Meer
...	...	...

- AFIS: Amtliches Festpunkt-Informationssystem,
- ALKIS: Amtliches Liegenschaftskataster-Informationssystem,
- ATKIS: Amtliches Topographisch-Kartographisches Informationssystem.

Das ATKIS Basis-DLM orientiert sich am Informationsgehalt der Topographischen Karte 1:25 000, wobei eine höhere Lagegenauigkeit für die wichtigsten Objekte angestrebt wird (ca. ± 3 m). Für Stadtstrukturanalysen sind bestimmte topographische Objekte des Basis-Landschaftsmodells relevant (insbesondere aus den Bereichen Siedlung und Verkehr, teilweise aus dem Bereich Gewässer). Die Übersichten (Tab. 2.4.1 bis Tab. 2.4.3) enthalten wichtige ATKIS-Objektarten für diese drei Bereiche – sowohl nach der alten Modellversion (3.2) als auch nach der neuen Version (6.0). Diese topographischen Objekte sind meist flächenförmig abgebildet (Polygone), im Bereich Verkehr größtenteils linienförmig. Für ein konkretes Objekt gibt es in Abhängigkeit von seiner Objektart weitere attributive Spezifikationen, beispielsweise zur Funktion eines baulich geprägten Objektes. Die ATKIS-Daten für die hier analysierten Beispielstädte beziehen sich grundsätzlich auf das Jahr 2009, wo es deutschlandweit noch das alte Modell 3.2 gab. In den Jahren 2010 bis 2013 wurde bundeslandweise die Migration zum neuen AAA-Modell 6.0 vollzogen.

Die Laufendhaltung bzw. Aktualisierung des Basis-Landschaftsmodells erfolgt in der Verantwortung der Vermessungsverwaltungen der einzelnen Bundesländer. Dabei ist zwischen der Grundaktualisierung nach Kartenblättern in einem Turnus von ca. fünf Jahren sowie der Spitzenaktualisierung ausgewählter Objektarten (vor allem im Bereich Verkehr) innerhalb eines Jahres zu unterscheiden.

An dieser Stelle sei die unterschiedliche Sichtweise auf die Geoobjekte in den einzelnen Informationssystemen erwähnt, welche durch die Harmonisierung im Rahmen der AAA-Modellierung nicht aufgehoben wird. Während ALKIS die flurstücksbezogene Sicht des Liegenschaftskatasters repräsentiert, bezieht sich ATKIS auf die topographische Sicht der Geoobjekte. Deshalb reichen die baulich geprägten Flächen (Baublöcke) beim ATKIS Basis-DLM in der Regel bis zur Straßenachse, wobei die Flurstücksgrenzen keine Rolle spielen. Dies wird aus Abbildung 2.4.1 ersichtlich.

Die baulich geprägten Flächen im ATKIS-Objektbereich Siedlung sind im vorliegenden Kontext von besonderer Bedeutung. Dabei werden sowohl die (reine) Wohnbaufläche als auch die Fläche gemischter Nutzung als Siedlungsfläche mit Wohnnutzung betrachtet. Die Definitionen dieser beiden Objektarten bieten einen gewissen Spielraum bei der Erfassung und Laufendhaltung der

Abb. 2.4.2: *Typische Beispiele baulich geprägter Flächen aus dem ATKIS-Objektbereich Siedlung im Bild: Wohnbau (oben links), Mischnutzung (oben rechts), Industrie- und Gewerbe (unten links), Besondere funktionale Prägung (unten rechts) (Fotos links: Schumacher 2015, Fotos rechts: Gruhler 2007)*

entsprechenden topographischen Geobasisdaten durch die Landesvermessungsbehörden, was bei der Auswertung zu beachten ist. Hinweise auf unterschiedliche Objekterfassung baulich geprägter Flächen in verschiedenen Bundesländern gibt es in der Literatur (beispielsweise Schumacher und Meinel 2009, S. 52-53). Typische Bildbeispiele der vier Objektarten baulich geprägter Flächen sind in Abbildung 2.4.2 zu finden.

Die Anwendung der einzelnen Objektarten im Kontext räumlicher Strukturanalysen zum Nachweis städtebaulicher Wirkungszusammenhänge wird im Kapitel 4 detailliert erläutert.

Hausumringe

Grundlegende Angaben zu Wohngebäuden, öffentlichen Gebäuden und dem Denkmalbestand in Deutschland sind den amtlichen Statistiken zu entnehmen, wobei der Bereich der Nichtwohngebäude allerdings nur lückenhaft erfasst ist. Trotz zahlreicher Bemühungen zur Beschreibung des Gesamtbestandes der Gebäude im Bundesgebiet war deren Datenerfassung in der Vergangenheit kompliziert, aufwändig und kostenintensiv. Außerdem interessieren neben statistischen Angaben in zunehmendem Maße geometrische bzw. georeferenzierte Daten zum Gebäudebestand.

Seit 2010 werden die Geobasisprodukte ‚Amtliche Hausumringe' und ‚Amtliche Hauskoordinaten' (auch georeferenzierte Adressdaten genannt) von der Zentralen Stelle für Hauskoordinaten, Hausumringe und 3D-Gebäudemodelle (ZSHH) der Bezirksregierung Köln, Abteilung Geobasis NRW, angeboten (Abb. 2.4.3). Der Datensatz „Hausumringe (HU)" enthält georeferenzierte Umringspolygone von Gebäudegrundrissen der Automatisierten Liegenschaftskarte (ALK) bzw. der Digitalen Flurkarte (DFK) in Bayern. Dabei sind keine Ausgestaltungsgeometrien und Dächer sowie keine unterirdischen Gebäude enthalten (BKG 2015). Die Umringpolygone enthalten außer dem amtlichen Gemeindeschlüssel AGS keine weiteren Attribute. Sie stehen flächendeckend für Deutschland zur Verfügung (ca. 50 Mio. Objekte) und werden regelmäßig aktualisiert. Ihre Lagegenauigkeit entspricht dem Maßstab des Liegenschaftskatasters (ALK bzw. ALKIS) (AdV 2012).

Ausdifferenzierungen des deutschen Gebäudebestands nach Menge, geometrischer Eigenschaft (v. a. Gebäudeform, Gebäudetyp) sowie seiner Nutzung in Kombination mit weiteren Geobasisdaten sind mit Hilfe der Hausumringe möglich geworden. Das Analysepotenzial ist aber noch weitaus größer, da räumliche Muster für unterschiedliche thematische Fragestellungen sowohl auf administrativer Ebene als auch auf Rasterebene abbildbar werden.

Die Hausumringe spielen neben dem ATKIS Basis-DLM als Geobasisdaten eine wichtige Rolle für die in diesem Buch beschriebenen Raumanalysen. Die Anwendung der Hausumringe im Kontext räumlicher Strukturanalysen zum Nachweis städtebaulicher Wirkungszusammenhänge wird in den Abschnitten 4.2 sowie 4.6 bis 4.10 detailliert erläutert. Bundesweite Analysen der amtlichen Hausumringe im Zusammenhang mit anderen Geobasisdaten sind in der Literatur zu finden (z. B. Behnisch et al. 2013; BMVBS 2013).

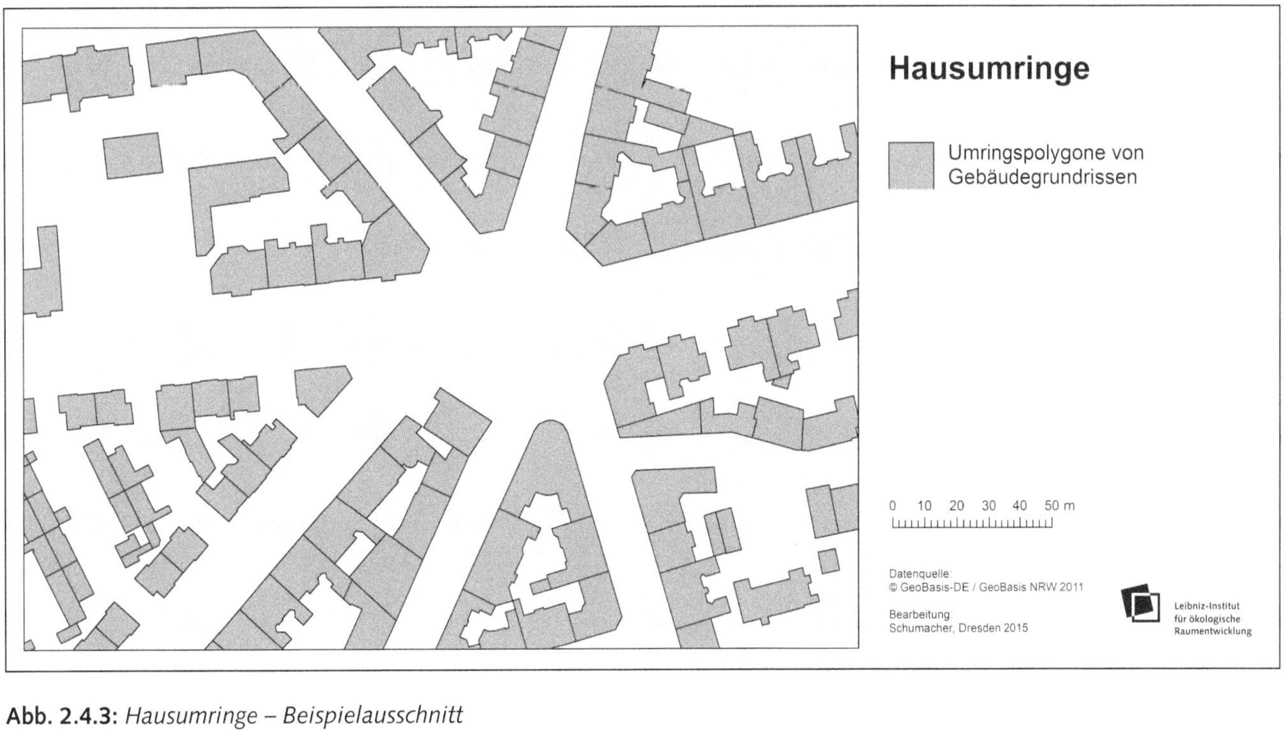

Abb. 2.4.3: *Hausumringe – Beispielausschnitt*

Statistik

Für städtische Analysen werden Sachdaten sowohl für räumliche Einheiten (Regionaldaten) als auch für räumliche Typen benötigt. Diese können eigene Erhebungen ergänzen und Wirkungszusammenhänge können im Kontext räumlicher Daten erklärt werden (Sigismund 2014). Es steht die Frage, von wem welche regionalen Daten als Quelle für städtische Analysen erhoben und angeboten werden.

Die Regionaldaten werden von der Bundesstatistik auf unterschiedlichen Ebenen bereitgestellt. Grundlage sind administrative Gebietseinheiten[1, 2], von den Bundesländern bis zur Gemeinde. *„Für diese Ebenen hat die amtliche Statistik die Informationshoheit, bietet einen transparenten Datenzugang und hat eine hohe Nutzerakzeptanz. Kurz: sie setzt die Standards. Im Hinblick auf die kleinräumigen Datenanforderungen ist das Angebot nicht ausreichend"* (Sigismund 2014, S. 1).

Speziell auf der Stadt- und Gemeindeebene gibt es außer der amtlichen Statistik verschiedene Anbieter von Daten, deren Bestände sich in der Regel ebenfalls an den administrativen Grenzen orientieren. Diese sind in den Gemeindeverzeichnissen der statistischen Ämter berücksichtigt: Inhalte sind der amtliche Gemeindeschlüssel (AGS), der Gemeindename, die Postleitzahl des Verwaltungssitzes der Gemeinde bzw. Stadt, die Fläche der Gemeinde und die Anzahl der Einwohner (insgesamt/männlich/weiblich). Die in regionaler Differenzierung in vergleichbarer Form angebotenen Daten werden im „Regionalstatistischen Datenkatalog des Bundes und der Länder" beschrieben (Destatis 2015; GESIS 2013).

Unterhalb der administrativen Gemeindeebene, bei einer tieferen Untergliederung von Städten, sind bundesweit keine vergleichbaren Daten flächendeckend verfügbar. Eine mögliche Datenquelle sind Fallstudien für einzelne Städte, die mit Unterstützung der Stadtstatistischen Ämter genutzt werden können. Bundesweit vergleichbare und zugängliche innerstädtische Daten über kleine Gebietseinheiten, bis zu Blöcken oder gar Blockseiten, gibt es *„nur in eigens – zum Teil auf der Basis von Begehungen – erstellten Datensätzen gewerblicher Markt- und Meinungsforschungsinstitute, Adressverlage und Versandunternehmen. … Hier gilt die bereits genannte eingeschränkte Überprüfbarkeit. Von größeren Gemeinden und insbesondere von Städten mit Stadtstatistischen Ämtern werden ebenfalls Daten über Gemeinde- beziehungsweise Stadtteile (‚statistische Bezirke') in zum Teil (jeweils) standardisierter Form und vergleichbar über die Zeit vorgehalten. … Ausnahmen bilden hier nur die im Rahmen eines Städteverbundes in einheitlicher Form angebotenen Daten der KOSIS[3] und eine regelmäßig aktualisierte Sammlung von Indikatoren und Karten des BBSR"* (GESIS 2013, S. 22). Im Folgenden werden ausgewählte Anbieter betrachtet.

Ausgewählte Anbieter statistischer Daten für städtische Analysen

Statistisches Bundesamt

Das Statistische Bundesamt veröffentlicht in der Hauptdatenbank GENESIS-Online und in den eigenen Publikationen vorrangig Bundes- und Ländererergebnisse und in begrenztem Umfang Regierungsbezirks- oder Kreisergebnisse. Im Rahmen von Stadtanalysen können diese Daten in erster Linie dem Vergleich dienen und bieten Informationen für die kreisfreien Städte.

Regional tief gegliederte Daten bis zur Gemeindeebene werden in der Regionaldatenbank Deutschland zur individuellen Nutzung zur Verfügung gestellt. Die Daten können zeitlich (lange Reihen) und räumlich (verschiedene räumliche Ebenen) individuell zusammengestellt werden.

Darüber hinaus bieten Ergebnisse von Großzählungen wichtige Strukturdaten, die nur in großen zeitlichen Abständen zu einem Stichtag erhoben werden, allerdings mit zunehmendem Abstand zum Erhebungsjahr an Aktualität verlieren. So bietet die Zensusdatenbank mit Auswertungen des Zensus 2011 eine Vielzahl kleinräumiger Daten zum Stichtag 9. Mai 2011, die in Tabellenform individuell bei den statistischen Ämtern abgerufen werden können.

Statistische Ämter der Länder

Für städtische Analysen einsetzbare Daten sind in den Länderstatistiken zu finden, die die Statistischen Ämter der Länder auf ihren Webseiten und in eigenen Veröffentlichungen anbieten.

Für die folgenden Themenfelder (gegliedert nach EVAS-Statistikbereichen[4]) werden von den amtlichen Bundes- und Landesstatistiken in der Regel jährliche Gemeinde- und Kreistabellen angeboten (Destatis 2015):

[1] Zum einen werden durch den Gesetzgeber administrative räumliche Abgrenzungen innerhalb der deutschen Verwaltungsgrenzen behördlich angeordnet, beispielsweise durch Bundes- und Landesregierungen sowie durch untergeordnete Kommunalverwaltungen. Diese werden unter dem Begriff Regionaleinheiten (Land, Regierungsbezirk, Kreis/kreisfreie Stadt, Gemeindeverband, Gemeinde) oder Administrative Gebietseinheiten zusammengefasst und bezeichnen geographische Gebiete mit Verwaltungsbehörden, die hoheitliche Aufgaben innerhalb ihres gesetzlichen und institutionellen Rahmens wahrnehmen. Zum anderen gibt es Raumeinheiten, die als funktionsräumliche Gebiete in der Landes- und Raumplanung eingesetzt werden (wie Stadt-/Landgliederung, Raumordnungsregionen, Verdichtungsräume) oder die als raumtypisierte Gebiete Siedlungs- und Verflechtungsstrukturen oder Marktgebiete abbilden (wie BIK-Regionen). Diese und weitere Gebiete werden unter dem Begriff der nichtadministrativen Gebietseinheiten zusammengefasst (GESIS 2013).

[2] Zur nichtadministrativen Abgrenzung vgl. auch Kapitel 3.1.

[3] KOSIS = Kommunales Statistisches Informationssystem.

[4] EVAS = Einheitliches Verzeichnis aller Statistiken der Statistischen Ämter des Bundes und der Länder.

1. Gebiet, Bevölkerung, Arbeitsmarkt, Wahlen
2. Bildung, Sozialleistungen, Gesundheit, Recht
3. Wohnen, Umwelt
4. Wirtschaftsbereiche
5. Außenhandel, Unternehmen, Handwerk
6. Preise, Verdienste, Einkommen und Verbrauch
7. Öffentliche Finanzen
8. Gesamtrechnungen
9. Sonderbereiche

Regionalisierung des Mikrozensus

Der Mikrozensus ist eine gesetzlich begründete Stichprobenerhebung der amtlichen Statistik. Grundlage für die Mikrozensusbefragung ist das Mikrozensusgesetz 2005 (MZG 2005) in Verbindung mit dem Bundesstatistikgesetz (BstatG). Der Mikrozensus ist eine bedeutende Datenquelle für die empirische Sozialforschung in Deutschland. Jährlich werden Daten erhoben zur Bevölkerung, Sozialstruktur, wirtschaftlichen Lage der Bevölkerung, der Familien und der Haushalte, dem Arbeitsmarkt, der beruflichen Gliederung und der Ausbildung der Erwerbsbevölkerung sowie der Wohnverhältnisse (MZG 2005). Dazu wird von der Bundesstatistik ein Mikrozensus-Grundfile angeboten. Die Daten des Mikrozensus ermöglichen auch stärker regionalisierte Auswertungen. Aufgrund der Bestimmungen zum Datenschutz sind diese aber nur begrenzt und unter speziellen Voraussetzungen zu realisieren. So ist es möglich, auf der Basis von regionalen Einheiten mit mindestens 100.000 Einwohnern (Mikrozensuskreisregionen) Analysen durchzuführen, was für Städte einer bestimmten Größenordnung interessant sein kann.

INKAR – Indikatoren des BBSR

Weitere Daten zur Raumentwicklung in Deutschland bieten die vom Bundesinstitut für Bau-, Stadt- und Raumforschung jährlich herausgegebenen „Indikatoren und Karten zur Raum- und Stadtentwicklung (INKAR)" (BBSR 2015b). Hierbei werden Daten der amtlichen Statistik ausgewertet und miteinander verknüpft (Dienstleistung des BBSR). Fast 600 regionalstatistische Indikatoren ermöglichen Analysen auf den Ebenen der Bundesländer, Raumordnungsregionen, Kreise und Gemeindeverbünde. Nutzbar für stadtbezogene Analysen sind die Daten für die kreisfreien Städte (detailliertere Ausführungen in diesem Abschnitt folgend).

Stadtstatistische Ämter, KOSIS-Verbund und weitere Datenquellen

Für kleinräumige innerstädtische Analysen gibt es seit mehreren Jahrzehnten Initiativen, entsprechende Daten auf Stadtteilebene zu sammeln. Viele Städte haben eigene statistische Ämter aufgebaut, die für die Politik, aber auch für Forschungszwecke gesamtstädtische und kleinräumige innerstädtische Daten erheben und zur Verfügung stellen, teilweise in eigenen regelmäßigen Veröffentlichungen. Darüber hinaus gibt es Datensammlungen zu deutschen Städten in drei Datenbanken (GESIS 2013):

- Die größte kleinräumige Datensammlung für Städte ist die Innerstädtische Raumbeobachtung (IRB) des BBSR, in die Daten aus 50 Städten einfließen.
- Eine weitere Quelle für innerstädtische Analysen sind die Datenbanken des KOSIS-Verbundes (KOSIS 2016). Die Projekte, die von einzelnen KOSIS-Gemeinschaften betrieben werden, sind auf Weiterentwicklung und Pflege von Bausteinen kommunaler statistischer Informationssysteme gerichtet. Ziel ist die Bereitstellung kleinräumiger Gliederungssysteme und kommunaler Daten, so z. B. durch die KOSIS-Gemeinschaft KOSTAT, die kommunalstatistische, insbesondere kleinräumig gegliederte Bevölkerungsdaten sammelt und zur Verfügung stellt. Betreuende Stelle für KOSTAT ist das Statistische Landesamt Bremen.
- Ein weiteres Beispiel für Aktivitäten im KOSIS-Verbund ist die „Urban Audit Initiative", an der in Deutschland 125 Städte beteiligt sind. Urban Audit sammelt Daten zum europäischen Städtevergleich. Betreut wird dieses deutsche Urban Audit von der Stadt Mannheim.
- Weitere Quellen statistischer Daten für innerstädtische Analysen, insbesondere mit Flächenbezug, sind die von den regionalen Gutachterausschüssen herausgegebenen Veröffentlichungen zu den Bodenrichtwerten und die Kaufpreissammlungen für Immobilienverkäufe. Ebenso liefern die Mietspiegel der Städte (einschließlich der Wohnlagebewertungen) und die innerstädtische Wohnungsmarktbeobachtung (Monitoring, Wohnungsmarktberichte) Analysedaten zum Wohnen. Alle diese Daten sind nur im Einzelnen bei den verschiedenen regionalen Anbietern zu beziehen.

Städtische Wirkungszusammenhänge und Statistik

Ein erster Schritt im Zusammenhang mit innerstädtischen Analysen ist die Strukturierung der zu untersuchenden Bereiche (städtische Merkmalskomplexe), weitere sind die Auswahl der nutzbaren Datenquellen und die Zusammenstellung und Analyse der Daten. Für die Untersuchung städtischer Wirkungszusammenhänge ist über die Gemeindeebene hinaus eine kleinräumige innerstädtische Gebietsgliederung (Statistische Bezirke bis Baublöcke) erforderlich, die mit den gängigen Daten der amtlichen Statistik und weiterer Anbieter verknüpft wird, um Indikatoren für innerstädtische Teilgebiete abzuleiten. Sowohl Gemeindedaten als auch Daten auf

Tab. 2.4.4: *Städtische Merkmalskomplexe, Wirkungszusammenhänge und Beispiele für statistische Größen auf kleinräumiger Ebene*

Städtische Merkmals-komplexe	Wirkungs-zusammenhang (vgl. Abschnitt 2.2)	Raum-bezug*	Merkmal	Datenquelle	Beispiele statistischer Kennzahlen
1. Erreichbarkeit	1(A)	SK	Siedlungsinterne Erreichbarkeit	Regionalstatistik und kleinräumige Erhebungen (GIS)	Bevölkerungsdichte, durchschnittliche Entfernung zum Stadtrand, durchschnittliche Entfernung zum Stadtzentrum
	1(B)	GS	Erreichbarkeit des Freiraums		
2. Urbanität und Wohnqualität	6(B), 7(A), 10(A)	SK, SST	Urbanität, Nutzungsdichte, Vielfalt des Wohnens	Regionalstatistik	Anteil Einfamilienhäuser, Fruchtbarkeitsquote, Anteil erwerbstätiger Frauen
	10(B)	SK, SST	Monotonie, großflächige Strukturen der Wohnbe-bauung	Regionalstatistik, Stadtstatistik	Anteil Einfamilienhäuser, Wohnlage
	2(B), 5(A), 5(B)	SK	potenzieller Wohnwert	Stadtstatistik, Mietspiegel, Gutachterausschüsse, INKAR	Wohnlage, Wohnzufriedenheit, Bodenrichtwert, Kaufpreis, durchschnittliche Miethöhe laut Mietspiegel
	5(A), 5(B)		Lebens- und Aufenthaltsqualität		
	5(B), 6(A), 8(B)		Wohn- und Wohnumfeldqualität		
3. Ökonomische Leistung	4(A)	SK	ökonomische Situation, Versorgung mit wohnungs-nahen Arbeitsplätzen und Versorgungsleistungen.	Regionalstatistik INKAR	Bruttoinlandsprodukt, Bruttowertschöpfung je Erwerbstätigen, SV-pflichtig Beschäftigte am Wohnort im Vergleich zu SV-pflichtig Beschäf-tigten am Arbeitsort
4. Ökologische Situation	2(A), 8(B)	SK	Mikroklimatische, lufthygienische Situation, Wärmespeicherung	Stadtstatistik	Jahresdurchschnittstemperatur
5. Infrastruktur-aufwand	8(A)	SK	Ausprägung der Infrastruktur; Kosten für die technische Infrastruktur (Ver- und Entsorgung)	Regionalstatistik	Netzlänge (Abwasser), technische Infrastrukturaufwendungen pro Serviceeinheit, Wasser- und Abwasserentgelt, laufender Sachaufwand im Verwaltungshaushalt

* GS: Gesamtstadt SK: Siedlungskörper SST: Stadtstrukturtyp

Stadtgebietsebene sind (wie oben schon beschrieben) nur begrenzt verfügbar.

Für die vorliegenden Untersuchungen wurde der Versuch unternommen, eigene Erhebungen und Bewertungen städtischer Strukturen mit statistischen Daten zu ergänzen, um städtische Wirkungszusammenhänge (Abschnitt 2.2) zu erklären. Hierbei ist zwischen Grundlagen- bzw. Basisdaten sowie weiterführenden Daten für eine Analyse der städtischen Wirkungszusammenhänge zu unterscheiden. Als Basisdaten kommen in erster Linie Bevölkerungsdaten und die Gebietsfläche zur Bildung von Maßzahlen zur Kennzeichnung von Strukturen und zum Vergleich der Beispielstädte zum Einsatz. Weiterführende Daten können eingesetzt werden für die Charakteristik von einzelnen Merkmalen, die im Zuge der Untersuchungen zu städtischen Merkmalskomplexen zusammengefasst und mit einzelnen statistischen Größen belegt wurden. Als Merkmalskomplexe werden die Erreichbarkeit, die Urbanität und Wohnqualität, die ökonomische Leistung, die ökologische Situation sowie der Infrastrukturaufwand betrachtet (Tab. 2.4.4).

Problematisch ist in allen Komplexen eine sehr begrenzte Verfügbarkeit statistischer Daten auf allen Untersuchungsebenen.

1. Erreichbarkeit

   Es wird angenommen, dass die Form des städtischen Siedlungskörpers Einfluss auf die Erreichbarkeit des Freiraums und die siedlungsinterne Erreichbarkeit hat. Zum Komplex der Erreichbarkeit der Erholungsräume im Freiraum, der kulturellen und sozialen Einrichtungen und des Stadtzentrums liegen für die Städte gegenwärtig keine statistischen Größen vor. Die Regionalstatistik bietet lediglich Daten zur Erreichbarkeit von Autobahnen. Für innerstädtische Betrachtungen wären formanalytisch ermittelte Maßzahlen des Siedlungskörpers zu nutzen. In Ergänzung dieser sollten weitere Daten einbezogen werden, z. B. die durchschnittliche Erreichbarkeit des Freiraums mit öffentlichen Verkehrsmitteln – zusätzlich zur fußläufigen Erreichbarkeit desselben (Abschnitt 4.1).

2. Urbanität und Wohnqualität

   Bei Betrachtung der potenziellen Wohnqualität, der Wohnumfeld-, Lebens- und Aufenthaltsqualität sind es in erster Linie Daten der Regionalstatistik, der Stadtstatistischen Ämter und INKAR-Daten, die genutzt werden können. Die städtischen Wohnlagebewertungen mit Unterscheidungen von einfacher bis sehr guter Wohnlage in drei oder vier Stufen können eine Grundlage bieten für Differenzierungen der Wohnzufriedenheit und der Miethöhen auf Stadtgebietsebene, um damit eine kleinräumige Betrachtung zu ermöglichen. Ebenso bieten die städtischen Gutachterausschüsse vergleichsweise aktuelle Bodenrichtwerte und Kaufpreise. Aussagen zur Urbanität können anhand von Regionaldaten und kleinräumigen Daten aus der Städtestatistik untersetzt werden. So können z. B. die folgenden Indikatoren zur Charakteristik städtischer Teilgebiete nach Friedrichs (1977) hinzugezogen werden:

   - Anteil der Arbeiter und Handwerker an den Erwerbstätigen,
   - Anteil der Hauptschulabgänger an der Wohnbevölkerung im Alter über 25 Jahren,
   - Durchschnittliche Miethöhe,
   - Fruchtbarkeitsquote,
   - Anteil erwerbstätiger Frauen an allen Frauen über 14 Jahren,
   - Anteil Einfamilienhäuser,
   - Ausländeranteil.

   Die Indikatoren 1 bis 3 stehen für „Sozialen Rang", die Indikatoren 4 bis 6 für „Urbanismus" und der Indikator 7 für „Segregation" (GESIS 2013).

3. Ökonomische Leistung

   Hier sind es vor allem die Daten zum Bruttoinlandsprodukt und der Bruttowertschöpfung auf Gemeindeebene sowie zur Versorgung mit wohnungsnahen Arbeitsplätzen bzw. der Anzahl von Arbeitsplätzen in der jeweiligen Gemeinde, die die ökonomische Leistung charakterisieren können. In der Regionalstatistik sowie bei INKAR werden dafür Daten angeboten, allerdings auf Ebene der Kreise und kreisfreien Städte als kleinster regionaler Einheit.

4. Ökologische Situation

   Im Zusammenhang mit der Dichte der städtischen Bebauung ist die ökologische Situation in der Stadt zu beurteilen, wobei im vorliegenden Fall besonders der Einfluss auf das Wärmespeichervermögen der Gebäude und die Jahresdurchschnittstemperatur genannt wird. Beides steht auch im Zusammenhang mit der Lebens- und Aufenthaltsqualität in der Stadt. Die Regionalstatistik bietet dafür keine Daten; ebenso wenig sind bei den Städten vergleichbare Daten zu erhalten.

5. Infrastrukturaufwand

   Verfügbar sind in der Regionalstatistik Angaben zu Netzlängen der Infrastruktur, beispielsweise zur Länge des Kanalnetzes der Abwasserentsorgung oder zu den Wasserentgelten auf Gemeindeebene. Aufwand und Kosten der Kommune für die Ver- und Entsorgung in der Stadt werden von der Statistik nicht im Einzelnen ausgewiesen, sondern im Rahmen der Ausgaben der Gemeinden in die Kategorie „Laufender Sachaufwand" integriert. Investitionen in die Infrastruktur gehören in der Statistik zu den Ausgaben der Gemeinde für Sachinvestitionen.

Deutlich wird beim Überblick zu den verfügbaren Daten für die verschiedenen Merkmalskomplexe, dass von Seiten der Statistik die Grundlagen fehlen, um eine zwischen den Städten vergleichbare kleinräumige Charakteristik zu erarbeiten. Insbesondere bei den Merkmalen zur Erreichbarkeit, zur ökologischen Situation und zum Infrastrukturaufwand ist das statistische Datenangebot nicht ausreichend, um die städtische Situation kleinräumig zu erfassen.

Indikatoren und Karten der Raum- und Stadtentwicklung – INKAR

In diesem Abschnitt wird untersucht, ob sich mit Hilfe der vom Bundesinstitut für Bau-, Stadt- und Raumforschung (BBSR) herausgegebenen Indikatoren der Raum- und Stadtentwicklung (INKAR) die für die Beispielstädte aufgestellten Zusammenhänge zwischen Form und Phänomen analysieren lassen. Dazu wird dargestellt, wie INKAR inhaltlich und strukturell aufgebaut ist, inwieweit die enthaltenen Indikatoren für Effizienzbetrachtungen herangezogen werden können bzw. sich für eine detaillierte Beschreibung der Beispielstädte eignen.

Eine wesentliche Voraussetzung räumlicher Planung ist eine kontinuierliche Raumbeobachtung. Sie wird in der Bundesrepublik Deutschland auf den Verwaltungsebenen Bund, Land und Gemeinde sowie der Analyseebene Raumordnungsregion kontinuierlich betrieben. Die räumliche Planung ist mit unterschiedlichen Anforderungen und Aufgaben verbunden. Neben der Erhaltung der sozialen und kulturellen Vielfältig- und Eigenständigkeit sollen vor allem gleichwertige Lebensbedingungen für alle gefördert werden. Dementsprechend fokussiert die Raumbeobachtung auf raumbedeutsame Aspekte bzw. Bereiche. Raumbedeutsam sind die Bevölkerung, ihre Struktur und ihre Dynamik, die damit einhergehende Wohnungsversorgung sowie die notwendigen Infrastruktureinrichtungen, des Weiteren die Wirtschaft und der Arbeitsmarkt. Aber auch die Verfügbarkeit und Nutzung natürlicher Ressourcen sowie Belastungen, die sich aus Lebens- und Arbeitsprozessen ergeben, sind von Bedeutung. Mit Hilfe von Indikatoren werden die Lebensbedingungen der Menschen und deren Veränderungen laufend regional ermittelt, analysiert und bewertet. Wichtige Arbeitsmittel sind dabei vor allem statistische, weniger geografische Informationssysteme. Auf ihrer Grundlage werden relevante Indikatoren erstellt und visualisiert (BBSR 2015a; ARL 2005).

Bei der laufenden Raumbeobachtung ist das räumliche Bezugssystem von besonderer Bedeutung, entscheiden doch die Ergebnisse zu den jeweiligen Raumeinheiten, wie die für die strukturellen Entwicklungen bereitgestellten Mittel (z. B. Wirtschaftsförderung oder Infrastrukturverbesserung) regional sinnvoll verteilt werden. Die Festlegung der zu betrachtenden Raumeinheiten ist stets an die zur Diskussion stehenden Problemlagen und Fragestellungen gebunden. Raumbeobachtungseinheiten können so einzelne Bundesländer, Kreise, Gemeinden, aber auch Metropol- oder Stadtregionen sein (BBSR 2015a; ARL 2005).

Die Raumbeobachtung ist als laufende Standardaufgabe dem Bundesinstitut für Bau-, Stadt- und Raumforschung (BBSR) zugeordnet. Das BBSR veröffentlicht den Raumordnungsbericht und erstellt darüber hinaus jährlich Indikatoren und Karten zur Raumentwicklung (INKAR). Grundlage der laufenden Raumbeobachtung ist das Raumordnungsgesetz. In ihm werden übergeordnete Grundsätze und Ziele festgeschrieben. Oberstes Ziel ist es, regionale Ungleichheiten abzubauen und gleichwertige Lebensverhältnisse für alle Menschen in Deutschland zu schaffen (BBSR 2015a; ARL 2005).

In welchen Regionen ist die Wohnfläche pro Einwohner am größten? Welche Bundesländer sind am stärksten von der Überalterung betroffen? Wo sind die Baulandpreise durchschnittlich am geringsten? Indikatoren und Karten zur Raumentwicklung geben darüber Auskunft (BBSR 2015b). INKAR stellt Daten und Informationen zu wichtigen Themen bereit. Sie beziehen sich auf Deutschland und teilweise auch die Europäische Union. Die kleinsten Raumeinheiten in Deutschland sind Kreise, kreisfreie Städte und/oder Gemeindeverbünde in Abhängigkeit des Indikators. Gemeinden werden nur dann betrachtet, wenn sie keinem Gemeindeverbund angehören, womit die Gemeindeebene in Deutschland nicht flächendeckend abgebildet wird. Europäische Indikatoren reichen bis zur NUTS2-Ebene (NUTS – *Nomenclature des Unités territoriales statistiques*; Destatis 2015; BBSR 2015c). Den zeitlichen Rahmen setzen Jahreswerte und/oder Zeitreihen (zur Abbildung von Entwicklungen/Veränderungen). Tabelle 2.4.5 gibt einen Überblick über die Inhalte von INKAR 2013 (INKAR 2013 ist die letzte INKAR-Ausgabe auf CD-ROM; seitdem gibt es INKAR online).

Tabelle 2.4.6 zeigt beispielhaft die unter dem Thema „Wirtschaft" und dem Bereich „Wirtschaftliche Leistung" ausgewiesenen Indikatoren, die generell auf der Raumebene der Kreise bzw. kreisfreien Städte vorliegen.

Zu allen Indikatoren liegen neben den eigentlichen Daten Angaben zum Langnamen, zur Datenquelle sowie zur Berechnungsgrundlage vor. Die Daten haben Raum- und Zeitbezug sowie spezifischen Charakter. Das heißt, sie haben immer eine Bezugsgröße (z. B. Beschäftigte) bzw. sind Anteilswerte (in %).

Tab. 2.4.5: *Themen und Indikatoren in INKAR 2013 (Quelle: BBSR 2013)*

INKAR 2013		
Thema	**Bereich**	**Indikatoren – Anzahl**
Arbeitslosigkeit	Allgemein	14
	Struktur	10
	Altersgruppen	24
Bauen und Wohnen	Baulandmarkt und Bautätigkeit	16
	Gebäude- und Wohnungsbestand	11
Beschäftigung und Erwerbstätigkeit	Struktur	37
	Qualifikation	21
	Atypische Beschäftigung	17
	Sektoren und Berufsbereiche	29
Bevölkerung	Altersstruktur	44
	Bevölkerungsstruktur	15
	Mobilität	28
	Natürliche Bevölkerungsbewegungen	18
Bildung	Ausbildungsangebot	16
	Schulische Bildung	18
	Qualifikation	12
Privateinkommen, private Schulden		12
Flächennutzung und Umwelt		22
Medizinische und soziale Versorgung		29
Öffentliche Finanzen	Kommunale Finanzen	11
	Transferleistungen	14
Raumwirksame Mittel		30
Siedlungsstruktur		14
Sozialstruktur	Leistungsempfänger	9
	Bedarfsgemeinschaften	14
Verkehr und Erreichbarkeit		18
Wirtschaft	Landwirtschaft	8
	Wirtschaftliche Leistung	21
	Fremdenverkehr	6
Zensus 2011	Demographie	35
	Erwerbstätigkeit	17
	Bildung	21
GWZ 2011	Gebäude mit Wohnungen	12
	Wohnungen	21

Im Rahmen der Untersuchung der Zusammenhangsvermutungen für eine indexgestützte Analyse von Stadtstrukturen wurde geprüft, inwieweit Daten aus INKAR die Bearbeitung unterstützen. Dabei wurde untersucht, inwieweit die INKAR-Indikatoren als weitere Analyseaspekte – mit dem Ziel der detaillierten Beschreibung der

Tab. 2.4.6: *Indikatoren zum Themenbereich „Wirtschaftliche Leistung" in INKAR 2013 (Quelle: BBSR 2013)*

INKAR 2013			
Themenbereich Wirtschaftliche Leistung		**Zeitbezug**	
Indikator		**Zeitreihe (verfügbare Zeitschnitte)**	**Entwicklung/ Zeitraum**
Kleinstbetriebe	Anteil der Betriebe mit bis zu 10 SV-Beschäftigten an den Betrieben insgesamt in ‰	2006, ..., 2010	
Kleinbetriebe	Anteil der Betriebe mit 10 bis unter 50 SV-Beschäftigten an den Betrieben insgesamt in ‰	2006, ..., 2010	
Mittlere Unternehmen	Anteil der Betriebe mit 50 bis unter 250 SV-Beschäftigten an den Betrieben insgesamt in ‰	2006, ..., 2010	
Großunternehmen	Anteil der Betriebe mit mehr als 250 SV-Beschäftigten an den Betrieben insgesamt in ‰	2006, ..., 2010	
Bruttoinlandsprodukt je Einwohner	Bruttoinlandsprodukt in 1.000 € je Einwohner	2000, ..., 2011	
Bruttoinlandsprodukt je Erwerbstätigen	Bruttoinlandsprodukt in 1.000 € je Erwerbstätigen	2000, ..., 2011	
Entwicklung Bruttoinlandsprodukt	Entwicklung der Höhe des Bruttoinlandsproduktes in %		2006-2011
Bruttowertschöpfung	Bruttowertschöpfung insgesamt in 1.000 € je Erwerbstätigen	2000, ..., 2011	
Entwicklung Bruttowertschöpfung	Entwicklung der Höhe der Bruttowertschöpfung insgesamt in %		2006-2011
Bruttowertschöpfung Primärer Sektor	Bruttowertschöpfung im Primären Sektor in 1.000 € je Erwerbstätigen im Primären Sektor	2000, ..., 2011	
Entwicklung Bruttowertschöpfung Primärer Sektor	Entwicklung der Höhe der Bruttowertschöpfung im Primären Sektor in %		2006-2011
Bruttowertschöpfung Sekundärer Sektor	Bruttowertschöpfung im Sekundären Sektor in 1.000 € je Erwerbstätigen im Sekundären Sektor	2000, ..., 2011	
Entwicklung Bruttowertschöpfung Sekundärer Sektor	Entwicklung der Höhe der Bruttowertschöpfung im Sekundären Sektor in %		2006-2011
Bruttowertschöpfung Tertiärer Sektor	Bruttowertschöpfung im Tertiären Sektor in 1.000 € je Erwerbstätigen im Tertiären Sektor	2000, ..., 2011	
Entwicklung Bruttowertschöpfung Tertiärer Sektor	Entwicklung der Höhe der Bruttowertschöpfung im Tertiären Sektor in %		2006-2011
Investitionen im Bergbau und Verarbeitenden Gewerbe	Durchschnittliche Investitionen im Bergbau und Verarbeitenden Gewerbe in 1.000 € je Beschäftigten	2009, ..., 2011	
Auslandsumsatz im Bergbau und Verarbeitenden Gewerbe	Durchschnittlicher Auslandsumsatz im Bergbau und Verarbeitenden Gewerbe in 1.000 € je Beschäftigten	2009, ..., 2011	
Umsatz im Bergbau und Verarbeitenden Gewerbe	Durchschnittlicher Umsatz im Bergbau und Verarbeitenden Gewerbe in 1.000 € je Beschäftigten	2009, ..., 2011	
Gesamtumsatz Bauhauptgewerbe	Gesamtumsatz im Bauhauptgewerbe in 1.000 € je Beschäftigten im Bauhauptgewerbe	1995, ..., 2011	
Bruttowertschöpfung am Land	Anteil der Bruttowertschöpfung am Land in ‰	2000, ..., 2011	
Bruttowertschöpfung am Bund	Anteil der Bruttowertschöpfung am Bund in ‰	2000, ..., 2011	

Beispielstädte im Rahmen der Städtesteckbriefe – und/oder als Bezugsgröße zur Ableitung von Effizienzaussagen geeignet sind. Die folgenden Indikatoren wurden gewählt:

- Bruttoinlandsprodukt in Euro je Einwohner bzw. je Erwerbstätigen,
- Bruttowertschöpfung in Euro je Erwerbstätigen,
- Baulandpreis in Euro je Quadratmeter baureifes Land,
- Einkommenssteuer in Euro je Einwohner,
- Gewerbesteuer in Euro je Einwohner,
- Umsatzsteuer in Euro je Einwohner,
- Arbeitslosenquote in Prozent (an zivilen Erwerbspersonen),
- Pendlersaldo als Differenz zwischen Ein- und Auspendlern pro Beschäftigte (sozialversicherungspflichtig Beschäftigte).

Das Bruttoinlandsprodukt sowie die Bruttowertschöpfung können von Bedeutung sein, wenn die wirtschaftliche Leistungsfähigkeit der Beispielstädte betrachtet werden soll. So kann zum Beispiel ein hoher Anteil an Industrie- und Gewerbeflächen mit einer hohen Bruttowertschöpfung einhergehen.

Steuereinnahmen, wie die Einkommens-, Gewerbe- und Umsatzsteuer, sind gleichfalls ein Indikator der Leistungsfähigkeit von Städten. Leistungsstärkere Städte können mehr für das Allgemeinwohl ausgeben (Schaffung/Pflege von Grün-/Park-/Erholungsflächen, Straßen-/Wegenetz, ÖPNV etc.) als Städte mit eher knappen Kassen.

Darüber hinaus lässt sich die wirtschaftliche Leistungs- und Funktionstüchtigkeit von Städten mit Hilfe der Arbeitslosenquote sowie dem Pendlersaldo beschreiben. Städte mit geringer Arbeitslosenquote und einem hohen Pendlersaldo (mehr Ein- als Auspendler) sind wirtschaftlich attraktiv und leistungsfähig.

Die gewählten Indikatoren dienen vor allem der detaillierten Beschreibung der Beispielstädte im Rahmen der Städtesteckbriefe. Sie stehen nur auf städtischer Ebene (Kreise, kreisfreie Städte, teilweise Gemeinden) zur Verfügung. Kleinteiligere Daten auf Stadtteilebene liegen nicht vor. Damit sind sie für Effizienzbetrachtungen im Rahmen der Analyse der aufgestellten Zusammenhangsvermutungen nur begrenzt geeignet. Effizienzbetrachtungen machen vor allem zwischen unterschiedlichen städtebaulichen Strukturen (z. B. frei stehende Ein- und Zweifamilienhaussiedlung versus stark verdichtete gründerzeitliche Blockbebauung) Sinn. Dies erfordert räumlich differenzierte Daten unterhalb der städtischen Ebene, was mit INKAR nicht möglich ist. Auf gesamtstädtischer Ebene wären vor allem Indikatoren mit Bevölkerungs- (Einwohner) und Beschäftigtenbezug (Erwerbstätige) geeignet.

Strukturtypen der Bebauung

Die Analyse und Erforschung von Wirkungszusammenhängen zwischen Struktur und Zustand im komplexen Gebilde „Stadt" bzw. „Siedlungskörper" erfordern mehrdimensionale Ansätze. Eindimensionale lineare Strukturierungen entlang einzelner Variablen bzw. Indikatoren sind heterogenen komplexen Gebilden, wie der Stadt bzw. dem Siedlungskörper, nur selten angemessen (Kuckartz 2001). Es bedarf vielfach der Fokussierung auf das Wesentliche in der Zielsetzung und reduziert sich auf die Abbildung stochastischer Zusammenhänge zwischen Struktur und Zustand. Die Nutzung von Typologien erscheint als ein geeigneter Ansatz für die Analyse von Strukturen und Phänomen auf der Grundlage stadtstruktureller (städtischer) Physiognomien. Es können heterogene komplexe Untersuchungsgegenstände geordnet und systematisiert sowie analysiert werden (Haan et al. 2001). Dies geschieht nicht nur mit dem Blick auf das allgemeine „große Ganze", sondern durch Bildung von Gruppen detailliert und ausdifferenziert auf das Ursächliche, Spezielle konzentriert. So sind z. B. Einschätzungen zur Wohnqualität auf gesamtstädtischer Ebene nur wenig aussagefähig, wenn es darum geht, Veränderungspotenziale aufzuspüren. Erst eine Unterscheidung der Wohnbebauung nach charakteristischen Bebauungs- und Wohnformen (z. B. offene Bebauung in Form von frei stehenden Einfamilienhäusern) sowie die Berücksichtigung von Wohnlagen (z. B. Nähe zu öffentlichen Grünflächen) ermöglichen eine differenzierte Einschätzung und lassen Rückschlüsse auf notwendige Veränderungspotenziale und Handlungsoptionen zu. Das Arbeiten mit raumbezogenen Strukturtypen erweist sich als ein tragfähiger Ansatz (Blum und Gruhler 2010). Bei städtebaulichen Strukturen (bzw. Stadtstrukturen) kann davon ausgegangen werden, dass sie - bezüglich ihrer Bebauungsformen - weitgehend homogene Strukturen und damit ähnliche Merkmale ausprägen.

Siedlungsraumbezogene Strukturtypen repräsentieren ein spezifisches Ordnungs- und Beziehungsgefüge baulich-räumlicher Elemente als Objekte raumwissenschaftlicher Untersuchung. Sie können auf verschiedenen Raum- bzw. Maßstabsebenen der Siedlungsentwicklung gebildet werden (Arlt et al. 2010). Die Bildung von konkreten siedlungsraumbezogenen Strukturtypen unterliegt stets den jeweiligen spezifischen Untersu-

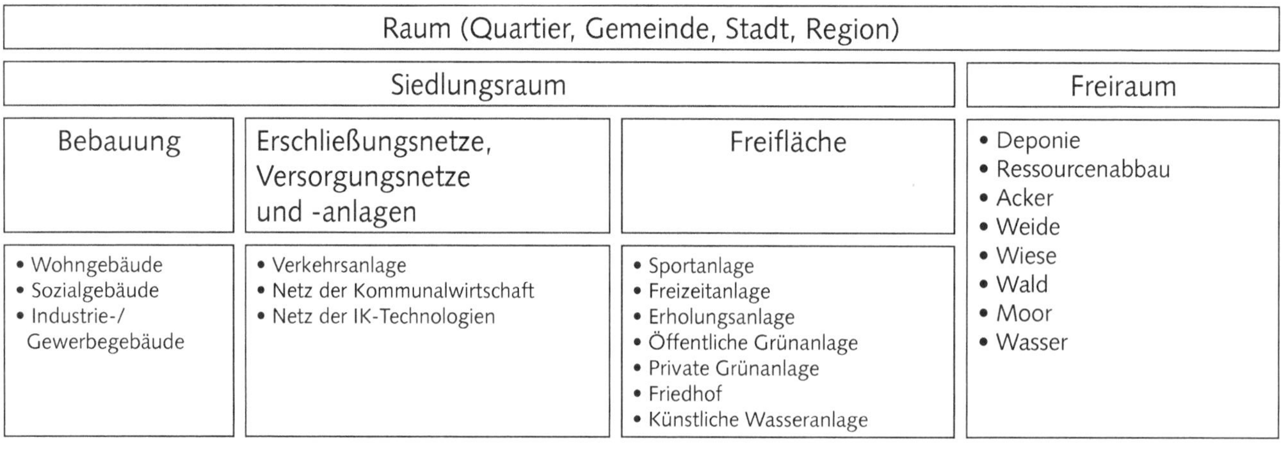

Abb. 2.4.4: *Gliederung des Raumes in verschiedene Ebenen und Elemente (Quelle: Arlt et al. 2010)*

chungszielen. Grundsätzlich baut sie auf Strukturierungsansätzen aus der Praxis der Siedlungsentwicklung auf. Je nach Raumebene (Quartier, Gemeinde, Stadt, Region) sowie Bezug zu Siedlungs- oder Freiraum werden raumbezogene Strukturbegriffe und Strukturtypen unterschieden (Abb. 2.4.4).

Im Rahmen der Untersuchungen von Zusammenhängen zwischen der Gebäude- und Bebauungsstruktur einerseits sowie der potenziellen Wohn- und Wohnumfeldqualität einschließlich der ökologischen Situation andererseits sind die Siedlungsstruktur, die Bebauungsstruktur sowie die städtebauliche bzw. Stadtstruktur von Bedeutung (Tab. 2.4.7).

Tab. 2.4.7: *Raumbezogene Strukturbegriffe – Definitionen (Quelle: Arlt et al. 2010, S. 30)*

Strukturbegriff	Definition
Siedlungsstruktur – Quartier, Gemeinde, Stadt	Räumliche und funktionale Ordnung der Siedlungsraumelemente Bebauung, Erschließungs- und Versorgungsnetze und -anlagen und Freiflächen, bezogen auf eine Siedlungseinheit, beispielsweise das Quartier oder die Stadt.
Bebauungsstruktur	Räumliches Ordnungsgefüge von Einzelbauten und Baugruppen innerhalb des Siedlungsraumes. Bebauungsstrukturen können zum Beispiel nach der Bebauungsform (wie Zeile, Block, Gebäudekomplex, Einzel-, Doppel-, Reihenhaus), der Lage im Untersuchungsgebiet, der Bebauungsdichte, Geschossigkeit, Bauzeit/-alter differenziert werden.
Städtebauliche Struktur (Stadtstruktur)	Räumliches Ordnungsgefüge von Bebauung, Erschließungs-, Versorgungsnetzen und -anlagen sowie Freiflächen in städtischen Siedlungsräumen. Auch städtebauliche Strukturen können entsprechend den Bebauungsformen (s. o.) differenziert werden.

Der Fokus liegt auf der Siedlungsstruktur und der städtebaulichen Struktur mit den darunter liegenden räumlich-baulichen Teilstrukturen. Der in diesem Buch vorgestellte Ansatz stützt sich dabei auf die ATKIS-Nomenklatur (Tab. 2.4.1 bis 2.4.3). Andererseits dienen die Stadtstrukturtypen der Wohnnutzung sowie Nichtwohngebäudenutzung auf der Grundlage der Gebäudetypen nach dem Dominanzprinzip der stärkeren Differenzierung der baulich geprägten Flächen (ATKIS-Polygone). Hierbei wird auf bereits bewährte Strukturtypen der Wohnbebauung bzw. Stadtstrukturtypen im ähnlichen Kontext zurückgegriffen (Blum und Gruhler 2010; EASE 2012) und entsprechend der Fragestellungen und Beispielstädte modifiziert (Tab. 2.4.8).

Stadtstrukturtypen sind eine wichtige Analysegrundlage zur Untersuchung von Umweltqualität sowie Kompaktheit und Effizienz. Sie ermöglichen die Charakterisierung und Analyse der ökologischen Merkmale sowie der Kompaktheits- und Effizienzmerkmale des Stadtgefüges. Da die Untersuchungen von Städten bzw. Siedlungskörpern als große Systeme zu komplex und in den Ergebnissen häufig zu unspezifisch sind, werden auf mittelmaßstäbiger Ebene sinnvolle, den Fragestellungen angemessene Einheiten in Form spezifischer Stadtstrukturtypen abgegrenzt.

Der im Rahmen dieser Untersuchung angewendete Strukturtypenansatz basiert auf differenzierten Bebauungsstrukturen nach Baualter und unterscheidet zwischen Wohn- und Nichtwohnnutzung. Die Abgrenzung erfolgt GIS-basiert manuell und automatisch. Die teilautomatische Abgrenzung erfolgte mit Hilfe des am IÖR entwickelten Analyseverfahrens „*SettlementAnalyzer* (SEMENTA®)". Das Verfahren nutzt Gebäudedatensätze (v. a. Hausumringe) und das ATKIS-Basis-DLM, um die baulich geprägten Flächen im Siedlungskörper – analog zur manuellen visuellen Abgrenzung (Arlt et al. 2001) – mit Hilfe räumlich-geometrischer Algorithmen und über Trainingsdatensätze für jede Stadt zu typisieren (Hecht 2014).

Durch die Attribute mittlere Gebäudehöhe und überbauter Anteil der baulich geprägten ATKIS-Polygone lassen sich weitere Attribute, wie der Überbauungsgrad, der nutzungsartenabhängige mittlere Versiegelungsgrad, das Gebäudevolumen oder das A/V-Verhältnis der Gebäude ableiten, die zur Beschreibung mehrerer Wirkungszusammenhänge notwendig sind (Abschnitte 4.2 sowie 4.6 bis 4.10).

Tab. 2.4.8: *Strukturtypen der Wohn- und Nichtwohnbebauung auf Grundlage von Gebäudetypen*

Nutzungsart	Gebäudestellung	Nutzungsform	Typ	Vorherrschendes Baualter	Geschosszahl	Geschosshöhe (m)	Gebäudehöhe (m)	Quelle
Wohnnutzung	Freistehendes Gebäude	Ein- und Zweifamilienhaus	Freistehend	ab 1919	1,7	3,0	5,1	*
		Mehrfamilienhaus	Freistehend; straßenbegleitend/ in offener Blockrandbebauung	1870-1945	2,5	3,0	7,5	**
				ab 1990	4,0	3,0	12,0	**
			Freistehend als Punkt-Hochhaus (> 45 m)	1969-1990	15,0	3,2	48,0	**
			Freistehend als Punkt-Hochhaus (> 8 Stockwerke und < 45 m)	Keine Angaben	10,0	3,2	32,0	**
		Ein-/Zwei- oder Mehrfamilienhaus (Nutzungsform nicht eindeutig)	Villa	Keine Angaben	2,1	3,5	7,4	**
			Gebäude in dörflicher Struktur sowie im historischen Ortskern	bis 1918	1,7	3,0	5,1	*
	Gebäudeverbund	Ein- und Zweifamilienhaus	Doppelhaus	ab 1919	1,7	3,0	5,1	*
			Reihenhaus	ab 1919	2,1	3,0	6,3	*
			Teppichhausbebauung	ab 1919	1,7	3,0	5,1	**
			Straßenbegleitende Bebauung	bis 1918	2,5	3,0	7,5	**
		Mehrfamilienhaus	Überwiegend Zeilenbebauung; traditionelle Bauweise	1919-1948	3,8	3,0	11,4	*
			Überwiegend Zeilenbebauung; teilindustrielle Bauweise	1949-1968	4,0	3,0	12,0	**
			Überwiegend Zeilen-, mäanderförmige Bebauung; industrielle Bauweise	1969-1990	5,6	3,0	16,8	*
			Überwiegend Blockrandbebauung	1870-1945	4,5	3,5	15,8	*
				ab 1990	4,0	3,0	12,0	**
			Separates Hinterhaus der Blockrandbebauung	1870-1945	3,5	3,5	12,2	**
			In Reihung	bis 1990	4,0	3,0	12,0	**
			In Reihung	ab 1990	4,0	3,0	12,0	**
Nichtwohnnutzung	Freistehendes Gebäude oder Gebäudeverbund	Gebäude mit industrieller, gewerblicher, sozialer, kultureller, gesellschaftlicher Nutzung	Industrie/Gewerbe	Keine Angaben	1,0	7,2	7,2	*
			Besondere funktionale Prägung		3,0	4,0	12,0	*
			Landwirtschaftliches Gebäude		1,0	7,0	7,0	**
			Bahnhof		1,0	8,0	8,0	**
			Gebäude auf Bahngelände		1,0	3,0	3,0	**
			Sport/Freizeit		1,0	5,0	5,0	**
			Unterirdisches Gebäude (Tiefgarage)		1,0	-5,0	-5,0	**
			Nebengebäude		1,0	3,0	3,0	**
			Garage		1,0	3,0	3,0	**
			Gartenlaube		1,0	3,0	3,0	**
			Leerstand/Ruine		1,0	6,0	6,0	**

* BMVBS und BBR 2008;
** eigene Schätzung

Monitor der Siedlungs- und Freiraumentwicklung

Die in diesem Buch vorgestellten Zusammenhänge zwischen Form und Phänomen dienen auch der Weiterentwicklung des Monitorings von Raumeinheiten – hier des Siedlungskörpers von Städten. Es geht darum, neben vorwiegend deskriptiven Kennwerten zu Flächen-, Linien- bzw. Stückanteilen komplexere Indikatoren – wie im Kapitel 4 beschrieben – als stadtqualitative Serie für das Monitoring zu nutzen. Ziel ist die Abbildung der Umwelt- und Lebensqualität, Urbanität und Effizienz im Städtevergleich. Eine Analogie besteht hier zur Landschaftsökologie, die zahlreiche Kennwerte und Indikatoren für Landschaftsräume entlang von ökologischen Aspekten mit dem Ziel der qualitativen Bewertung entwickelt hat.

Im Folgenden wird der Monitor der Siedlungs- und Freiraumentwicklung vorgestellt, der ein Grundgerüst für die neuen Indikatoren darstellt. Dieses Fachinformationssystem, insbesondere für Flächennutzung, Bodenbedeckung und Gebäudebestand – auch IÖR-Monitor genannt –, wird vom Leibniz-Institut für ökologische Raumentwicklung in Dresden seit 2010 als dauerhafte wissenschaftliche Dienstleistung betrieben (IÖR 2016). Es enthält eine Fülle von raumbezogenen Informationen zur Flächenstruktur und deren Entwicklung für das terrestrische Staatsgebiet der Bundesrepublik Deutschland zu regelmäßigen Zeitschnitten.

Das System basiert auf der kombinierten Verarbeitung amtlicher Geobasis-, Geofach- und statistischer Daten zur Ableitung geeigneter Indikatoren. Wichtigste Geodatengrundlage bildet das in diesem Abschnitt eingangs erwähnte ATKIS Basis-Landschaftsmodell (BKG 2011 und 2013). Zur flächendeckenden Beschreibung der Landoberfläche des Bundesgebietes wurde ein Analyseschema entwickelt, wobei sich die Komponenten Siedlungsraum, Verkehrsraum und Freiraum komplementär und lückenlos zur gesamten Gebietsfläche ergänzen (Abb. 2.4.5). Alle Flächennutzungs- bzw. Bodenbedeckungsarten sind genau einer dieser drei Komponenten zugeordnet. Dabei fokussiert der Begriff Flächennutzung stärker auf den Nutzungsaspekt im Siedlungsbereich, während der Begriff Bodenbedeckung eine größere Rolle im Freiraum spielt.

Die Berechnung, kartographische und tabellarische Darstellung der aus dem Flächenschema abgeleiteten Kenngrößen erfolgt für Gebietseinheiten auf verschiedenen Ebenen für das terrestrische Staatsgebiet der Bundesrepublik, d. h. ohne Meeresgebiete. Die Kenngrößen beziehen sich auf administrative Gebietseinheiten (Gemeinden, Kreise und kreisfreie Städte, Bundesländer) sowie Raumordnungsregionen. Außerdem kann die Darstellung als INSPIRE-konforme Rasterkarte in verschiedenen Auflösungen (unabhängig vom Gebietsstand) erfolgen (weitere Informationen siehe www.ioer-monitor.de). Ein Überblick der beim Monitor der Siedlungs- und Freiraumentwicklung angewandten Methodik zum Flächennutzungsmonitoring durch topographische Datenanalyse ist bei Krüger et al. 2013 zu finden; aktuelle Entwicklungen und Ergebnisse sind bei Meinel et al. 2015 publiziert.

Im urbanen Kontext sind vor allem die Kategorien Siedlung, Verkehr und Gebäude von Bedeutung. Die Kennwerte dieser Kategorien stellen in der Regel Anteile einer Flächennutzungseinheit an der jeweiligen Gebietsfläche

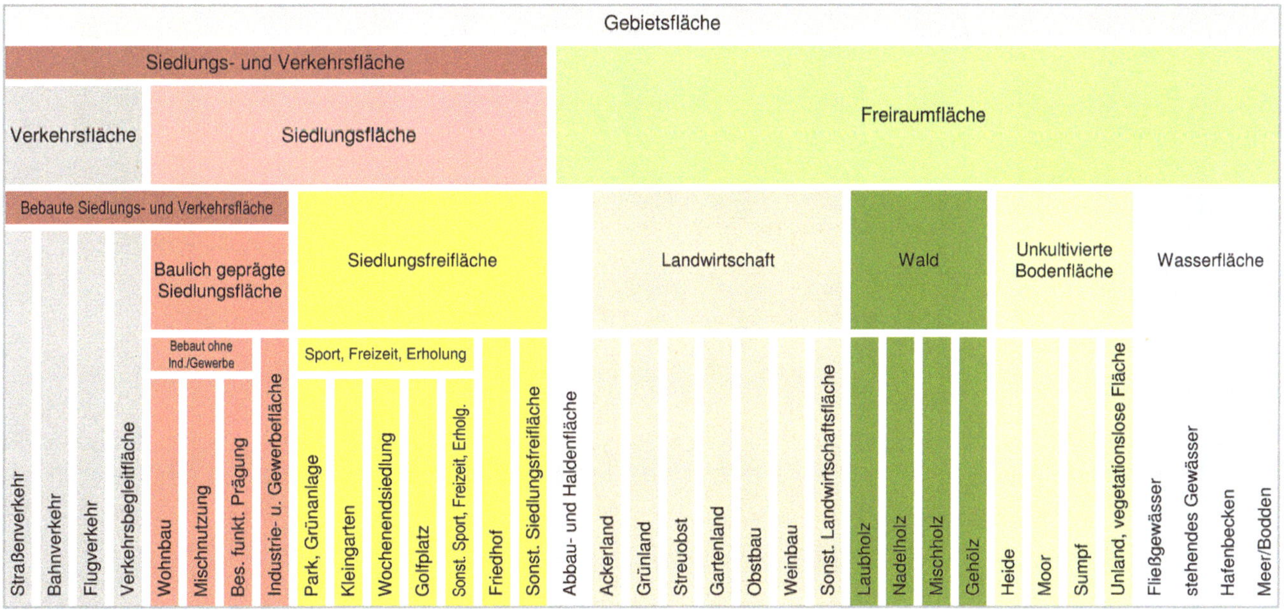

Abb. 2.4.5: *Flächenschema des Monitors der Siedlungs- und Freiraumentwicklung (Quelle: IÖR-Monitor, 2016)*

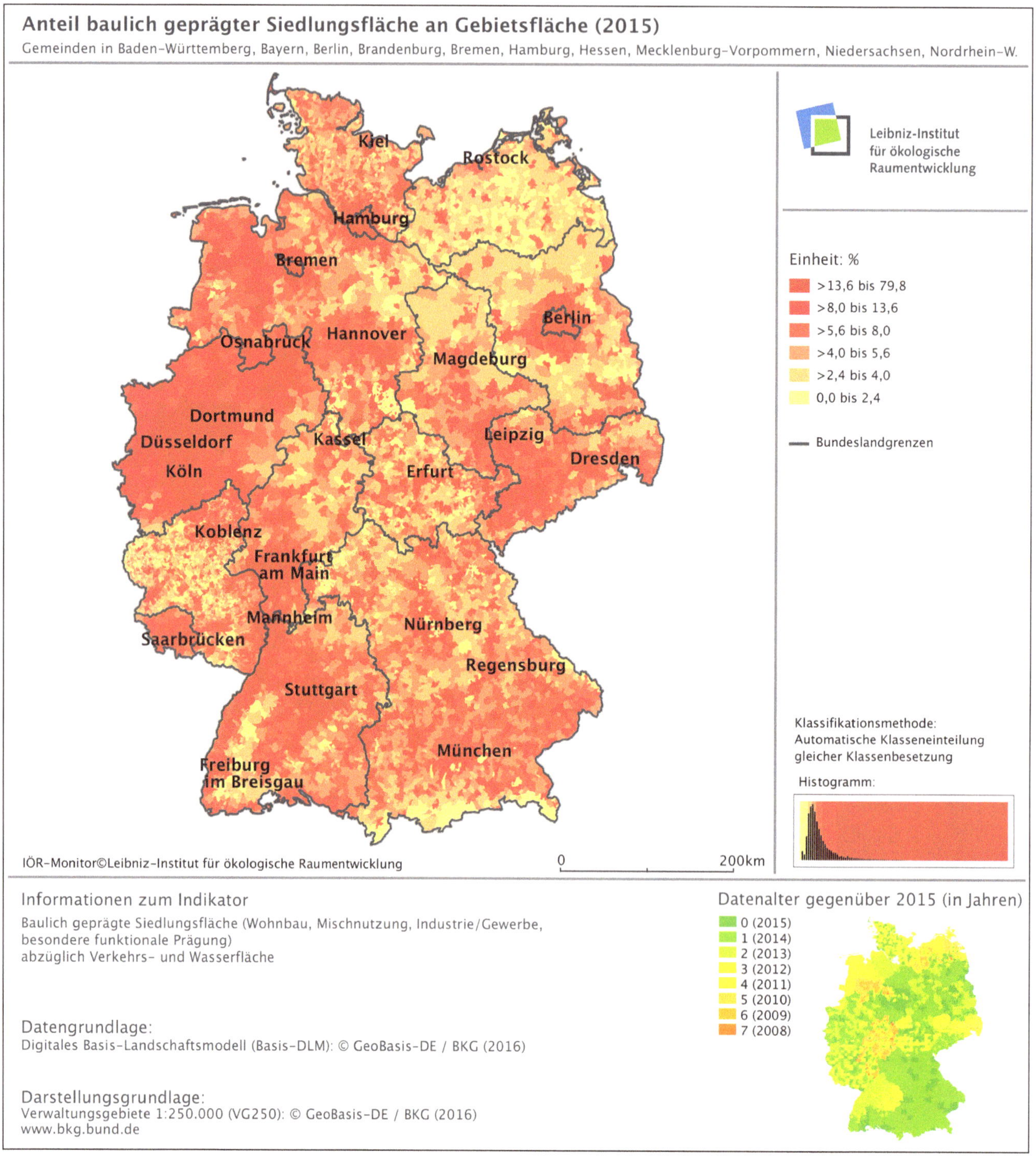

Abb. 2.4.6: *Übersichtskarte zum Anteil baulich geprägter Siedlungsfläche an der Gemeindefläche, Zeitschnitt 2015 (Quelle: IÖR-Monitor, 2016)*

oder einer Teilfläche davon dar, z. B. Anteil Siedlungsfreifläche an Siedlungsfläche.

Für die Berechnung der Kenngrößen in den Kategorien Siedlung und Verkehr wird grundsätzlich das ATKIS Basis-DLM verwendet. Eine Ausnahme bildet die Bodenversiegelung, wobei Satellitendaten der Europäischen Umweltagentur zum Einsatz kommen. Die Flächenproduktivität (Relation zwischen Bruttoinlandsprodukt und baulich geprägter Siedlungs- und Verkehrsfläche) wird auf Grundlage von Daten der amtlichen Statistik berechnet. Bei der Kategorie Gebäude wird auf die amtlichen Geobasisprodukte Hausumringe (HU-DE), Hauskoordinaten (HK-DE) aus dem Liegenschaftskataster zurückgegriffen (AdV 2012).

Die zentrale Präsentationsform des IÖR-Monitors ist die Kartenansicht. Abbildung 2.4.6 zeigt eine Kenngröße aus der Kategorie Siedlung als Übersichtskarte für das gesamte Bundesgebiet auf Gemeindeebene zum Zeitschnitt 2015. Zahlreiche detaillierte Rauminformationen können beim IÖR-Monitor aus der mit einer Karte verknüpften Wertetabelle entnommen werden. Dies betrifft nicht nur die Kennwerte von ausgewählten Raumeinheiten zu einem bestimmten Zeitschnitt, sondern auch die Ausweisung von Wertdifferenzen für einen Zeitraum. Damit wird die Entwicklung einer Kenngröße zwischen zwei Zeitschnitten sichtbar, die auch in grafischer Form dargestellt werden kann.

Ein Teil der Indikatoren ist auch auf Rasterbasis verfügbar (Rasterweiten von 100 m bis 10 km). Abbildung 2.4.7 zeigt das Beispiel einer Rasterkarte zur Bodenversiegelung.

In Zukunft werden weitere Kenngrößen zu Ressourceninhalten der gebauten Umwelt in das Fachinformationssystem IÖR-Monitor eingepflegt. Außerdem ist die deutschlandweite Berechnung ausgewählter Indikatoren zu Effizienz und Umweltqualität vorgesehen.

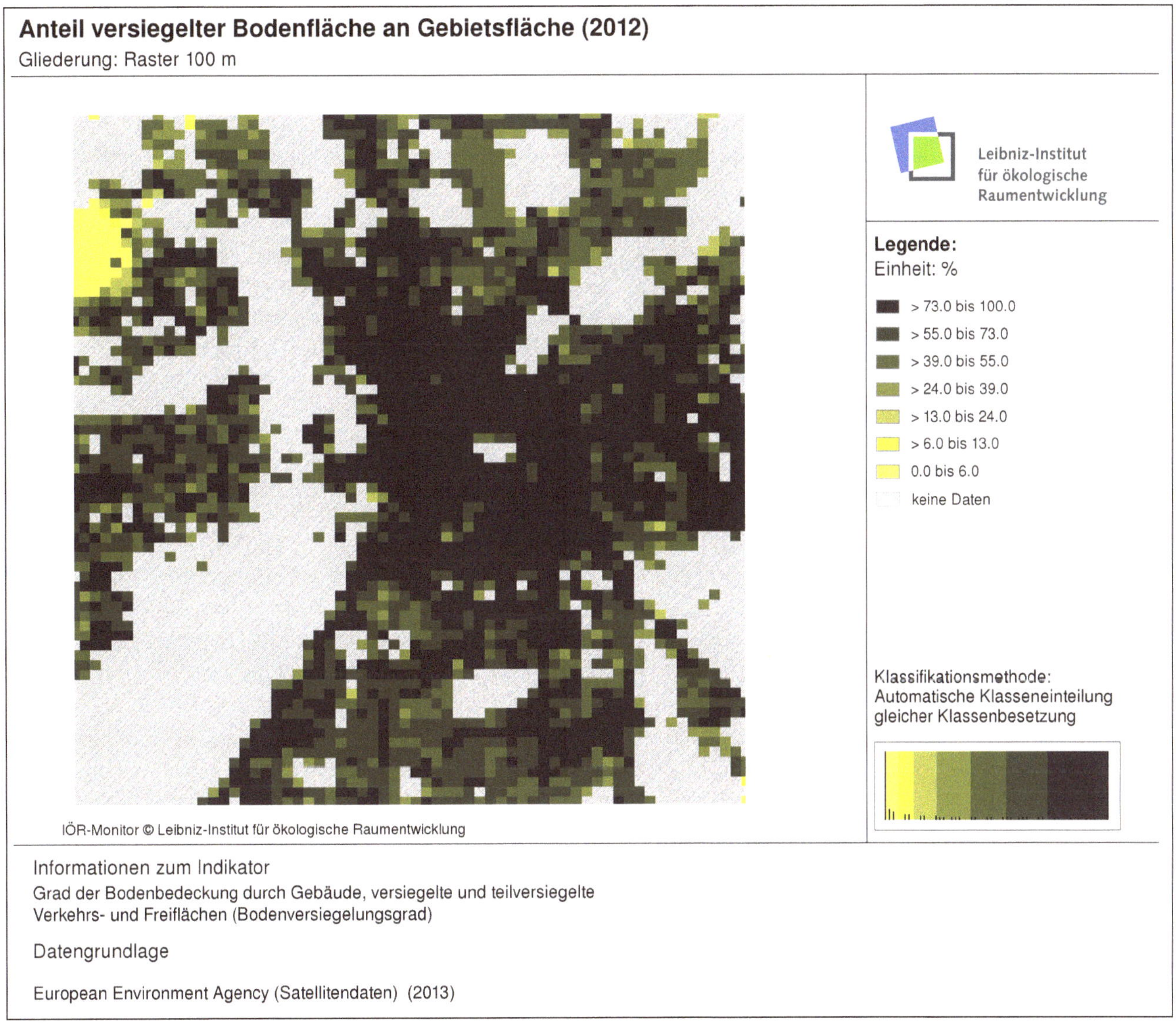

Abb. 2.4.7: *Detailkarte zum Anteil versiegelter Bodenfläche auf 100 m-Rasterbasis, Zeitschnitt 2012, Volltondarstellung (Quelle: IÖR-Monitor, 2016)*

2.5 Konstruktion des Siedlungskörpers

„Die Stadtmorphologie befasst sich mit den Siedlungs- und Stadtformen sowie mit den physischen Formungsprozessen innerhalb der Siedlungskörper. Gegenstand ist somit die Struktur der Bebauung, die Parzellenbildung als Grundlage für Bauten, die Gebäudetypologie und die Netze der Erschließung“ (Russel und Cohn 2012, S. 5).

Als Siedlungskörper werden die urbanisierten Areale einer Stadt bezeichnet, welche die zusammenhängend bebaute Fläche zuzüglich der räumlich und funktional damit eng verknüpften Verkehrs-, Erholungs-, Vegetations- und Gewässerflächen enthalten. Durch den Begriffsteil „Körper“ soll die dritte Dimension, d. h. die vertikale Ausdehnung (bei Gebäuden und Siedlungsgrün), aber nicht das Geländerelief in die Betrachtung einfließen. Außerdem gelten eine Mindestgröße des zweidimensionalen Gebildes sowie eine gewisse Arrondierung der Kontur als Rahmenbedingungen. Innerhalb der administrativen Gebietsfläche einer Stadt besteht der Siedlungskörper in seiner planaren Ausprägung meist aus einer Menge von Polygonen. In diesem gesamtstädtischen Sinne soll der Begriff des Siedlungskörpers hier verwendet werden.

Der Siedlungskörper bildet die planare Grundgeometrie für alle nachfolgend betrachteten städtebaulichen Wirkungszusammenhänge. Die folgenden Ausführungen behandeln die Konstruktion dieser Geometrie mit Hilfe von topographischen Geobasisdaten. Im Basis-Landschaftsmodell von ATKIS gibt es eine Objektart, welche die eingangs genannten Voraussetzungen weitgehend erfüllt – die Ortslage (Abschnitt 2.4). Insbesondere die Objekte der vier baulich geprägten Grundflächen sind nach Definition in der Ortslage enthalten:

- Wohnbaufläche,
- Fläche gemischter Nutzung,
- Industrie- und Gewerbefläche und
- Fläche besonderer funktionaler Prägung.

Außerdem gehören die Flächen des Verkehrs, der Bereiche Sport, Freizeit und Erholung sowie Vegetations- und Gewässerflächen zur Ortslage, welche in einem engen räumlichen und funktionalen Zusammenhang zu den baulich geprägten Grundflächen stehen. Als Mindestgröße gilt eine im Zusammenhang bebaute Fläche von etwa zehn Hektar oder zehn Anwesen. Die Grenze der Ortslage zum Freiraum wird in der Regel durch die Abgrenzung der bebauten Grundstücke unter Einbeziehung der Hofraumflächen und Hausgärten gebildet (AdV 2014). Eine Stadt in ihrer administrativen Ausdehnung besteht meist aus zahlreichen separaten Polygonen der Ortslage.

Der Freiraum außerhalb des Siedlungskörpers steht nicht im Zentrum des Ansatzes zur Physiognomie der Stadt, spielt aber im räumlichen Kontext mit den Randzonen des Siedlungskörpers eine wichtige Rolle. Innerhalb des administrativen Stadtgebietes werden daher auch ATKIS-Daten des Freiraumes einschließlich der darin befindlichen Gewässer genutzt. Die Zuordnung der Gewässerflächen zum Siedlungskörper ist besonders bei Kleingewässern in der Nähe von Bebauungen nach Größe und Lage zu entscheiden. Somit gibt es Wasserflä-

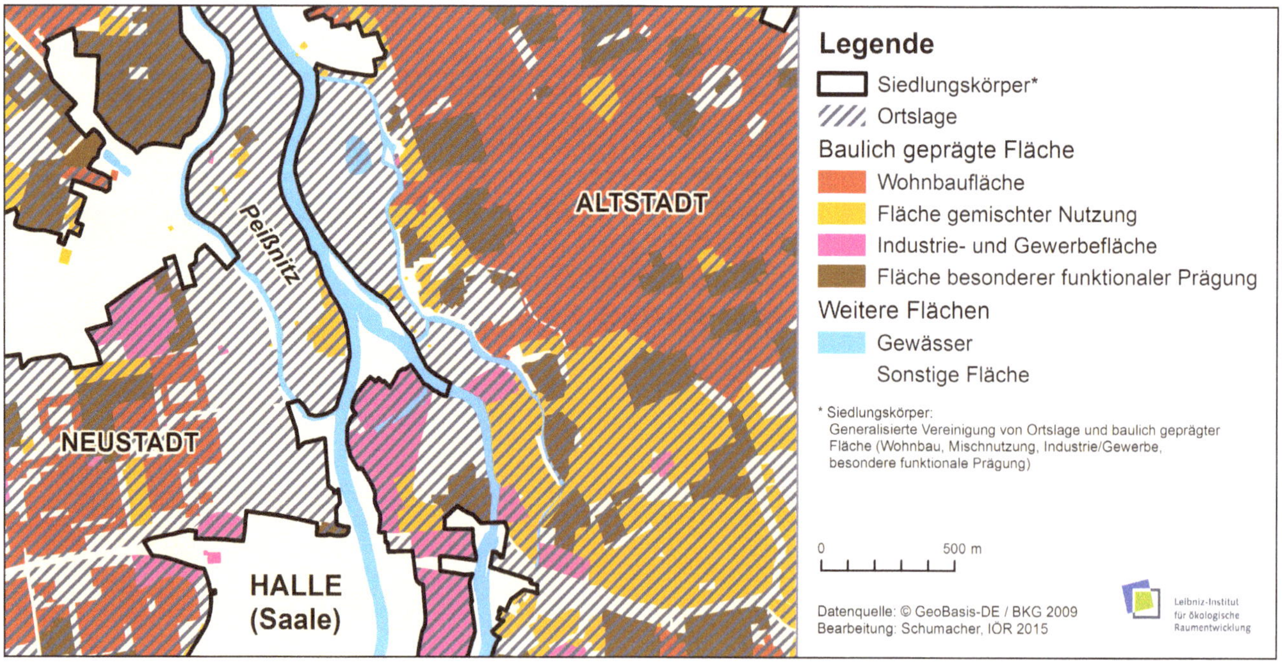

Abb. 2.5.1: *Konstruktion des Siedlungskörpers am Beispiel der Stadt Halle (Saale) – Ausschnitt*

chen im Siedlungskörper und im Freiraum (siehe Erläuterung zu Abbildung 2.5.1 am Ende dieses Abschnitts).

Bei Analyse der ATKIS-Daten hat sich gezeigt, dass die vier erwähnten baulich geprägten Objektarten nicht immer in den Ortslagen enthalten sind. Dies betrifft insbesondere neue Baugebiete an der Siedlungsperipherie. Deshalb wird im vorliegenden Kontext ein eigener Siedlungskörper unter Einbeziehung aller baulich geprägten Flächen im Stadtgebiet gebildet (Schumacher et al. 2012), wobei dessen Konstruktion folgende Schritte der Geodatenverarbeitung erfordert:

1. Vereinigung aller Polygone der Ortslage sowie aller Polygone der baulich geprägten Siedlungsfläche mit ihren vier Objektarten zum vorläufigen Siedlungskörper einer Stadt,
2. Trennung der Polygone des vorläufigen Siedlungskörpers in disjunkte Einzelflächen zur Erzeugung einer überlagerungsfreien Topologie,
3. Aggregation dieser bereinigten Polygone zum Schließen schmaler Lücken innerhalb zusammenhängend bebauter Flächen sowie zur Eliminierung von Splitterflächen separater Bebauung – mit folgenden Parametern:
   - Aggregationsdistanz bei Siedlungslücken: 50 m,
   - Eliminierung von Splitterflächen < 1 ha,
   - Schließen von Löchern im Siedlungskörper < 1 ha,
   - Erhaltung orthogonaler Formen bei der Aggregation.

   Bei der Polygonaggregation bleibt die äußere Kontur des Siedlungskörpers grundsätzlich erhalten. Schmale Lücken werden in Abhängigkeit von der Ausgangsgeometrie geschlossen. Innerhalb der Siedlung können durch die Polygonaggregation schmale (Fließ-)Gewässer überbrückt werden, was aus funktionaler Sicht durchaus beabsichtigt ist.
4. Zusammenführung unmittelbar benachbarter Teilflächen zu jeweils einem Polygon des endgültigen Siedlungskörpers,
5. Berechnung der geometrischen Attribute (*area, perimeter*) für alle Polygone des Siedlungskörpers einer Stadt.

Die Konstruktion des Siedlungskörpers in seiner planaren Ausprägung nach Ausführung der beschriebenen GIS-Funktionen auf die ATKIS-Objektarten Ortslage sowie baulich geprägte Flächen (mit den Komponenten Wohnbau, Mischnutzung, Industrie/Gewerbe sowie besondere funktionale Prägung) bildet die notwendige Voraussetzung für die Anwendung von Formanalytik auf städtebauliche Wirkungszusammenhänge. Hierzu zeigt Abbildung 2.5.1 einen Kartenausschnitt für die Stadt Halle, wo die Erholungsflächen in der Saaleaue (Peißnitz) zwischen der Altstadt und der Neustadt als Bestandteile der Ortslage im Siedlungskörper enthalten sind. Durch die Polygonaggregation werden sowohl Schneisen von Verkehrstrassen als auch Nebengewässer teilweise überbrückt, das Hauptgewässer bleibt jedoch als Freiraum außerhalb des Siedlungskörpers erhalten (Schumacher et al. 2012). Außerdem werden kleine, baulich geprägte Splitterflächen entsprechend der Aggregationsparameter im Sinne der kartographischen Generalisierung nicht in den endgültigen Siedlungskörper einbezogen.

2.6 Visualisierung und Quantifizierung

Kartographische Visualisierung

Die Visualisierung physiognomischer stadtstruktureller Zusammenhänge erfolgt in abstrahierter Form mit thematischen Karten. Die maßstabsgerechte Darstellung räumlicher Informationen eines bestimmten Sachverhalts erfordert eine kartographische Generalisierung, indem wesentliche Objekte analog zur Informationsdichte ausgewählt, vereinfacht oder zusammengefasst werden. Die punkt-, linien- und flächenhaften Signaturen geben quantitative oder qualitative Aussagen graphisch wieder, die sich nach Bertin mit Hilfe von sechs graphischen Variablen (Form, Richtung, Farbe, Muster, Helligkeit, Größe) differenzieren und variieren lassen (Bertin 1974). Auf diese Weise werden unterschiedliche Flächennutzungen in ihrer Lage und Größe verortet sowie stadtstrukturelle Funktionszusammenhänge großräumig sichtbar. Durch die visuelle (subjektive) Wahrnehmung des Betrachters können bestehende städtebauliche Situationen in ihrer Komplexität qualitativ beschrieben und verschiedene Städte diesbezüglich verglichen werden.

Der hier vorgestellte Analyseansatz untersucht schwerpunktmäßig das strukturelle Gefüge im Siedlungskörper der Beispielstädte. Die Darstellung erfolgt ebenso wie die Analyse im mittleren Maßstabsbereich (etwa zwischen 1:10 000 und 1:300 000), welcher eine topographische Übersicht des Kartenthemas ermöglicht und für Anwendungen in Karten der Stadt- und Umweltplanung geeignet ist. Beim Begriff „mittelmaßstäbig“ können die konkreten Maßstabszahlen je nach Quelle leicht schwanken (Hake 1982; Universität Rostock 2012).

Als Analysegrundlage dienen vor allem ausgewählte Objektarten des ATKIS Basis-Landschaftsmodells (Basis-DLM) sowie Hausumringe (HU) aus dem Liegenschaftskataster. Diese topographische Geobasisdaten liegen flächendeckend für Deutschland vor (Abschnitt 2.4). Die Objekte im Basis-DLM sind auf einen Zielmaßstab von 1:25 000 ausgerichtet; die Hausumringe sind entsprechend ihrer Quelle genauer erfasst (ca. 1:1 000). Aus ATKIS werden zumeist flächenhafte, aber auch linienhafte Objekte verwendet; die Hausumringe stellen generell Polygone dar.

Nach der jeweiligen Zielstellung werden durch Verfahren der Geodatenanalyse – wie beispielsweise Verschneidung oder Pufferbildung – neue Ebenen von Geoobjekten (mit neuen Geometrien und Attributen) gebildet. Bei der Darstellung physiognomischer stadtstruktureller Zusammenhänge wurde vor allem die Farbe als graphische Variable eingesetzt – in Anwendung auf die Polygone der relevanten Ebene (Layer). Die Attributwerte eines solchen Layers lassen sich nach ihrer Ausprägung quantitativ (metrisch oder ordinal) oder qualitativ (nominal) skalieren.

Die Visualisierung eines Wirkungszusammenhanges für alle sieben Beispielstädte erfolgt jeweils auf einer Doppelseite im einheitlichen topographischen Übersichtsmaßstab 1:200 000 (siehe Kartenverzeichnis). Der einheitliche Maßstab der Kartenserie bildet ein wichtiges Paradigma für den visuellen Städtevergleich, weil damit gleichartige städtebauliche Strukturen in verschieden großen Städten auf gleiche Weise dargestellt werden. Das Kartenlayout stellt eine Kombination von Insel- und Rahmenkarte dar (Bollmann und Koch 2001): Der Siedlungskörper bzw. das administrative Stadtgebiet sind thematisch detailliert in Bezug auf den Wirkungszusammenhang sowie mehrfarbig dargestellt; das Gebiet außerhalb der Stadtgrenze bis zum Kartenrahmen enthält nur die Ortslagen in zurückhaltendem Grauton. Zur Fokussierung auf den jeweiligen Siedlungskörper im vorgegebenen Gesamtrahmen wurden periphere Bereiche des administrativen Stadtgebietes bei drei Kartenausschnitten ausgeblendet (Aachen: nördliche und südliche Spitze, Landau: Exklaven, Neubrandenburg: Tollensesee/südlicher Teil). Die Aussagefähigkeit der Kartenserie dürfte damit erhalten bleiben.

Multikriterielle Bewertung

Für die Analyse von physiognomischen stadtstrukturellen Ausprägungen unter dem Aspekt der Beschreibung einzelner Wirkungszusammenhänge von Form(-struktur) und Phänomen lassen sich mit Hilfe zahlreicher Messgrößen und Indizes Teilaussagen formulieren. Die Komplexität der Verflechtung von Form(-struktur) und Phänomen, die das geschulte Auge eines Betrachters einer Karte erfasst und der Betrachter selbst mitdenkt, kann dadurch nicht abgebildet werden.

Durch den Aufbau eines multikriteriellen Bewertungsansatzes werden vergleichende Bewertungen von Städten bezüglich eines bzw. mehrerer Wirkungszusammenhänge möglich (Thinh 2008). Es werden Umweltqualitäts- sowie Kompaktheits- und Effizienzmerkmale mit Hilfe einer bzw. mehrerer Messgrößen und/oder Indizes quantifiziert beschrieben. Zum Vergleich werden diese in normierte Indizes mittels Extremwertnormierung umgewandelt. Jeder normierte Index ist metrisch skaliert und kann Werte zwischen Null und Eins annehmen. Die normierten Messgrößen bzw. Indizes z_{ij} werden fallabhängig wie folgt berechnet:

(1) Je **kleiner** der Wert x_{ij} für die Messgröße i in der Stadt j ist, desto positiver ist der Zusammenhang zu bewerten:

$$z_{ij} = \frac{x_{ij} - \max x_i}{\min x_i - \max x_i}$$

oder

(2) Je **größer** der Wert x_{ij} für die Messgröße i in der Stadt j ist, desto positiver ist der Zusammenhang zu bewerten:

$$z_{ij} = \frac{x_{ij} - \min x_i}{\max x_i - \min x_i}$$

Dabei ergeben sich die Extremwerte der Messgrößen und Indizes aus den Minimal- und Maximalwerten der untersuchten Städte. Der Gesamtindex (Merkmal) I_j für die Stadt j ergibt sich aus der Summe aller einfließenden normierten Messgrößen bzw. Indizes, die ihrerseits nochmals normiert wird:

$$I_j = \sum_{i=1}^{n} z_{ij}$$

Für die abschließende Normierung gilt die Festlegung, dass die Minimalwerte gleich Null sind sowie die Maximalwerte der Summe der in die Bewertung eingeflossenen Messgrößen entsprechen. Im Fall von zwei Messgrößen ist der Gesamtindex mit dem Mittelwert der Messgrößen identisch. Für die Extremwertnormierung gilt stets: $0 \leq z_{ij} \leq 1$. Je größer der Gesamtindex (Merkmal) I_j für eine Stadt ausfällt, desto höher ist die Qualität des Zusammenhanges zu bewerten. Das folgende Schema verdeutlicht den methodischen Aufbau des Bewertungsansatzes (Abb. 2.6.1).

Auf diese Weise können für Städte vergleichbare, normierte Merkmalswerte berechnet werden. Es ist darauf zu achten, dass eine ausreichend große Anzahl von Städten für den Vergleich zur Verfügung steht.

Insgesamt beinhaltet die vorliegende Untersuchung acht Umweltqualitätsmerkmale sowie neun Kompaktheits- und Effizienzmerkmale, welche jeweils im Sinne einer Zusammenhangsvermutung analysiert und beschrieben werden (Kapitel 4).

Abb. 2.6.1: *Methodischer Aufbau des multikriteriellen Bewertungsansatzes (Berechnung eines normierten Merkmals für eine Stadt)*

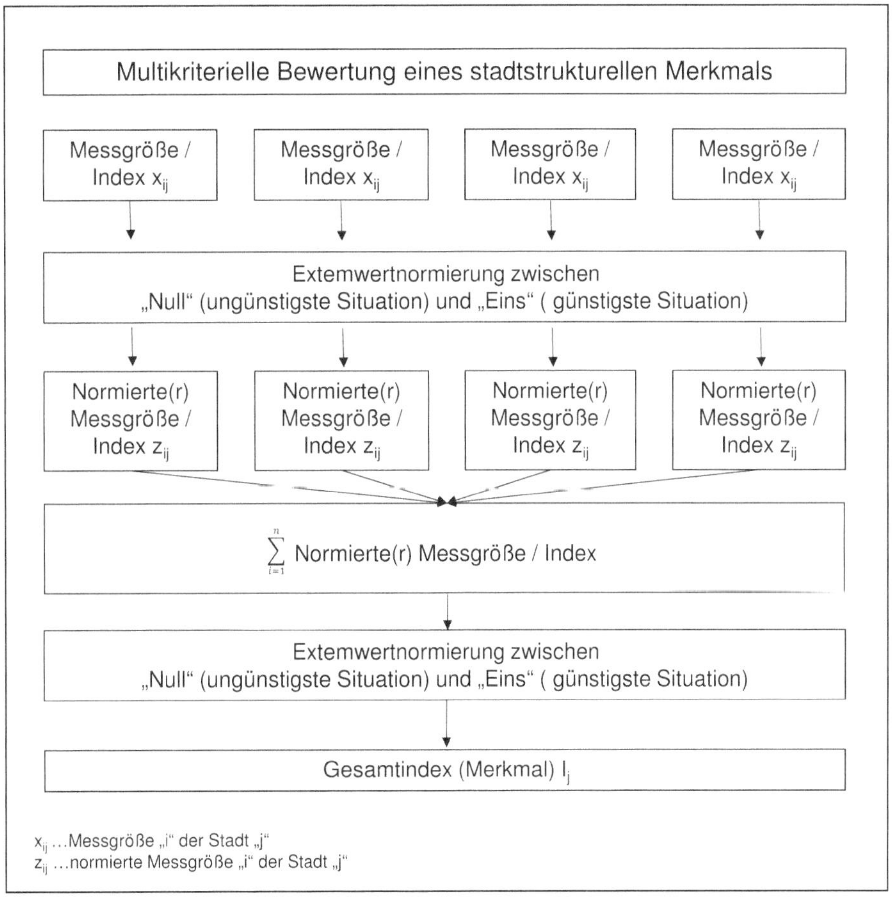

3 Städte

Karin Gruhler, Ulrich Schumacher

3.1 Anwendungsbereich

Die topographischen Geobasisdaten aus dem Basis-Landschaftsmodell von ATKIS sind Grundlage für das vorgestellte Messkonzept der Physiognomie der Stadt. Der Analysemaßstab liegt damit im mittelmaßstäbigen Bereich (ca. 1:25 000). Es stellt sich nun die Frage, für welche Städte die hier vorgestellte Methode der physiognomischen Analyse sinnstiftend angewendet werden kann. Grundsätzlich liegt der räumliche Fokus der Untersuchung auf Städten in der Bundesrepublik Deutschland in ihrer administrativen Abgrenzung (Stadtgebiet). Eine Beschränkung der Anwendung auf kreisfreie Städte erscheint nicht sinnvoll – insbesondere angesichts anhaltender Gebietsreformen (Schumacher et al. 2013). Andere Abgrenzungen unter Einbeziehung der Nachbargemeinden oder nach geometrischen Kriterien (beispielsweise konzentrische Kreise oder Pufferzonen) wären prinzipiell möglich.

Nun ist der Stadtbegriff ein weiter und reicht von kleinsten Städten wie Oberwiesenthal im Erzgebirge mit 2.000 Einwohnern bis Berlin mit ca. 3,5 Millionen Einwohnern. Eine Flächenanalytik – wie im vorliegenden lebensweltlich orientierten Ansatz – benötigt ein gewisses Mindestmaß topographischer Objekte bzw. der Gebietsausdehnung, damit städtebauliche Leitideen und Qualitätsvorstellungen überhaupt zutreffen und deren Ausprägungen in der Formstruktur aufgespürt werden können. Aus diesen Überlegungen ergeben sich folgende drei Auswahlkriterien von Städten zur Bestimmung der Untergrenze des Anwendungsbereiches:

- Stadtrecht,
- Flächengröße der Siedlungskörper-Polygone,
- Einwohnerzahl.

Zunächst werden alle Gemeinden mit Stadtrecht ermittelt. Wie aus Geobasisdaten der Verwaltungsgebiete hervorgeht, verfügen 2.064 von insgesamt 11.379 Gemeinden in Deutschland über das Stadtrecht (BKG 2014).

Danach wird die Flächengröße des Siedlungskörpers zur Stadtauswahl herangezogen. Ziel dieses Kriteriums ist es Städte zu herauszufiltern, die nur aus dem Zusammenschluss vieler kleiner Gemeinden gebildet wurden und somit kaum größere zusammenhängende Siedlungskörperflächen aufweisen. Für die Formanalyse bildet die planare Ausprägung des Siedlungskörpers, d. h. der urbanisierten Areale einer Stadt, die grundlegende Geometrie (Abschnitt 2.5). Davon sollen die wesentlichen formbestimmenden Polygone betrachtet werden. Wie eigene empirische Untersuchungen gezeigt haben, können bereits die fünf flächengrößten Polygone des

Tab. 3.1.1: *Zahl der Städte nach verschiedenen Auswahlkriterien für Bundesländer in Deutschland (Datenquelle: © GeoBasis-DE/BKG 2014, Destatis 2015)*

Nr.	Bundesland	Zahl der Städte nach Auswahlkriterium			
		Alle Städte	Auswahl A: Selektion nach den fünf flächengrößten Polygonen ihres planaren Siedlungskörpers [> 10 km²]	Auswahl B: Weitere Selektion nach Bevölkerungszahl [> 20.000 EW]	Auswahl C: Weitere Selektion nach Bevölkerungszahl [> 50.000 EW]
1	Schleswig-Holstein	63	13	13	5
2	Hamburg	1	1	1	1
3	Niedersachsen	161	59	56	18
4	Bremen	2	2	2	2
5	Nordrhein-Westfalen	271	131	131	74
6	Hessen	191	19	19	12
7	Rheinland-Pfalz	129	16	16	8
8	Baden-Württemberg	312	43	43	22
9	Bayern	317	36	36	16
10	Saarland	17	7	7	1
11	Berlin	1	1	1	1
12	Brandenburg	113	30	22	4
13	Mecklenburg-Vorpommern	84	7	7	5
14	Sachsen	171	23	22	6
15	Sachsen-Anhalt	105	22	19	3
16	Thüringen	126	16	16	4
	Summe	**2.064**	**426**	**411**	**182**

Siedlungskörpers die Gestalt einer Stadt im wesentlichen charakterisieren. Als sinnvolle Mindestgröße für die Flächensumme dieser fünf größten Polygone werden zehn Quadratkilometer festgegelgt, um eine hinreichende Gebietskulisse für die physiognomische Analyse zu gewährleisten (Tab 3.1.1, Auswahl A).

Zur Definition einer Untergrenze des Anwendungsbereiches nach der Einwohnerzahl wird die Untergrenze der Städtekategorie „Mittelstadt" herangezogen. Bei der Raumabgrenzung der „Laufenden Stadtbeobachtung" des Bundesinstituts für Bau-, Stadt- und Raumforschung sind Mittelstädte mit 20.000 bis unter 100.000 Einwohnern angegeben, wobei diese Städte überwiegend mittelzentrale Funktionen aufweisen (BBSR 2012). Eine weitere Differenzierung in kleinere und größere Mittelstädte kann an einer Zwischengrenze von ca. 50.000 Einwohnern festgemacht werden. Der Anwendungsbereich orientiert sich an dieser Klassifikation des BBSR. Somit gibt es zwei untere Größenklassen für die Anwendung der urbanen Metrik: mehr als 20.000 Einwohner (Auswahl B) bzw. mehr als 50.000 Einwohner (Auswahl C). Für die Städte der Auswahl C gilt, dass sie in jedem Fall für eine Anwendung der urbanen Metrik geeignet sind.

Bei Städten der Auswahl B wären Einschränkungen zu treffen. Für einige formanalytische Algorithmen kann es kritisch sein, kleine Mittelstädte mit 20.000 bis 30.000 Einwohnern zu untersuchen, wenn die fünf größten Polygone des Siedlungskörpers ähnlich groß, räumlich gestreut und von vielen weiteren kleinen Ortslagen umgeben sind. Eine solche Stadt ist ungeeignet für die Analyse. Die Notwendigkeit der Einzelfallprüfung von kleineren Städten kann am Beispiel der Stadt Sondershausen in Thüringen verdeutlicht werden. Mit 22.000 Einwohnern gilt sie als kleinere Mittelstadt (nach BBSR-Typik) und ist in der Auswahl B enthalten. Abbildung 3.1.1 zeigt die räumliche Verteilung von 22 separaten Ortslagen (als vereinfachter Siedlungskörper) in der relativ großen administrativen Gebietsfläche. Aus dieser Darstellung wird bereits visuell deutlich, dass die Gebietskulisse des Siedlungskörpers – durch Eingemeindungen in den letzten 30 Jahren gebildet – in ihrer Größe und Lage für physiognomische Analysen städtebaulicher Strukturen kritisch sein kann. Die Siedlungskörperfläche konzentriert sich am Standort der Kernstadt auf ein großes Polygon (ca. 7,5 km²). Zusammen mit vier weiteren separaten Ortslagen erreicht die Stadt das o. g. Mindestflächenkriterium (größer 10 km²). Einige Messgrößen werden bei der Analyse nur für dieses eine Polygon sinnstiftende Ergebnisse liefern. Deshalb sollte eine solche Stadt als nicht geeignet aus dem Anwendungsbereich ausgeschlossen werden. Günstigere Polygonkonfigurationen des Siedlungskörpers sind immer dann anzutreffen, wenn ehemals eigenständige Siedlungskerne durch die Stadtentwicklung über Jahrhunderte zusammengerückt sind – ggf. getrennt von einem Gewässer oder einem schmalen Freiraumstreifen. Städte der Auswahl B sollten daher vor einer Anwendung der urbanen Metrik hinsichtlich ihrer Gebietskulisse überprüft werden.

Eine Übersichtskarte zeigt die mögliche Stadtauswahl nach den verschiedenen Kriterien (Abb. 3.1.2), wobei die Fallbeispielstädte mit Beschriftung hervorgehoben sind. Zu diesen Städten sind kurze Steckbriefe mit charakteristischen Kennzahlen im Abschnitt 3.2 verfügbar.

Abb. 3.1.1: *Räumliche Verteilung der Ortslagen in der Gebietsfläche der Stadt Sondershausen*

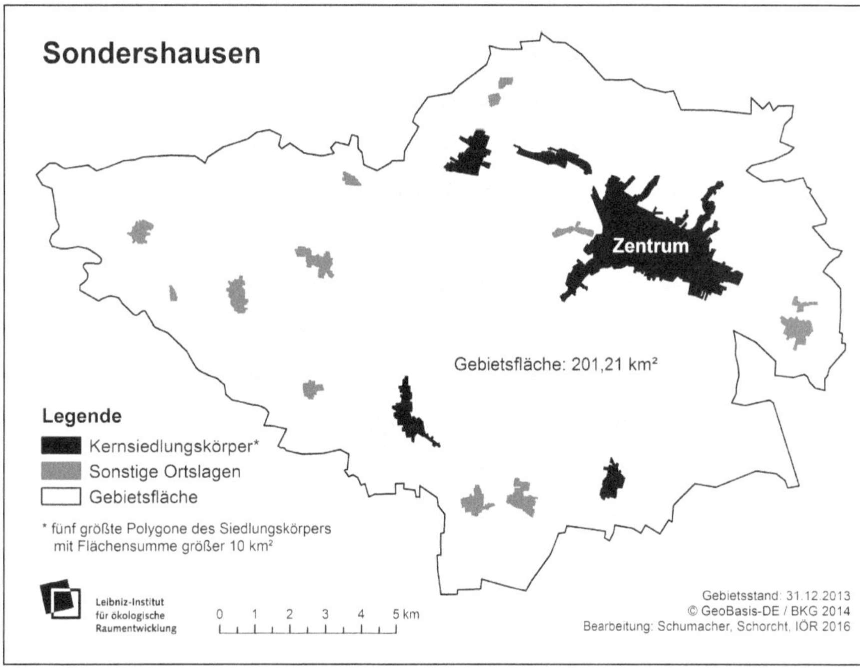

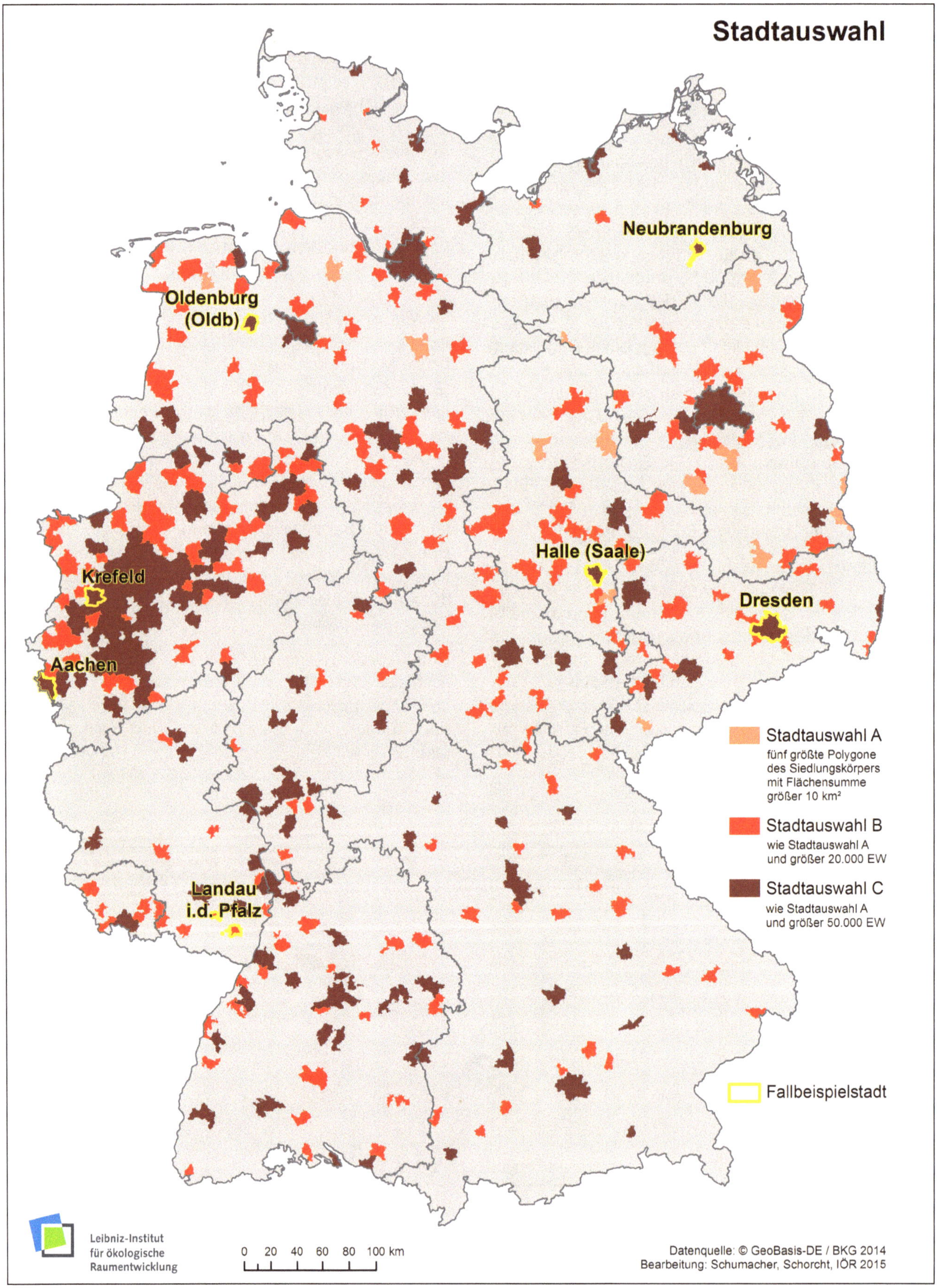

Abb. 3.1.2: *Stadtauswahl nach verschiedenen Kriterien in Deutschland*

3.2 Charakteristika der Fallbeispiele

Die Auswahl von Fallbeispielstädten in Deutschland erfolgte auf Grundlage der vorangegangenen Darlegungen zur Definition des Anwendungsbereiches – unter Berücksichtigung der Stadtgröße, der räumlichen Lage sowie der städtebaulichen Entwicklung. Im Fokus der nachfolgenden Untersuchungen stehen folgende Städte mit 40.000 bis über 500.000 Einwohnern:

- Aachen,
- Dresden,
- Halle (Saale),
- Krefeld,
- Landau in der Pfalz,
- Neubrandenburg und
- Oldenburg (Oldb).

Unter ihnen befinden sich einerseits stark industriell geprägte Städte wie Krefeld und Halle, andererseits sind eher landwirtschaftlich geprägte Städte wie Landau und Neubrandenburg vertreten. Als Residenz- bzw. Verwaltungsstädte können Dresden und Oldenburg gelten. Die historisch älteste Stadt ist Aachen. Die Städte waren im zweiten Weltkrieg sehr unterschiedlich von der Zerstörung betroffen. Während in Dresden eine Totalzerstörung der Innenstadt zu beklagen war, blieb die Bausubstanz in Halle fast vollständig erhalten. Drei der sieben Fallbeispielstädte sind aus den ostdeutschen Bundesländern, um städtebauliche Unterschiede aufzuspüren, die sich aus unterschiedlichen gesellschaftlichen Rahmenbedingungen im geteilten Deutschland zwischen 1949 und 1989 ergeben haben.

Die ausgewählten Fallbeispielstädte werden in alphabetischer Reihenfolge entlang einer einheitlichen Gliederung steckbriefartig vorgestellt. Die Städtesteckbriefe umfassen jeweils vier Seiten. Unter der Überschrift „Allgemeines" wird auf der ersten Seite eine Kurzcharakteristik gegeben, die neben einer Stadtansicht und einem einleitenden Text eine Tabelle und eine Grafik zu ausgewählten Kennzahlen beinhaltet. Danach schließen sich auf der zweiten und dritten Seite Informationen zu den Themen „Wirtschaft und Soziales", „Wohnen" sowie „Flächen- und Bebauungsstruktur" an. Den Abschluss bildet auf der vierten Seite ein topographischer Kartenausschnitt, der einen Eindruck von der Bebauungsstruktur der jeweiligen Beispielstadt liefert.

Die in den Städtesteckbriefen tabellarisch und grafisch dargestellten Kennzahlen zu Bevölkerung, Wirtschaft, Soziales und Wohnen beziehen sich in der Regel auf das Jahr 2011 und basieren überwiegend auf amtlichen Statistiken bzw. wurden auf deren Grundlage bestimmt. Dies sind hauptsächlich die Zensusdatenbank des Zensus 2011 der Statistischen Ämter des Bundes und der Länder (Zensus 2014), die Indikatoren und Karten zur Raum- und Stadtentwicklung (INKAR) des Bundesinstitutes für Bau-, Stadt- und Raumforschung (BBSR 2013) sowie der Regionalstatistische Datenkatalog des Bundes und der Länder (Destatis 2015). Der Betrachtungszeitpunkt 2011 wurde aufgrund der Datenverfügbarkeit gewählt. Für dieses Jahr liegen in den Statistiken die meisten Daten vor, so dass eine gute Vergleichbarkeit der Fallbeispielstädte gewährleistet ist. Dennoch bestehende Abweichungen vom Betrachtungszeitpunkt 2011 sind in den Städtesteckbriefen gekennzeichnet.

Die Kennzahlen zur Flächen- und Bebauungsstruktur innerhalb der Städtesteckbriefe wurden GIS-basiert mit Hilfe der angegebenen Geobasisdaten ermittelt. Dies betrifft vor allem das ATKIS-Basis-Landschaftsmodell (Bezugsjahr 2009) sowie die Hausumringe (Bezugsjahr 2011) vom Bundesamt für Kartographie und Geodäsie, die im Abschnitt 2.4. detailliert erläutert sind (AdV 2012 und 2014; BKG 2011, 2013 und 2015).

Detaillierte Angaben zu den einzelnen Kennzahlen – Definitionen, Berechnungsalgorithmen sowie die zugrunde liegenden Datenquellen und Zeitbezüge – sind im Anschluss an die Städtesteckbriefe unter der Überschrift „Erläuterungen zu den Charakteristika der Fallbeispiele" aufgeführt.

Fallbeispielstädte

Aachen

Allgemeines

Aachen ist eine kreisfreie Kurstadt im nordrhein-westfälischen Regierungsbezirk Köln und gehört seit 2009 zur Städteregion Aachen. 1890 überschritt Aachen erstmals die Einwohnerzahl von 100.000 und ist seitdem die westlichste deutsche Großstadt. Sie liegt im Dreiländereck Deutschland-Belgien-Niederlande im Zentrum der Euregio Maas-Rhein am Nordrand der Eifel.

Die Stadt ist bekannt für ihre bis in die Jungsteinzeit zurückreichende Geschichte. Aachen wurde 765 erstmals schriftlich erwähnt. Aachen ist Bischofssitz, der Dom ist das Wahrzeichen der Stadt. Mit der Rheinisch-Westfälischen Technischen Hochschule (RWTH) hat Aachen eine der traditionsreichsten technischen Universitäten Europas.

Kennzahlen im Überblick	
Bundesland	Nordrhein-Westfalen
Höhe Zentrum	173 m über NHN
Einwohner	236.420 EW
Abhängigenquote	46,9 %
Gebietsfläche	161,0 km²
Siedlungsfläche	55,9 km²
Freiraumfläche	105,1 km²
Siedlungsdichte	42,3 EW/ha
Wohnbauflächendichte	51,8 ha/km²
Ein-/Zweifamilienhaus-Siedlungsanteil	61,5 %
Baulandpreis	162,8 €/m² (2007/08)
Einkommenssteuer	307,5 €/EW
Gewerbesteuer	689,4 €/EW
Arbeitslosenquote	9,0 %

Aachen im Wertebereich der Städte

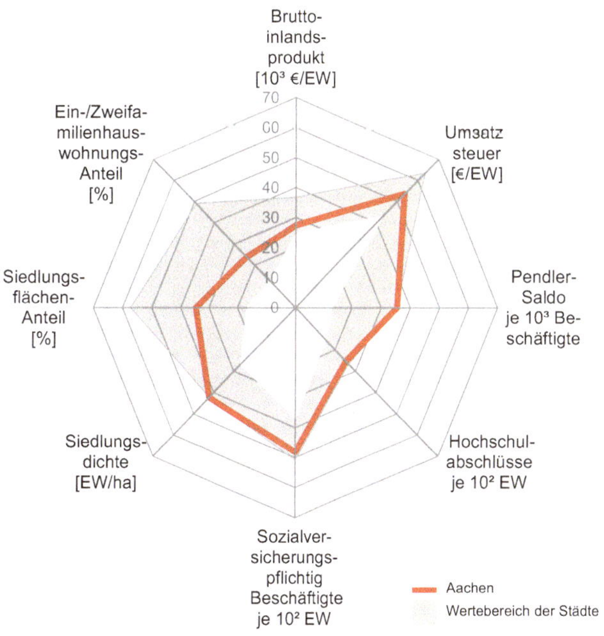

Wirtschaft und Soziales

In Aachen sind bedeutende Industriezweige angesiedelt: Automobilindustrie (z. B. Continental), Elektronik (z. B. Philips), Maschinenbau, Automation, Informations-, Laser- und Umwelttechnologie, Süßwarenproduktion (z. B. Zentis). Die örtliche Automobilbranche hat sich im euregionalen Netzwerk Competence Center Automotive Region Aachen – Euregio Maas-Rhein (Car e. V.) zusammengeschlossen. Gleichfalls haben sich viele IT-Unternehmen gemeinsam mit Forschungseinrichtungen zum Kompetenznetzwerk Regina e. V. IT/Informatik Aachen verbunden. Aufgrund einer dichten Infrastruktur für Produktion und Dienstleistungen auf engstem Raum bietet Aachen gute Standortvorteile. Das Bruttoinlandsprodukt erreichte im Jahr 2009 einen Wert von etwa 27.500 Euro pro Einwohner bzw. 56.100 Euro je Erwerbstätigen. Die Arbeitslosenquote lag im Jahr 2011 in Aachen bei 9,0 Prozent. 25 Prozent der in der Stadt lebenden Personen haben 2011 einen Hochschulabschluss.

Bruttoinlandsprodukt 2009

27.500 Euro je Einwohner

56.100 Euro je Erwerbstätigen

Bruttowertschöpfung 2009

50.100 Euro je Erwerbstätigen

Altersstruktur 2011

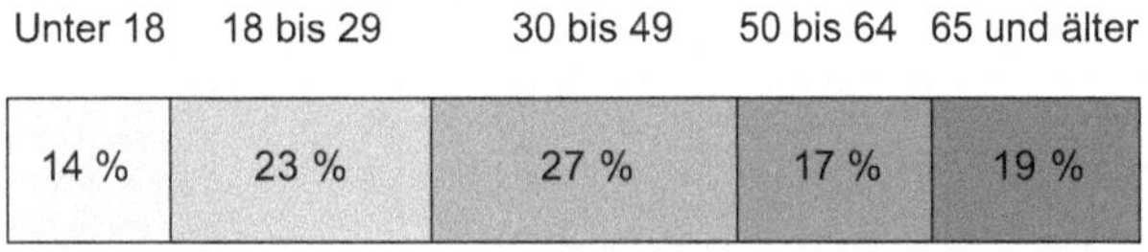

Personen insgesamt:	236.420
Unter 18	33.901
18 – 29	54.388
30 – 49	63.696
50 – 64	40.820
65 und älter	43.615

Bildungsstruktur 2011

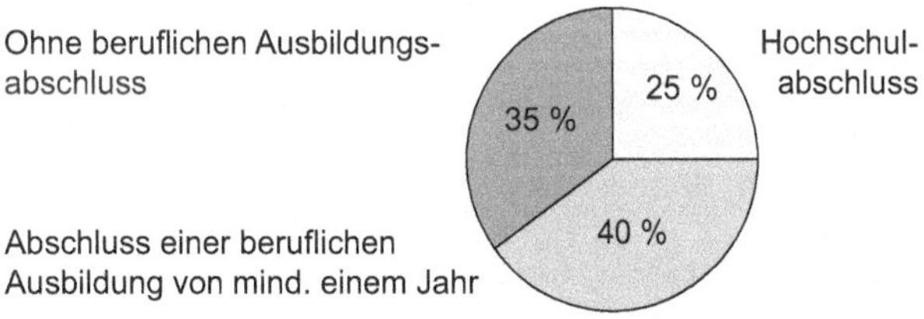

Personen insgesamt:	202.310
Hochschulabschluss	50.920
Abschluss einer beruflichen Ausbildung von mind. 1 Jahr	80.380
Ohne beruflichen Ausbildungsabschluss	71.010

Versorgung mit Arbeitsplätzen 2011

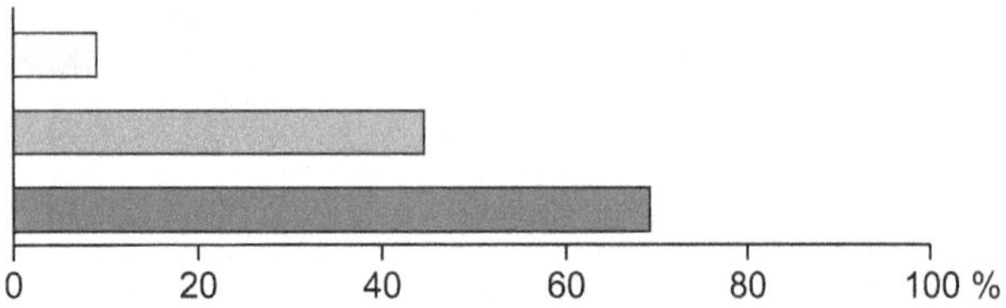

Arbeitslosenquote	9,0 %
Sozialversicherungspflichtig Beschäftigte am Wohnort (je 100 15- bis 64-Jährige)	44,6 %
Sozialversicherungspflichtig Beschäftigte am Arbeitsort (je 100 15- bis 64-Jährige)	69,1 %

Wohnen

In Aachen sind 76 % der Wohnungen in Mehrfamilienhäusern (MFH). Der Vermietungsanteil beträgt 72 %. Gebäude der 1949er bis 1978er Jahre prägen zu 53 % die Wohnbaustruktur, vor allem in Ein- und Zweifamilienhausbebauungen (E/ZFH).

Wohnungsbestand 2011

Wohnungen insgesamt:	132.829
In Wohngebäuden	122.819
In Wohnheimen	4.895
In sonstigen Gebäuden	5.115

Baualtersstruktur Wohnungsbestand 2011

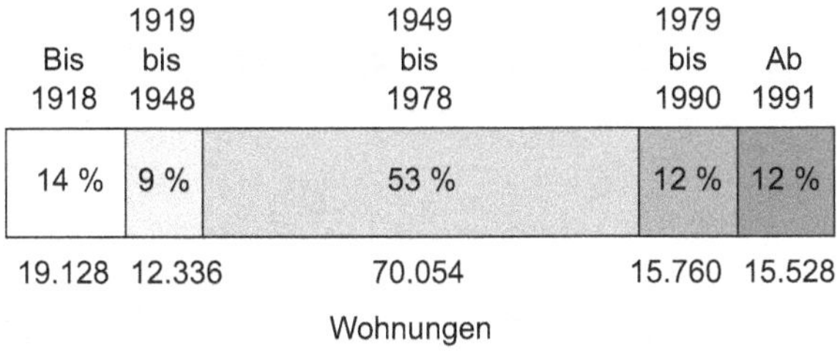

Wohnungsnutzung 2011

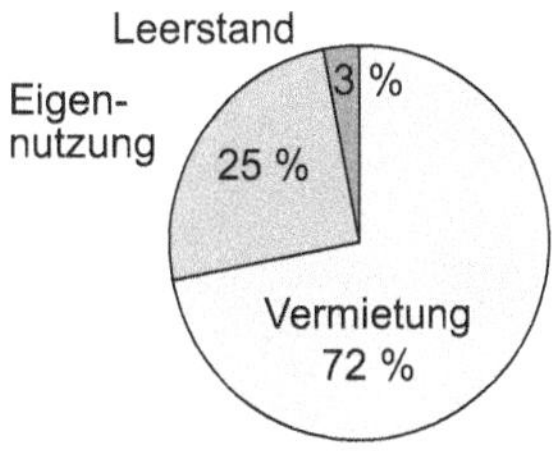

Wohnungen:

Vermietung	95.627
Eigennutzung	33.532
Ferien-/Freizeitwohnungen	90
Leerstand	3.557

Strukturtypen Wohnbebauung 2008

Flächen- und Bebauungsstruktur

Im Jahr 2008 sind 56 km² (35 %) des Aachener Stadtgebietes Siedlungsfläche. Circa doppelt so viel, 105 km² (65 %), ist Freiraum außerhalb der Siedlungsfläche. 45 km² der Siedlungsfläche sind baulich geprägt. 11 km² sind Siedlungsgrün- und Wasserflächen innerhalb des Siedlungskörpers. 32 km² der baulich geprägten Flächen dienen der Wohn- und Mischnutzung. Über die Hälfte (62 %) sind E/ZFH-Bebauungen. Auf Grund der großen Zerstörungen des Zweiten Weltkrieges – ca. 45 % der Wohnungen bzw. ca. 75 % der Innenstadt wurden zerstört – ist der Bestand an Wohngebäuden der Baujahre 1949 bis 1978 mit 53 % besonders hoch.

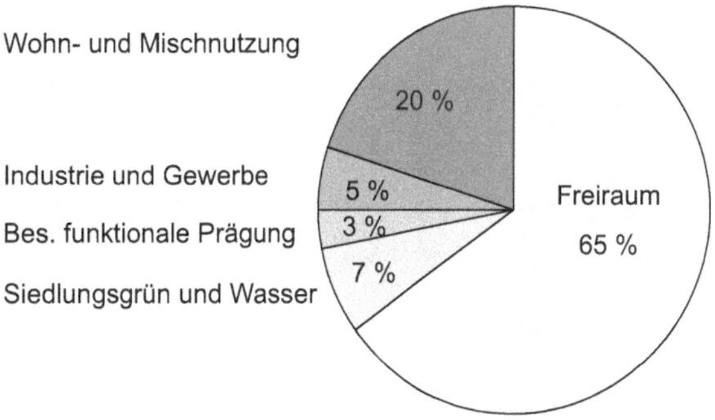

Soers
Hochbrücker-mühle
Scheuer
Kuckesrath
Schloss Rahe
Stockheider Mühle
Heumesser
Follmühle
Bau
Soerserhoch-kirchen
Poch
Hausen
Eiche
In der Soers
Müsch
Strüver
Kloster Sankt Raphael
Rütsch
Berg
Tivoli
Lousberg
Salvator-berg
Gbf
K6
Bf AC-West
1a
Ponttor
Kuranlage
AACHEN
AS AC-Europaplatz
Technische Hochschule
Ostfriedhof
Dom
258
Westpark
Kennedy-park
Bf AC-Rothe Erde
Hbf
L233
Tierpark
Kaiser-Friedrich-Park
Bad
57
BURTSCHEID
Beverau
L260
L212
K5
Siegel
JH
Landwehr
1 : 25 000
0 0,25 0,5 0,75 1 km
Datenquelle: © GeoBasis-DE / BKG 2012
Bearbeitung: Schumacher, IÖR 2015

Dresden

Allgemeines

Dresden ist die Landeshauptstadt des Freistaates Sachsen. Sie liegt am Oberlauf beiderseits der Elbe im Übergang von der Mittelgebirgsschwelle zum Norddeutschen Tiefland. Dresden wurde 1206 erstmals urkundlich erwähnt und ist heute mit mehr als 500.000 Einwohnern die elftgrößte und flächenmäßig die viertgrößte kreisfreie Stadt Deutschlands.

Bekannt ist Dresden für seine historische, stark vom Barock geprägte Altstadt. Dresden gehört nach großflächigen Eingemeindungen mit 63 % Grün- und Waldflächen zu den grünen Großstädten in Europa. Im Stadtgebiet liegen 7.341 ha Wald- und 676 ha Wasserflächen, wobei die Dresdner Heide mit Abstand den größten Anteil an den Waldflächen hat.

Kennzahlen im Überblick

Bundesland	Sachsen
Höhe Zentrum	112 m über NHN
Einwohner	512.354 EW
Abhängigenquote	52,4 %
Gebietsfläche	329,5 km²
Siedlungsfläche	140,2 km²
Freiraumfläche	189,3 km²
Siedlungsdichte	36,5 EW/ha
Wohnbauflächendichte	45,7 ha/km²
Ein-/Zweifamilienhaus-Siedlungsanteil	27,0 %
Baulandpreis	138,2 €/m²
Einkommenssteuer	201,9 €/EW
Gewerbesteuer	438,0 €/EW
Arbeitslosenquote	10,0 %

Dresden im Wertebereich der Städte

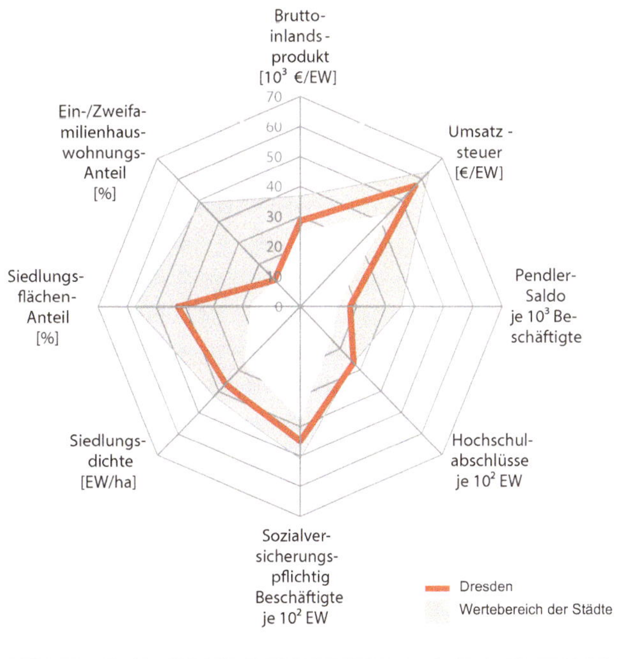

Wirtschaft und Soziales

Dresden ist das politische Zentrum des Freistaates Sachsen, in dem auch die staatlichen Kultureinrichtungen konzentriert sind. Neben der Technischen Universität haben zahlreiche Hochschulen ihren Sitz. Darüber hinaus gilt die Region Dresden als eine der wirtschaftlich dynamischen in Deutschland. Das Bruttoinlandsprodukt erreichte im Jahr 2011 einen Wert von etwa 28.600 Euro pro Einwohner bzw. 49.000 Euro pro Erwerbstätige. Besonders hohen Anteil an der wirtschaftlichen Leistung hat das verarbeitende Gewerbe, allen voran die Mikroelektronik. Die Arbeitslosenquote lag im Jahr 2011 in Dresden bei 10,0 Prozent. 27 Prozent der in der Stadt lebenden Personen haben einen Hochschulabschluss. Schwachpunkt der Dresdner Wirtschaftsstruktur bleibt die geringe Anzahl an Unternehmenszentralen in der Stadt: Alle Großansiedlungen der letzten Jahre sind nur als Tochterunternehmungen im Dresdner Handelsregister eingetragen.

Bruttoinlandsprodukt 2011

28.600 Euro je Einwohner

49.000 Euro je Erwerbstätigen

Bruttowertschöpfung 2011

43.800 Euro je Erwerbstätigen

Altersstruktur 2011

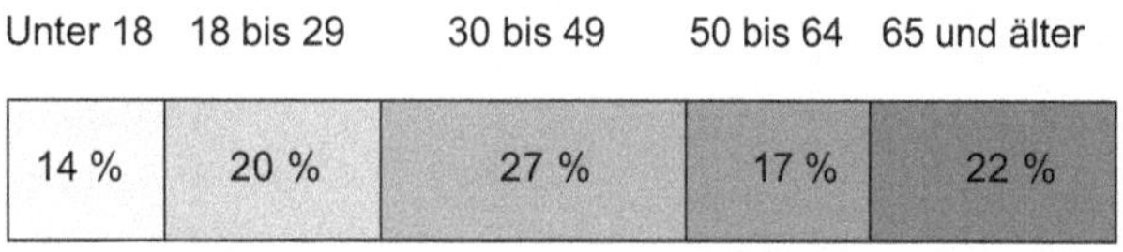

Personen insgesamt:	512.354
Unter 18	71.777
18 – 29	99.965
30 – 49	141.081
50 – 64	85.871
65 und älter	113.660

Bildungsstruktur 2011

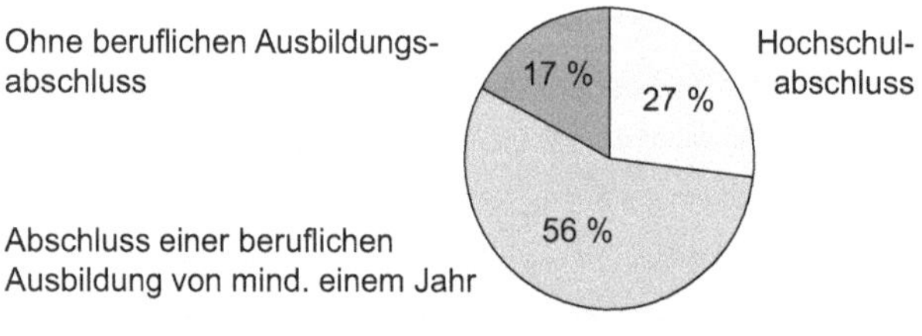

Personen insgesamt:	442.340
Hochschulabschluss	118.840
Abschluss einer beruflichen Ausbildung von mind. 1 Jahr	246.830
Ohne beruflichen Ausbildungsabschluss	76.670

Versorgung mit Arbeitsplätzen 2011

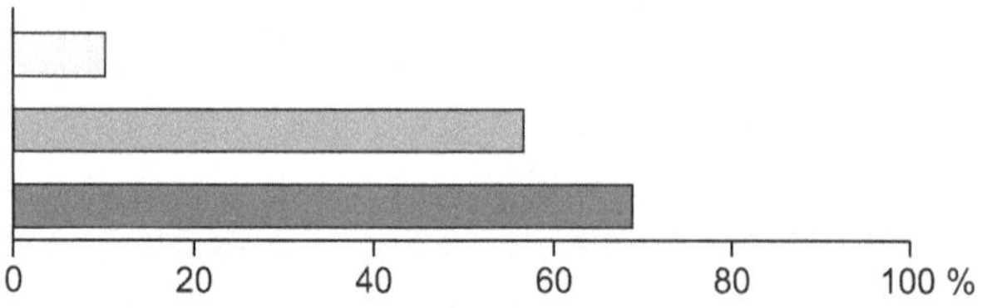

Arbeitslosenquote	10,0 %
Sozialversicherungspflichtig Beschäftigte am Wohnort (je 100 15- bis 64-Jährige)	56,6 %
Sozialversicherungspflichtig Beschäftigte am Arbeitsort (je 100 15- bis 64-Jährige)	68,7 %

Wohnen

In Dresden befinden sich 88 % der Wohnungen in Mehrfamilienhäusern (MFH). Vor allem freistehende MFH prägen die Wohnbaustruktur. Eine Besonderheit sind die gründerzeitlichen Villen („Dresdner Kaffeemühlen" bzw. „Würfelhäuser").

Wohnungsbestand 2011

Wohnungen insgesamt:	293.963
In Wohngebäuden	283.280
In Wohnheimen	5.324
In sonstigen Gebäuden	5.359

Baualtersstruktur Wohnungsbestand 2011

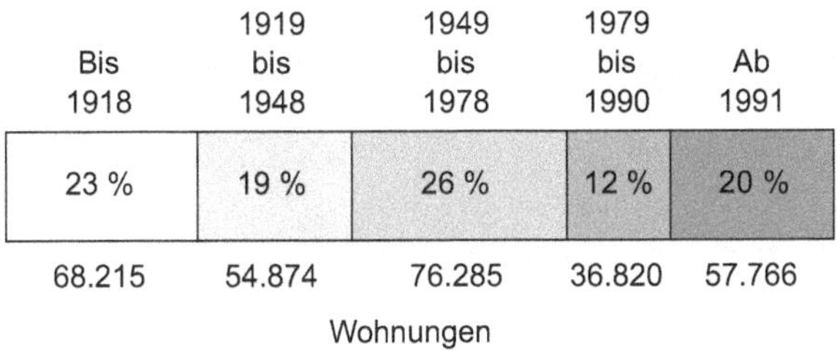

Wohnungsnutzung 2011

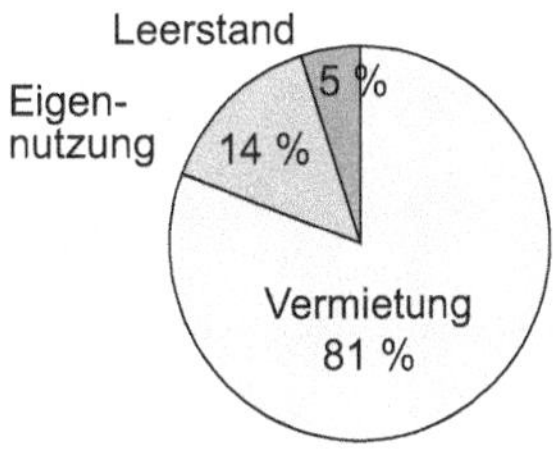

Wohnungen:

Vermietung	238.301
Eigennutzung	40.222
Ferien-/Freizeitwohnungen	539
Leerstand	14.898

Strukturtypen Wohnbebauung 2008

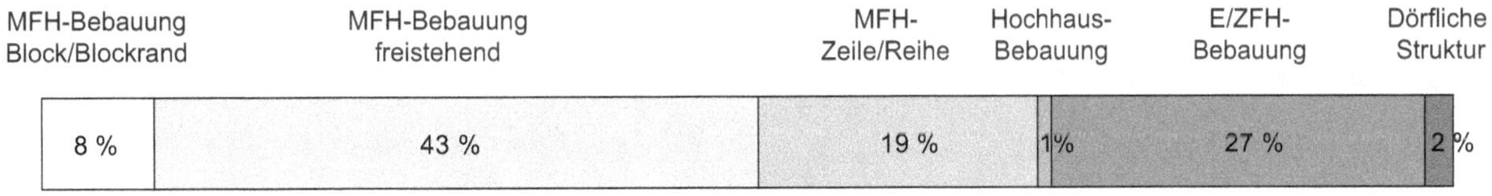

Flächen- und Bebauungsstruktur

Im Dresdner Stadtgebiet sind 140 km² (43 %) Siedlungsfläche (2008). Der übrige Teil von 189 km² (57 %) ist Freiraum außerhalb der Siedlungsfläche. 104 km² der Siedlungsfläche sind baulich geprägt. 36 km² sind Siedlungsgrün- und Wasserflächen innerhalb des Siedlungskörpers. 72 km² der baulich geprägten Flächen dienen der Wohn- und Mischnutzung. Das Stadtzentrum von Dresden wurde im Zweiten Weltkrieg zu über 80 % zerstört; der Wiederaufbau hat neue städtebauliche Strukturen (v. a. Zeilen von 1950/60) geschaffen. Die Wohn- und Mischbebauung ist zu einem großen Teil von freistehenden Mehrfamilienhäusern geprägt.

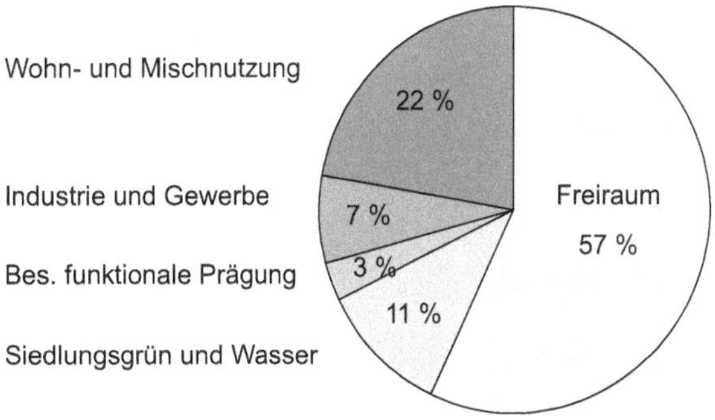

NEUSTADT
DRESDEN
ALTSTADT
SÜDVORSTADT
PLAUEN
Ostra-
gehege
Messe
Funkhaus
Offizierschule
des Heeres
Marienbrücke
Augustusbrücke
Carolabrücke
Albert-
brücke
Zwinger
Synagoge
Blüher-
park
Botanischer
Garten
Hauptallee
Herkulesallee
Großer
Bf Dresden-
Mitte
Dresden-
Neustadt
HBf
Technische
Universität
SLUB
1 : 25 000
0
0,25
0,5
0,75
1 km
Datenquelle: © GeoBasis-DE / BKG 2012
Bearbeitung: Schumacher, IÖR 2015

Halle (Saale)

Allgemeines

Halle ist eine kreisfreie Großstadt im Süden von Sachsen-Anhalt und liegt am Nordwestrand der Leipziger Tieflandsbucht an der Saale. Im Jahr 806 wurde Halle das erste Mal urkundlich erwähnt. Mit rund 230.000 Einwohnern ist Halle die größte Stadt und eines der drei Oberzentren des Landes sowie Sitz mehrerer Landesbehörden. Gemeinsam mit der benachbarten Großstadt Leipzig bildet Halle den Ballungsraum Leipzig-Halle. Als eine deutsche Großstadt mit mehr als 200.000 Einwohnern hat Halle den Zweiten Weltkrieg fast schadlos überstanden und damit den städtebaulichen Charakter der Altstadt bewahrt. Die als Chemiearbeiterstadt in Plattenbauweise errichtete Neustadt (Halle-Neustadt) westlich der Saale wurde 1990 eingemeindet.

Kennzahlen im Überblick	
Bundesland	Sachsen-Anhalt
Höhe Zentrum	88 m über NHN
Einwohner	229.153 EW
Abhängigenquote	53,5 %
Gebietsfläche	135,7 km²
Siedlungsfläche	56,8 km²
Freiraumfläche	78,9 km²
Siedlungsdichte	40,3 EW/ha
Wohnbauflächendichte	45,5 ha/km²
Ein-/Zweifamilienhaus-Siedlungsanteil	45,7 %
Baulandpreis	72,3 €/m²
Einkommenssteuer	177,9 €/EW
Gewerbesteuer	203,2 €/EW
Arbeitslosenquote	12,1 %

Halle (Saale) im Wertebereich der Städte

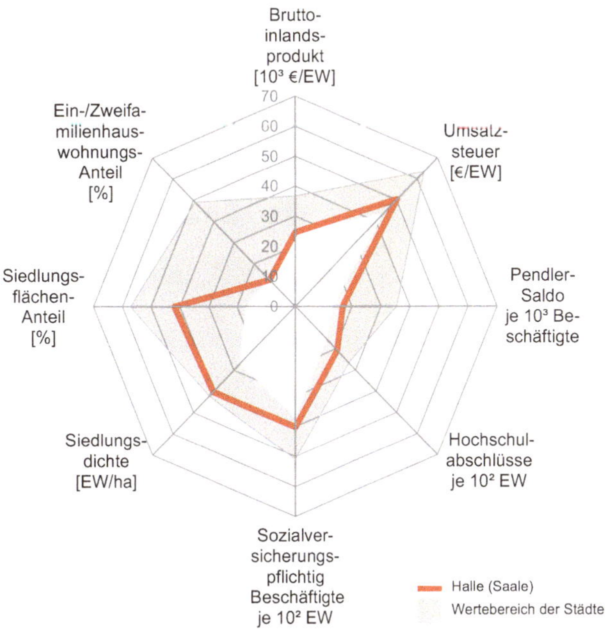

Wirtschaft und Soziales

Halle liegt im mitteldeutschen Wirtschaftsraum. Hier waren bis um 1990 Betriebe des Maschinen- und Fahrzeugbaus angesiedelt; seitdem prägen Bio- und Gentechnologien sowie Informatik die wirtschaftliche Entwicklung. Halle ist ein zunehmend bedeutender Forschungsstandort mit der Martin-Luther-Universität, zahlreichen Instituten (Werkstoffmechanik, Physik, Pflanzenbiochemie, Agrarentwicklung, Umweltforschung) sowie der Leopoldina (Nationale Akademie der Wissenschaften). Darüber hinaus erfährt der Dienstleistungssektor mit Call- und Business-Centern eine stärke Entwicklung. Das Bruttoinlandsprodukt erreichte im Jahr 2011 einen Wert von etwa 24.600 Euro pro Einwohner bzw. 45.700 Euro je Erwerbstätigen. Die Arbeitslosenquote lag bei 12,1 Prozent. Rund 20 Prozent der in der Stadt lebenden Personen haben einen Hochschulabschluss.

Bruttoinlandsprodukt 2011

24.600 Euro je Einwohner

45.700 Euro je Erwerbstätigen

Bruttowertschöpfung 2011

40.800 Euro je Erwerbstätigen

Altersstruktur 2011

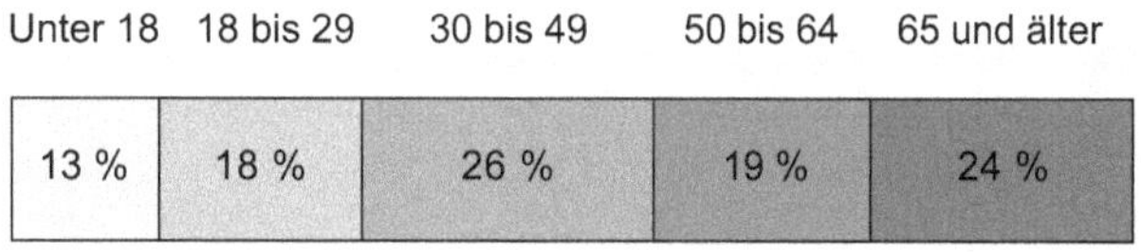

Personen insgesamt:	229.153
Unter 18	29.676
18 – 29	41.346
30 – 49	59.544
50 – 64	44.744
65 und älter	53.843

Bildungsstruktur 2011

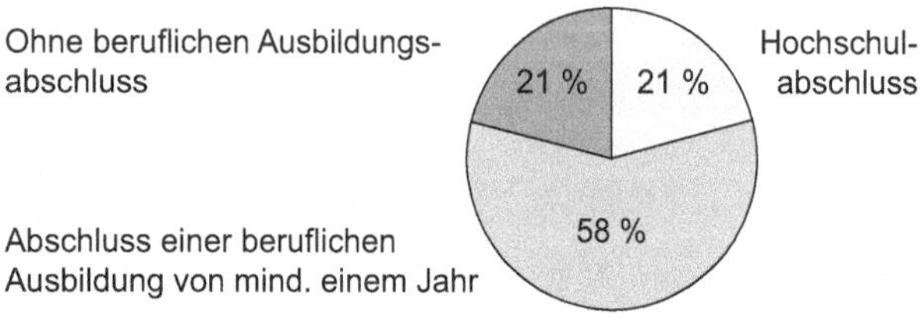

Personen insgesamt:	201.430
Hochschulabschluss	41.820
Abschluss einer beruflichen Ausbildung von mind. 1 Jahr	116.550
Ohne beruflichen Ausbildungsabschluss	43.060

Versorgung mit Arbeitsplätzen 2011

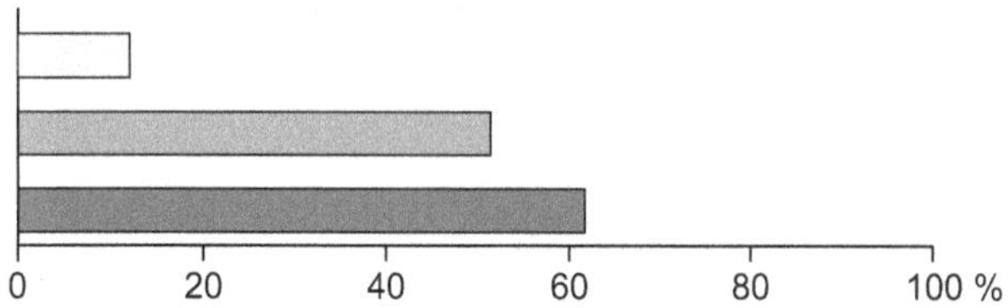

Arbeitslosenquote	12,1 %
Sozialversicherungspflichtig Beschäftigte am Wohnort (je 100 15- bis 64-Jährige)	51,4 %
Sozialversicherungspflichtig Beschäftigte am Arbeitsort (je 100 15- bis 64-Jährige)	61,7 %

Wohnen

In Halle sind 88 % der Wohnungen in Mehrfamilienhäusern (MFH). Dennoch prägen mit Ein- und Zweifamilienhäusern (E/ZFH) bebaute Flächen zu über 45 % die Wohnbaustruktur (einzeln stehende E/ZFH an der Peripherie).

Wohnungsbestand 2011

Wohnungen insgesamt:	144.307
In Wohngebäuden	138.856
In Wohnheimen	1.659
In sonstigen Gebäuden	3.792

Baualtersstruktur Wohnungsbestand 2011

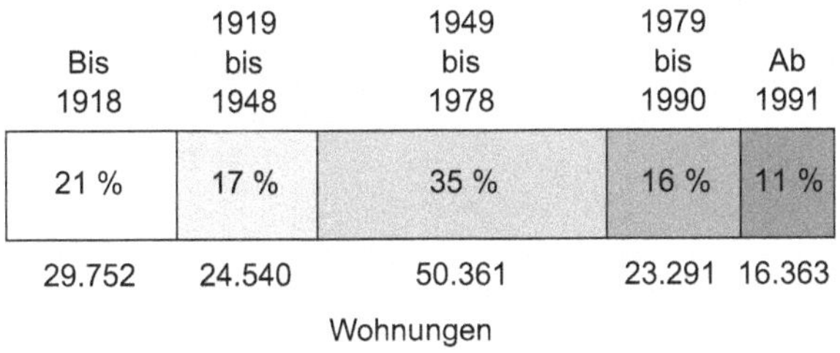

Wohnungsnutzung 2011

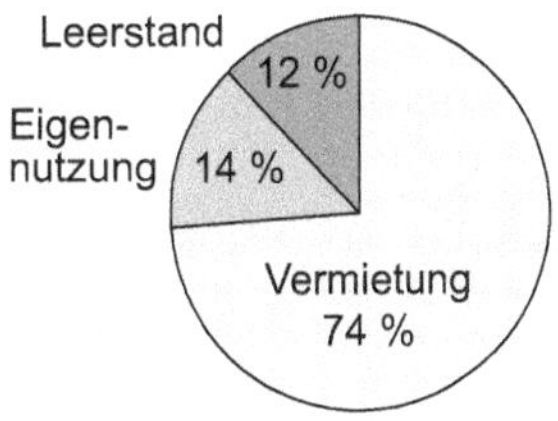

Wohnungen:

Vermietung	107.469
Eigennutzung	20.041
Ferien-/Freizeitwohnungen	79
Leerstand	16.718

Strukturtypen Wohnbebauung 2008

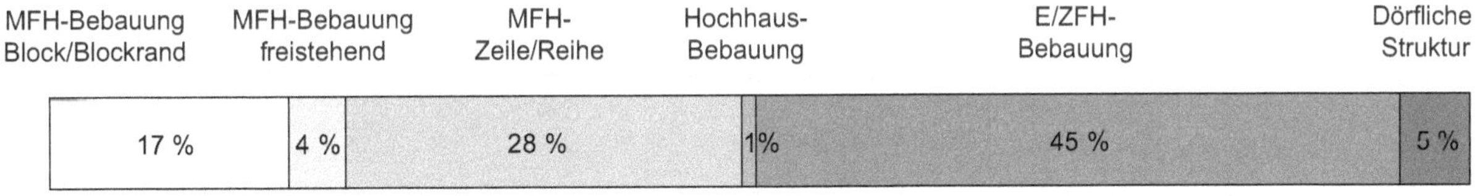

Flächen- und Bebauungsstruktur

Im Jahr 2008 sind 57 km² (42 %) des Hallenser Stadtgebietes Siedlungsfläche. Der übrige Teil von 79 km² (58 %) ist Freiraum außerhalb der Siedlungsfläche. 45 km² der Siedlungsfläche sind baulich geprägt. 12 km² sind Siedlungsgrün- und Wasserflächen innerhalb des Siedlungskörpers. 29 km² der baulich geprägten Flächen dienen der Wohn- und Mischnutzung. Die Wohn- und Mischbebauung ist zu einem großen Teil von einzeln stehenden Ein- und Zweifamilienhäusern an der Peripherie geprägt. Die gründerzeitliche Innenstadt blieb von Kriegszerstörungen weitgehend verschont.

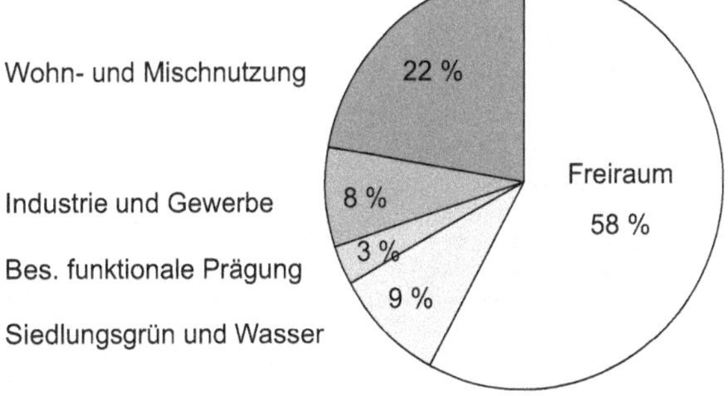

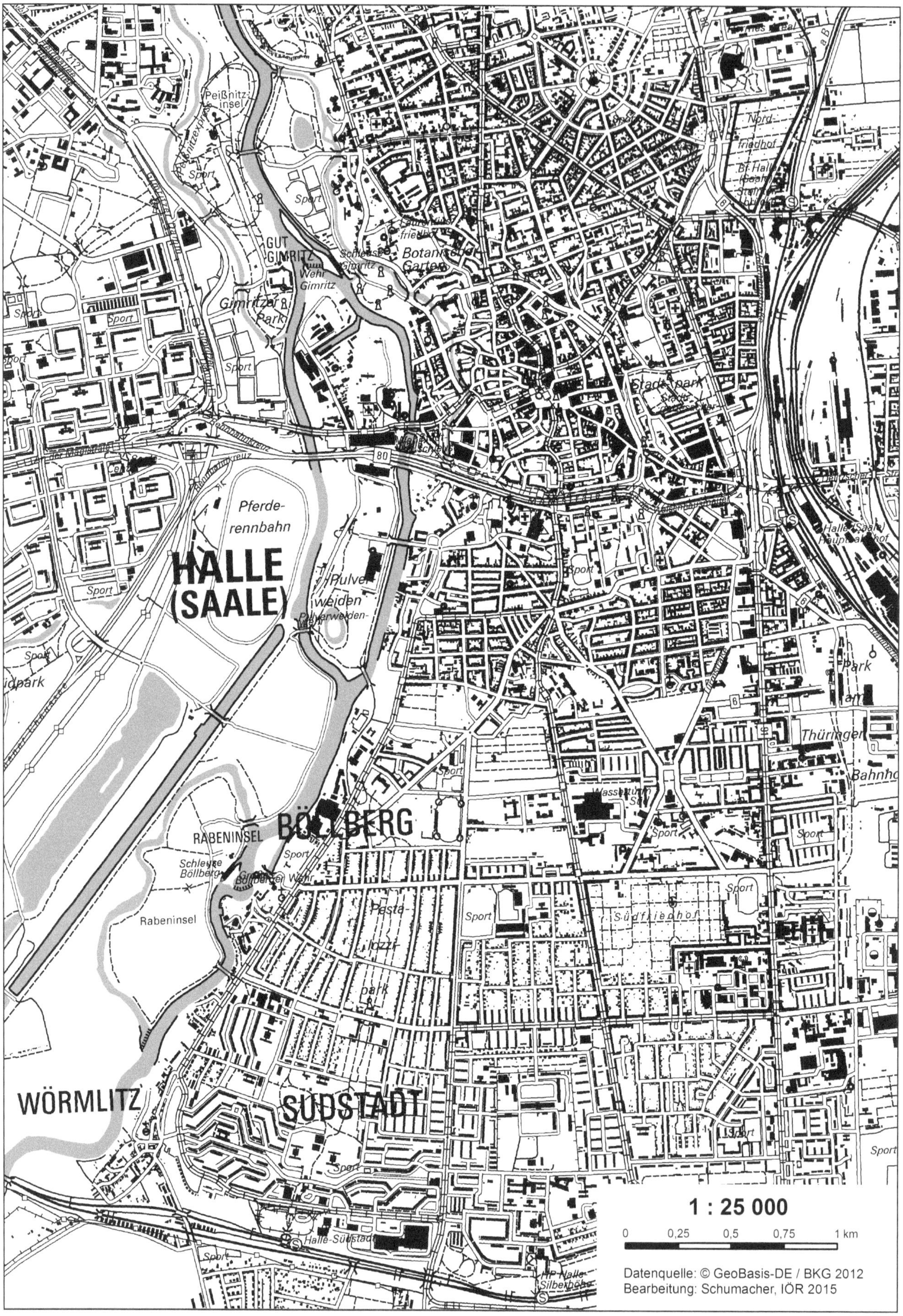
HALLE (SAALE)
BÖLLBERG
WÖRMLITZ
SÜDSTADT
RABENINSEL
GUT GIMRITZ
Peißnitz-insel
Pferde-rennbahn
Pulver-weiden
Botanischer Garten
Gimritzer Park
Stadtpark
Nord-friedhof
Südfriedhof
Rabeninsel
Halle (Saale) Hauptbahnhof
Thüringer Bahnhof
Halle-Südstadt
Sport
1 : 25 000
0 0,25 0,5 0,75 1 km
Datenquelle: © GeoBasis-DE / BKG 2012
Bearbeitung: Schumacher, IÖR 2015

Krefeld

Allgemeines

Krefeld ist eine kreisfreie Großstadt. Sie liegt im Niederrheinischen Tiefland und wird an der östlichen Stadtgrenze vom Niederrhein tangiert. Krefeld gilt als Oberzentrum und gehört zur Metropolregion Rhein-Ruhr, dem größten polyzentrischen Verdichtungsraum Deutschlands.

Die Besiedlungsgeschichte von Krefeld Stadt reicht bis ins 1. Jahrhundert zurück. 1105 wird die Stadt erstmals erwähnt. Aufgrund der Seidenstoffproduktion des 18. und 19. Jahrhunderts wird Krefeld auch als „Samt- und Seidenstadt" bezeichnet. Mit rund 220.000 Einwohnern nimmt Krefeld unter den Großstädten Nordrhein-Westfalens einen mittleren Platz ein.

Kennzahlen im Überblick

Bundesland	Nordrhein-Westfalen
Höhe Zentrum	38 m über NHN
Einwohner	222.247 EW
Abhängigenquote	52,7 %
Gebietsfläche	137,9 km²
Siedlungsfläche	68,5 km²
Freiraumfläche	69,4 km²
Siedlungsdichte	32,4 EW/ha
Wohnbauflächendichte	50,7 ha/km²
Ein-/Zweifamilienhaus-Siedlungsanteil	64,4 %
Baulandpreis	209,3 €/m²
Einkommenssteuer	325,9 €/EW
Gewerbesteuer	469,1 €/EW
Arbeitslosenquote	10,6 %

Krefeld im Wertebereich der Städte

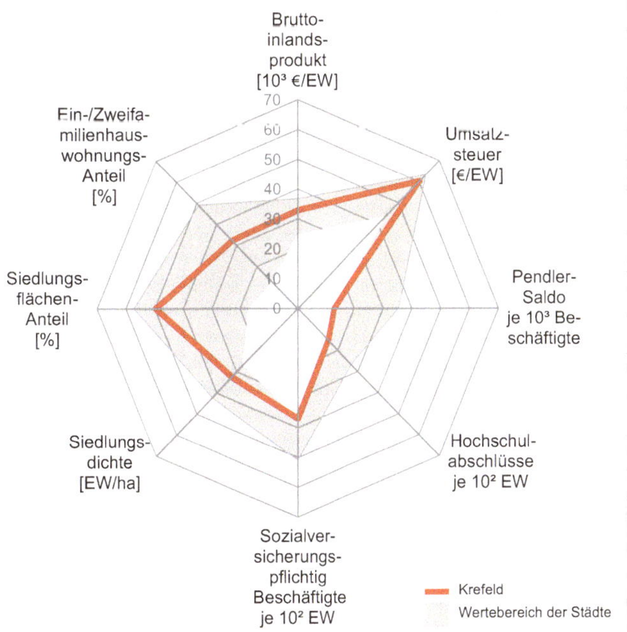

Wirtschaft und Soziales

Nach dem Niedergang der Textilindustrie liegen die Wirtschaftsschwerpunkte in Krefeld in den Bereichen chemische Industrie (Bayer AG – heutiger Chempark, Evonik Industries AG), Metallindustrie (Siempelkamp, ThyssenKrupp Nirosta), Maschinenbau (WUMAG texroll) und Fahrzeugbau (ICE-Instandhaltungswerk). Trotz allem hat die Textilindustrie noch immer einen hohen Stellenwert. Zur Samt- und Seidentradition Krefelds gehört bis heute die Krawattenproduktion. Darüber hinaus haben sich einige Textilhersteller auf Industrietextilien sowie deren Veredelung und Ausrüstung spezialisiert. Im Zuge des Strukturwandels musste die Stadt in den letzten Jahrzehnten einen signifikanten Rückgang an Arbeitsplätzen hinnehmen. Das Bruttoinlandsprodukt erreichte in Krefeld im Jahr 2011 einen Wert von etwa 32.900 Euro pro Einwohner bzw. 65.600 Euro je Erwerbstätigen. Die Arbeitslosenquote lag bei 10,6 Prozent. 15 Prozent der in der Stadt lebenden Personen haben einen Hochschulabschluss.

Bruttoinlandsprodukt 2011

32.900 Euro je Einwohner

65.600 Euro je Erwerbstätigen

Bruttowertschöpfung 2011

58.600 Euro je Erwerbstätigen

Altersstruktur 2011

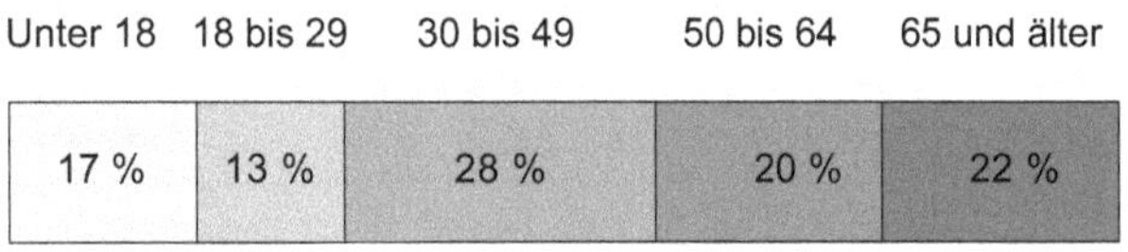

Personen insgesamt:	222.247
Unter 18	36.796
18 – 29	29.864
30 – 49	62.196
50 – 64	45.561
65 und älter	47.830

Bildungsstruktur 2011

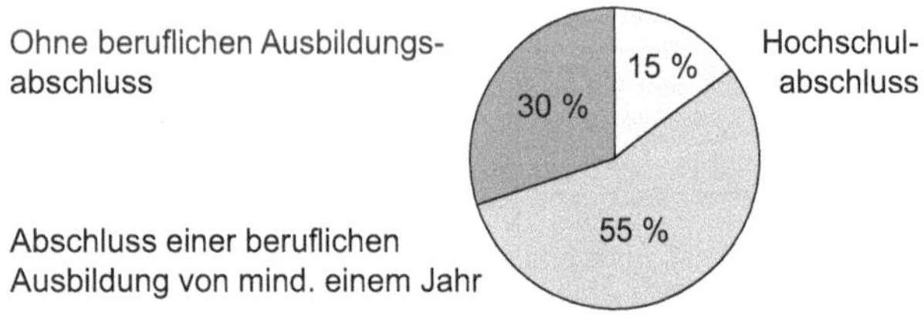

Personen insgesamt:	190.430
Hochschulabschluss	28.510
Abschluss einer beruflichen Ausbildung von mind. 1 Jahr	104.790
Ohne beruflichen Ausbildungsabschluss	57.130

Versorgung mit Arbeitsplätzen 2011

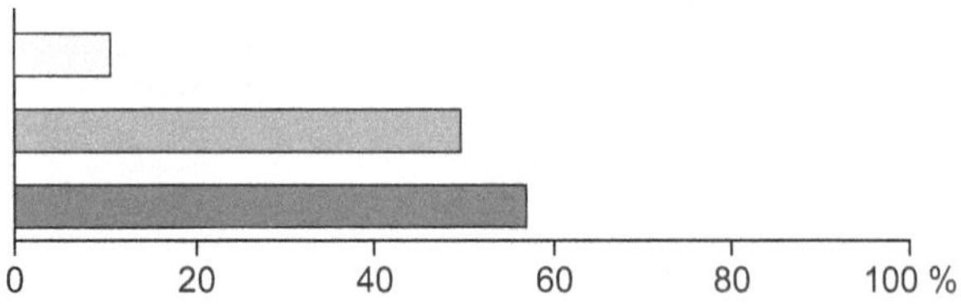

Arbeitslosenquote	10,6 %
Sozialversicherungspflichtig Beschäftigte am Wohnort (je 100 15- bis 64-Jährige)	49,6 %
Sozialversicherungspflichtig Beschäftigte am Arbeitsort (je 100 15- bis 64-Jährige)	56,9 %

Wohnen

In Krefeld sind 68 % der Wohnungen in Mehrfamilienhäusern (MFH). Der Vermietungsanteil beträgt 60 %. Gebäude von 1949 bis 1978 prägen zu 51 % die Wohnbaustruktur, vor allem in Ein- und Zweifamilienhausbebauungen (E/ZFH).

Wohnungsbestand 2011

Wohnungen insgesamt:	119.155
In Wohngebäuden	113.880
In Wohnheimen	920
In sonstigen Gebäuden	4.355

Baualtersstruktur Wohnungsbestand 2011

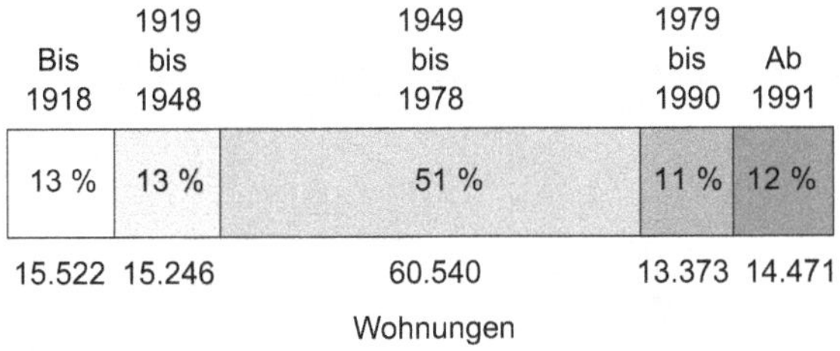

Wohnungsnutzung 2011

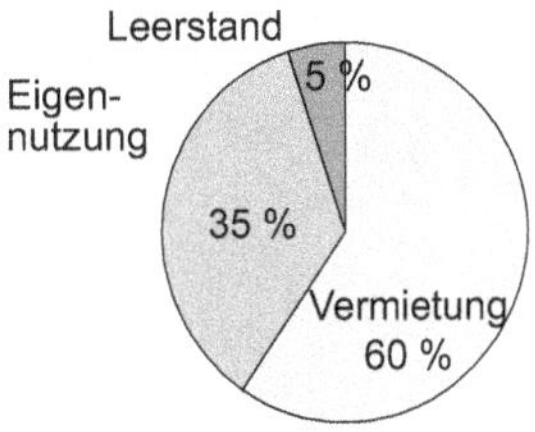

Wohnungen:
Vermietung 71.030
Eigennutzung 42.294
Ferien-/Freizeitwohnungen 54
Leerstand 5.774

Strukturtypen Wohnbebauung 2008

Flächen- und Bebauungsstruktur

Im Jahr 2008 sind 69 km² (50 %) des Krefelder Stadtgebietes Siedlungsfläche. Der übrige Teil von 69 km² (50 %) ist Freiraum außerhalb der Siedlungsfläche. 55 km² der Siedlungsfläche sind baulich geprägt. Circa 13 km² sind Siedlungsgrün- und Wasserflächen innerhalb des Siedlungskörpers. Circa 37 km² der baulich geprägten Flächen dienen der Wohn- und Mischnutzung. 65 % der Wohn- und Mischnutzung sind E/ZFH-Bebauungen. Die Innenstadt wurde im Zweiten Weltkrieg zu ca. 65 % zerstört. Dementsprechend sind über 50 % der Krefelder Wohnbebauung Nachkriegsbauten (1949-1978).

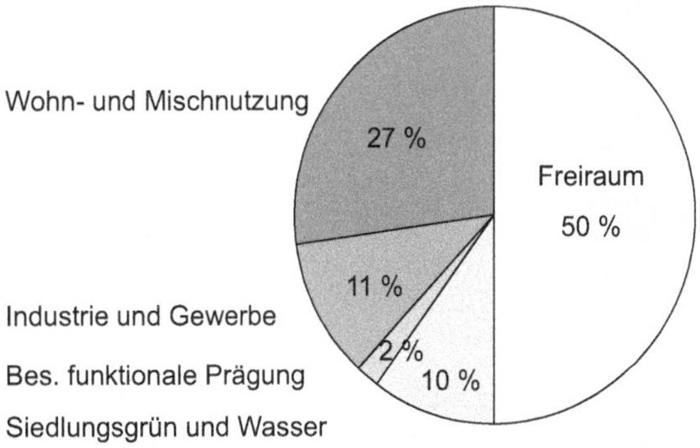

Rennbahn
Stadt
wald
Bad
509
L475
9
Gbf KR-Nord
Zoologischer Garten
L475
Stadt-garten
L382
Schönwasserpark
Botanischer Garten
Gbf KR-Süd
Hbf
57
Dießem
L382
Haupt-
friedhof
57
Kloster
9
Königs-
hof
L443
KREFELD
Bad
Buscherhof
Stahldorf
FISCHELN
L382
1 : 25 000
0 0,25 0,5 0,75 1 km
Datenquelle: © GeoBasis-DE / BKG 2012
Bearbeitung: Schumacher, IÖR 2015

Landau in der Pfalz

Allgemeines

Landau in der Pfalz ist eine kreisfreie Stadt sowie Verwaltungssitz des Landkreises Südliche Weinstraße. Die Stadt ist ein Mittelzentrum mit Teilfunktion eines Oberzentrums. Der östliche Stadtteil von Landau liegt in der Oberrheinischen Tiefebene, der westliche Teil (einschl. Kernstadt) gehört zur Region Weinstraße. Ausgedehnte Waldgebiete des Pfälzerwaldes sind als Exklaven dem Stadtgebiet zugeordnet. Landau wurde um 1260 gegründet und erhielt im Jahr 1274 die Stadtrechte. Zu Landau gehören insgesamt acht eingemeindete Ortsteile, wobei die Verwaltungsstruktur seit 1972 stabil geblieben ist.

Kennzahlen im Überblick	
Bundesland	Rheinland-Pfalz
Höhe Zentrum	142 m über NHN
Einwohner	43.361 EW
Abhängigenquote	46,2 %
Gebietsfläche	82,9 km²
Siedlungsfläche	13,9 km²
Freiraumfläche	69,1 km²
Siedlungsdichte	31,3 EW/ha
Wohnbauflächendichte	53,3 ha/km²
Ein-/Zweifamilienhaus-Siedlungsanteil	57,6 %
Baulandpreis	174,1 €/m²
Einkommenssteuer	328,9 €/EW
Gewerbesteuer	514,8 €/EW
Arbeitslosenquote	4,9 %

Landau (Pfalz) im Wertebereich der Städte

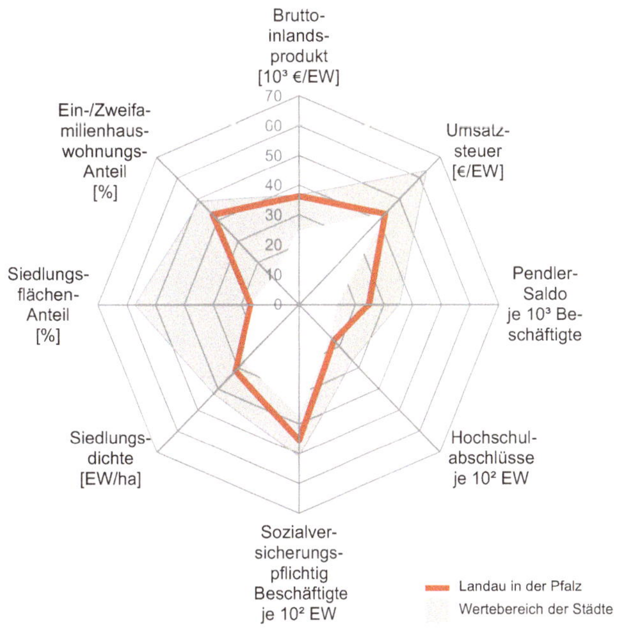

Wirtschaft und Soziales

Landau in der Pfalz ist erheblich vom Weinbau geprägt und mit 2.039 Hektar bestockter Rebfläche die größte Weinbaugemeinde in Rheinland-Pfalz. Wichtige vor Ort angesiedelte Unternehmen sind Michelin, ein Werk der Pechiney-Aluminium-Gruppe sowie das Großhandelsunternehmen Chr. Ufer GmbH. Darüber hinaus verfügt Landau über ein umfangreiches Einzelhandels- und Dienstleistungsangebot. Im Jahre 2007 wurde in Landau ein Geothermiekraftwerk errichtet. Die Universität Koblenz-Landau hat ihre Schwerpunkte in den Bereichen Lehrerbildung, Erziehungswissenschaft, Psychologie sowie Sozial- und Umweltwissenschaft. Im Jahr 2011 erreichte das Bruttoinlandsprodukt in Landau einen Wert von etwa 36.300 Euro pro Einwohner bzw. 55.300 Euro je Erwerbstätigen. Die Arbeitslosenquote lag bei 4,9 Prozent. Einen Hochschulabschluss haben 17 Prozent der in der Stadt lebenden Personen.

Bruttoinlandsprodukt 2011

36.300 Euro je Einwohner

55.300 Euro je Erwerbstätigen

Bruttowertschöpfung 2011

49.400 Euro je Erwerbstätigen

Altersstruktur 2011

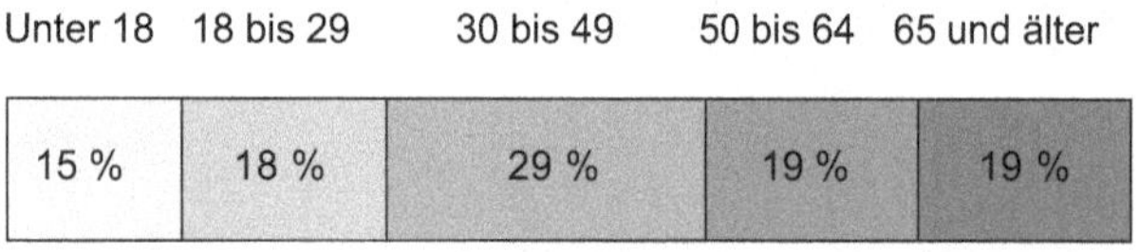

Personen insgesamt:	43.361
Unter 18	6.665
18 – 29	7.829
30 – 49	12.298
50 – 64	8.274
65 und älter	8.295

Bildungsstruktur 2011

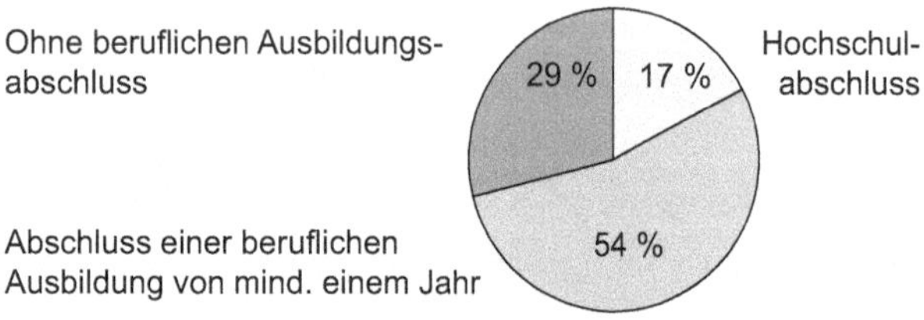

Personen insgesamt:	37.010
Hochschulabschluss	6.400
Abschluss einer beruflichen Ausbildung von mind. 1 Jahr	19.960
Ohne beruflichen Ausbildungsabschluss	10.650

Versorgung mit Arbeitsplätzen 2011

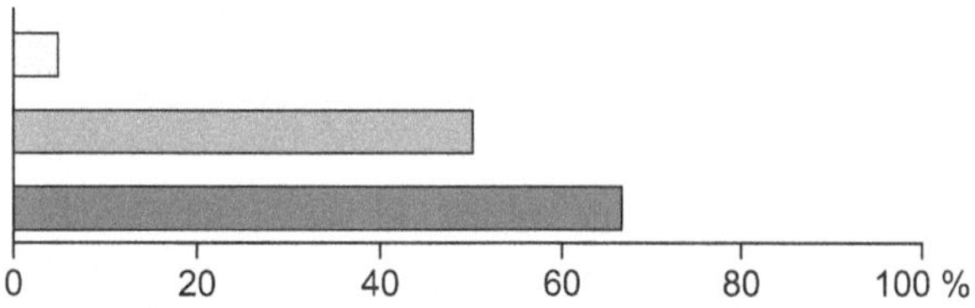

Arbeitslosenquote	4,9 %
Sozialversicherungspflichtig Beschäftigte am Wohnort (je 100 15- bis 64-Jährige)	50,1 %
Sozialversicherungspflichtig Beschäftigte am Arbeitsort (je 100 15- bis 64-Jährige)	66,6 %

Wohnen

In Landau befinden sich 57 % der Wohnungen in Mehrfamilienhäusern (MFH). Der Vermietungsanteil beträgt 51 %. Die Wohnbaustruktur wird stark von Gebäuden der Baujahre 1949 bis 1978 (43 %) sowie nach 1990 (20 %) geprägt.

Wohnungsbestand 2011

Wohnungen insgesamt: 22.549
In Wohngebäuden 20.896
In Wohnheimen 328
In sonstigen Gebäuden 1.325

Baualtersstruktur Wohnungsbestand 2011

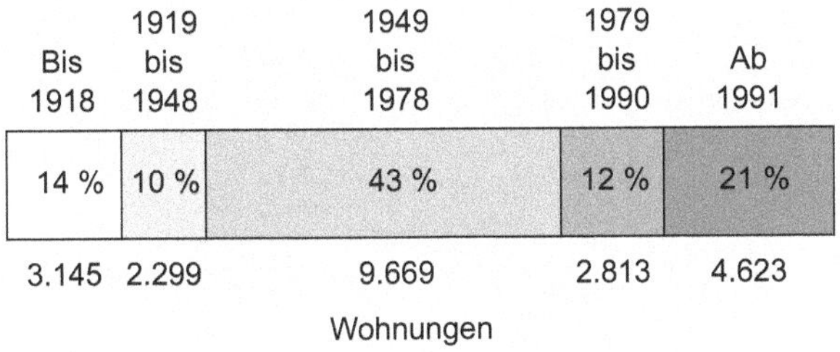

Wohnungsnutzung 2011

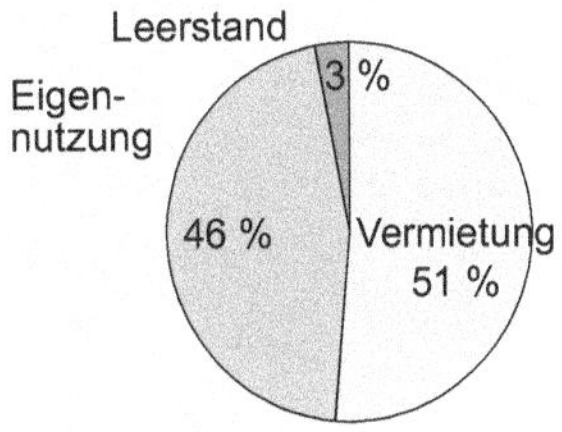

Wohnungen:
Vermietung 11.588
Eigennutzung 10.271
Ferien-/Freizeit-wohnungen 38
Leerstand 652

Strukturtypen Wohnbebauung 2008

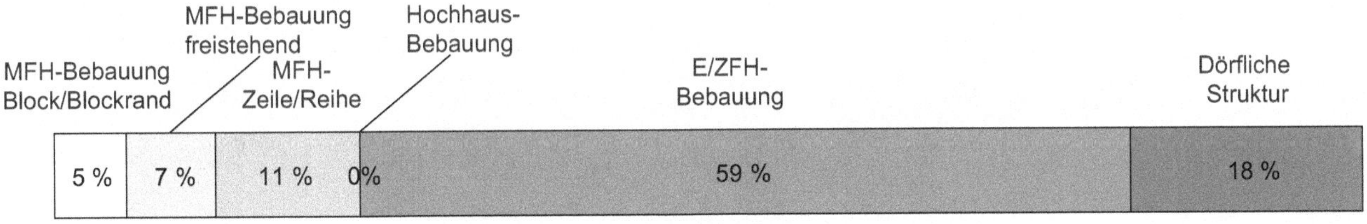

Flächen- und Bebauungsstruktur

Im Jahr 2008 sind 14 km² (17 %) des Landauer Stadtgebietes Siedlungsfläche. Der übrige Teil von 69 km² (83 %) zählt zum Freiraum, wobei die Exklaven enthalten sind. 12 km² der Siedlungsfläche sind baulich geprägt. 2 km² sind Siedlungsgrün- und Wasserflächen innerhalb des Siedlungskörpers. 9 km² der baulich geprägten Flächen dienen der Wohn- und Mischnutzung. 59 % der Wohn- und Mischnutzung sind E/ZFH-Bebauungen. Darüber hinaus prägen dörfliche Bebauungsstrukturen mit einem Anteil von 18 % die Wohn- und Mischnutzung.

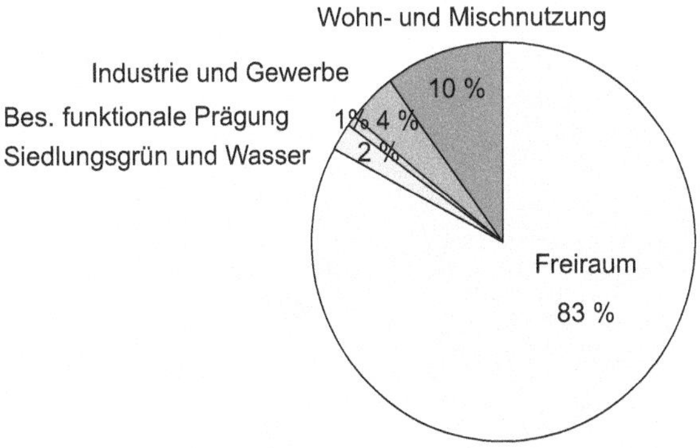

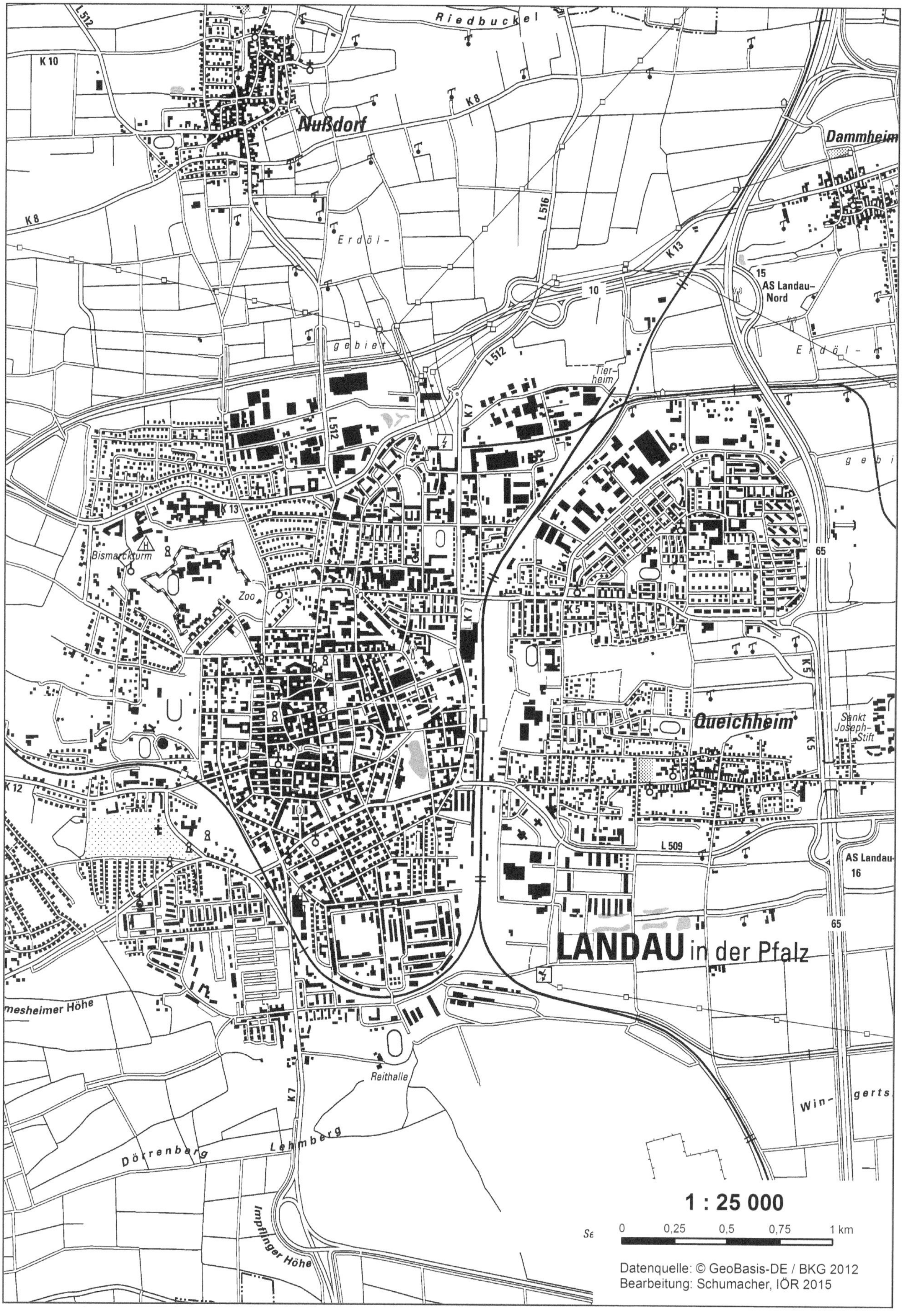
Riedbuckel
K 10
Nußdorf
K 8
Dammheim
L 516
Erdöl-
K 13
15
AS Landau-
Nord
10
gebiet
L 512
Tierheim
Erdöl-
K 7
gebi
K 13
Bismarckturm
Zoo
65
K 5
Queichheim
Sankt
Joseph-
Stift
K 12
L 509
AS Landau-
16
65
LANDAU in der Pfalz
mesheimer Höhe
Reithalle
Win-
gerts
Dörrenberg
Lehmberg
Impflinger Höhe
1 : 25 000
0
0,25
0,5
0,75
1 km
Datenquelle: © GeoBasis-DE / BKG 2012
Bearbeitung: Schumacher, IÖR 2015

Neubrandenburg

Allgemeines

Neubrandenburg ist die Kreisstadt des Landkreises Mecklenburgische Seenplatte in Mecklenburg-Vorpommern. Als drittgrößte Stadt des Bundeslandes liegt sie am Nordufer des zur Stadt gehörenden Tollensesees im eiszeitlich geprägten Grundmoränengebiet im südöstlichen Landesteil. Neubrandenburg wurde 1248 gegründet. Die mittelalterliche Stadtbefestigung zählt als eine der besterhaltenen in Nordeuropa. Auf Grund der vier gotischen Stadttore trägt die Stadt auch den Namen „Stadt der vier Tore". Die historische Altstadt wurde Ende des Zweiten Weltkrieges zu über 80 % zerstört. Der Stadtkern erhielt im Rahmen des Wiederaufbaus ein neues Gesicht. Bis 1990 war Neubrandenburg als Bezirksstadt stark von Bautätigkeits- und Bevölkerungswachstum geprägt.

Kennzahlen im Überblick

Bundesland	Mecklenburg-Vorpommern
Höhe Zentrum	18 m über NHN
Einwohner	64.111 EW
Abhängigenquote	46,0 %
Gebietsfläche	86,0 km²
Siedlungsfläche	19,2 km²
Freiraumfläche	66,8 km²
Siedlungsdichte	33,4 EW/ha
Wohnbauflächendichte	35,6 ha/km²
Ein-/Zweifamilienhaus-Siedlungsanteil	49,0 %
Baulandpreis	71,5 €/m² (2007/08)
Einkommenssteuer	209,8 €/EW
Gewerbesteuer	284,1 €/EW
Arbeitslosenquote (2012)	14,8 %

Neubrandenburg im Wertebereich der Städte

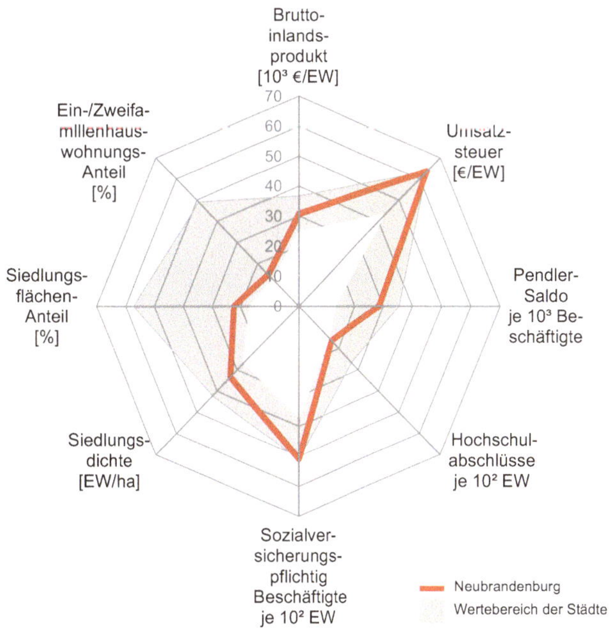

Wirtschaft und Soziales

Neubrandenburg ist das Oberzentrum eines ca. 400.000 Einwohner zählenden Einzugsgebietes. Wirtschaftliche Kompetenzen haben sich vor allem in der Fahrzeugzulieferindustrie, der Metallindustrie sowie dem Maschinen- und Gerätebau (z. B. Weber Maschinenbau GmbH) gebildet. Eine im Aufwind begriffene Branche sind die Telekommunikation und Geoinformatik. Neubrandenburg ist das Zentrum der Informations- und Kommunikations-Branche in Norddeutschland. Reichlich 75 % der Beschäftigten dieser Branche arbeiten in Callcentern. Vor allem im Bereich der Geoinformatik kooperieren einige Unternehmen mit der Hochschule Neubrandenburg. Das Bruttoinlandsprodukt erreichte im Jahr 2011 einen Wert von etwa 30.777 Euro pro Einwohner bzw. 46.900 Euro je Erwerbstätigen (2009). Die Arbeitslosenquote lag im Jahr 2012 in Neubrandenburg bei 14,8 Prozent. 17 Prozent der in der Stadt lebenden Personen haben 2011 einen Hochschulabschluss.

Bruttoinlandsprodukt 2011

30.777 Euro je Einwohner

46.900 Euro je Erwerbstätigen (2009)

Bruttowertschöpfung 2009

41.800 Euro je Erwerbstätigen

Altersstruktur 2011

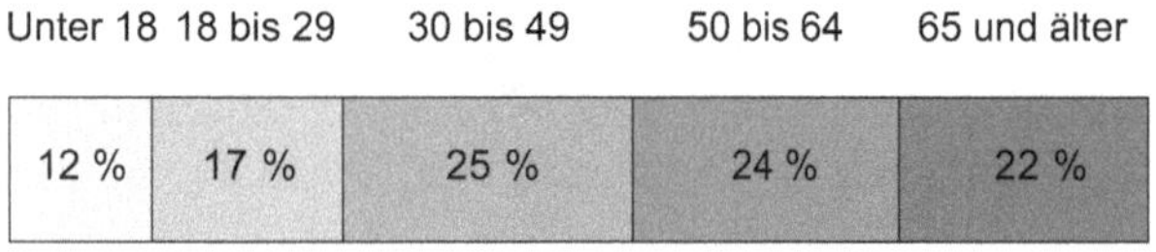

Personen insgesamt:	64.111
Unter 18	8.018
18 – 29	10.726
30 – 49	16.125
50 – 64	15.182
65 und älter	14.060

Bildungsstruktur 2011

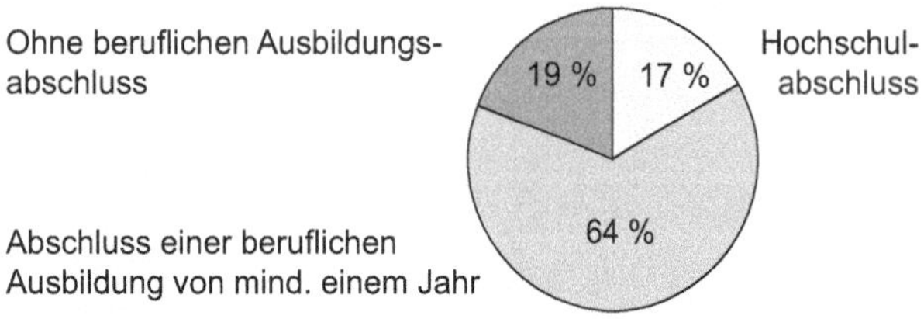

Personen insgesamt:	55.700
Hochschulabschluss	9.370
Abschluss einer beruflichen Ausbildung von mind. 1 Jahr	35.720
Ohne beruflichen Ausbildungsabschluss	10.610

Versorgung mit Arbeitsplätzen 2011

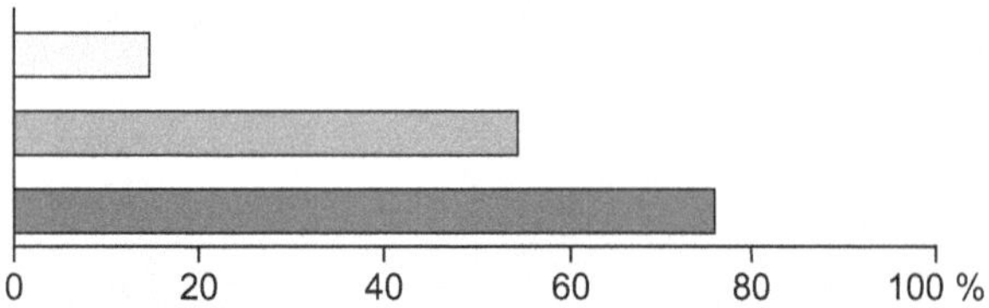

Arbeitslosenquote (2012)	14,8 %
Sozialversicherungspflichtig Beschäftigte am Wohnort (je 100 15- bis 64-Jährige)	54,3 %
Sozialversicherungspflichtig Beschäftigte am Arbeitsort (je 100 15- bis 64-Jährige)	76,0 %

Wohnen

In Neubrandenburg sind 85 % der Wohnungen in Mehrfamilienhäusern (MFH). Der Vermietungsanteil beträgt über 75 %. Vor allem MFH der Zeit 1949 bis 1978, meist in Zeilen- bzw. Reihenbebauung, prägen die Wohnbaustruktur.

Wohnungsbestand 2011

Wohnungen insgesamt: 37.404
In Wohngebäuden 36.856
In Wohnheimen 27
In sonstigen Gebäuden 521

Bauschwerpunkt Wohnungsbestand 2011

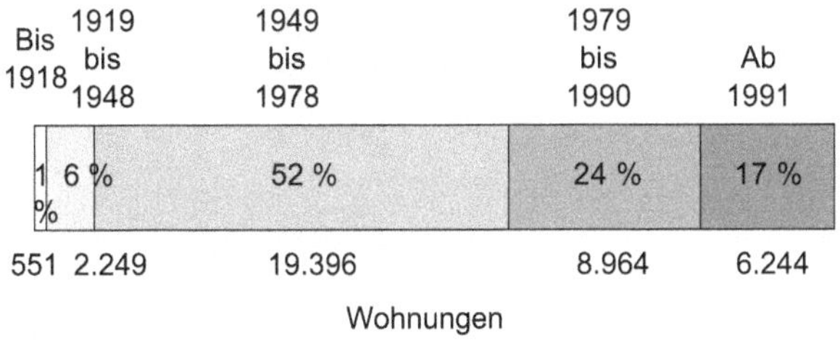

Wohnungsnutzung 2011

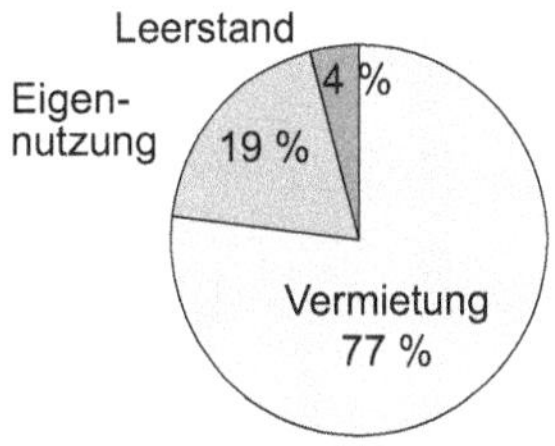

Wohnungen:
Vermietung 28.927
Eigennutzung 6.872
Ferien-/Freizeit-wohnungen 43
Leerstand 1.562

Strukturtypen Wohnbebauung 2008

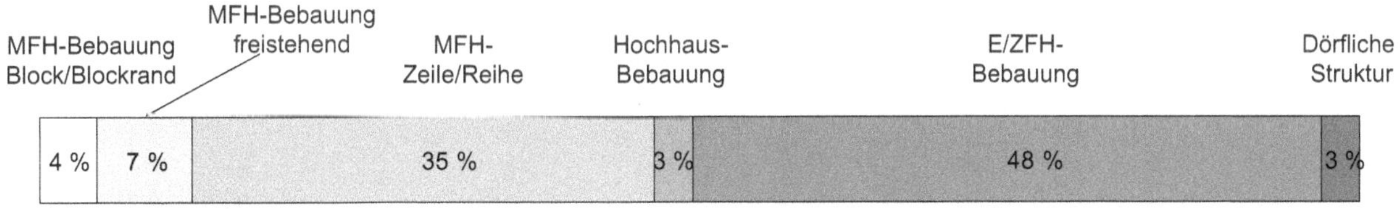

Flächen- und Bebauungsstruktur

Im Jahr 2008 sind 19 km² (22 %) des Neubrandenburger Stadtgebietes Siedlungsfläche. Der übrige Teil von 67 km² (78 %) ist Freiraum außerhalb der Siedlungsfläche. 17 km² der Siedlungsfläche sind baulich geprägt. 2 km² sind Siedlungsgrün- und Wasserflächen innerhalb des Siedlungskörpers. 8 km² der baulich geprägten Flächen dienen der Wohn- und Mischnutzung. Das Stadtzentrum von Neubrandenburg wurde Ende des Zweiten Weltkrieges zu 80 % zerstört. Dementsprechend sind die Wohnbaustrukturen zu großen Anteilen von Zeilenbebauung der 1950er bis 1970er Jahre geprägt. Rund die Hälfte sind E/ZFH-Bebauungen.

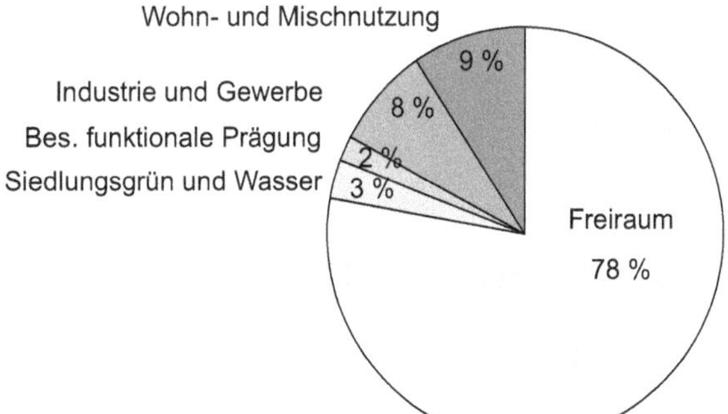

DATZEBERG
BRAUEREI-VIERTEL
REITBAHNWEG
VOGELVIERTEL
IHLENFELDER VORSTADT
Burgholz
Wolfswinkel
NEUBRAN
JAHNVIERTEL
Neuer Friedhof
KATHARINEN-VIERTEL
Kulturpark
Jahnstadion
Jahn-Sportpark
SÜDSTADT
OSTSTADT
Kies
Yachthafen
LINDENBERG
BETHANIENBERG
Standort
1 : 25 000
0 0,25 0,5 0,75 1 km
Datenquelle: © GeoBasis-DE / BKG 2012
Bearbeitung: Schumacher, IÖR 2015

Oldenburg (Oldb)

Allgemeines

Oldenburg ist eine kreisfreie Stadt sowie eines der Oberzentren des Landes Niedersachsen. Oldenburg gehört seit 2005 zur europäischen Metropolregion Bremen/Oldenburg. Der ehemaligen Residenz- und heutige Universitätsstadt wurde 2009 der Titel „Stadt der Wissenschaft" verliehen. Eine bedeutende Wissenschafts- und Bildungseinrichtungen ist die Carl von Ossietzky Universität.

Oldenburg liegt im Zentrum des Oldenburger Landes zwischen der Delmenhorster und der Oldenburger Geest am Fluss Haaren. Im Stadtgebiet befinden sich viele kleinere Seen, Teiche und Fließgewässer. Die Siedlungsstruktur ist zu großen Teilen von Ein- und Zweifamilienhäusern mit Garten geprägt. Die Geschichte Oldenburgs reicht bis ins 7. Jahrhundert zurück. Im Jahr 1108 wurde der Ort erstmals urkundlich erwähnt.

Kennzahlen im Überblick	
Bundesland	Niedersachsen
Höhe Zentrum	5 m über NHN
Einwohner	157.267 EW
Abhängigenquote	45,3 %
Gebietsfläche	103,1 km²
Siedlungsfläche	59,1 km²
Freiraumfläche	44,0 km²
Siedlungsdichte	26,6 EW/ha
Wohnbauflächendichte	59,9 ha/km²
Ein-/Zweifamilienhaus-Siedlungsanteil	85,0 %
Baulandpreis	151,7 €/m²
Einkommenssteuer	290,1 €/EW
Gewerbesteuer	445,8 €/EW
Arbeitslosenquote	8,7 %

Oldenburg (Oldb) im Wertebereich der Städte

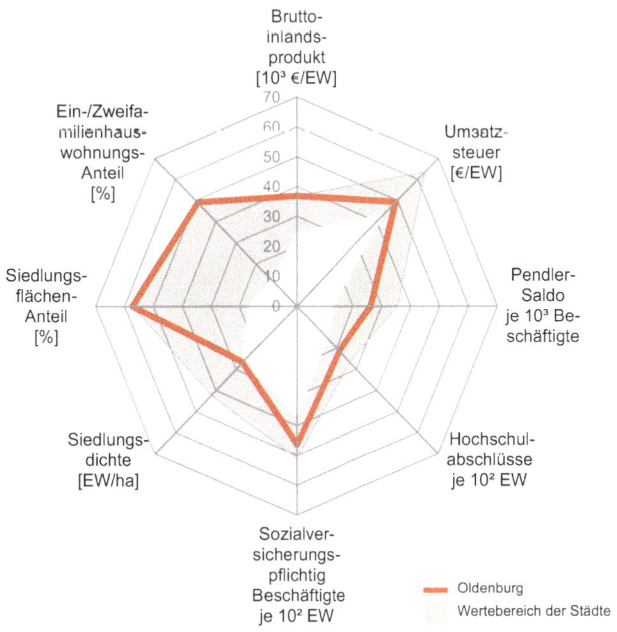

Wirtschaft und Soziales

Die Wirtschaft ist durch einen dynamischen Mittelstand und einen starken Dienstleistungssektor (Banken, Versicherungen) geprägt. Daneben besteht das produzierende Gewerbe (Automobilzulieferer, Nahrungsmittelindustrie, Fotoverarbeitung, Druckereigewerbe). Die Energieversorgung Weser-Ems (EWE) hat ihren Sitz in Oldenburg. Weitere wichtige Bereiche sind die Informationstechnologie, die erneuerbaren Energien und die Gesundheitswirtschaft. Auch der Einzelhandel hat in Oldenburg eine hohe Bedeutung, denn die städtebauliche Struktur der Innenstadt bietet durch die Möglichkeit eines Rundganges geeignete Voraussetzungen dafür. Darüber hinaus zählt der Oldenburger Hafen zu den wichtigen Häfen Niedersachsens. In Oldenburg erreichte das Bruttoinlandsprodukt im Jahr 2011 einen Wert von etwa 36.800 Euro pro Einwohner bzw. 54.600 Euro je Erwerbstätigen. Die Arbeitslosenquote lag bei 8,7 Prozent. 21 Prozent der in der Stadt lebenden Personen haben einen Hochschulabschluss.

Bruttoinlandsprodukt 2011

36.800 Euro je Einwohner

54.600 Euro je Erwerbstätigen

Bruttowertschöpfung 2011

48.800 Euro je Erwerbstätigen

Altersstruktur 2011

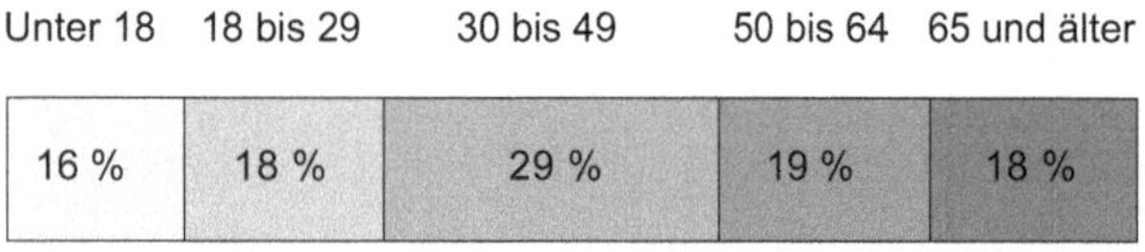

Personen insgesamt:	157.267
Unter 18	24.577
18 – 29	27.683
30 – 49	46.444
50 – 64	29.683
65 und älter	28.880

Bildungsstruktur 2011

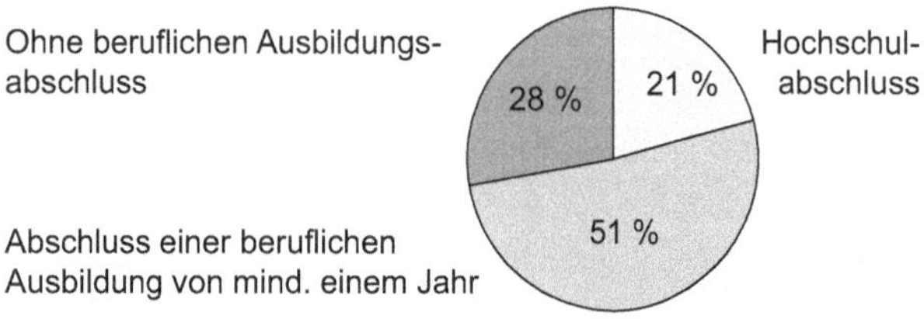

Personen insgesamt:	135.780
Hochschulabschluss	28.600
Abschluss einer beruflichen Ausbildung von mind. 1 Jahr	69.540
Ohne beruflichen Ausbildungsabschluss	37.640

Versorgung mit Arbeitsplätzen 2011

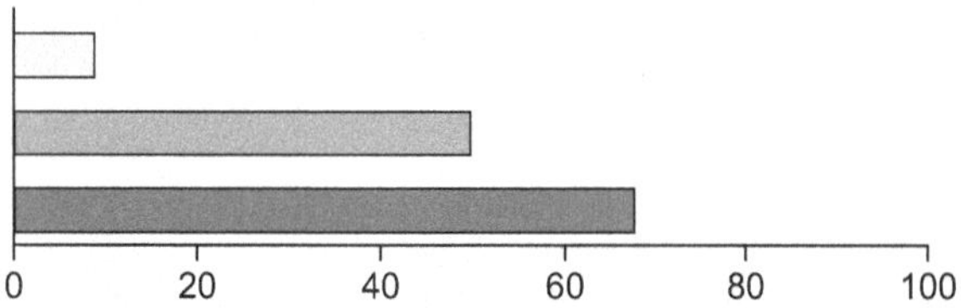

Arbeitslosenquote	8,7 %
Sozialversicherungspflichtig Beschäftigte am Wohnort (je 100 15- bis 64-Jährige)	49,7 %
Sozialversicherungspflichtig Beschäftigte am Arbeitsort (je 100 15- bis 64-Jährige)	67,5 %

Wohnen

In Oldenburg sind 51 % der Wohnungen in Mehrfamilienhäusern (MFH). Der Vermietungsanteil beträgt 59 %. Gebäude von 1949 bis 1978 prägen zu 45 % die Wohnbaustruktur, Gebäude ab 1991 zu 22 %.

Wohnungsbestand 2011

Wohnungen insgesamt: 84.711
In Wohngebäuden 80.650
In Wohnheimen 1.266
In sonstigen Gebäuden 2.795

Baualtersstruktur Wohnungsbestand 2011

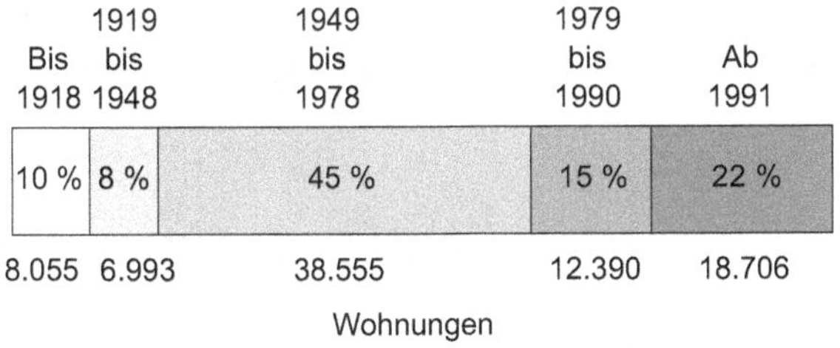

Wohnungsnutzung 2011

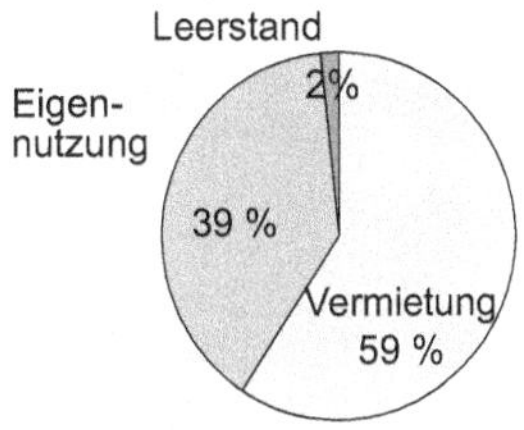

Wohnungen:
Vermietung 50.196
Eigennutzung 33.014
Ferien-/Freizeit-
wohnungen 129
Leerstand 1.360

Strukturtypen Wohnbebauung 2008

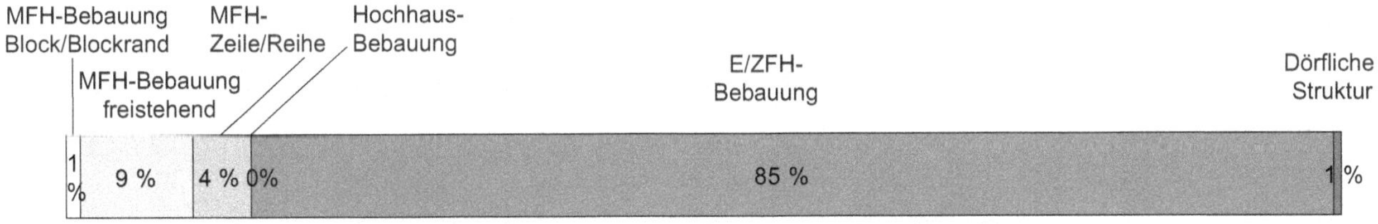

Flächen- und Bebauungsstruktur

Im Jahr 2008 sind 59 km² (57 %) des Oldenburger Stadtgebietes Siedlungsfläche. Der übrige Teil von 44 km² (43 %) ist Freiraum außerhalb der Siedlungsfläche. 49 km² der Siedlungsfläche sind baulich geprägt. 11 km² sind Siedlungsgrün- und Wasserflächen innerhalb des Siedlungskörpers. Ca. 36 km² der baulich geprägten Flächen dienen der Wohn- und Mischnutzung. 85 % der Wohn- und Mischnutzung sind E/ZFH-Bebauungen.

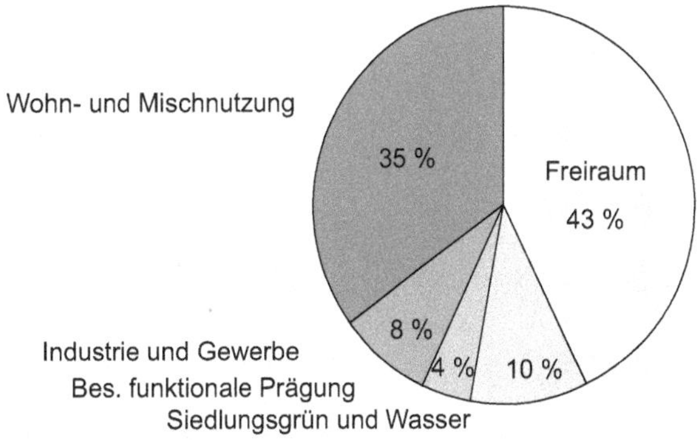

RAUHEHORST
DIETRICHSFELD
NADORST
BÜRGERFELDE
DONNERSCHWEE
OLDENBURG
(OLDB)
OSTERNBURG
Oldenburg-Bürgerfelde
Oldenburg-Nadorst
Dreieck Oldenburg-West
Botanischer Garten
Universität
Oldenburg-Haarentor
Weser-Ems-Halle
Hbf
Drielake
Schloss-garten
Oldenburg-Eversten
Oldenburg-Marschweg
Oldenburg-Kreyenbrück
Busch-hagen
Hunds-mühlerhöhe
Sport
1 : 25 000
0 0,25 0,5 0,75 1 km
Datenquelle: © GeoBasis-DE / BKG 2012
Bearbeitung: Schumacher, IÖR 2015

Erläuterungen zu den Charakteristika der Fallbeispiele

Die den Ausführungen zugrunde liegenden Definitionen, Datenquellen und Berechnungsalgorithmen werden im Folgenden entlang der in den Stadtcharakteristika gewählten Gliederung (Allgemeines, Wirtschaft und Soziales, Wohnen, Flächen- und Bebauungsstruktur, topographischer Kartenausschnitt) beschrieben.

Allgemeines

Die Inhalte des jeweils einleitenden Textes wurden vor allem den Vorstellungen der Beispielstädte im Internet (z. B. http://www.dresden.de) sowie anderen Quellen zu den Städten (z. B. http://de.wikipedia.org/wiki/Dresden) entnommen. Der Text enthält in der Regel Angaben zur geographischen Lage der Beispielstädte, zu ihrer Größe und ihrem Status sowie zum stadtgeschichtlichen Hintergrund. Teilweise wird Bezug zur Durchgrünung des Siedlungskörpers oder zu anderen Merkmalen und Besonderheiten genommen.

Des Weiteren sind zu unterschiedlichen Kenngrößen tabellarisch und grafisch Kennwerte dargestellt. Sie werden bezüglich ihrer Definition, ihres Berechnungsalgorithmuss sowie der zugrunde liegenden Datenquellen und Zeitbezüge in den Tabellen 3.2.1 und 3.2.2 beschrieben. Bei den aufgeführten Kennwerten wurden möglichst aktuelle Zahlen verwendet. Darüber hinaus wurde bei den verwendeten Daten der Beispielstädte auf Vergleichbarkeit der Betrachtungszeitpunkte geachtet. Bei ungleichen Betrachtungszeitpunkten sind die Abweichungen kenntlich gemacht.

Tab. 3.2.1: *Kennzahlen im Überblick – Definitionen, Berechnungsalgorithmen, Datenquellen und Zeitbezüge*

Kennzahlen im Überblick	
1	**Bundesland** Internetseiten der Beispielstädte (z. B. http://www.dresden.de).
2	**Höhe Zentrum** Darstellung der Beispielstädte bei Wikipedia (z. B. http://de.wikipedia.org/wiki/Dresden).
3	**Einwohner** Einwohner (EW) sind die zum Betrachtungszeitpunkt in der jeweiligen Stadt lebenden Personen. Datenquelle: Zensus 2014, Betrachtungszeitpunkt: 9. Mai 2011.
4	**Abhängigenquote** [%] Die Abhängigenquote ist das Verhältnis der Anzahl von Personen, die nicht im erwerbsfähigen Alter sind, zur Anzahl von Personen im erwerbsfähigen Alter (Zahl der unter 20-jährigen und ab 65-jährigen Bevölkerung je 100 der 20- bis 64-jährigen Bevölkerung). Sie wurde im Rahmen der Untersuchungen auf Grundlage der folgenden Datenquelle berechnet: Destatis 2015.
5	**Gebietsfläche** [km²] Die Gebietsfläche spiegelt die flächenmäßige Ausdehnung der Städte in ihren administrativen Grenzen zu einem bestimmten Gebietsstand wider. Sie setzt sich aus Siedlungs- und Freiraumfläche zusammen. Im Rahmen der Untersuchungen wurde die Gebietsfläche auf Grundlage der folgenden Datenquelle bestimmt: © GeoBasis-DE/BKG 2009 (Gebietsstand 31.12.2008).
6	**Siedlungsfläche** [km²] Die Siedlungsfläche bezieht sich auf den planaren Siedlungskörper und beinhaltet sowohl die baulich geprägten Flächen als auch Siedlungsgrün- und Wasserflächen. Die baulich geprägten Flächen setzen sich aus Wohnbauflächen, Flächen gemischter Nutzung, Industrie- und Gewerbeflächen sowie Flächen besonderer funktionaler Prägung zusammen. Implizit sind Verkehrsflächen im Siedlungskörper enthalten. Die Siedlungsfläche wurde im Rahmen der Untersuchungen auf Grundlage der folgenden Datenquellen bestimmt: © GeoBasis-DE/BKG 2009.
7	**Freiraumfläche** [km²] Freiraumflächen sind freie Flächen außerhalb des Siedlungskörpers. Dies sind vor allem landwirtschaftliche Flächen, Waldflächen, unkultivierte Bodenflächen und Wasserflächen, aber auch Verkehrsflächen im Freiraum. Die Freiraumfläche wurde im Rahmen der Untersuchungen als Differenz von Gebiets- und Siedlungsfläche auf Grundlage der folgenden Datenquellen berechnet: © GeoBasis-DE/BKG 2009.
8	**Siedlungsdichte** [EW/ha] Die Siedlungsdichte spiegelt wider, wieviel Einwohner auf einem Hektar Siedlungsfläche leben. Sie ist der Quotient aus der Einwohnerzahl und der Siedlungsfläche und wurde im Rahmen der Untersuchungen auf Grundlage der folgenden Datenquellen berechnet: Einwohner: Zensus 2014, Betrachtungszeitpunkt: 9. Mai 2011. Siedlungsfläche: © GeoBasis-DE/BKG 2009.
9	**Wohnbauflächendichte** [ha/km²] Die Wohnbauflächendichte spiegelt wider, wieviel Hektar Wohn- und Mischnutzungsfläche sich auf einem Quadratkilometer Siedlungsfläche befinden. Sie ist der Quotient aus der Flächensumme für Wohn- und Mischnutzung und der Siedlungsfläche und wurde im Rahmen der Untersuchungen auf Grundlage der folgenden Datenquellen berechnet: Fläche für Wohn- und Mischnutzung: © GeoBasis-DE/BKG 2009. Siedlungsfläche: © GeoBasis-DE/BKG 2009.

Kennzahlen im Überblick	
10	**Ein-/Zweifamilienhaus-Siedlungsanteil** [%] Der Ein- und Zweifamilienhaus-Siedlungsanteil gibt an, wieviel Prozent der Wohn- und Mischnutzungsflächen mit Ein- und Zweifamilienhäusern bebaut sind und spiegelt damit das Verhältnis zwischen Ein- und Zweifamilienhausbebauung und Mehrfamilienhausbebauung wider. Er ist der Quotient aus der mit Ein- und Zweifamilienhäusern bebauten Fläche und der Wohn- und Mischnutzungsfläche insgesamt, multipliziert mit 100. Er wurde im Rahmen der Untersuchungen auf Grundlage der folgenden Datenquellen berechnet: Fläche mit Ein- und Zweifamilienhäusern: © GeoBasis-DE/BKGGeoBasis NRW 2009-2011; SEMENTA® (Hecht 2014). Fläche mit Wohn- und Mischnutzung: © GeoBasis-DE/BKG 2009.
11	**Baulandpreis** [€/m²] Der Baulandpreis gibt den durchschnittlichen Kaufwert für Bauland in Euro je Quadratmeter wieder. Er ist der Quotient aus der durchschnittlichen Kaufsumme für baureifes Land der betrachteten Jahre und der durchschnittlich umgesetzten Fläche für baureifes Land der betrachteten Jahre. Datenquelle: BBSR 2013 (zzgl. Aachen, Neubrandenburg: BBSR 2010), Betrachtungszeitraum 2010/2011 (zzgl. Aachen, Neubrandenburg: 2007/2008).
12	**Einkommenssteuer** [€/EW] Natürliche Personen, die erwerbstätig sind, müssen auf ihr Einkommen eine Steuer zahlen, die Einkommenssteuer. Die Höhe der Einkommenssteuer richtet sich nach dem zu versteuernden Einkommen. Die Einkommenssteuer ist eine Gemeinschaftssteuer, deren Aufkommen dem Bund und den Ländern gemeinsam zusteht (Gabler Wirtschaftslexikon 2009). Die hier dargestellte Einkommenssteuer gibt den Gemeindeanteil an der Einkommenssteuer in Euro pro Einwohner wieder. Sie ist der Quotient aus dem Gemeindeanteil an der Einkommenssteuer in Euro zum Betrachtungszeitpunkt und den Einwohnern zum Betrachtungszeitpunkt. Datenquelle: BBSR 2013, Betrachtungszeitpunkt 2011.
13	**Gewerbesteuer** [€/EW] Gegenstand der Gewerbesteuer ist der Gewerbebetrieb und seine objektive Ertragskraft. Jeder Gewerbebetrieb, der im Inland betrieben wird, unterliegt der Gewerbesteuer. Besteuerungsgrundlage ist der Gewerbeertrag. Hebeberechtigt sind die Gemeinden, die den Steuersatz für die Gewerbesteuer durch Beschluss selbst festlegen (Gabler Wirtschaftslexikon 2009). Die hier dargestellte Gewerbesteuer gibt die Gewerbesteuer in Euro je Einwohner wieder. Sie ist der Quotient aus dem Ist-Aufkommen an Gewerbesteuer in Euro zum Betrachtungszeitpunkt und den Einwohnern zum Betrachtungszeitpunkt. Datenquelle: BBSR 2013, Betrachtungszeitpunkt 2011.
14	**Arbeitslosenquote** [%] Die Arbeitslosenquote gibt den Anteil der Arbeitslosen an den zivilen Erwerbspersonen in % an. Sie ist der Quotient aus den Arbeitslosen zum Betrachtungszeitpunkt und allen zivilen Erwerbspersonen zum Betrachtungszeitpunkt, multipliziert mit 100. Datenquelle: BBSR 2013 (zzgl. Aachen: Städteranking, Neubrandenburg: Bürgerdialog), Betrachtungszeitpunkt 2011 (zzgl. Neubrandenburg: 2012).

Tab. 3.2.2: *Kenngrößen der Netzgrafik „Beispielstadt im Wertebereich der Städte" – Definitionen, Berechnungsalgorithmen, Datenquellen und Zeitbezüge*

Beispielstadt im Wertebereich der Städte	
1	**Bruttoinlandsprodukt** [10^3 €/EW] Das Bruttoinlandsprodukt (BIP) gibt den Gesamtwert aller Waren und Dienstleistungen in Euro an, die im Inland innerhalb eines Jahres (nach Abzug aller Vorleistungen) hergestellt wurden. Bezugsgröße können Einwohner (EW) oder Erwerbstätige (ET) sein. Hier ist das Bruttoinlandsprodukt in 10^3 €/EW der Quotient aus dem Bruttoinlandsprodukt in 10^3 € zum Betrachtungszeitraum und den Einwohnern zum Betrachtungszeitpunkt. Datenquelle: BBSR 2013, Betrachtungsjahr: 2011.
2	**Umsatzsteuer** [€/EW] Das Entgelt, das Unternehmer für die Erbringung von Lieferungen und sonstigen Leistungen erhalten, wird besteuert. Diese Steuer heißt Umsatzsteuer und wird in Euro gezahlt. Die Umsatzsteuer je Einwohner ist der Quotient aus der Umsatzsteuer zum Betrachtungszeitpunkt und den Einwohnern zum Betrachtungszeitpunkt. Datenquelle: BBSR 2013, Betrachtungszeitpunkt: 2011.
3	**Pendler-Saldo je 10^3 Beschäftigte** Pendler sind (im Sinne der Beschäftigungsstatistik) alle sozialversicherungspflichtig Beschäftigten, deren Arbeitsort sich vom Wohnort unterscheidet. Pendler werden nach Ein- und Auspendlern unterschieden. Die Differenz zwischen Ein- und Auspendlern wird als Pendler-Saldo bezeichnet. Zur Berechnung des Pendler-Saldos wird die Differenz zwischen Einpendlern und Auspendlern zum Betrachtungszeitpunkt durch die sozialversicherungspflichtig Beschäftigten zum Betrachtungszeitpunkt dividiert. Datenquelle: BBSR 2013, Betrachtungszeitpunkt 2011.
4	**Hochschulabschlüsse je 10^2 EW** Die Hochschulabschlüsse je 10^2 Einwohner geben den Anteil an Personen wieder, die 15 Jahre und älter sind und einen Hochschul- bzw. Fachhochschulabschluss haben. Datenquelle: Zensus 2014, Betrachtungszeitpunkt: 9. Mai 2011.

Beispielstadt im Wertebereich der Städte	
5	**Sozialversicherungspflichtig Beschäftigte je 10² EW** Sozialversicherungspflichtig Beschäftigte sind Arbeitnehmerinnen, Arbeitnehmer und Auszubildende, die kranken-, pflege-, rentenversicherungspflichtig oder beitragspflichtig zur Arbeitslosenversicherung sind oder für die Beitragsanteile zu den gesetzlichen Rentenversicherungen zu entrichten sind. Die sozialversicherungspflichtig Beschäftigten je 10² Einwohner ergeben sich durch Division der sozialversicherungspflichtig Beschäftigten (am Arbeitsort) zum Betrachtungszeitpunkt durch die Einwohner zum Betrachtungszeitpunkt. Sie wurden im Rahmen der Untersuchungen auf Grundlage der folgenden Datenquellen ermittelt: Sozialversicherungspflichtig Beschäftigte (am Arbeitsort): Destatis 2014a; Destatis 2014b; Statistisches Landesamt Sachsen 2014; Betrachtungszeitpunkt: 2011. Einwohner: Zensus 2014, Betrachtungszeitpunkt: 9. Mai 2011.
6	**Siedlungsdichte** [EW/ha] Vgl. Tab. 3.2.1, Zeile 8.
7	**Siedlungsflächen-Anteil** [%] Dieser Anteil gibt an, wieviel Prozent der Gebietsfläche einer Stadt jeweils Siedlungsfläche sind. Zur Ermittlung dieses Anteils wird die Siedlungsfläche durch die Gebietsfläche dividiert und mit 100 multipliziert. Im Rahmen der Untersuchungen wurden auf Grundlage der folgenden Datenquellen die entsprechenden Rechnungen durchgeführt: Siedlungsfläche und Gebietsfläche: © GeoBasis-DE/BKG 2009.
8	**Ein-/Zweifamilienhauswohnungs-Anteil** [%] Der Ein- und Zweifamilienhauswohnungsanteil gibt an, zu wieviel Prozent sich der Gesamtwohnungsbestand auf Ein- und Zweifamilienhäuser verteilt. Grundlage der Anteilsberechnung sind Wohnungen in Wohn- und sonstigen Gebäuden. Unterschieden wird dabei in Wohnungen in Gebäuden mit ein und zwei Wohnungen (Ein- und Zweifamilienhäuser) und Wohnungen in Gebäuden mit drei und mehr Wohnungen (Mehrfamilienhäuser). Der Ein- und Zweifamilienhauswohnungsanteil wurde im Rahmen der Untersuchungen auf Grundlage der folgenden Datenquellen ermittelt: Zensus 2014, Betrachtungszeitpunkt: 9. Mai 2011.

Wirtschaft und Soziales

Hier werden Kurzinformationen zur wirtschaftlichen Charakteristik und Entwicklung der Beispielstädte sowie zu ihrer sozialen Struktur gegeben. Informationsquellen sind vor allem die Internetdarstellungen der Städte sowie die Wirtschafts- und Sozialstatistiken auf Ebene der kreisfreien Städte oder der Gemeinden. Die Definitionen und Berechnungsalgorithmen der dargestellten Kenngrößen sowie die zugrundeliegenden Datenquellen und Zeitbezüge werden in Tabelle 3.2.3 beschrieben.

Tab. 3.2.3: *Kenngrößen unter Wirtschaft und Soziales – Definitionen, Berechnungsalgorithmen, Datenquellen und Zeitbezüge*

Wirtschaft und Soziales	
1	**Bruttoinlandsprodukt** [€/EW bzw €/ET] Das Bruttoinlandsprodukt (BIP) gibt den Gesamtwert aller Waren und Dienstleistungen in Euro an, die im Inland innerhalb eines Jahres (nach Abzug aller Vorleistungen) hergestellt wurden. Bezugsgröße können die Einwohner (EW) oder die Erwerbstätigen (ET) sein. Demnach ist das Bruttoinlandsprodukt in €/EW bzw. €/ET der Quotient aus dem Bruttoinlandsprodukt zum Betrachtungszeitraum und den Einwohnern bzw. den Erwerbstätigen zum Betrachtungszeitpunkt. Datenquelle: BBSR 2013 (zzgl. Aachen, Neubrandenburg: BBSR 2010, Stadt Neubrandenburg 2016), Betrachtungsjahr: 2011 (zzgl. Aachen: 2009).
2	**Bruttowertschöpfung** [€/ET] Die Bruttowertschöpfung gibt den Gesamtwert der im Produktionsprozess in einem Jahr hergestellten Waren und Dienstleistungen in Euro wieder, abzüglich des Wertes der Vorleistungen. Sie ergibt sich als Differenz aus den Produktionswerten und den Vorleistungen. Bezugsgröße sind die Erwerbstätigen. Die Bruttowertschöpfung in €/ET ist der Quotient aus der Bruttowertschöpfung zum Betrachtungszeitraum und den Erwerbstätigen zum Betrachtungszeitpunkt. Datenquelle: BBSR 2013 (zzgl. Aachen, Neubrandenburg: BBSR 2010), Betrachtungsjahr: 2011 (zzgl. Aachen, Neubrandenburg: 2009).
3	**Altersstruktur** [%] Die Altersstruktur liefert Aussagen zum Alter der Bevölkerung. Sie gibt in Prozent an, wieviel Personen unter 18 Jahre, 18 bis 29 Jahre, 30 bis 49 Jahre, 50 bis 64 Jahre sowie 65 Jahre und älter sind. Datenquelle: Zensus 2014, Betrachtungszeitpunkt: 9. Mai 2011.
4	**Bildungsstruktur** [%] Die Bildungsstruktur liefert Aussagen zum Bildungsstand der Bevölkerung. In Prozent wird wiedergegeben, zu welchen Anteilen die Personen im erwerbsfähigen Alter einen Hochschulabschluss, den Abschluss einer beruflichen Bildung von mindestens einem Jahr haben oder ohne beruflichen Abschluss sind. Datenquelle: Zensus 2014, Betrachtungszeitpunkt: 9. Mai 2011.

Wirtschaft und Soziales	
5	**Versorgung mit Arbeitsplätzen** **Arbeitslosenquote** [%] Vgl. Tab. 3.2.1, Zeile 14. **Sozialversicherungspflichtig (SV) Beschäftigte am Wohnort und am Arbeitsort** [%] Hier wird das Verhältnis der sozialversicherungspflichtig Beschäftigten am Wohnort bzw. am Arbeitsort zu je hundert 15- bis 64-Jährigen (Personen im erwerbsfähigen Alter) wiedergegeben. Berechnung: Anzahl der Beschäftigten am Wohn- bzw. Arbeitsort zum Betrachtungszeitpunkt / Anzahl der 15- bis 64-Jährigen zum Betrachtungszeitpunkt x 100. Sozialversicherungspflichtig Beschäftigte (Wohn- und Arbeitsort): Datenquelle: Destatis 2014a (zzgl. Dresden: Statistisches Landesamt Sachsen 2014; Halle: Destatis 2014b), Betrachtungszeitpunkt: 30. Juni 2011. 15- bis 64-Jährige: Datenquelle: Zensus 2014, Betrachtungszeitpunkt: 9. Mai 2011.

Wohnen

Unter dem Thema Wohnen wird der Wohnungsbestand der Beispielstädte bezüglich seiner Größe und Differenziertheit beschrieben. Die Definitionen und Berechnungsalgorithmen der dargestellten Kenngrößen sowie die zugrundeliegenden Datenquellen und Zeitbezüge werden in Tabelle 3.2.4 beschrieben.

Tab. 3.2.4: *Kenngrößen unter Wohnen – Definitionen, Berechnungsalgorithmen, Datenquellen und Zeitbezüge*

Wohnen	
1	**Wohnungsbestand** Der Wohnungsbestand gibt die Anzahl aller in einem regional abgegrenzten Gebiet (z. B. einem administrativen Stadtgebiet) an einem bestimmten Stichtag vorhandenen Wohnungen wieder. Die Wohnungen insgesamt werden in Wohnungen in Wohngebäuden, Wohnungen in Wohnheimen und Wohnungen in sonstigen Gebäuden mit Wohnraum unterteilt. Datenquelle: Zensus 2014, Betrachtungszeitpunkt: 9. Mai 2011.
2	**Baualtersstruktur des Wohnungsbestandes** [%] Die Baualtersstruktur liefert Aussagen zum Alter des Wohnungsbestandes. Sie gibt in Prozent an, wieviel Wohnungen in Gebäuden der Baualtersgruppen bis 1918, 1919 bis 1948, 1949 bis 1978, 1979 bis 1990 und ab 1991 vorhanden sind. Datenquelle: Zensus 2014, Betrachtungszeitpunkt: 9. Mai 2011.
3	**Wohnungsnutzung** Die Wohnungsnutzung gibt Auskunft darüber, ob und von wem die Wohnung genutzt wird. Dabei wird zwischen Wohnungen in Eigennutzung, Wohnungen in Vermietung, Ferien- und Freizeitwohnungen sowie leer stehenden Wohnungen unterschieden. Datenquelle: Zensus 2014, Betrachtungszeitpunkt: 9. Mai 2011.
4	**Strukturtypen der Wohnbebauung** [%] Strukturtypen der Wohnbebauung dienen der raumstrukturellen Gliederung des Wohnungsbestandes. Sie weisen im Hinblick auf das siedlungsräumliche Beziehungsgefüge zwischen Gebäuden, Freiflächen und Infrastrukturnetzen charakteristische Ausprägungen auf und helfen die Wohnbebauung der Stadt modellhaft abzubilden. Für die Flächen mit Wohn- und Mischnutzung werden primär 15 Strukturtypen unterschieden. Im Rahmen der Untersuchungen werden diese zu sechs Typen zusammengefasst: (1) Mehrfamilienhaus-Block-/Blockrandbebauung, (2) Mehrfamilienhausbebauung freistehend, (3) Mehrfamilienhausbebauung in Zeilen-/Reihenform, (4) Punkt-Hochhaus-Bebauung, (5) Ein- und Zweifamilienhausbebauung sowie (6) Bebauung in dörflicher Struktur/historische Ortskerne. Die Flächen der unterschiedlichen Strukturtypen der Wohnbebauung wurden im Rahmen der Untersuchungen auf Grundlage der folgenden Datenquellen bestimmt: © GeoBasis-DE/BKG/GeoBasis NRW 2009-2011; SEMENTA® (Hecht 2014)

Flächen- und Bebauungsstruktur

Die Ausführungen und Darstellungen zur Flächen- und Bebauungsstruktur beruhen auf eigenen Berechnungen und beziehen sich auf Geobasisdaten mit Stand Ende 2008 (ATKIS Basis-DLM © GeoBasis-DE/BKG 2009).

Für jede Beispielstadt wird die strukturelle Zusammensetzung der Gebietsfläche beschrieben. Die Gebietsfläche setzt sich zunächst auf oberster Ebene aus der Siedlungsfläche bzw. dem Siedlungskörper und der Freiraumfläche zusammen. Darüber hinaus ist auf der Ebene darunter die Ausdifferenzierung der Siedlungsfläche von Interesse. Diese besteht aus der baulich geprägten Fläche sowie den Siedlungsgrün- und Wasserflächen innerhalb des Siedlungskörpers. Die baulich geprägte Fläche ist die Summe aus Wohnbaufläche, Fläche gemischter Nutzung, Industrie- und Gewerbefläche sowie Fläche besonderer funktionaler Prägung, wobei die Wohnbaufläche und die Fläche gemischter Nutzung zur Wohnnutzung zusammengefasst werden. Im Bereich Verkehr sind die ATKIS-Objekte meist linienförmig modelliert (Abschnitt 2.4) und daher impliziter Bestandteil des Siedlungs- oder Freiraums.

Im Rahmen der Erzeugung des Siedlungskörpers wurden kleine Lücken (Aggregationsdistanz 50 m) geschlossen. Sie sind in den beschriebenen Flächenkategorien (baulich geprägte Fläche, Siedlungsgrün- und Wasserflächen) enthalten.

Topographische Karte

Hier wird für jede Beispielstadt ein stadttypischer Ausschnitt des topographischen Grundrisses im Maßstab 1:25 000 dargestellt (Quelle: © GeoBasis-DE/BKG 2012).

Fotoquellen

Die Städtecharakteristiken enthalten Fotos: einleitend auf der ersten Seite eine Stadtansicht (1) aus Vogelperspektive sowie auf den folgenden Seiten ein Foto zum Thema Wirtschaft (2) und eins zum Thema Wohnen (3). Die Quellen der Fotos sind in Tabelle 3.2.5 aufgelistet.

Tab. 3.2.5: *Fotoquellen*

Beispielstadt	Foto	Quelle
Aachen	1	© rcfotostock/Fotolia
	2	Wikimedia Commons, Lambertz GmbH & Co. KG, Aachen; lambertz.de, CC BY-SA 3.0, https://creativecommons.org/licenses/by-sa/3.0/de/legalcode, https://commons.wikimedia.org/wiki/File:LambertzStammwerkAachen.jpg
	3	© davis/Fotolia
Dresden	1	Gruhler
	2	Stutzriemer
	3	Schumacher
Halle (Saale)	1	Schumacher, mit freundlicher Genehmigung der Katholischen Pfarrei St. Mauritius und St. Elisabeth zu Halle/Saale
	2	Schumacher
	3	Schumacher
Krefeld	1	Flickr, Philipp Beckers, CC BY-SA 2.0 (https://creativecommons.org/licenses/by-sa/2.0/), https://flic.kr/p/rP6uAi, Gipfelstürmertag – Krefeld von Oben – Liebfrauenkirche
	2	Wikimedia Commons, DER UNFASSBARE, Public Domain
	3	© www.1000tdw.com/Fotolia
Landau in der Pfalz	1	© normankrauss/Fotolia
	2	© Michelin
	3	Wikimedia Commons, Od art, CC BY-SA 3.0, https://creativecommons.org/licenses/by-sa/3.0/deed.de, https://commons.wikimedia.org/wiki/File:Landau_denkmalzone_nordring32_ostring1-7.JPG
Neubrandenburg	1	Gruhler
	2	Gruhler
	3	Gruhler
Oldenburg (Oldb)	1	Wikimedia Commons, Anaconda74, Public Domain
	2	© EWE AG
	3	Wikimedia Commons, Bin im Garten, CC BY-SA 3.0, https://creativecommons.org/licenses/by-sa/3.0/deed.de, https://commons.wikimedia.org/wiki/File:Oldenburg_Luftaufnahme_PD_066.JPG

4 Zusammenhangsvermutungen

Iris Lehmann, Martin Behnisch, Karin Gruhler, Ulrich Schumacher, Clemens Deilmann, Anne Bräuer

Die im Abschnitt 2.2 beschriebenen zehn Wirkungszusammenhänge werden durch jeweils ein bis zwei Thesen untersetzt, welche auf städtebaulichen Leitvorstellungen im jeweiligen Kontext basieren. Im folgenden Kapitel werden alle Thesen einzeln vorgestellt, deren Hintergründe und Zusammenhänge erläutert, der Messansatz beschrieben sowie deren Anwendung auf die sieben Beispielstädte dargestellt. Dabei werden die Ergebnisse exemplarisch diskutiert.

Die multikriterielle Bewertung der Städte im Vergleich erfolgt durch Extremwertnormierung der als relevant identifizierten Messgrößen und Indizes. Bei der Extremwertnormierung werden die Messgrößen in metrische Skalenwerte zwischen Null (ungünstigster Wert) und Eins (günstigster Wert) umgewandelt (Abschnitt 2.6). Die Wirkrichtung jeder Messgröße ergibt sich inhaltlich: Bei gleichläufiger Wirkrichtung repräsentiert der normierte Skalenwert Null den niedrigsten Wert der ermittelten Messgröße, bei gegenläufiger Wirkrichtung den höchsten Wert.

Das Ergebnis ist stets ein Vergleich der untersuchten Städte, wobei die Veranschaulichung der Methodik im Vordergrund steht (Abb. 4.1). Es wird der Nachweis geführt, dass der Ansatz bestehende Unterschiede zwischen den Städten abbilden sowie Stärken und Schwächen der einzelnen Städte sichtbar machen kann. Den Autoren ist bewusst, dass eine größere Anzahl oder eine andere Auswahl untersuchter Städte die Proportionen der Ergebnisse bei der multikriteriellen Bewertung verschieben kann.

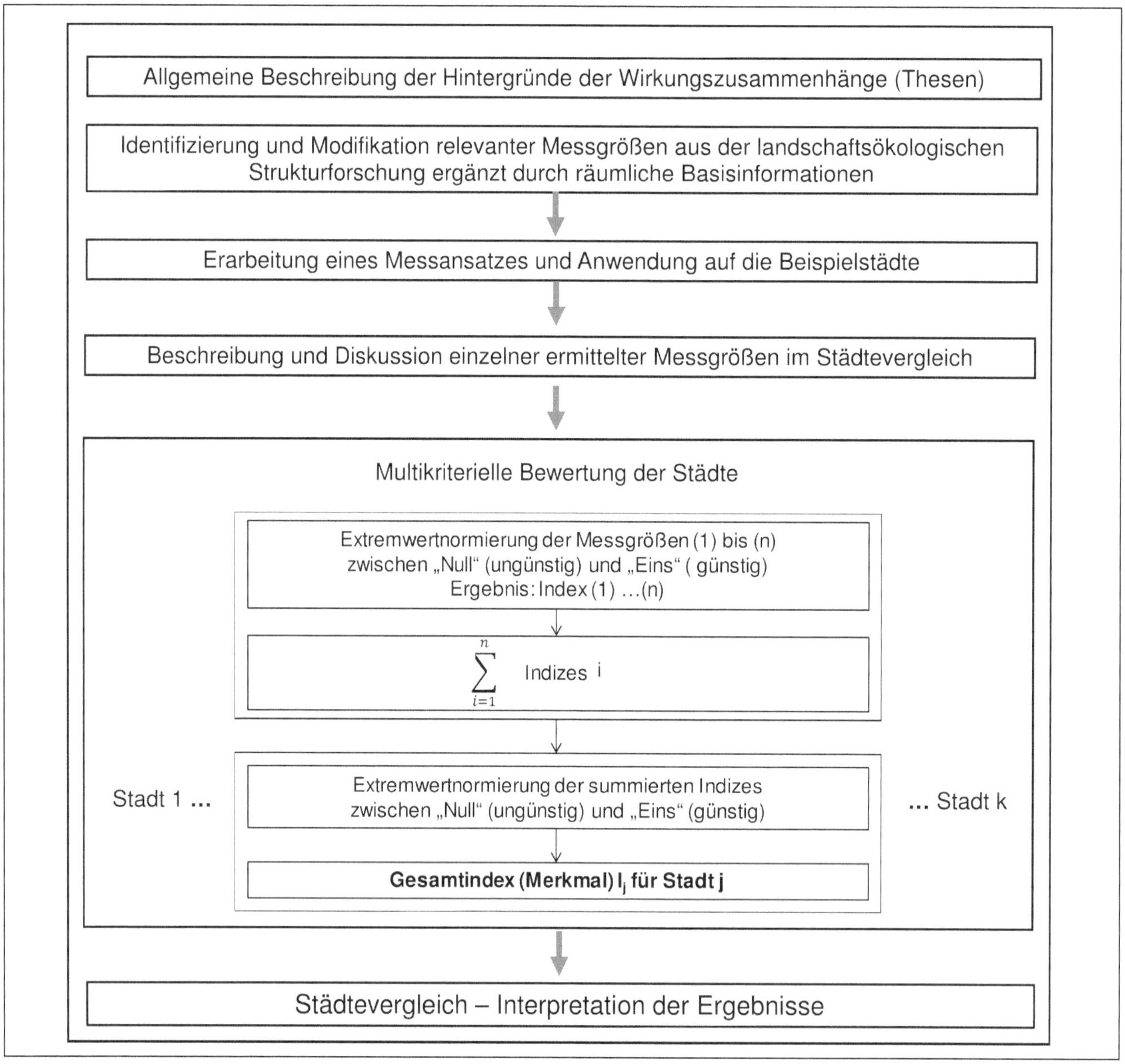

Abb. 4.1: *Methodischer Aufbau des Kapitels 4*

4.1 Kompaktheit und Komplexität städtebaulicher Räume

Wirkungszusammenhänge
zwischen der Form des Siedlungskörpers einerseits und der Erreichbarkeit von städtebaulichen Räumen im Siedlungskörper sowie von Erholungsräumen im Freiraum andererseits.

(A) Siedlungsinterne Erreichbarkeiten

These:
Je kompakter der Siedlungskörper, desto größer ist die Erreichbarkeit städtischer Räume und effizienter die theoretisch mögliche Verflechtung der Grunddaseinsfunktionen Wohnen, Arbeiten und Erholen. ▶ Karte 1.1

Die städtebauliche Bedeutung der Form des planaren Siedlungskörpers besteht darin, dass kompakte städtebauliche Strukturen durch räumliche Nähe und Verflechtung der Funktionen Wohnen, Arbeiten, Versorgen und Erholen charakterisiert werden. Eine solche Struktur ermöglicht hohe städtebauliche Dichte, wodurch zum einen mit der Ressouce „Fläche" sparsam umgegangen wird, zum anderen der technische Infrastrukturaufwand optimiert werden kann. Die Form des Siedlungskörpers steht in einem engen Wirkungszusammenhang mit dem spezifischen infrastrukturellen Aufwand, mit der Intensität des motorisierten Individualverkehrs einerseits sowie mit der Möglichkeit zur Bündelung der Ströme des öffentlichen Verkehrs andererseits. Negative Auswirkungen eines kompakten Siedlungskörpers können eine Verringerung der Frischluftversorgung im Innern sowie eine schlechte Erreichbarkeit von Erholungsflächen im Freiraum sein. Dabei ist der Randlinienverlauf im Übergang zum Freiraum von städtebaulicher Relevanz. Bei zahnartigen Auskragungen bzw. stärkerer Zerlapptheit der baulich geprägten Siedlungsfläche werden separate infrastrukturelle Erschließungsmaßnahmen erforderlich.

Messansatz

Bei der physiognomischen Analyse wird der Siedlungskörper in seiner planaren Ausprägung betrachtet. Geometrische Grundlage zur Analyse der Kompaktheit bilden also die urbanisierten Areale einer Stadt, welche die zusammenhängend bebaute Fläche zuzüglich der räumlich und funktional damit eng verknüpften Verkehrs-, Erholungs-, Vegetations- und Gewässerflächen enthalten (Abschnitt 2.5).

Siedlungs- und Landschaftsstrukturen lassen sich physiognomisch durchaus mit vergleichbaren methodischen Ansätzen analysieren. Für die Quantifizierung der Formkomplexität sind aus der Landschaftsökologie geeignete Messgrößen verfügbar (McGarigal und Marks 1995). Hier soll auf den flächengewichteten mittleren Formindex (*Area Weighted Mean Shape Index, AWMSI*) fokussiert werden. Diese dimensionslose Kennzahl repräsentiert ein modifiziertes Randlängen-Flächen-Verhältnis, wobei durch die Flächengewichtung größere (Siedlungs-)Polygone stärker als kleinere berücksichtigt werden. Je zerklüfteter die Randlinie und je komplexer die Struktur, desto größer ist der Indexwert. Falls nur ein einziges Kreispolygon vorliegt, ergibt sich der Idealwert 1 (Abschnitt 2.3 und Abb. 4.1.1). Im Vergleich zu fraktalen (logarithmierten) Messgrößen liefert der *AWMSI* stärker differenzierte Werte für unterschiedlich strukturierte Städte. Außerdem zeigt dieser Index nur geringe Korrelationen zur Größe der Bezugs- bzw. Gebietseinheiten – eine günstige Eigenschaft im Gegensatz zu anderen Formmaßen (Schumacher und Thinh 2009).

Bei der siedlungsinternen Erreichbarkeit spielt auch die Randlängendichte eine Rolle – als Maß der Randlinienlänge je Flächeneinheit. Diese Kennzahl ist umso größer, je dichter die Polygone des Siedlungskörpers im Raum verteilt sind. Außerdem hat die Zerklüftung der Polygone einen starken Einfluss: Je stärker die Zerklüftung, desto größer ist die Randlängendichte.

Der Verklumpungsgrad (*Contagion*) beschreibt, inwieweit Polygongeometrien des Siedlungskörpers räumlich konzentriert bzw. gestreut auftreten (Lang und Blaschke 2007). Die Messgröße kann der Hauptkategorie Heterogenität zugeordnet werden und soll in diesem Beitrag auch zur Charakterisierung von Stadtstrukturen hinsichtlich der Kompaktheit genutzt werden. Der Wert des Verklumpungsgrades beträgt 100 %, wenn alle Strukturen

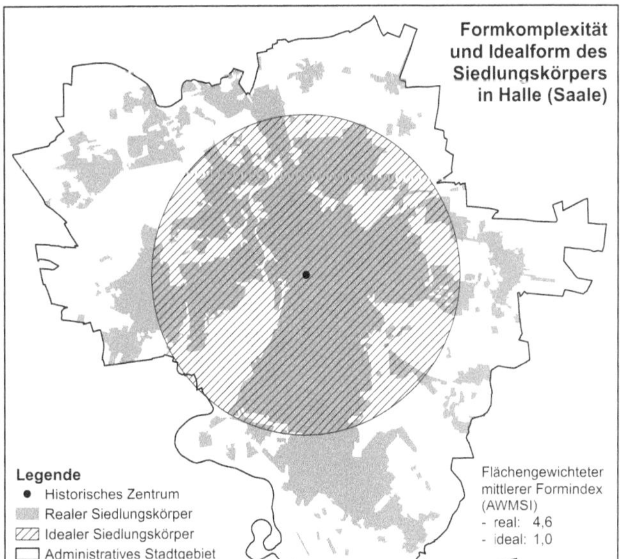

Abb. 4.1.1: *Formkomplexität und Idealform des Siedlungskörpers in Halle (Saale) (Datenquelle: © GeoBasis-DE/BKG 2009)*

die maximale *Aggregation* (Klumpung) aufweisen. Im Gegensatz dazu tendiert der Wert gegen Null, wenn alle Strukturen die maximale Zerstreuung aufweisen (z. B. jede Zelle mit anderer Struktur). Wenn weniger als zwei Strukturen im Untersuchungsraum vorhanden sind, ist der Index undefiniert. Zur Berechnung ist eine Transformation der Polygongeometrie des Siedlungskörpers in ein regelmäßiges Raster erforderlich (Standard-Rastergröße: 100 x 100 m). Umgesetzt wird eine kartographische Generalisierung nach dem Dominanzprinzip. Die gewählte Rastergröße von einem Hektar orientiert sich an den Parametern zur Polygonaggregation bei der Konstruktion des Siedlungskörpers (Abschnitt 2.5). Eine feste Position des Rasters für vergleichende Untersuchungen ist gegeben, da das Raster auf die europäische INSPIRE-Verordnung (INSPIRE 2014) Bezug nimmt. Im Kontext von vergleichenden Untersuchungen sei auf Frohn (1998) verwiesen, da die Berechnung des Verklumpungsgrades von folgenden Parametern beeinflusst wird: Rasterauflösung, Anzahl Strukturen (thematische Tiefe), Rasterorientierung, Nachbarschaftsdefinition.

Ausgewählte Beobachtungen und Ergebnisdiskussion

Der Wert des flächengewichteten mittleren Formindex (*AWMSI*) für den planaren Siedlungskörper einer Stadt kann als Maß der Abweichung von einer kompakten Idealform (Kreis) interpretiert werden. Von den Beispielstädten der vorliegenden Untersuchung weist Landau den geringsten und Neubrandenburg den höchsten Indexwert auf (Tab. 4.1.1 bzw. Diagramm in Karte 1.1), während die Großstädte zwischen diesen beiden Werten liegen. Die Erreichbarkeit des jeweiligen Stadtzentrums bzw. die potenzielle Effizienz der gesamtstädtischen Infrastruktur kann als umso besser gelten, je kleiner die *AMWSI*-Werte ausfallen. Bei der Randlängendichte gibt es in Oldenburg den geringsten Wert, während in Neubrandenburg – ebenso wie beim Formindex – der höchste Wert auftritt. Je mehr zusammenhängende Siedlungsflächen existieren und je klarer die Abgrenzung des Siedlungskörpers zum Freiraum erfolgt, desto geringer fällt die Randliniendichte aus. Für den Städtevergleich ist es besonders wichtig, Geodaten in derselben Generalisierungsstufe zu verwenden (wegen der Stützpunkte der Konturen). Wird eine bestimmte Siedlungsstruktur in größerem Maßstab bzw. höherer Auflösung abgebildet, so erreichen sowohl der flächengewichtete mittlere Formindex als auch die Randlängendichte höhere Werte als Folge größerer Zerlapptheit der Geometrie.

Der Verklumpungsgrad (Berechnung auf 100-m-Raster) liegt bei den Beispielstädten zwischen 27,9 % in Krefeld (relativ geringe Verklumpung) und 44,2 % in Landau (relativ hohe Verklumpung). Der vergleichsweise niedrige Wert von Krefeld lässt sich mit Blick auf die kartographische Darstellung erklären: Im Randbereich des Hauptsiedlungskörpers treten mehrere kleinere isolierte Splitter des Siedlungskörpers auf und zeichnen ein recht fragmentiertes, zergliedertes Bild. Dagegen dokumentiert die Karte zu Landau eine stärkere Aggregation des Siedlungskörpers: Es zeichnen sich deutlich zusammenhängende Substrukturen ab, die den acht eingemeindeten Ortsteilen entsprechen. In Neubrandenburg (Verklumpungsgrad = 43,5 %) ist ein ähnlich stark aggregierter Siedlungskörper wie in Landau anzutreffen. Die Messwerte fallen deutlich ab, sobald kleinere isolierte Splitter des Siedlungskörpers im Stadtgebiet auftreten, auch wenn ansonsten der Hauptsiedlungskörper relativ zusammenhängend erscheint (siehe Oldenburg). An dieser Stelle zeigt sich, wie wichtig es ist, den pla-

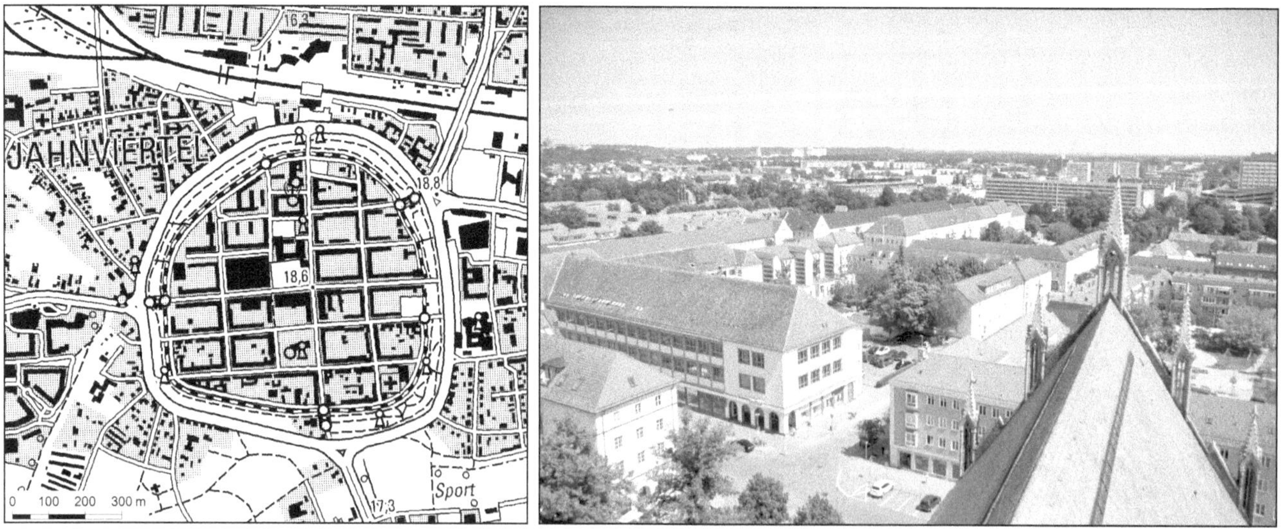

Abb. 4.1.2: *Der nahezu kreisrunde Grundriss von Neubrandenburg als mittelalterliche Planstadt ist im topographischen Kartenbild gut erkennbar (links). Die erhaltene Stadtmauer mit den sich außen anschließenden Wallanlagen und der Ringstraße umschließen das nach dem zweiten Weltkrieg neu strukturierte Stadtzentrum – Blick vom Kirchturm (rechts) (Datenquelle: © GeoBasis-DE/BKG 2012, Foto: Gruhler 2012)*

Tab. 4.1.1: *Formanalytische Maßzahlen für den Siedlungskörper der Beispielstädte (Datenquelle: © GeoBasis-DE/BKG 2009)*

	Anteil des Siedlungskörpers an der Stadtfläche	Anzahl separater Polygone	Flächenanteil des größten Polygons	Flächengewichteter mittlerer Formindex	Randlängendichte	Verklumpungsgrad *(Contagion)* (100-m-Raster)
	[%]	[-]	[%]	[-]	[m/ha]	[%]
Aachen	34,7	126	72,1	4,10	57,0	33,9
Dresden	42,6	104	53,8	4,68	44,4	30,3
Halle (Saale)	41,9	71	63,7	4,59	51,9	28,5
Krefeld	49,7	125	88,4	4,86	42,8	27,9
Landau in der Pfalz*	24,0	10	73,8	3,41	59,6	44,2
Neubrandenburg	22,3	19	82,4	6,47	74,9	43,5
Oldenburg (Oldb)	57,3	43	95,5	4,85	32,0	31,6

* ohne Exklaven

naren Siedlungskörpers mit Hilfe mehrerer Indizes zu bewerten.

Städtevergleich

Als beschreibende Messgrößen der siedungsinternen Erreichbarkeit und damit gleichzeitig der Kompaktheit des Siedlungskörpers wurden der Verklumpungsgrad und der flächengewichtete mittlere Formindex des Siedlungskörpers sowie zwei Basisinformationen (Anzahl separater Polygone des Siedlungskörpers und Flächenanteil des größten separaten Polygons an der Siedungskörperfläche) identifiziert. Die siedlungsinterne Erreichbarkeit einer Stadt wird umso besser bewertet, je größer der Verklumpungsgrad und je höher der Flächenanteil des größten separaten Polygons des Siedlungskörpers ist, aber je weniger separate Polygone des Siedlungskörpers es gibt und je kleiner der flächengewichtete mittlere Formindex ausfällt. Für die Messgrößen erfolgte eine Extremwertnormierung, wobei die stadtbezogenen Messgrößen in Skalenwerte zwischen Null (schlechtester Wert) und Eins (bester Wert) umgewandelt wurden (Abschnitt 2.6).

Im Vergleich der sieben Städte liegen die Skalenwerte zwischen 0,23 (Dresden) und 0,87 (Landau) (Abb. 4.1.3). Das Ergebnis deutet darauf hin, dass die Form, Anzahl und Verteilung der Siedlungskörperpolygone von Landau die günstigsten Voraussetzungen für eine effiziente Verflechtung der Daseinsfunktionen Wohnen, Arbeiten und Erholen im Städtevergleich bieten. Im Gegensatz dazu weist das größte Siedlungskörperpolygon in Dresden nur knapp über 50 % Flächenanteil am gesamten Siedlungskörper auf. Hierbei spielt der Flusslauf der Elbe mit seiner räumlichen Trennwirkung zwischen Alt- und Neustadt eine Rolle, aber auch zahlreiche kleinere Siedlungskörperpolygone, die durch Eingemeindung umliegender Ortschaften ins Stadtgebiet integriert wurden. Diese Aspekte wirken sich negativ auf die siedlungsinterne Erreichbarkeit bei gesamtstädtischer Betrachtung aus.

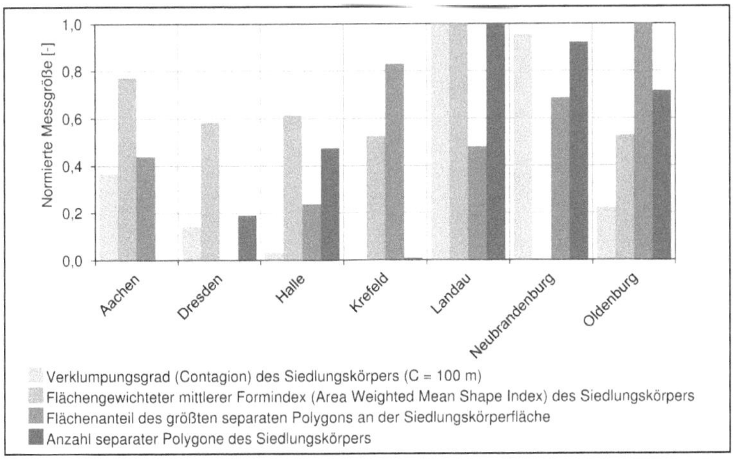

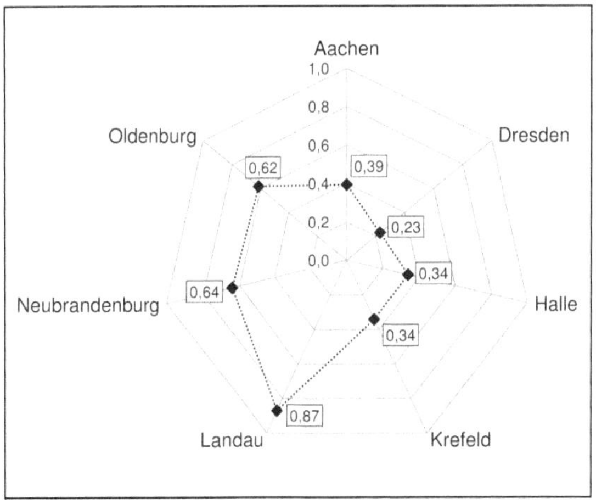

Abb. 4.1.3: *Städtevergleich zur Kompaktheit des Siedlungskörpers mit Hilfe einer Extremwertnormierung (links: Verschiedene normierte Indizes; rechts: Summierung der genormten Indizes und erneute Normierung)*
(Datenquelle: © GeoBasis-DE/BKG 2009)

(B) Erreichbarkeit des Freiraums

These:
Je stärker die Verzahnung von Siedlungskörper und Freiraum, desto länger ist der Rand der bebauten Siedlungsfläche und desto höher ist der Anteil freiraumnaher bebauter Flächen. ▶ Karte 1.2

Die Nähe zu naturnahen Flächen im Freiraum ist ein Teil des individuellen und sozialen Lebens sowie der materiellen Bedürfnisse und Wünsche von Menschen im Rahmen ihrer gesellschaftlichen Voraussetzungen (Machule und Usadel 2011). Die städtebauliche Bedeutung der Verzahnung des Siedlungskörpers mit dem Freiraum lässt sich über Erreichbarkeiten erklären: Mit zunehmender Entfernung zum Rand des Siedlungskörpers wird der Freiraum mit seiner Erholungsfunktion für die Stadtbewohner potenziell schwerer erreichbar. Außerdem können sich in den inneren Kernflächen der Bebauung mit zunehmender Distanz zum Siedlungsrand nachteilige Effekte auf das Stadtklima ausbreiten. Bei stärkerer Verzahnung sind die Erholungsflächen im Freiraum prinzipiell besser erreichbar. Zur Gesamtbewertung ist die Grünflächenverteilung innerhalb des Siedlungskörpers selbst noch zu berücksichtigen.

Messansatz

Der Siedlungskörper in seiner Verzahnung mit dem Freiraum steht im Fokus dieser physiognomischen Analyse. Ein wesentlicher Ansatz zur Bestimmung der Erreichbarkeit des Freiraums aus dem Siedlungskörper heraus ist die Kernflächenanalyse. Der Verbleib von Kernflächen im planaren Siedlungskörper ist von dessen geometrischen Eigenschaften (Größe und Form) abhängig. Große Polygone neigen eher zur Bildung großer Kernbereiche. Daneben spielt die Form eine entscheidende Rolle für die Ausprägung der Kernbereiche: Schmale, langgestreckte bzw. stark verästelte Siedlungspolygone können nur relativ kleine Kernbereiche enthalten – im Gegensatz zu kompakten Formen gleicher Flächengröße. Bei entsprechend komplexer Physiognomie des Siedlungskörpers können bei der Bildung von Kernflächen auch mehrere nicht zusammenhängende (disjunkte) Flächen entstehen (Behnisch et al. 2012; Schumacher et al. 2012).

Die Konstruktion von Kernflächen innerhalb des Siedlungskörpers erfolgt durch Bestimmung von negativen, also nach innen gerichteten Pufferzonen. Die Festlegung einer Kernflächendistanz entspricht der Breite des angenommenen Randeffekts bezüglich der Erreichbarkeit des Siedlungskörperrandes. Bei einer Euklidischen Distanz von 750 m (Länge der Hypotenuse eines gleichschenkligen und rechtwinkligen Dreiecks) ergibt sich eine Kathetenlänge von ca. 530 m (Cityblock-Metrik, Prinzipdarstellung siehe Abb. 4.1.5). Wenn sich ein Mensch an einem Ort im Siedlungskörper befindet, wo die Euklidische Distanz zur Freiraumgrenze 750 m beträgt, dann muss er im Straßen- bzw. Wegenetz einer Cityblock-Metrik 2 x 530 m zurücklegen. Bei einer durchschnittlichen Gehgeschwindigkeit von 5 km/h im ebenen Gelände benötigt er dafür etwa 13 Minuten. Diese Zeit entspricht daher einer Distanzzone, die doppelte Zeit zwei Distanzzonen (1.500 m) usw.

Zur Charakterisierung der Kernflächen stehen verschiedene Messgrößen zur Verfügung (Lang und Blaschke 2007, S. 235-240). Zur Beurteilung der Komplexität des Siedlungskörpers mit seiner Verzahnung zum Freiraum soll folgender Index näher betrachtet werden: Der Kernflächenindex (*Core Area Index, CAI*) setzt die resultierende Kernfläche mit der Ausgangsfläche des Siedlungskörpers in Beziehung und drückt diese Relation in Prozent aus (Abschnitt 2.3). So korrespondiert ein

Abb. 4.1.4: *Klar abgegrenzter Siedlungsrand in Dresden (Foto links: Gruhler 2007) und zerklüfteter Siedlungsrand in Oldenburg (Foto rechts: Wikimedia Commons, Bin im Garten, CC BY-SA 3.0, https://commons.wikimedia.org/wiki/File:Oldenburg_Luftaufnahme_PD_112.JPG)*

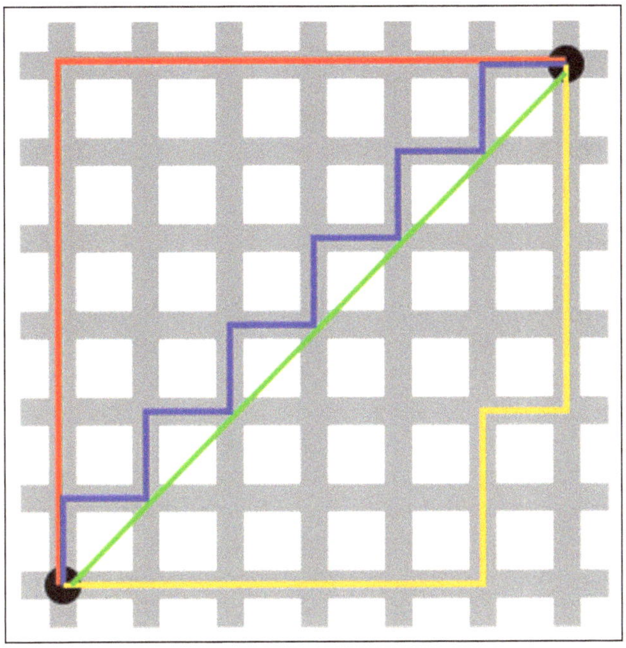

Abb. 4.1.5: *Prinzipdarstellung der Cityblock-Metrik oder Manhattan-Metrik: Die farbigen Linien verbinden die beiden diagonal angeordneten schwarzen Punkte im orthogonalen Gitternetz. Dabei orientieren sich die rote, blaue und gelbe Linie direkt am Gitternetz (Cityblock-Metrik), während die grüne Linie den kürzesten diagonalen Weg (Euklidische Distanz) verfolgt. (Quelle: http://de.wikipedia.org/wiki/Manhattan-Metrik)*

hoher Anteil Siedlungskernfläche mit eingeschränkter Erreichbarkeit des Freiraumes aus dem Siedlungsraum heraus.

Beim Verzahnungsaspekt des Siedlungskörpers mit dem Freiraum spielt der bereits behandelte flächengewichtete mittlere Formindex *AWMSI* als modifiziertes Randlängen-Flächen-Verhältnis eine wichtige Rolle. Außerdem wäre in diesem Zusammenhang die Randlängendichte (*Edge Density, ED*) als Quotient der Randlinienlänge des Siedlungskörpers je Flächeneinheit zu betrachten. Diese Messgröße wird umso größer, je dichter die Polygone im Raum verteilt sind; viele kleine Objekte (wie bei Streusiedlungen) führen zu höheren Werten als wenige große Objekte.

Ausgewählte Beobachtungen und Ergebnisdiskussion

Durch eine Kernflächenanalyse des Siedlungskörpers wurden Defizitflächen bezüglich der Erreichbarkeit von Freiräumen ermittelt. Die wichtigsten Ergebnisse zum Siedlungskörper und seinen Kernflächen (einschl. Formindex und Randlängendichte) sind für die Beispielstädte in Tabelle 4.1.2 zusammengestellt. So kann für alle untersuchten Städte nach dem Kernflächenindex bei Betrachtung einer Distanzzone am Siedlungsrand (750 m) eine gute potenzielle Erreichbarkeit des Freiraumes konstatiert werden. Den höchsten Indexwert für die Siedlungskernfläche (etwa ein Viertel des gesamten Siedlungskörpers) weist dabei Krefeld auf. Neubrandenburg besitzt dagegen gar keine Kernfläche (mit Bezug auf die o. g. Distanzzone) und damit prinzipiell eine sehr gute Erreichbarkeit des Freiraumes aus der Sicht aller Stadtteile (Diagramm in Karte 1.2). Der Anteil Wohnnutzung (Wohn- und Mischgebiete) an der Kernfläche des Siedlungskörpers ist in Landau und Oldenburg deutlich höher als in den anderen Beispielstädten. Hierbei hat das Vorhandensein, aber auch die räumliche Verteilung von Flächen für die verschiedenen Funktionen (Wohnen, Arbeit und Versorgung) einen maßgeblichen Einfluss (Karte 4.1).

Der flächengewichtete mittlere Formindex als Maß der Abweichung des planaren Siedlungskörpers von einer kompakten Idealform zeigt sein Maximum und damit die stärkste Zerklüftung bzw. Verzahnung des Siedlungskörpers mit dem Freiraum in Neubrandenburg. Das Minimum dieses Formindex wird in Landau

Tab. 4.1.2: *Formanalytische Maßzahlen für Siedlungskörper der Beispielstädte (Datenquelle: © GeoBasis-DE/BKG 2009)*

	Kernflächenindex	Anteil der Flächen mit Wohnnutzung an der Kernfläche	Flächengewichteter mittlerer Formindex	Randlängendichte
	(Distanzzone: 750 m)			
	[%]	[%]	[%]	[m/ha]
Aachen	15,5	57,9	4,10	57,0
Dresden	22,0	47,6	4,68	44,4
Halle (Saale)	9,2	56,1	4,59	51,9
Krefeld	25,9	56,4	4,86	42,8
Landau in der Pfalz*	5,2	85,2	3,41	59,6
Neubrandenburg	0,0	0,0	6,47	74,9
Oldenburg (Oldb)	21,5	67,2	4,85	32,0

* ohne Exklaven

erreicht, während die untersuchten Großstädte wertemäßig dazwischen liegen. Die Randlängendichte hat ihren geringsten Wert in Oldenburg, was vor allem an der Dominanz des flächenmäßig ausgebreiteten Hauptsiedlungskörpers liegt – trotz teilweiser Zerklüftung des Siedlungsrandes zum Freiraum hin. Im Kontrast dazu steht Neubrandenburg mit der größten Randlängendichte unter den Beispielstädten, was auch mit dem Ausbleiben von Kernflächen zusammenhängt. Die Stadt Landau mit räumlich klar abgegrenzten Siedlungspolygonen der Vororte (kleinster Formindex) zeigt eine große Randlängendichte sowie einen kleinen Kernflächenindex: Nur auf ca. 5 % der Gesamtfläche des Siedlungskörpers konnten Kernflächen durch die Analyse identifiziert werden.

Städtevergleich

Ein Vergleich der sieben Beispielstädte hinsichtlich Erreichbarkeit des Freiraums erfolgt auf der Grundlage multikriterieller Bewertung durch Extremwertnormierung der Messgrößen. Als beschreibende Messgrößen für die Freiraumerreichbarkeit wurden der Kernflächenindex, der flächengewichtete mittlere Formindex und die Randliniendichte identifiziert. Zur Quantifizierung der tendenziellen Betroffenheit der Bevölkerung wurde der Anteil der Flächen mit Wohn- und Mischnutzung an der Kernfläche ermittelt und als weitere Messgröße in den Ansatz einbezogen. Die Erreichbarkeit des Freiraums einer Stadt wird umso besser bewertet, je größer der flächengewichtete mittlere Formindex und die Randlängendichte des Siedlungskörpers sind, aber je geringer der Kernflächenindex sowie der Flächenanteil mit Wohnnutzung an der Kernfläche des Siedlungskörpers ausfallen. Für diese Messgrößen erfolgte eine Extremwertnormierung, wobei die stadtbezogenen Messgrößen in Skalenwerte zwischen Null (schlechtester Wert) und Eins (bester Wert) umgewandelt werden. Im Ergebnis zeigt Neubrandenburg die besten Voraussetzungen für eine gute Erreichbarkeit des Freiraums – sowohl durch die hohe Formkomplexität des Siedlungskörpers als auch durch das Fehlen von Kernflächen (Abb. 4.1.6). In Oldenburg hingegen ist der Freiraum insgesamt am schlechtesten erreichbar; dies wird jedoch durch einen hohen Anteil an öffentlichen Grün- und Wasserflächen (Abschnitt 4.2) sowie eine strukturbedingte überdurchschnittliche Grünausstattung der baulich geprägten Flächen kompensiert.

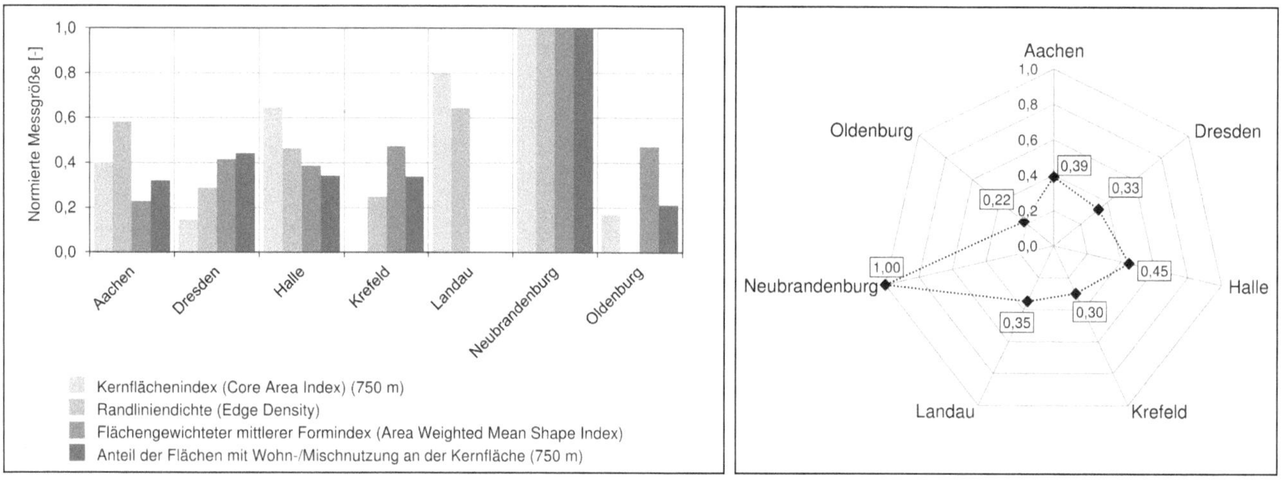

Abb. 4.1.6: *Städtevergleich zur Erreichbarkeit des Freiraums mit Hilfe einer Extremwertnormierung (links: Verschiedene normierte Indizes; rechts: Summierung der genormten Indizes und erneute Normierung) (Datenquelle: © GeoBasis-DE/BKG 2009)*

4.2 Grün- und Wasserflächen – Stadtklima und potenzieller Wohnwert

Wirkungszusammenhänge
zwischen der Lage und Größe der Grün- und Wasserflächen im Siedlungskörper sowie der Lage des Freiraums einerseits und der mikroklimatischen, lufthygienischen Situation in städtebaulichen Räumen sowie dem potenziellen Wohnwert der Bebauung andererseits.

(A) Mikroklimatische Wirkung von Grün- und Wasserflächen

These:
Je mehr Grün- und Wasserflächen den Siedlungskörper, insbesondere Flächen mit hoher baulicher Dichte, gliedern, desto wirksamer kann möglichem Hitzestress der Stadtbewohner an heißen Tagen entgegen gewirkt werden. ► Karte 2.1

Die Art und funktionsräumliche Verteilung öffentlicher Grünflächen und Gewässer, insbesondere in Bebauungsstrukturen hoher baulicher Dichte, sind Schlüsselfaktoren für stadtökologische Qualität und städtische Lebensqualität (Arlt et al. 2005). In Abhängigkeit von der Größe und der Struktur der öffentlichen Grünflächen, d. h. den Anteilen und der räumlichen Anordnung von Rasen- oder Wiesenflächen, Flächen mit Stauden, Sträuchern, Hecken und Bäumen, werden einerseits die Lufttemperatur, Luftfeuchte und Luftbewegung beeinflusst. Andererseits wirken die städtischen Grünflächen staubbindend und beeinflussen somit die lufthygienische Situation. Parkanlagen mit einer ausgewogenem Baum-, Rasen-, Strauch- und Heckenstruktur können die Lufttemperatur in den Nachmittags- und Abendstunden bis zu einer Entfernung von 300 m in einem angrenzenden Gebiet senken und möglichem Hitzestress der Menschen an heißen Sommertagen entgegenwirken (Arlt et al. 2005; Mathey et al. 2011). Ebenso wirken natürliche und künstliche Wasserflächen im Siedlungskörper temperaturabsenkend. Da die Gewässeroberfläche in der Regel kühler ist als die umgebende Luft, kommt es durch Verdunstung zu dem sogenannten „Oaseneffekt". Messungen in Oberhausen von Kuttler et al. 2012 haben ergeben, dass Gewässer und Wälder nicht nur gegen den Hitzestress, sondern ebenso gegen den Kältestress ausgleichende Wirkungen aufweisen.

Messansatz

Ausgangsgeometrie ist die Fläche des Siedlungskörpers, worauf hier die Lage, Größe und Verteilung der öffentlichen Grünflächen (Parkanlagen, Friedhöfe) und Wasserflächen untersucht werden, um deren theoretisch mögliche mikroklimatische Wirkung auf die angrenzenden baulich geprägten Flächen zu bestimmen und potenzielle Defizitflächen zu ermitteln. Somit liegt der Schwerpunkt auf denjenigen Flächen mit Wohn- und Mischbebauung, Industrie und Gewerbe oder besonderer funktionaler Prägung, die einen Überbauungsgrad größer als 30 % aufweisen. Es wird unterstellt, dass es sich um verdichtete Strukturen handelt, in denen ein Defizit bezüglich der Grünausstattung vorhanden ist. Für alle baulich geprägten Flächen mit einem geringeren Überbauungsgrad wird angenommen, dass diese die Voraussetzungen aufweisen, innerhalb der Bebauungsstrukturen begrünte, mikroklimatisch wirksame Freiflächenstrukturen ausbilden zu können. Die Annahme stützt sich auf eigene Felduntersuchungen sowie Luftbildauswertungen (Heber und Lehmann 1993,1996; Arlt und Lehmann 2007, 2008a) (Karte 2.1).

Oberirdisch verlaufende, ständig Wasser führende Fließ- und Stillgewässer, die im Siedlungskörper liegen, werden ebenfalls in die Untersuchung einbezogen. Im Hinblick auf den gesamtstädtischen Maßstab erscheinen folgende Mindestflächengrößen sinnvoll: für

Abb. 4.2.1: *Bäume, Rasen- sowie künstliche Wasserflächen wirken schattenspendend und temperaturabsenkend an heißen Sommertagen (Fotos: Lehmann 2015)*

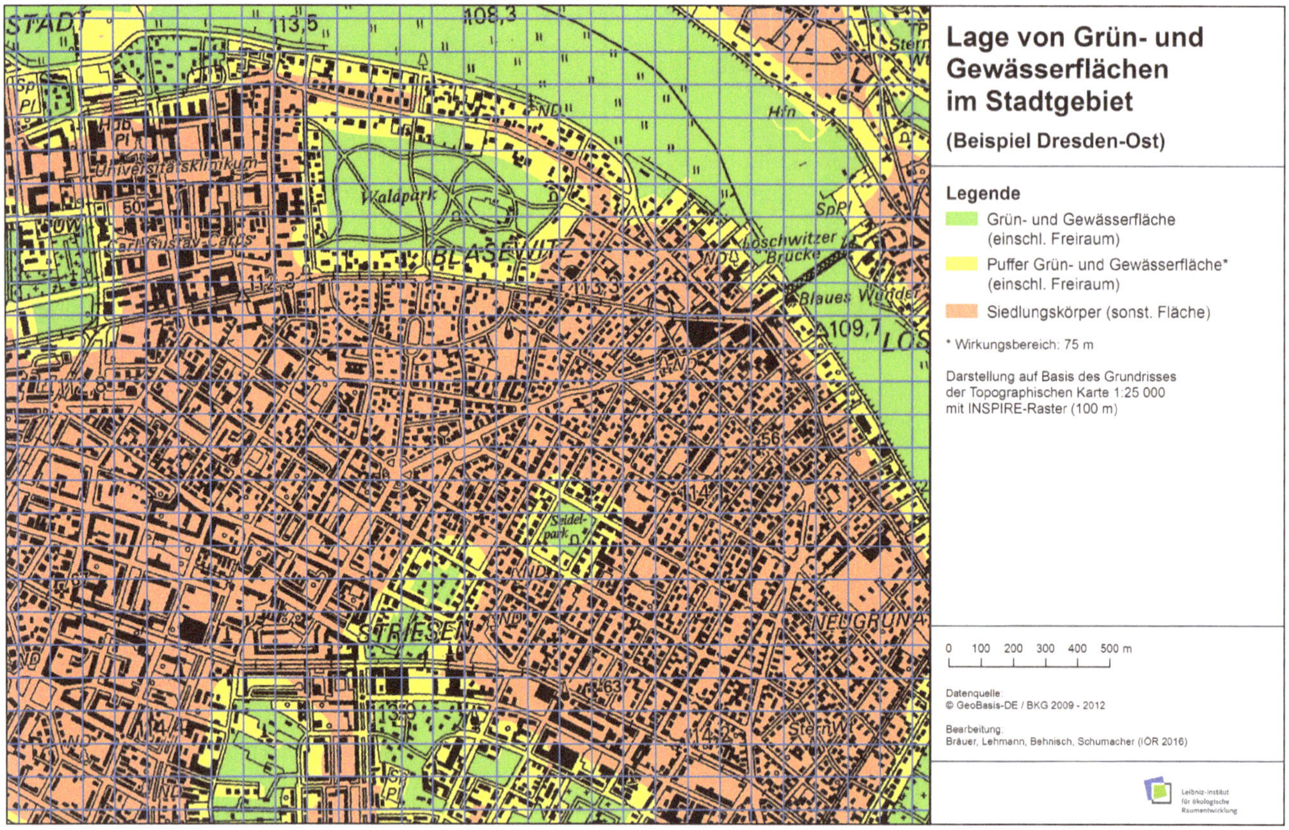

Abb. 4.2.2: *Lage von Grün- und Gewässerflächen im Stadtgebiet Dresden-Ost*

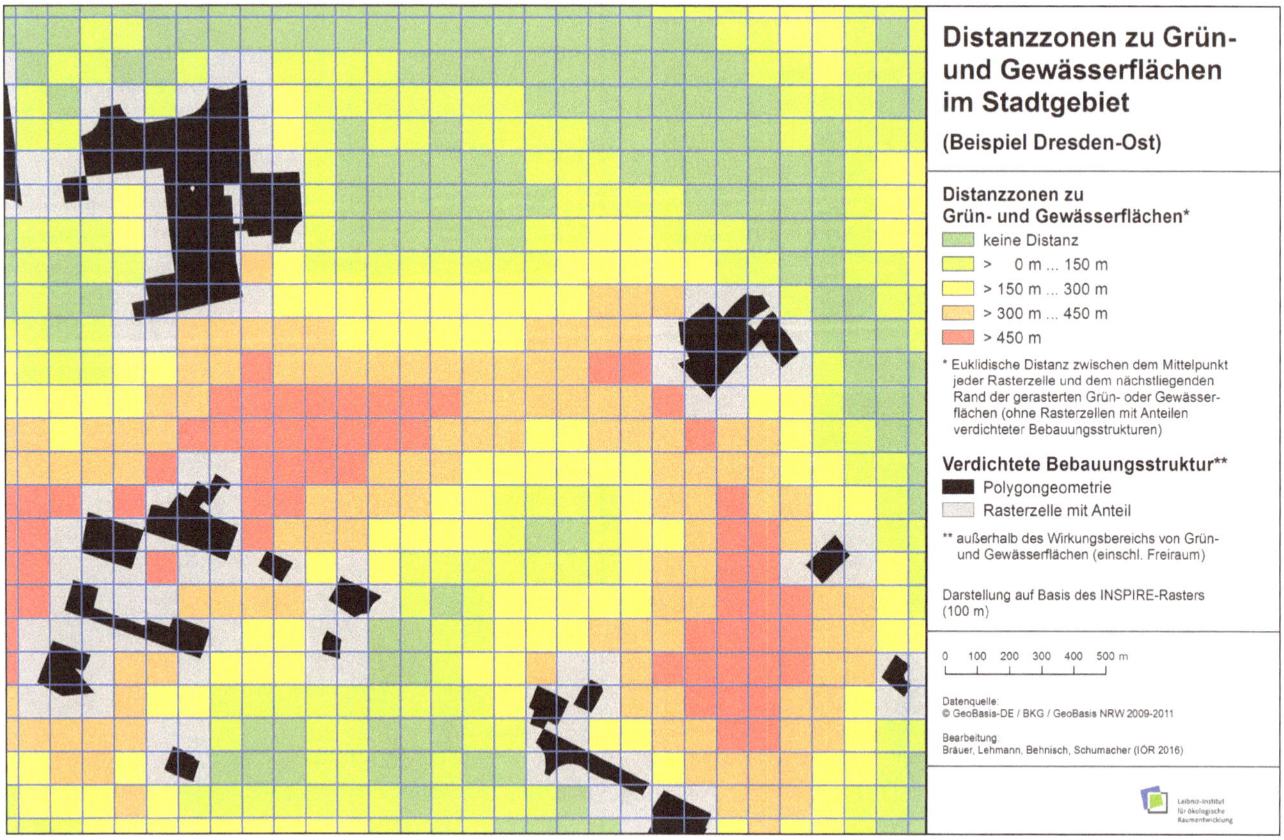

Abb. 4.2.3: *Distanzzonen zu Grün- und Gewässerflächen im Stadtgebiet Dresden-Ost*

die Objektarten (bzw. deren Funktionen) Grünanlage, Friedhof, Campingplatz, Golfplatz sowie für stehende Gewässerflächen 1 ha; für Fließgewässer eine Mindestbreite von 6 m. In ihrer Gesamtheit werden diese Flächen unter dem Begriff „Grün- und Wasserflächen" zusammengefasst. Zur Grünflächengröße liegen Untersuchungsergebnisse vor, die aussagen, dass spürbare mikroklimatische Wirkungen ab ca. 1 ha entstehen (von Stülpnagel et al. 1990 in: Gill et al. 2007).

Alle erfassten Grün- und Wasserflächen im Siedlungskörper sowie der Freiraum werden von ihrem äußeren Rand aus in den Siedlungskörper mit 75 m gepuffert (Abb. 4.2.2). Diese Distanz basiert auf der Annahme, dass in diesem Bereich die mikroklimatische Wirkung der Grün- und Wasserflächen in der Regel in die angrenzenden Strukturen ausstrahlt. Sie stützt sich auf die Ergebnisse von Taha et al. 1991, der in einem Wirkungsbereich der fünffachen Baumhöhe um die Grünfläche noch eine temperaturabsenkende Wirkung gemessen hat. Geht man davon aus, dass die Höhe der meisten Bäume in den öffentlichen Grünanlagen mindestens 15 m beträgt, entspricht dies dem Wirkungsbereich von 75 m.

Die Euklidische Distanz wird verwendet, um Aussagen über die mittlere Entfernung zwischen verdichteten Strukturen im Siedlungskörper und Grün- und Wasserflächen sowie dem Freiraum zu treffen. Die Bestimmung der Euklidischen Distanz basiert auf einem 100-m-Raster, wobei jede Rasterzelle mit der Nutzungsart nach dem Dominanzprinzip attributiert wird. Im Hinblick auf den Vergleich von Messwerten wurde eine einheitliche Position des Rasters unter Berücksichtigung der INSPIRE-Verordnung sichergestellt (INSPIRE 2010). Über diesen Ansatz werden die kürzesten Distanzen von jeder Rasterzelle zu den gerasterten öffentlichen Grün- und Wasserflächen sowie zum Freiraum ermittelt. Klassifizierte Distanzzonen sind im Zusammenhang mit verdichteten Bebauungsstrukturen beispielhaft in Abbildung 4.2.3 kartographisch dargestellt. Im Hinblick auf den Städtevergleich werden anschließend Durchschnittswerte für die verdichteten Strukturen im Siedlungskörper berechnet und typische Entfernungsparameter mittels zonaler Statistik bestimmt. Darauf aufbauend lassen sich diejenigen städtebaulichen Räume identifizieren, die an heißen Sommertagen potenziell stärker überwärmt sind (Tab. 4.2.1).

Durch eine Überlagerung der baulich geprägten Flächen außerhalb des Wirkungsbereichs von Siedlungsgrün bzw. -gewässern mit den baulich geprägten Flächen, welche mehr als 30 % überbaut sind, werden potenzielle Defizitflächen ermittelt (Abb. 4.2.4). Diese potenziellen Defizitflächen sollen synonym zu denkbaren überwärmten, verdichteten städtebaulichen Strukturen verstanden werden, die außerhalb der Reichweite von innerstädtischen Grün- und Wasserflächen liegen. Insbesondere diese Flächen können sich an heißen Sommertagen stark überwärmen und haben keine nahegelegenen begrünten Ausgleichsflächen.

Tab. 4.2.1: *Anteile potenzieller Defizitflächen (verdichtete Strukturen im Siedlungskörper) an heißen Sommertagen sowie Distanzwerte zur Erreichbarkeit von Grün- und Wasserflächen (Datenquelle: © GeoBasis-DE/BKG/GeoBasis NRW 2009-2011)*

	Anteil potenzieller Defizitflächen* im Siedlungskörper	Euklidische Distanz zwischen verdichteter baulich geprägter Fläche und Grün- bzw. Wasserfläche im Siedlungskörper oder Freiraumrand; Mittelwert	Euklidische Distanz zwischen verdichteter baulich geprägter Fläche und Grün- bzw. Wasserfläche im Siedlungskörper oder Freiraumrand; Maximalwert
		Rasteranalyse (Zellgröße: 100 m)	
	[%]	[m]	[m]
Aachen	12,2	368	943
Dresden	4,7	266	707
Halle (Saale)	8,8	303	707
Krefeld	12,8	338	860
Landau in der Pfalz**	11,0	281	539
Neubrandenburg	4,1	254	632
Oldenburg (Oldb)	3,2	264	640

* Potenzielle Defizitflächen: Baulich geprägte Flächen mit Überbauungsgrad größer 30 % ohne Nachbarschaft zu öffentlichen Grün- und Wasserflächen oder dem Freiraumrand

** ohne Exklaven

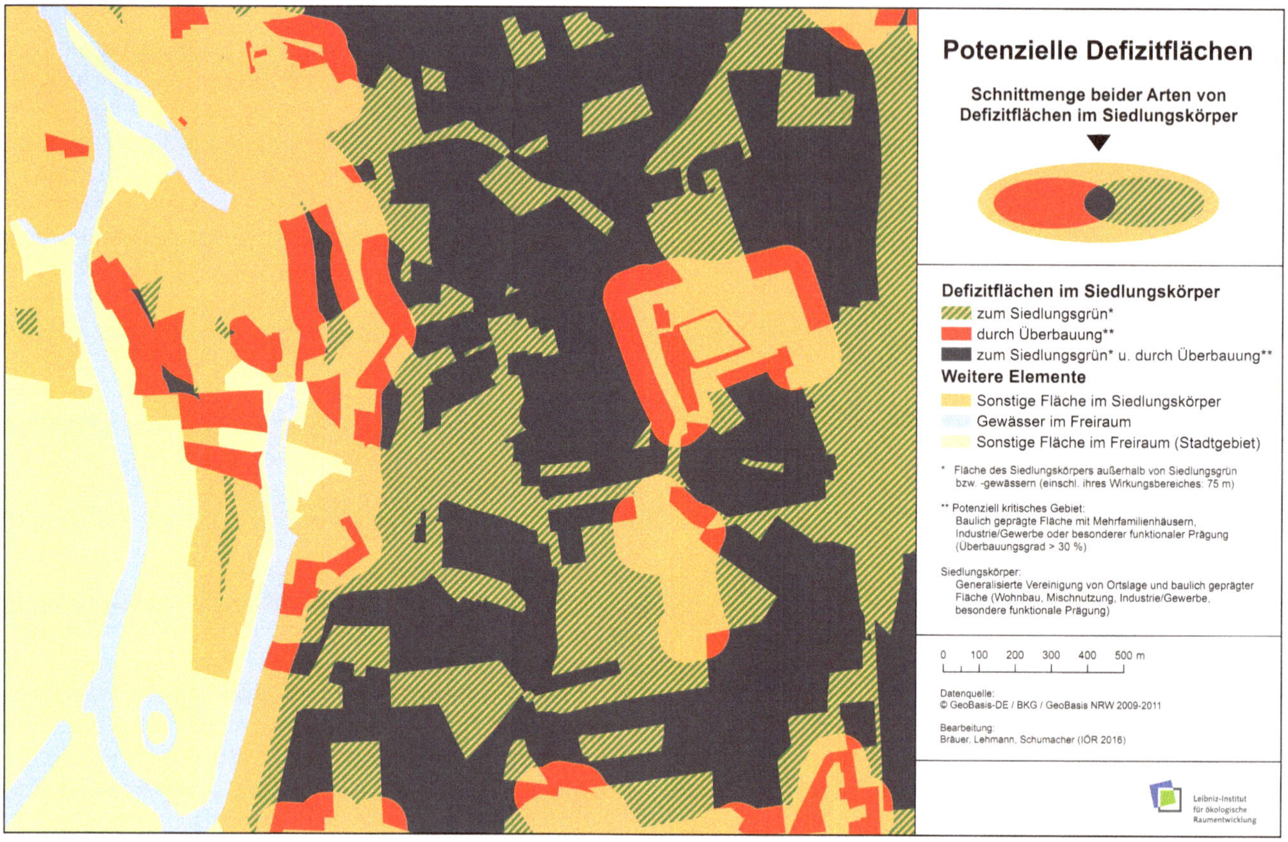

Abb. 4.2.4: *Potenzielle Defizitflächen im Siedlungskörper*

Ausgewählte Beobachtungen und Ergebnisdiskussion

In den Beispielstädten kann es potenziell auf ca. 3 % bis 13 % der verdichteten, baulich geprägten Flächen im Siedlungskörper zu Hitzestress bei den Menschen an heißen Sommertagen führen (Tab. 4.2.1). Die Stadt Oldenburg weist auf Grund ihrer ausgedehnten Ein- und Zweifamilienhausgebiete (Anteil: ca. 85 %) den geringsten Anteil verdichteter Strukturen (potenziell kritische Gebiete) auf. Der Anteil baulich geprägter Flächen mit einem Überbauungsgrad größer als 30 % beträgt in Oldenburg ca. 5 % (Abb. 4.2.5). Demgegenüber liegt der Anteil baulich geprägter Flächen mit einem Überbauungsgrad größer 30 % in Krefeld bei ca. 16 % (Maximum der Beispielstädte), wovon ca. 7 % durch

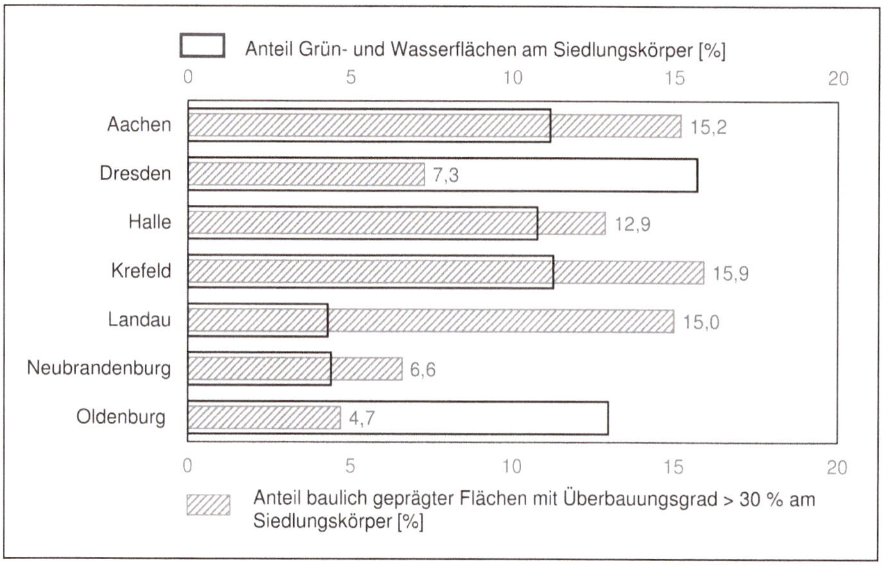

Abb. 4.2.5: *Gegenüberstellung der Anteile baulich geprägter Flächen mit hohem Überbauungsgrad sowie Grün- und Wasserflächen im Siedlungskörper (Datenquelle: © GeoBasis-DE/BKG/GeoBasis NRW 2009-2011)*

Industrie- und Gewerbeflächen sowie ca. 1 % durch einen hohen Anteil an Blockrandbebauung mit teilweiser Hofüberbauung in der Innenstadt gekennzeichnet sind. Eine vergleichbare Situation zeigt sich in der Stadt Aachen. Die mittleren Euklidischen Distanzen zwischen dichten Bebauungsstrukturen und Grün- und Wasserflächen sind in Aachen mit 368 m und in Krefeld mit 338 m am größten (Tab. 4.2.1).

Städtevergleich

Für die multikriterielle Bestimmung potenziell mikroklimatisch kritischer baulich geprägter Flächen im Siedlungskörper wurden drei beschreibende Messgrößen einbezogen. Dies sind der „Anteil potenzieller Defizitflächen im Siedlungskörper" sowie der Mittel- bzw. Maximalwert der Euklidischen Distanzen zwischen verdichteter baulich geprägter Fläche und Grün- bzw. Wasserfläche im Siedlungskörper oder Freiraumrand. Die mikroklimatischen Wirkungen von öffentlichen Grün- und Wasserflächen einer Stadt werden umso besser bewertet, je geringer die o. g. Indizes ausfallen. Im Ergebnis des Städtevergleiches zeigt sich, dass in keiner der untersuchten Städte optimale Bedingungen in Bezug auf die normierten Messwerte bestehen (Normwert = 1,0). Dabei fällt Dresden als größte untersuchte Stadt durch die Anzahl und eine gute Verteilung der öffentlichen Grün- und Wasserflächen positiv auf (Normwert = 0,79). Die besten Werte ergeben sich in Oldenburg (Normwert = 0,92) und Neubrandenburg (Normwert = 0,90) im Vergleich der Beispielstädte.

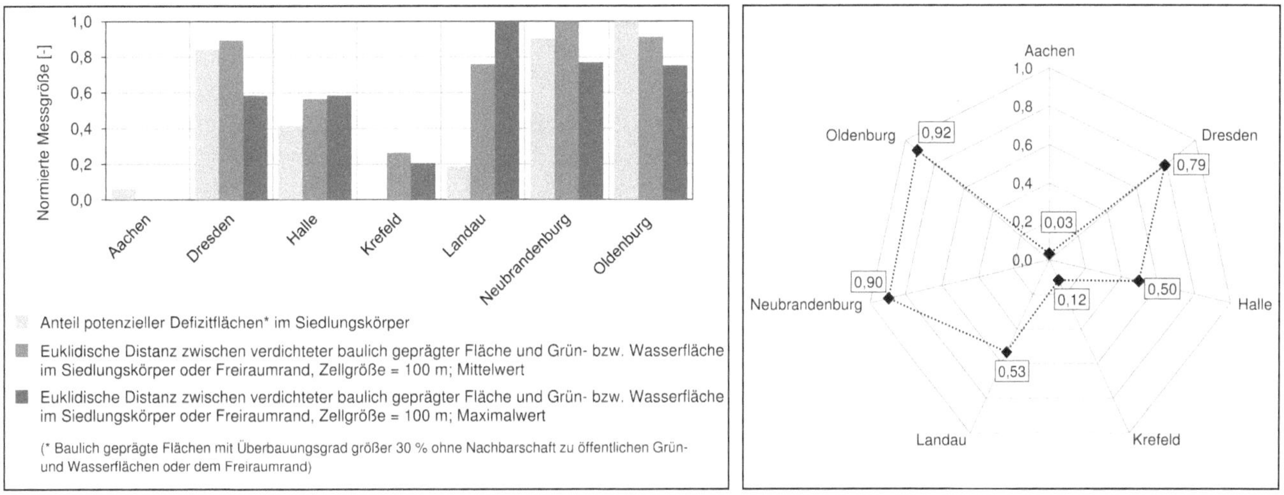

Abb. 4.2.6: *Städtevergleich zur mikroklimatischen Wirkung von Grün- und Wasserflächen im Siedlungskörper sowie dem Freiraumrand auf Grundlage multikriterieller Bewertung durch Extremwertnormierung (links: normierte Indizes; rechts: Summierung der genormten Indizes und erneute Normierung) (Datenquelle: © GeoBasis-DE/BKG/GeoBasis NRW 2009-2011)*

(B) Wohnumfeldqualität durch Grün- und Wasserflächen

These:
Die Lage und Größe der Grün- und Wasserflächen im Siedlungskörper sowie die Lage zum Freiraum beeinflussen potenziell die Wohnumfeldqualität der Bebauung in der Stadt. ▶ Karte 2.2

Die Wohnumfeldqualität wird vom Lebensraum in unmittelbarer Umgebung der Wohnung bestimmt. Sie ist Lebensqualität durch die Möglichkeit des Aufenthaltes im Freien und der damit verbundenen Naherholung sowie durch die nachbarschaftliche, soziale Einbindung. Bei höheren baulichen Dichten übernimmt das Wohnumfeld eine Ausgleichsfunktion (Kemper 2012). Gleichzeitig erfüllt das Wohnumfeld in Abhängigkeit von seiner Ausprägung und Struktur ökologische Funktionen, wie Regulations-, Filter- sowie Bodenschutzfunktion. Es trägt zum mikroklimatischen Ausgleich bei, leistet einen Beitrag zur Luftreinhaltung durch Staubbindung sowie beeinflusst maßgeblich die Regenwasserversickerung und Grundwasserneubildung. Die Qualität des Wohnumfeldes wird subjektiv von den Menschen wahrgenommen und ist objektiv durch charakteristische Messgrößen, wie Grünausstattung oder Bodenversiegelung quantifizierbar. Wohnstrukturen mit Grün- und/oder Wasserflächen in der Umgebung werden von den Menschen positiv wahrgenommen. Das ergab auch eine Untersuchung zu Wohnbebauungsstrukturen von Dresden und Bonn, in der die Wohnumfeldqualität sowohl subjektiv durch Befragung als auch objektiv durch quantitative Beschreibung ermittelt wurde (Banse und Lehmann 2011). Durch eine Korrelation der subjektiven und objektiven Ergebnisse konnte ein Zusammenhang zwischen den objektiv bewerteten Wohn- und Wohnumfeldqualitäten sowie der individuellen Wahrnehmung der Befragten nachgewiesen werden.

Messansatz

Geleitet von diesen Erkenntnissen werden die öffentlichen Grün- bzw. Wasserflächen größer 1 ha im Siedlungskörper der Städte selektiert und in Bezug auf die Nähe zu baulich geprägten Flächen im Siedlungskörper charakterisiert. Gleiches erfolgt für die an den Siedlungskörper angrenzenden Freiraumflächen. Die in Ansatz gebrachte Mindestgröße von einem Hektar entspricht dem gesamtstädtischen Untersuchungsmaßstab und gleichzeitig der anzustrebenden Mindestgröße (Richtwert) von wohnungsnahen Parkanlagen (Stadtentwicklungsbehörde Hamburg 1997). Als Messgrößen fließen die spezifische Messgröße „Öffentliche Grün- und Wasserflächen im Siedlungskörper pro Einwohner", sowie die Messgrößen „Eingebundenheit" (*Proximity)* auf Vektorbasis und der Mittelwert der „Euklidischen Distanz" auf Rasterbasis ein.

Die Messgröße „Öffentliche Grün- und Wasserflächen im Siedlungskörper pro Einwohner" zeigt den Ausstattungsgrad der Siedlungskörper mit öffentlichen Grün- und Wasserflächen in den Städten an. Dabei werden die Siedlungsfreiflächen Grünanlage, Friedhof, Campingplatz und Golfplatz aus dem ATKIS Basis-DLM einbezogen (Objektarten bzw. Funktionen siehe Abschnitt 2.4).

Mit Hilfe der Messgröße Eingebundenheit (*Proximity)* (Gustafson und Parker 1992; McGarigal und Marks 1995) werden die Grün- und Wasserflächen in ihrer räumlichen Lage und Größe beschrieben. Dieser Index weist Bezüge zur Nachbarschaftsanalyse auf. Die Berechnung kann nach unterschiedlichen Messvorschriften in Abhängigkeit vom Bezugspolygon (*Target Patch vs. Focal Patch*) und von der Nachbarschaftsregel erfolgen (Lang

Abb. 4.2.7: *Ein begrüntes Wohnumfeld erhöht die Qualität des Wohnens (Fotos: Rößler 2010)*

und Blaschke 2007): Hier wird speziell auf die Messgröße PX_{fg} Bezug genommen (Abschnitt 2.3; Prinzipschema in Abb. 4.2.8). Die Eingebundenheit einer beliebig ausgewählten Grün- oder Wasserfläche in ihre Umgebung – bestehend aus weiteren Grün- und Wasserflächen – ist gemäß des Messkonzepts von PX_{fg} umso stärker, je näher und größer gleichartige Flächen in der Umgebung anzutreffen sind. Die Messgröße Eingebundenheit (*Proximity*) verlangt die Definition einer Suchdistanz (*Buffer*). Hierbei wurde ein Radius von 750 Metern gewählt (Abschnitt 4.1) um Bezüge zur fußläufigen Erreichbarkeit herzustellen. Dieser Einzugsradius entspricht dem Mittelwert für Fußwegentfernungen von wohnungs- und siedlungsnahen Parkanlagen, wofür Richtwerte zwischen 500 m und 1.000 m existieren (Stadtentwicklungsbehörde Hamburg 1997). Ausgehend vom Rand jeder Grün- bzw. Wasserfläche wird in einem Suchradius von 750 m ermittelt, wie viele weitere Grün- oder Wasserflächen sich im Umfeld befinden und welche Größe diese Flächen haben. Zusätzlich werden jeweils die Distanzen zu den im Puffer befindlichen Grün- und Wasserflächen bestimmt. Die Messgröße Eingebundenheit (*Proximity*) für ein Fokus-Polygon wird als Summe der Quotienten aus Flächenwert und Distanz berechnet (Lang und Blaschke 2007). Mit Blick auf den Städtevergleich wird der Median aller Werte der Messgröße Eingebundenheit (*Proximity*, PX_{fg}) bestimmt, da dieser weniger von Ausreißerwerten (bei schiefer Verteilung) beeinflusst wird und besser als der Mittelwert die typische Eingebundenheit von Grün- und Wasserflächen in die vorhandene Umgebungsstruktur dokumentiert.

Die Euklidische Distanz wird verwendet, um Aussagen über die mittlere Entfernung zwischen baulich geprägten Flächen und öffentlichen Grün- bzw. Wasserflächen im Siedlungskörper sowie dem Freiraumrand zu treffen. Berechnungsgrundlage bildet ein INSPIRE-konformes Raster (INSPIRE 2010) mit einer Zellgröße von 100 Metern (Abb. 4.2.3). Auf dieser Basis werden die durchschnittliche Distanz zwischen überbauter Siedlungsfläche und nächstgelegener öffentlicher Grün- bzw. Wasserfläche sowie dem Freiraumrand ermittelt.

Ausgewählte Beobachtungen und Ergebnisdiskussion

Die Tabelle 4.2.2 gibt einen Überblick zu den verwendeten Messgrößen. Mit der Messgröße „Öffentliche Grün- und Wasserfläche im Siedlungskörper pro Einwohner" wird eine quantitative Ausstattungsgröße in den Bewertungsansatz einbezogen, um der Bedeutung von innerstädtischen Grün- und Wasserflächen als Erholungsräume, für Spiel und Sport, aber auch zur Verbesserung der physischen Gesundheit und des Naturerlebens als Ausdruck von städtischer Lebensqualität zu entsprechen (Haase 2016). Dabei sagt die Messgröße allein nichts aus über die „Gerechtigkeit" der Flächenverteilung. Deshalb wird sie durch räumliche Messgrößen ergänzt.

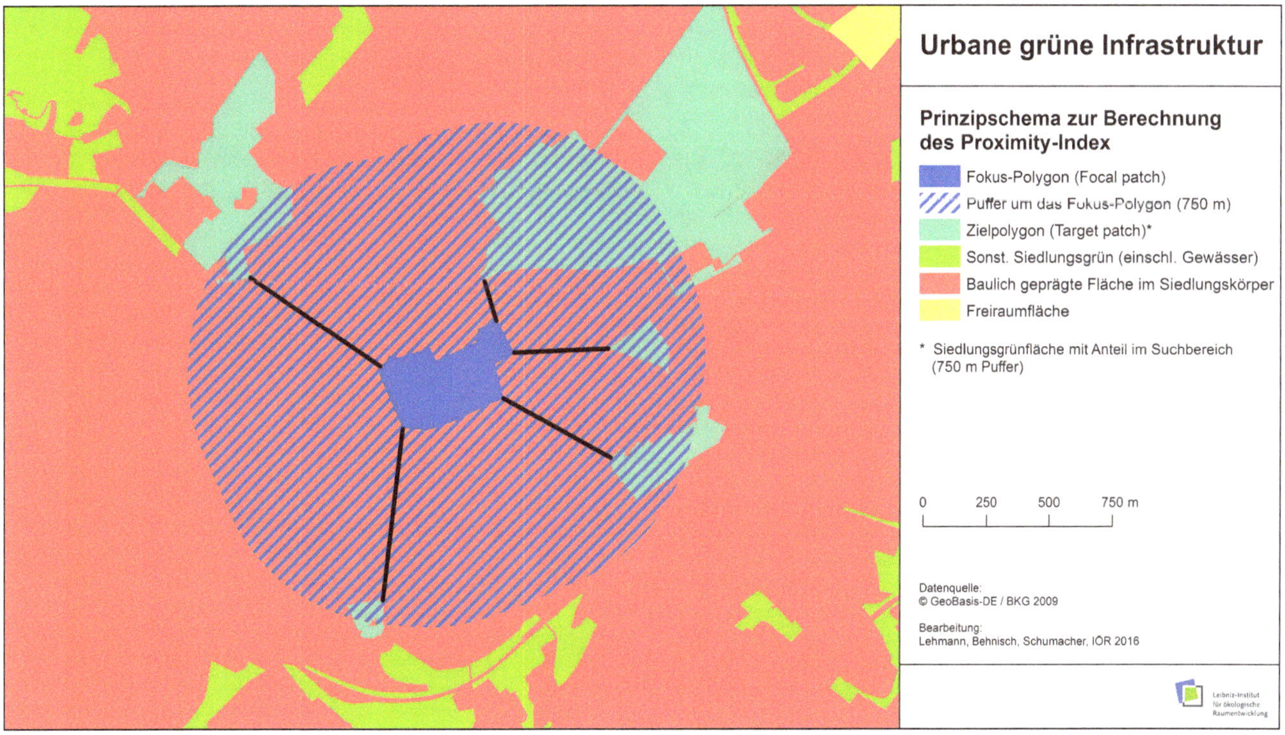

Abb. 4.2.8: *Prinzipschema zur Berechnung der Messgröße Eingebundenheit (Proximity, PX_{fg}) für ein Fokus-Polygon zu anderen Zielpolygonen urbaner Grün- und Wasserflächen in einem definierten Suchbereich (Datenquelle: © GeoBasis-DE/BKG 2009)*

Tab. 4.2.2: *Messgrößen zur Beschreibung der Wohnumfeldqualität durch Lage und Größe von Grün- und Wasserflächen (Datenquelle: © GeoBasis-DE/BKG 2009)*

	Öffentliche Grün- und Wasserfläche im Siedlungskörper pro Einwohner	Eingebundenheit (*Proximity*, PX_{fg}) aller öffentlichen Grün- und Wasserflächen sowie dem Freiraumrand untereinander Median	Euklidische Distanz zwischen baulich geprägter Fläche und aller öffentlichen Grün- und Wasserflächen sowie dem Freiraumrand Mittelwert
		Suchradius: 750 m	Zellgröße: 100 m
	[m²/EW]	[m]	[m]
Aachen	23	2.340	184
Dresden	41	4.000	165
Halle (Saale)	25	5.510	169
Krefeld	31	1.520	198
Landau in der Pfalz*	11	10.470	175
Neubrandenburg	11	16.860	158
Oldenburg (Oldb)	44	1.400	208

* ohne Exklaven

Ein hoher Wert der Messgröße Eingebundenheit (*Proximity*) deutet darauf, dass Grün- und Wasserflächen vermehrt durch große und nahegelegene Flächen gleichen Typs umgeben sind. Ein kleiner Wert deutet auf große Abstände zwischen Grün- und Wasserflächen sowie kleine Flächen gleichen Typs in der Umgebung. Außerdem weist dies auf stärkere Fragmentierung der Grün- und Wasserflächen hin. Falls keine Grün- und Wasserflächen innerhalb des Suchradius anzutreffen sind, so beträgt der Wert der Messgröße Eingebundenheit (*Proximity*) Null.

Je geringer die mittlere Euklidische Distanz zwischen baulich geprägten Flächen und Grün- bzw. Wasserflächen ausfällt, desto ausgewogener ist die Verteilung der Grün- und Freiraumausstattung über das Stadtgebiet.

Die Beispielstädte unterscheiden sich deutlich in der Ausstattung mit Grün- und Wasserflächen im Siedlungskörper pro Einwohner, welche zwischen 11 m²/EW und 44 m²/EW spreizt (Abb. 4.2.9). Den größten Anteil der Grün- und Wasserflächen im Siedlungskörper (Diagramm zu Karte 2.2) hat Dresden mit ca. 15 %, gefolgt von Oldenburg mit ca. 12 %. Die geringsten An-

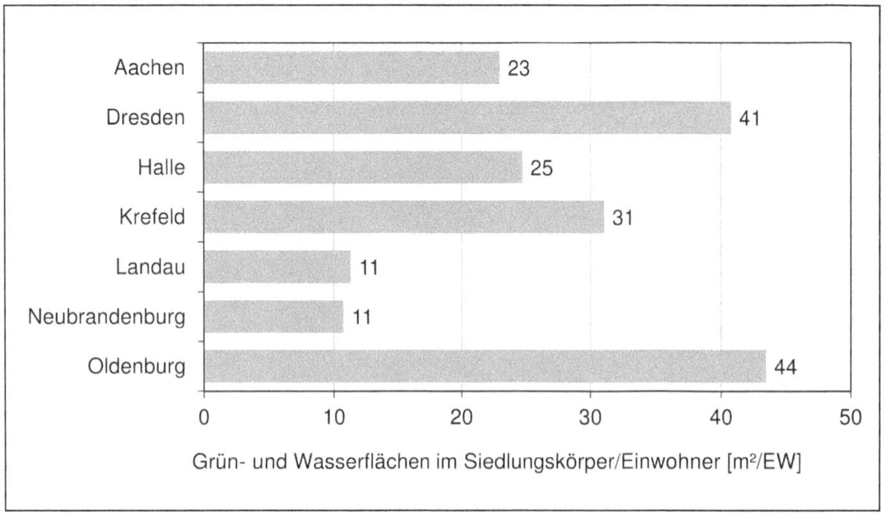

Abb. 4.2.9: *Öffentliche Grün- und Wasserflächen im Siedlungskörper je Einwohner (Datenquelle: © GeoBasis-DE/BKG 2009)*

teile weisen die beiden Mittelstädte Landau und Neubrandenburg mit knapp 4 % auf. Sie haben aber durch ihre geringe flächenmäßige Ausdehnung der Siedlungskörper eine größere Nähe zum Freiraum.

Städtevergleich

Für die Bestimmung der Nähe zwischen den baulich geprägten Flächen im Siedlungskörper und den öffentlichen Grün- und Wasserflächen sowie dem Freiraumrand wurden die spezifische Messgröße „Öffentliche Grün- und Wasserflächen im Siedlungskörper pro Einwohner" sowie der Messgrößen „Eingebundenheit" (*Proximity*) und „Euklidische Distanz" gewählt. Ziel war es einerseits, mit Hilfe des Medians die Anzahl und Größe der Grün- und Wasserflächen in einem bestimmten Umfeld um die Siedlungsflächen mit Wohnnutzung abzubilden. Andererseits wird durch den Mittelwert der Euklidischen Distanz die durchschnittliche Entfernung zwischen allen Siedlungsflächen mit Wohnnutzung und den nächstgelegenen öffentlichen Grün- und Wasserflächen sowie zum Freiraumrand quantifiziert. Die Wohnumfeldqualität einer Stadt wird umso besser bewertet, je mehr öffentliche Grün- und Wasserflächen im Siedlungskörper pro Einwohner es gibt, je größer der Median der Messgröße der Eingebundenheit (*Proximity*), aber je kleiner die mittlere Euklidische Distanz ausfallen. Es zeigt sich, dass bei einer Bewertung der Ausstattung der Einwohner mit öffentlichen Grün- und Wasserflächen in Überlagerung mit der Größe und Lage der öffentlichen Grün- und Wasserflächen in Neubrandenburg und Dresden günstigere, in Krefeld, Aachen und Oldenburg ungünstigere Voraussetzungen für die Qualität des Wohnumfelds bestehen.

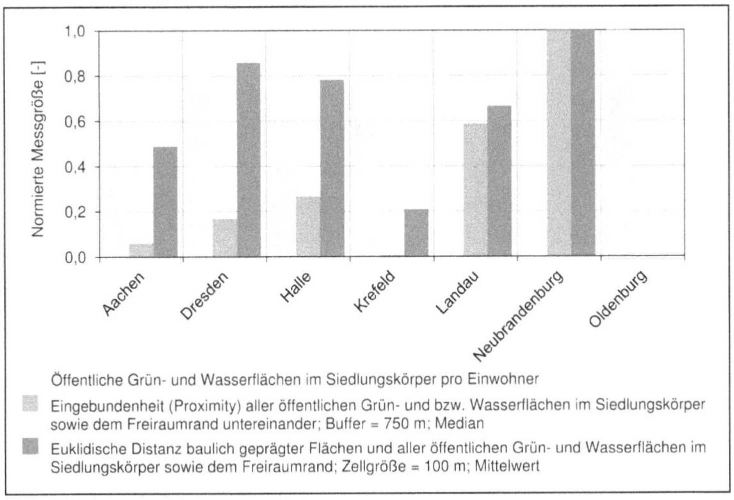

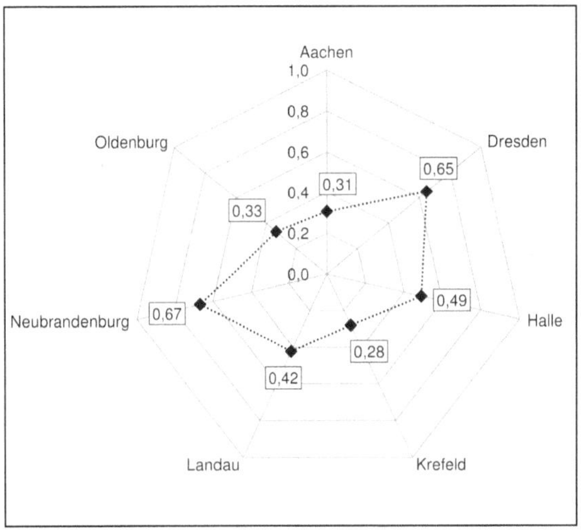

Abb. 4.2.10: *Städtevergleich zur Wohnumfeldqualität durch Grün- und Wasserflächen im Siedlungskörper sowie durch die Wirkung des Freiraumrandes auf Grundlage multikriterieller Bewertung durch Extremwertnormierung (links: Verschiedene normierte Indizes; rechts: Summierung der genormten Indizes und erneute Normierung) (Datenquelle: © GeoBasis-DE/BKG 2009)*

4.3 Fragmentierung und Zersiedlung

Wirkungszusammenhang
zwischen der Inanspruchnahme von Siedlungsflächen einerseits und dem Maß der Fragmentierung des Siedlungskörpers bezüglich Anzahl, Größe und Lage separater Teilflächen sowie der Zersiedlung der Freiraumlandschaften andererseits.

(A) Fragmentierung des Siedlungskörpers und Zersiedlung der Freiraumlandschaften

These:
Mit steigender Anzahl, disperser Verteilung sowie zunehmenden Abständen separater Siedlungsflächen nehmen die Fragmentierung der Siedlungsflächen und damit die Zersiedlung von Freiraumlandschaften zu. ▶ Karte 3.1

In der Nationalen Strategie zur biologischen Vielfalt wurde ebenso wie in der Nachhaltigkeitsstrategie der Bundesregierung festgelegt, die tägliche Neuinanspruchnahme von Flächen für Siedlung und Verkehr bis 2020 auf 30 ha pro Tag zu begrenzen. Eine Orientierung an einer quantitativen Maßzahl zur Flächenneuinanspruchnahme führt zu einer bloßen Massendiskussion ohne die Berücksichtigung der qualitativen Eigenschaften der neu in Anspruch genommenen Flächen. Folgen eines hohen Flächenzuwachses und einer anhaltend hohen Zersiedlung der Landschaft sind die Gefährdung der Biodiversität mit dem Rückgang der Artenvielfalt von Flora und Fauna in den verbleibenden Freiraumlandschaften. Große räumliche Distanzen zwischen den Standorten für Wohnen, Arbeiten, Freizeit und Bildung führen häufig zu einer geringen Ausnutzung der Siedlungsflächen. Die Flächenneuinanspruchnahme für Siedlung und Verkehr sowie die Siedlungsdichte sind Leitkategorien für Umweltqualität und Ressourceneffizienz (DUH 2015). In dieser Analyse wird die Stadt in ihren administrativen Grenzen untersucht, wissend, dass es weitere Verflechtungen mit dem angrenzenden Umland gibt. Dennoch zeichnen sich Zusammenhänge zwischen der Anzahl, Größe und Lage der Teilflächen des Siedlungskörpers und dem Maß der Zersiedlung der Freiraumlandschaft ab. Eine steigende Anzahl von separaten Siedlungskörperflächen in größerer Distanz voneinander führt zum Verlust der Stadt der kurzen Wege und zur Zerstörung von größeren zusammenhängenden Freiraumlandschaften.

Messansatz

Vor dem Hintergrund der Thematik Fragmentierung und Zersiedlung wird der Siedlungskörper in seiner planaren Ausprägung analysiert. Geometrische Grundlage bilden die zusammenhängend bebaute Fläche zuzüglich der räumlich und funktional mit ihr verknüpften Verkehrs-, Erholungs-, Vegetations- und Gewässerflächen (Abschnitt 2.5). Die nachfolgend beschriebenen Messvorschriften zielen im Kontext von Fragmentierung und Zersiedlung darauf ab, Antworten zu folgenden Fragen zu geben:

- Wie viele separate Siedlungskörperflächen gibt es innerhalb des Stadtgebietes?
- Wie groß ist der Anteil der zehn größten Siedlungskörperflächen am gesamten Siedlungskörper einer Stadt?
- Wie weit entfernt liegt das nächste benachbarte Siedlungskörperpolygon im Durchschnitt?
- Wie gut ist ein bestimmtes Siedlungskörperpolygon in seine Umgebung eingebunden (sprich Nachbarschaft von Siedlungskörperpolygonen)?
- Wie stark hängen die Siedlungskörperpolygone im Stadtgebiet zusammen?

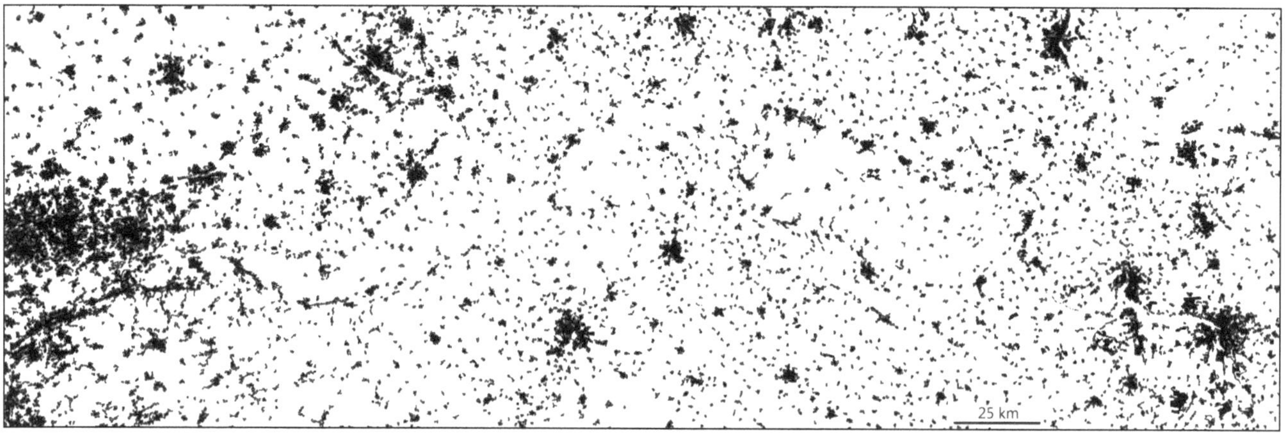

Abb. 4.3.1: *Zersiedlung – Schwarzplan-Ausschnitt aus der Mitte Deutschlands (Quelle: CORINE Land Cover [CLC] 2006; Umweltbundesamt, DLR-DFD 2009))*

Durch Nachbarschaftsmaße können Lagebeziehungen einzelner Siedlungskörperflächen beschrieben werden. Die Distanz zwischen einer Siedlungskörperfläche und ihren nächstgelegenen Siedlungskörperflächen wird durch die Messgröße Nächster Nachbar (*Nearest Neighbour*) beschrieben. Auf diese Weise wird die Distanz von Grenze zu Grenze ermittelt. Auf städtischer Ebene kann darauf aufbauend über Lage- und Streumaße der Abstand zwischen den Siedlungskörperflächen genauer charakterisiert werden.

Mit Hilfe der Messgröße Eingebundenheit (*Proximity*) (Gustafson und Parker 1992; McGarigal und Marks 1995) werden die Teilflächen des Siedlungskörpers in ihrer räumlichen Lage und Größe beschrieben. Die Berechnung kann – wie in Abschnitt 4.2 bereits angedeutet – nach unterschiedlichen Messvorschriften in Abhängigkeit vom Bezugspolygon (*Target Patch vs. Focal Patch*) und von der Nachbarschaftsregel erfolgen (Lang und Blaschke 2007). In Kontext von Fragmentierung und Zersiedlung wird auf die Messgröße PX_{fg} Bezug genommen (Abschnitt 2.3). Die Eingebundenheit einer beliebig ausgewählten Siedlungskörperfläche in ihre Umgebung – bestehend aus weiteren Siedlungskörperflächen – ist gemäß des Messkonzepts von PX_{fg} umso stärker, je näher und größer die in der Umgebung befindlichen Siedlungskörperflächen sind. Dazu wird eine Suchdistanz (Pufferdistanz) definiert. Der Radius beträgt 2.000 m. Es wird vom Rand jeder separaten Siedlungskörperfläche innerhalb des gewählten Suchradius geschaut, wie viele weitere Siedlungskörperflächen sich im Umfeld befinden und welche Größe diese Flächen haben. Auch werden die Distanzen zwischen den Siedlungskörperflächen ermittelt. Die Messgröße Eingebundenheit (*Proximity*) berechnet sich als Summe der Quotienten aus Flächenwert und Distanz (Lang und Blaschke 2007).

Der Verklumpungsgrad (*Contagion*) beschreibt, inwieweit relevante „*Patches*" räumlich konzentriert bzw. gestreut auftreten (Lang und Blaschke 2007). Die Messgröße kann den Heterogenitäts-Messgrößen zugeordnet werden und soll in diesem Beitrag auch zur Charakterisierung von Stadtstrukturen hinsichtlich der Thematik Fragmentierung und Zersiedlung genutzt werden. Der Wert des Verklumpungsgrades (*Contagion*) beträgt 100 %, wenn alle Strukturen die maximale Aggregation (Klumpung) aufweisen. Im Gegensatz dazu tendiert der Wert gegen Null, wenn alle Strukturen die maximale Zerstreuung aufweisen (z. B. jede Zelle mit anderer Struktur). Zur Berechnung ist eine Transformation der Polygongeometrie des Siedlungskörpers in ein regelmäßiges Raster erforderlich (Standard-Rastergröße: 300 m x 300 m). Umgesetzt wird eine kartographische Generalisierung nach dem Dominanzprinzip. Die gewählte Rastergröße von einem Hektar orientiert sich an den Parametern zur Polygonaggregation bei der Konstruktion des Siedlungskörpers (Abschnitt 2.5). Eine feste Position des Rasters für vergleichende Untersuchungen ist gegeben, da das Raster auf die europäische INSPIRE-Verordnung (INSPIRE 2014) Bezug nimmt. Im Kontext von vergleichenden Untersuchungen sei – wie bereits im Abschnitt 4.1 dargestellt – auf Frohn (1998) verwiesen, da die Berechnung des Verklumpungsgrades von folgenden Parametern beeinflusst wird: Rasterauflösung, Anzahl Strukturen (thematische Tiefe), Rasterorientierung, Nachbarschaftsdefinition.

Zusätzlich zu den genannten Maßzahlen im Kontext von Nachbarschaft und Heterogenität bzw. Verklumpung werden sogenannte Basisinformationen zur Charakterisierung des Siedlungskörpers herangezogen. Hierzu zählt der Anteil der dominierenden Flächen des Siedlungskörpers an der Fläche des Siedlungskörpers insgesamt. Als dominante Fläche des Siedlungskörpers wird das erste Zehntel der flächengrößten separaten Polygone des Siedlungskörpers verstanden. Damit lassen sich Vermutungen formulieren, ob ein Untersuchungsgebiet eher durch wenige große Siedlungskörperpolygone beschrieben wird oder ob von vielen kleineren Polygonen auszugehen ist. Ferner wird zur weiteren Charakterisierung die Siedlungskörperdichte verwendet. Diese wird gemessen als Anzahl separater Polygone des Siedlungskörpers pro Gebietsfläche. Damit kann überprüft werden, inwiefern eine flächendeckende Überformung vorhanden ist oder nicht.

Ausgewählte Beobachtungen und Ergebnisdiskussion

Bezogen auf die genannten Messgrößen im Kontext von Zersiedlung bzw. Fragmentierung und ihre Ausprägungen in den sieben Beispielstädten zeichnet sich ein vielschichtiges Bild (Tab. 4.3.1 bzw. Diagramm in Karte 3.1).

Der Verklumpungsgrad des Siedlungskörpers wird auf einem 100-m-Raster gemessen sowie berechnet und liegt bei den Beispielstädten zwischen 27,93 % in Krefeld (relativ geringe Verklumpung) und 44,18 % in Landau (relativ hohe Verklumpung). Sobald kleinere isolierte Splitter des Siedlungskörpers im Untersuchungsgebiet in größerer Zahl auftreten, hat dies Folgen in der Beurteilung von Klumpung bzw. Zersplitterung. Eindrücklich ist dies z. B. in Oldenburg (31,56 %), wo sich eine geringe Klumpung im Messwert andeutet, auch wenn ein relativ zusammenhängender Hauptsiedlungskörper vorliegt, jedoch mehrere zersplitterte Strukturen in Randlage das Gesamtergebnis beeinflussen. Ein Blick auf den Anteil der dominierenden Flächen des Siedlungskörpers an der Fläche des Siedlungskörpers insgesamt verdeutlicht, dass Oldenburg (97,6 %) und Krefeld (95,4%) bezogen auf die Gesamtanzahl der Siedlungskörperpolygone über besonders große zusammenhängende Siedlungskörperpolygone verfügen. Landau wird durch den Verklumpungsgrad bereits als geklumpte Siedlungsstruktur beschrieben. Mit Blick auf den Anteil der ersten

Tab. 4.3.1: *Messgrößen und Basisinformationen für den Siedlungskörper der Beispielstädte im Kontext von Fragmentierung und Zersiedlung (Datenquelle: © GeoBasis-DE/BKG 2009)*

	Anteil der dominanten Fläche des Siedlungskörpers*	Siedlungs-körper-dichte **	Nächster Nachbar (*Nearest Neighbour*) der Polygone Mittelwert	Eingebundenheit (*Proximity*, PX_{fg}) der Polygone Mittelwert	Verklumpungsgrad (*Contagion*)
				Suchradius: 2.000 m	100-m-Raster
	[%]	[Anzahl/km²]	[m]	[m]	[%]
Aachen	93,9	0,78	168	8.287	33,90
Dresden	93,6	0,32	221	41.684	30,26
Halle (Saale)	93,9	0,52	142	8.878	28,49
Krefeld	95,4	0,91	118	110.250	27,93
Landau in der Pfalz***	73,8	0,17	390	235	44,18
Neubrandenburg	87,5	0,22	136	2.660	43,46
Oldenburg (Oldb)	97,6	0,42	124	4.492	31,56

* Dominante Fläche des Siedlungskörpers: Erstes Zehntel der flächengrößten separaten Polygone des Siedlungskörpers

** Siedlungskörperdichte: Anzahl separater Polygone des Siedlungskörpers pro Gebietsfläche

*** ohne Exklaven

10 flächengrößten separaten Polygone wird dies ebenfalls deutlich, da der Wert lediglich bei 73,8 % liegt.

Mit Blick auf die Karte 3.1 zeigt sich, dass neben den dominierenden Flächen auch weitere größere Siedlungskörperpolygone im Untersuchungsgebiet auftreten. Diese sind allerdings separiert in größerer Entfernung, wie den Werten der Messgröße Eingebundenheit (*Proximity*) zu entnehmen ist. Die durchschnittliche Entfernung zwischen Siedlungskörperpolygonen beträgt im Minimum 118 m (Krefeld) und im Maximum 390 m (Landau). Die Messwerte der Messgröße Eingebundenheit (*Proximity*) deuten in Krefeld (Mittelwert: 110.250 m) und in Dresden (Mittelwert: 41.684 m) an, dass die einzelnen Siedlungskörperpolygone stärker in das Gesamtsystem des Siedlungskörpers im Untersuchungsgebiet eingebunden sind, d. h., die einzelnen Siedlungskörperpolygone sind verstärkt durch nahliegende und große Polygone umgeben.

Die Siedlungskörperdichte ist in Krefeld (0,91 pro km²) am höchsten, gefolgt von Aachen (0,78 pro km²) und Halle (0,52 pro km²). In Landau (0,17 pro km²) und Neubrandenburg (0,22 pro km²) ist die Dichte am geringsten.

Städtevergleich

Der Ansatz zur Bewertung der Fragmentierung des Siedlungskörpers und der Zersiedlung von Freiraumlandschaften im Städtevergleich basiert einerseits auf zwei Basisinformationen: Anteil der dominanten Fläche des Siedlungskörpers sowie Siedlungskörperdichte.

Anderseits werden zwei Messgrößen zur Beschreibung von Nachbarschaften der Siedlungskörperpolygone (Mittelwert Nächster Nachbar (*Nearest Neighbour*), Mittelwert Eingebundenheit (*Proximity*)) und eine Messgröße zur Verklumpung des Siedlungskörpers, der Verklumpungsgrad verwendet.

Die Fragmentierung des Siedlungskörpers einer Stadt wird umso besser bewertet, je kleiner die Siedlungskörperdichte und je größer der Anteil der dominanten Fläche des Siedlungskörpers ist. Für eine positive Einschätzung ist ferner ein hoher Wert des Verklumpungsgrades, ein hoher Wert der Messgröße Eingebundenheit (*Proximity*) und ein niedriger Wert der Messgröße Nächster Nachbar (*Nearest Neighbour*) von Bedeutung.

Auffallend ist, dass sich die Beispielstädte – außer Neubrandenburg – bezüglich der Fragmentierung ihrer Siedlungskörper sehr ähneln (Abb. 4.3.2 rechts). Die Einzelmessgrößen zeigen jedoch, dass die Städte in der Ausprägung ihrer Siedlungskörper bezüglich Anzahl, Größe und räumlicher Verteilung doch recht unterschiedlich sind. Beispielsweise ist die Stadt Landau zwar lediglich durch wenige Siedlungskörperflächen zersplittert; diese sind aber relativ weiträumig innerhalb der Gebietsfläche verteilt.

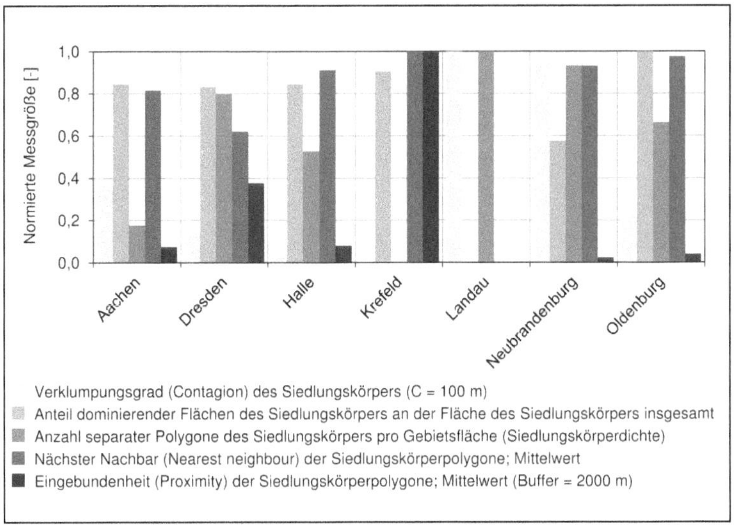

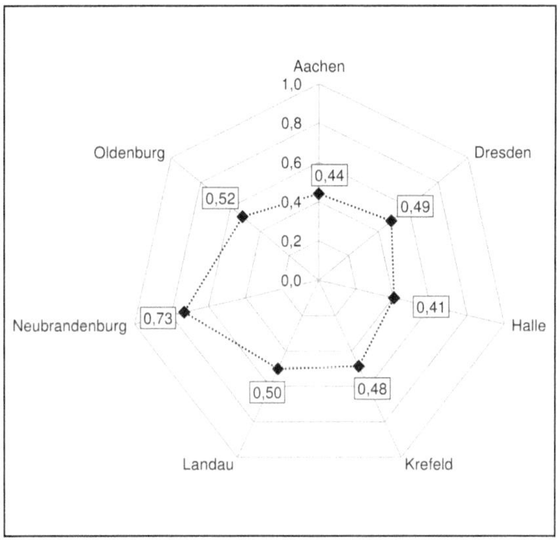

Abb. 4.3.2: *Städtevergleich zur Fragmentierung des Siedlungskörpers der Städte mit Hilfe einer Extremwertnormierung (links: Normierte Indizes des Ansatzes; rechts: Summierung der genormten Indizes und erneute Normierung) (Datenquelle: © GeoBasis-DE/BKG 2009)*

(B) Erschließungseffizienz der Stadt

These:
Je größer die Anzahl separater Siedlungsflächen einer Stadt ist, desto höher sind die Aufwendungen für deren Erschließung durch Ausbau des Straßenverkehrsnetzes. ▶ Karte 3.2

Im Prozess der Suburbanisierung, d. h. der Abwanderung von Bevölkerung aus den Innenstädten in das nahegelegene Umland, kommt es zur Zersplitterung des Siedlungskörpers. Dadurch entstehen separate Siedlungsflächen in der Freiraumlandschaft, welche zur Erschließung einen verstärkten Ausbau des Straßenverkehrsnetzes erfordern. Es besteht ein direkter Zusammenhang zwischen baulicher Dichte und technischem Erschließungsaufwand. Siedentop 2005 verweist auf Studien, in denen nachgewiesen werden konnte, dass disperse Siedlungsstrukturentwicklungen im Vergleich zu kompakten, nach innen gerichteten Entwicklungen der Siedlungsstrukturen die Infrastrukturkosten verdreifachen können. Nach Gutsche 2005 bestehen Zusammenhänge zwischen der Zunahme an Siedlungs- und Verkehrsfläche und dem Kapitaleinsatz sowie den Instandhaltungskosten für Erschließung. Außerdem sieht er eine Abhängigkeit zwischen der Siedlungsdichte und den einwohnerbezogenen technischen Infrastrukturkosten sowie zwischen der Art der Siedlungsstruktur, der erforderlichen Infrastrukturvorhaltung und dem Verkehrsaufkommen. Weinreich 2004 spricht wie bereits Petersen und Schallaböck 1995 von der sogenannten „Verkehrsspirale". Dabei geht es in seiner Untersuchung um die ständig steigende Zahl an PKW-Besitzern, den zunehmenden PKW-Verkehr und damit den Ausbau der Verkehrsinfrastruktur als Folge wohlstandsbedingter Nachfrage. Außerdem spielen die Zunahme von Ein- und Zwei-Personen-Haushalten sowie der Bau von Gewerbe-, Handels- und Industriebetrieben in randstädtischer Lage auf der „grünen" Wiese eine Rolle.

Abb. 4.3.3: *Die Verkehrserschließung randstädtischer Siedlungsgebiete erfordert hohen spezifischen Aufwand (Foto: Rößler 2007)*

Frey 2012 sieht die Ursachen der Zersiedlung als eine Wirkungskette: Die Abwanderung der Bevölkerung aus den Städten führt meist zu größeren Entfernungen zwischen Arbeiten und Wohnen, was steigenden Individualverkehr und damit den Ausbau der Verkehrsinfrastruktur nach sich zieht. Parallel dazu entstehen Großmärkte am Stadtrand, die ihrerseits erschlossen werden müssen und zusätzlichen Verkehr erzeugen. Gleichzeitig weist er nach, dass die Reisezeiten annähernd konstant bleiben. Mit dem Ausbau der Verkehrswege steigen jedoch die Fahrgeschwindigkeiten und dadurch die zurückgelegten Entfernungen pro Zeiteinheit. Frey kommt wie Weinreich zu dem Ergebnis, dass die Entfernungstoleranz der Menschen steigt und somit räumlich gestreute Aktivitätsmuster entstehen.

Die tägliche Zunahme der Verkehrsflächen (Erschließungsstraßen, kommunale Wege, Hauptverkehrsstraßen und Autobahnen) betrug im Jahr 2004 in Deutschland 22 Hektar (UBA 2004) und ist seither lediglich geringfügig rückläufig. Ausschließlicher Grund dafür ist der Rückgang der Flächeninanspruchnahme für Wohnen und Gewerbe und der damit verbundene Rückgang des Baus von Erschließungsstraßen (UBA 2015).

Messansatz

Die Ausgangsgeometrie bildet der Siedlungskörper in seiner planaren Ausprägung, differenziert nach Anzahl, Lage und Größe seiner separaten Teilflächen. Die Konstruktion des Siedlungskörpers ergibt sich aus der generalisierten Vereinigung aller baulich geprägten Flächen mit der Ortslage. Mit der unteren Erfassungsgrenze eines Polygons von einem Hektar wird auch ein einzelnes separates Anwesen von durchschnittlicher Größe zum Siedlungskörper hinzugezählt (Abschnitt 2.5).

Als Datengrundlage fließt das gesamte Straßennetz (Autobahnen, Bundes-, Landes-, Kreis- und Gemeindestraßen sowie sonstige Straßen) in linienhafter Form für das administrative Gebiet der zu untersuchenden Städte ein. Zur Erschließungseffizienz werden stadtbezogene Basisinformationen und Messgrößen für Siedlungskörper und Straßennetz ermittelt (Tab 4.3.2). Dazu zählen die Anzahl separater Siedlungsflächen absolut sowie die Siedlungsflächendichte als Quotient aus dieser Anzahl und der Gebietsfläche. Zum anderen fließen die Straßennetzdichte innerhalb der administrativen Stadtgrenzen sowie (differenziert nach Siedlungskörper und Freiraum) in den Untersuchungsansatz ein. Dabei ergibt sich die Straßennetzlänge aus der Summe aller Abschnitte des gesamten Straßennetzes.

Das Verhältnis der Straßennetzdichte im Siedlungskörper zur Straßennetzdichte im Freiraum ermöglicht

Tab. 4.3.2: *Basisinformationen und Messgrößen für Siedlungskörper und Straßennetz zur Erschließungseffizienz der Beispielstädte (Datenquelle: © Geo-Basis-DE/BKG 2009)*

	Siedlungskörper			Straßennetz			
	Anteil des Siedlungskörpers an der Stadtfläche	Anzahl separater Polygone	Siedlungskörperdichte im Stadtgebiet	Straßennetzdichte im Stadtgebiet*	Straßennetzdichte im Siedlungskörper*	Straßennetzdichte im Freiraum*	Straßennetzlänge im Stadtgebiet* pro Wohn- und Mischgebietsfläche
	[%]	[-]	[1/km²]	[km/km²]	[km/km²]	[km/km²]	[km/km²]
Aachen	35	126	0,78	4,8	11,0	1,5	6,4
Dresden	43	104	0,32	5,6	11,3	1,4	7,0
Halle (Saale)	42	71	0,52	5,7	11,6	1,5	7,8
Krefeld	50	125	0,91	6,0	10,6	1,4	4,0
Landau in der Pfalz**	24	10	0,17	4,4	14,0	1,4	10,0
Neubrandenburg	22	19	0,22	3,1	11,3	0,7	12,7
Oldenburg (Oldb)	57	43	0,42	7,3	11,0	2,5	4,4

* einschl. Autobahn

** ohne Exklaven

Schlussfolgerungen über das Maß der Zersplitterung des Siedlungskörpers (Diagramm in Karte 3.2). Je größer dieses Verhältnis ausfällt, desto geringer ist der Siedlungskörper zersplittert und desto mehr separate Siedlungspolygone gibt es innerhalb der administrativen Gebietsfläche.

Ausgewählte Beobachtungen und Ergebnisdiskussion

Die Flächenanteile der Siedlungskörper an der Gebietsfläche der untersuchten Städte liegen in einem Bereich zwischen 22 % und 57 %. Es zeichnet sich ein enger Zusammenhang zwischen dem Siedlungskörperanteil und der Straßennetzdichte im Stadtgebiet (Abb. 4.3.4 links) sowie der Siedlungsdichte und der Straßenlänge im Gebiet pro Einwohner ab (Abb. 4.3.4 rechts). Sowohl in der Korrelation des Siedlungskörperanteils mit der Straßennetzdichte im Stadtgebiet als auch der Straßenlänge im Gebiet und der Siedlungsdichte zeigen sich signifikante Abhängigkeiten. Die untersuchten Fallbeispielstädte liegen alle nahe der Regressionskurven (vgl. rot markierte Städte in Abb. 4.3.4).

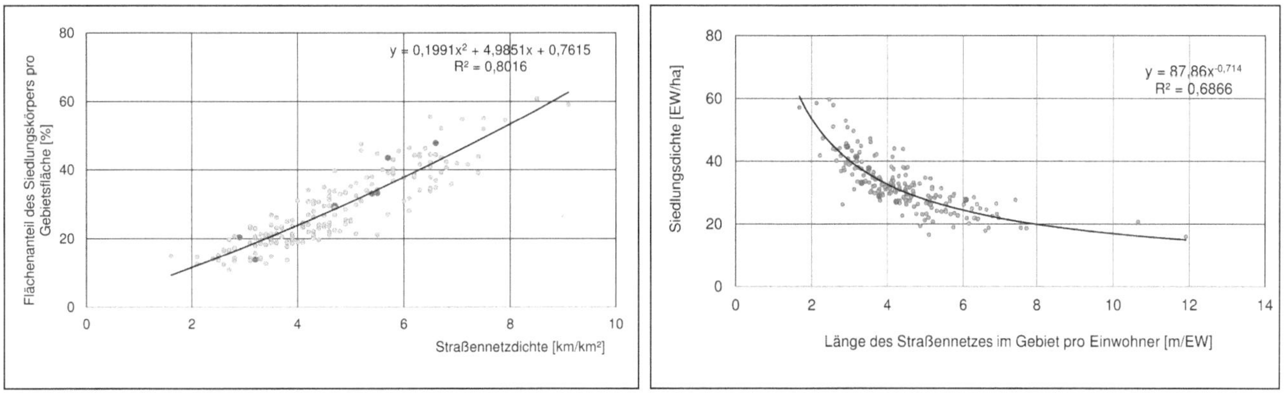

Abb. 4.3.4: *Korrelation zwischen Siedlungskörperanteil und Straßennetzdichte im Stadtgebiet (links) sowie Straßenlänge im Gebiet und Siedlungsdichte (rechts) (rot markierte Punkte: Lage der Beispielstädte) (Datenquelle: IÖR-Monitor © Leibniz-Institut für ökologische Raumentwicklung 2008)*

Städtevergleich

Die multikriterielle Bewertung der Erschließungseffizienz der Städte erfolgt auf der Grundlage einer Extremwertnormierung der einbezogenen Messgrößen. Im Ansatz wurden die normierten Messgrößen Anzahl separater Siedlungskörperpolygone sowie Siedlungskörperdichte summiert und erneut normiert. Beide Messgrößen gemeinsam bilden durch die Polygonanzahl sowie die Verteilung der separaten Siedlungskörper innerhalb der Gebietsfläche das Maß der Zersplitterung ab. Daneben steht die Straßennetzdichte im Stadtgebiet als eigenständige Messgröße (Abb. 4.3.5 links). Die Erschließungseffizienz einer Stadt wird umso positiver bewertet, je weniger separate Siedlungskörperpolygone es gibt, je geringer die Siedlungskörperdichte und je geringer die Straßennetzdichte im Stadtgebiet ausfallen sowie je weniger Straßennetzkilometer in der Stadt, bezogen auf die Fläche der Wohn- und Mischgebiete, bereitgestellt werden müssen. Die Gesamtbewertung ergibt im Städtevergleich ein ausgewogenes Bild, wonach die Beispielstädte zwischen geringer (0,33) und hoher (0,75) Erschließungseffizienz liegen (Abb. 4.3.5 rechts).

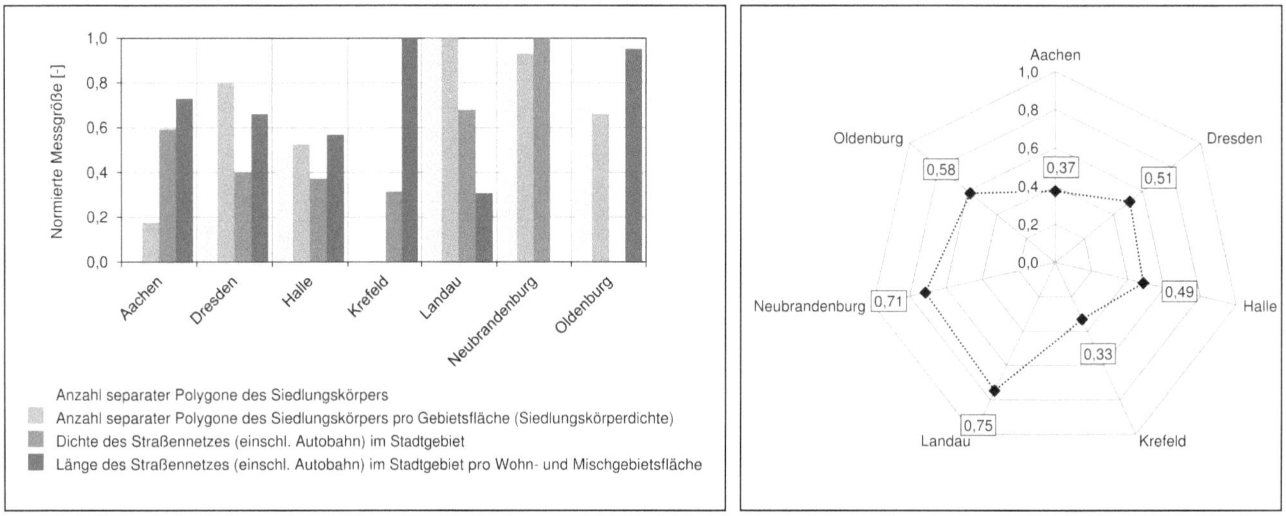

Abb. 4.3.5: *Städtevergleich zur Erschließungseffizienz der Städte mit Hilfe einer Extremwertnormierung (links: Normierte Indizes des Ansatzes; rechts: Summierung der genormten Indizes und erneute Normierung) (Datenquelle: © GeoBasis-DE/BKG 2009)*

4.4 Verteilung von Industrie-, Gewerbe- und Flächen besonderer funktionaler Prägung

Wirkungszusammenhänge
zwischen der Lage und Größe von Industrie- und Gewerbeflächen sowie Flächen besonderer funktionaler Prägung in einer Stadt einerseits und der Ausprägung der Nutzungsmischung andererseits.

(A) Nutzungsmischung von Versorgung und Produktion

These:
Je nahräumlicher die Lage der Flächen von Industrie und Gewerbe sowie besonderer funktionaler Prägung, desto höher ist das Potenzial für Versorgungsleistungen und Arbeitsplätze in der Stadt.
▶ Karte 4.1

Zu den zentralen Aufgaben einer zukunftsweisenden Stadtplanung zählt es, städtebauliche Quartiere zu erhalten, zu entwickeln und neu zu schaffen, welche den Anforderungen an Dichte, soziale und gestalterische Vielfalt sowie funktionale Nutzungsmischung gerecht werden (Bretschneider und Betül 2007; BBR 1999; BBR 2000; Sieverts 1998). Nutzungsmischung als neues, altes Paradigma im Städtebau bedeutet die räumliche Mischung unterschiedlicher und sich in der Regel nicht gegenseitig störender städtischer Nutzungen. Hierzu zählen Wohnen, Arbeitsstätten (sowohl im gewerblichen als auch im Dienstleistungsbereich), Versorgungs-, Bildungs-, Sozial-, Freizeit- und Kultureinrichtungen. Eine kleinräumige Nutzungsmischung hat erheblichen Einfluss auf ein sozial- und umweltverträgliches Leben in der Stadt. Mit der Nutzungsmischung wird die indirekte Reduzierung des Verkehrsaufwandes angestrebt, wobei derartige Effekte auch kritisch diskutiert werden (Bauriedl et al. 2008; Siedentop und Hesse 2005). Das Bild der nutzungsgerechten Stadt wird zusätzlich intensiv diskutiert unter Berücksichtigung des demografischen Wandels und damit verbundenen veränderten Rahmenbedingungen; verwiesen sei hier auf die geringere Mobilität einer immer älter werdenden Gesellschaft. Im Kontext von Klimawandel und Ressourceneffizienz wird es zunehmend wichtiger, dass für die Nutzer des Stadtraumes Möglichkeiten geschaffen werden, wohnungsnah zu arbeiten, einzukaufen oder allgemein Versorgungs- und Produktionsleistungen in Anspruch zu nehmen (Birkmann et al. 2013).

Messansatz

Die physiognomische Analyse berücksichtigt Industrie- und Gewerbeflächen sowie Flächen besonderer funktionaler Prägung (Verwaltung, Bildung, Forschung, Kultur, Gesundheit, Soziales, Sicherheit und Ordnung) innerhalb des Siedlungskörpers. Der verwendete Begriff „Versorgungs- und Produktionsflächen" umfasst die Summe deiser vorgenannten Flächen. Die nachfolgend beschriebenen Messvorschriften zielen im Kontext der Nutzungsmischung darauf ab, Antworten zu folgenden Fragen zu geben:

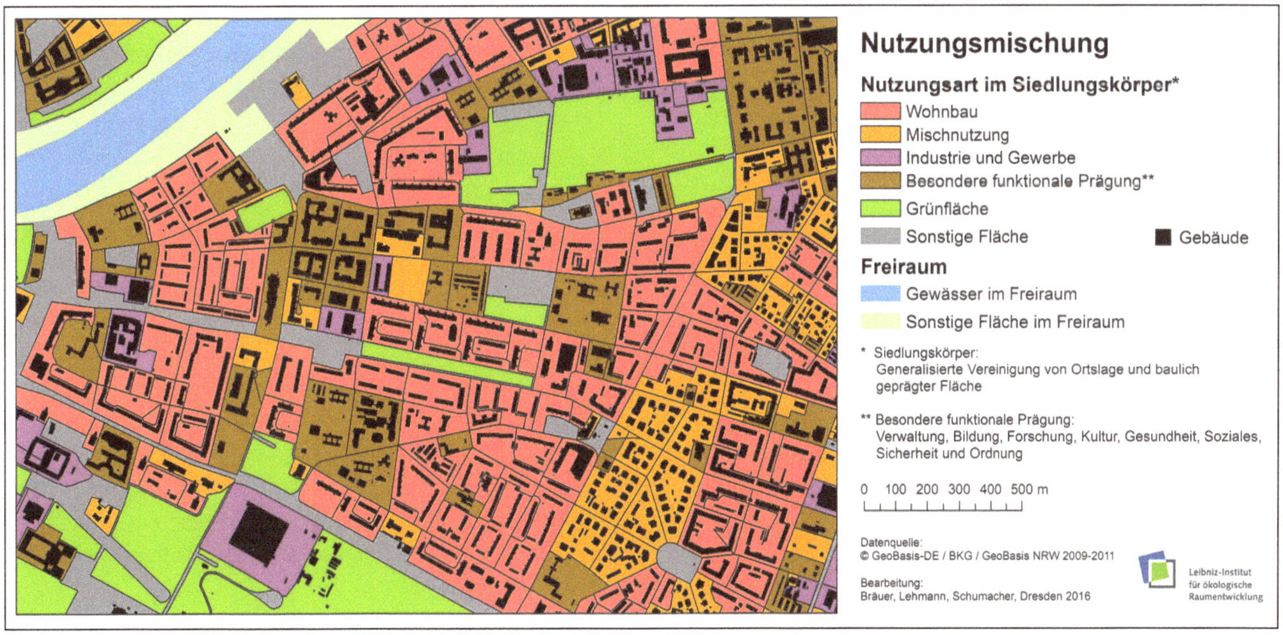

Abb. 4.4.1: *Nutzungsmischung*

- Wie groß ist der Anteil der Versorgungs- und Produktionsflächen an der Siedlungskörperfläche?
- Wie groß sind Versorgungs- und Produktionsflächen im Durchschnitt innerhalb des Stadtgebiets?
- Wie weit entfernt liegt das nächste benachbarte Polygon mit Versorgungs- bzw. Produktionsfunktionen im Durchschnitt?
- Wie gut ist ein bestimmtes Polygon mit Versorgungs- bzw. Produktionsfunktionen in seine Umgebung eingebunden (sprich Nachbarschaft von Polygonen mit diesen Funktionen)?
- Wie groß ist die mittlere Entfernung zwischen Versorgungs- und Produktionsflächen in einer Stadt?

Durch Nachbarschaftsmaße können Lagebeziehungen einzelner Versorgungs- und Produktionsflächen beschrieben werden. Die Messgröße Nächster Nachbar (*Nearest Neighbour*) eignet sich dazu, die Distanz zwischen einer Versorgungs- bzw. Produktionsfläche und ihren nächstgelegenen Versorgungs- bzw. und Produktionsflächen zu bestimmen. Auf diese Weise wird die Distanz von Grenze zu Grenze ermittelt. Auf städtischer Ebene kann darauf aufbauend über Lage- und Streumaße (unter Berücksichtigung der jeweiligen statischen Verteilung) der Abstand zwischen den Versorgungs- und Produktionsflächen genauer charakterisiert werden.

Mit Hilfe der Messgröße Eingebundenheit (*Proximity*) (Gustafson und Parker 1992; McGarigal und Marks 1995) werden die Versorgungs- und Produktionsflächen in ihrer räumlichen Lage und Größe beschrieben. Die Berechnung kann – wie in Abschnitt 4.2 bereits angedeutet – nach unterschiedlichen Messvorschriften in Abhängigkeit vom Bezugspolygon (*Target Patch vs. Focal Patch*) und von der Nachbarschaftsregel erfolgen (Lang und Blaschke 2007). In Kontext der Nutzungsmischung wird auf die Messgröße PX_{fg} Bezug genommen (Abschnitt 2.3). Die Eingebundenheit einer beliebig ausgewählten Versorgungs- bzw. Produktionsfläche in seine Umgebung – bestehend aus weiteren Versorgungs- und Produktionsflächen – ist gemäß des Messkonzepts von PX_{fg} umso stärker, je näher und größer die in der Umgebung befindlichen Versorgungs- bzw. Produktionsflächen sind. Die Messgröße Eingebundenheit (*Proximity*) verlangt die Definition einer Suchdistanz (*Buffer*). Hierbei wurde ein Radius von 1.500 Metern gewählt, um die Nähe zwischen Arbeiten und Versorgung – mit einem vielfältigen Angebot – und Wohnen im Siedlungskörper lokal abzubilden. Ausgehend vom Rand einer jeden Versorgungs- und Produktionsfläche wird in einem Suchradius von 1.500 m ermittelt, wie viele weitere Versorgungs- und Produktionsflächen sich im Umfeld befinden und welche Größe diese Flächen haben. Zusätzlich werden jeweils die Distanzen zu den im Puffer befindlichen Versorgungs- und Produktionsflächen bestimmt. Die Messgröße Eingebundenheit (*Proximity*) wird als Summe der Quotienten aus Flächenwert und Distanz berechnet (Lang und Blaschke 2007). Mit Blick auf den Städtevergleich wird der Median aller Werte der Messgröße Eingebundenheit (*Proximity*) bestimmt, da dieser weniger von Ausreißerwerten (siehe schiefe Verteilung der Messwerte) beeinflusst wird und besser als der Mittelwert die typische Eingebundenheit von Versorgungs- und Produktionsflächen in die vorhandene Umgebungsstruktur dokumentiert.

Die Euklidische Distanz wird verwendet, um Aussagen über die mittlere Entfernung zwischen Versorgungs- und Produktionsflächen zu treffen. Grundlage bildet ein INSPIRE konformes Raster (INSPIRE 2010) mit einer Zellgröße von 100 Metern (Abbildung 4.2.3). Es werden im Zuge des rasterbasierten Ansatzes die durchschnittlichen Distanzen zwischen Versorgungs- oder Produktionsflächen im Untersuchungsgebiet ermittelt. Im Kontext der Nutzungsmischung werden ergänzend zu den genannten Maßzahlen sogenannte Basisinformationen zur flächenorientierten Charakterisierung der Versorgungs- und Produktionsflächen eingesetzt. Gemessen wird der Anteil der Versorgungs- und Produktionsflächen an der Fläche des Siedlungskörpers insgesamt. Es lassen sich Vermutungen darüber aussprechen, inwiefern ein Stadtgebiet verstärkt durch Versorgungs- und Produktionsflächen geprägt ist. Ferner wird die mittlere Größe von Versorgungs- und Produktionsflächen bestimmt.

Ausgewählte Beobachtungen und Ergebnisdiskussion

Bezogen auf die genannten Messgrößen im Kontext der Nutzungsmischung in den sieben Beispielstädten sei zunächst auf die beiden Basisinformationen verwiesen (Tab. 4.4.1):

- Anteil der Versorgungs- und Produktionsflächen an der Fläche des Siedlungskörpers sowie
- mittlere Größe der Versorgungs- und Produktionsflächen.

Sechs der Beispielstädte sind zu gut einem Viertel durch Flächen der Versorgung und Produktion geprägt, wobei in allen Städten der Anteil für Produktion überwiegt (mehr als zwei Drittel, Karte 4.1). In Neubrandenburg liegt der Anteil dieser beiden Flächenkategorien am Siedlungskörper sogar bei 45 % und es ist eine intensive Überformung des Siedlungskörpers mit Produktionsflächen zu verzeichnen. Die mittlere Größe der Flächen variiert zwischen 3,44 ha (Dresden) und 8,34 ha (Krefeld). Mit Blick auf die Kartierung der Versorgungs- und Produktionsflächen (Karte 4.1) zeigt sich ein vielschichtiges Bild, wobei die Unterschiede zwischen den Städten schwer erfassbar sind.

Erst mit Hilfe der drei gewählten zusätzlichen Messgrößen (*Nearest Neighbour, Proximity*, Euklidische Distanz) wird eine weitere Charakterisierung der Städte in Bezug

Tab. 4.4.1: *Basisinformationen und Messgrößen für die Versorgungs- und Produktionsflächen der Beispielstädte im Kontext der Nutzungsmischung (Datenquelle: © GeoBasis-DE/BKG 2009)*

	Anteil der Versorgungs- und Produktionsflächen an der Fläche des Siedlungskörpers	Mittlere Größe der Versorgungs- und Produktionsflächen	Nächster Nachbar (*Nearest Neighbour*) der Versorgungs- und Produktionsflächen Mittelwert	Eingebundenheit (*Proximity*, PX_{fg}) der Versorgungs- und Produktionsflächen Median	Euklidische Distanz zwischen zwei relevanten Rasterzellen Mittelwert
				Suchradius: 1.500 m	100-m-Raster
	[%]	[ha]	[m]	[m]	[m]
Aachen	24	5,99	189,51	813,53	231,07
Dresden	23	3,44	111,91	250,96	281,05
Halle (Saale)	27	4,42	98,70	224,95	379,69
Krefeld	27	8,34	147,47	302,54	220,15
Landau in der Pfalz*	26	7,36	167,08	65,95	282,39
Neubrandenburg	45	7,51	100,14	432,25	307,43
Oldenburg (Oldb)	21	6,87	126,23	269,29	239,24

* ohne Exklaven

auf die räumliche Verteilung bzw. die Abstände untereinander sowie die Erreichbarkeit der Flächen möglich. Die durchschnittliche Entfernung zwischen Versorgungs- und Produktionsflächen liegt zwischen 99 m (Halle) und 190 m (Aachen). In Aachen besteht die größte Eingebundenheit einzelner Flächen mit Versorgungs- oder Produktionsfunktion in das Gesamtgefüge. Bezogen auf den Umgebungsradius von 1.500 m treten in Aachen im Umfeld einer gewählten Versorgungs- und Produktionsfläche vermehrt große Flächen mit gleicher Funktion auf. Die mittlere Entfernung zu einer Produktions- und Versorgungsfläche von einem Punkt des jeweiligen Siedlungskörpers variiert unter Verwendung des Euklidischen Distanzansatzes zwischen 220 m (Neubrandenburg) und 379 m (Landau in der Pfalz). In Landau konzentrieren sich die Produktions- und Versorgungsflächen vorrangig auf den Hauptsiedlungskörper. In Neubrandenburg sind die Flächen mit Blick auf den Siedlungskörper gut verteilt. Dresden (239 m) und Halle (231 m) zeigen annähernd ähnliche Verteilungsmuster der Versorgungs- und Produktionsflächen innerhalb des Siedlungskörpers.

Städtevergleich

In Bezug auf die Thematik Nutzungsmischung ist durch multikriterielle Bewertung der extremwertnormierten Messgrößen und Indizes ein Vergleich der sieben Beispielstädte umgesetzt worden. Der Vergleich basiert auf den folgenden bereits vorgestellten Messgrößen: Nächster Nachbar (*Nearest Neighbour*), Eingebundenheit (*Proximity*), Euklidische Distanz. Die Nutzungsmischung wird umso besser bewertet, je kleiner der *Nearest Neighbour*, je größer der *Proximity* und je kleiner die mittlere Euklidische Distanz ist.

Das Gesamtergebnis ist im folgenden Netzdiagramm im Städtevergleich visualisiert (Abb. 4.4.2). Anhand der Skalenwerte zwischen Null (ungünstigster Wert) und Eins (günstigster Wert) zeichnet sich das folgende Bild (Abschnitt 2.6). Der Wertebereich liegt zwischen 0,29 (Landau) und 0,64 (Aachen und Neubrandenburg). Sowohl Aachen als auch Neubrandenburg deuten in Bezug auf die Nutzungsmischung auf eine ausgewogene/günstige Verteilung von Versorgungs- und Produktionsflächen im Siedlungskörper. Landau ist sehr stark auf den Hauptsiedlungskörper zentriert. Halle besitzt im Durchschnitt die geringste Entfernung (*Nearest Neighbour*) zwischen den Versorgungs- und Produktionsflächen und zeigt ähnlich wie Landau mit Blick auf die Eingebundenheit größerer Flächen eine geringe Wertausprägung (*Proximity*). Von sonstigen Nutzungen im Siedlungskörper als Ausgangspunkt ist in Krefeld und Aachen die beste Erreichbarkeit (Euklidische Distanz) von Versorgungs- und Produktionsflächen gegeben.

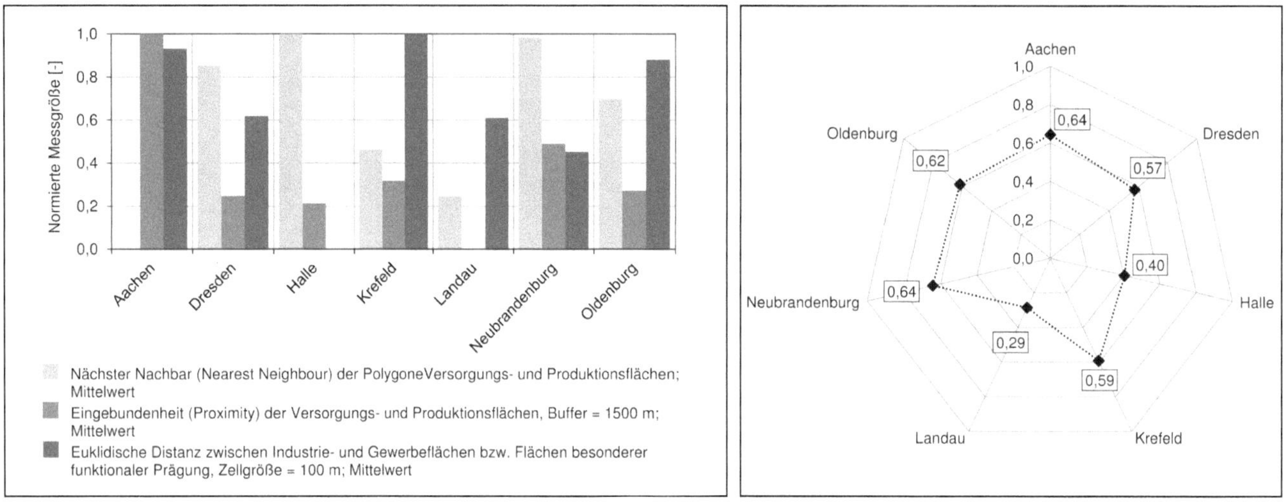

Abb. 4.4.2: *Städtevergleich zur Nutzungsmischung mit Hilfe einer Extremwertnormierung (links: Verschiedene normierte Indizes; rechts: Summierung der genormten Indizes und erneute Normierung) (Datenquelle: © GeoBasis-DE/BKG 2009)*

4.5 Verkehrstrassen – Zerschneidung – Immission

Wirkungszusammenhänge
zwischen der Anzahl und Verteilung von Hauptverkehrstrassen im Siedlungskörper einerseits und dem Maß der Zerschneidung des Siedlungskörpers, den Immissionen im Siedlungskörper sowie dem potenziellen Wohnwert der Bebauung andererseits.

(A) Zerschneidung des Siedlungskörpers

These:
Je mehr Verkehrstrassen einen Siedlungskörper gliedern, desto stärker ist dieser in teilstädtische Räume zerschnitten und beeinträchtigt die Lebens- und Aufenthaltsqualität in der Stadt. ▶ Karte 5.1

Die Lebens- und Aufenthaltsqualität des Menschen in der Stadt wird durch die Trennung städtischer Räume, also durch Verkehrstrassen in Abhängigkeit ihrer Kategorie und des damit verbundenen Verkehrsaufkommens, beeinträchtigt. So können je nach Lage der Trassen sogenannte „Insellagen" innerhalb einer Stadt entstehen – auch „Grenzlinien" zwischen der Bebauung gleichen Strukturtyps, wodurch die Flächennutzung in den angrenzenden Bereichen eingeschränkt wird. Die räumlichen Auswirkungen betreffen vor allem den Menschen (Barrieren sowie gesundheitliche Belastungen durch Lärm und Schadstoffe). Für die formalanalytische Betrachtung sind hier Dichte und Verteilung übergeordneter Verkehrstrassen innerhalb städtischer Siedlungskörper von besonderem Interesse (Schumacher und Lehmann 2014). Bei hohem Zerschneidungsgrad besteht die Vermutung einer Beeinträchtigung der Umwelt- und Aufenthaltsqualität in derartigen teilstädtischen Räumen.

Messansatz

Bei der physiognomischen Analyse wird der Siedlungskörper mit zerschneidungsrelevanten Verkehrstrassen des überörtlichen Straßennetzes (Autobahnen, Bundes-, Landes- und Kreisstraßen) sowie des Streckennetzes der Eisenbahn (Normalspur) überlagert (Darstellung der Beispielstädte im Vergleich siehe Karte 5.1). Eine Selektion der Trassen hinsichtlich der Wirkmächtigkeit ihrer Zerschneidung setzt die flächendeckende Verfügbarkeit vergleichbarer Verkehrsstärken aller Straßen- und Schienenabschnitte voraus. In den ATKIS-Daten sind aber nur Kategorien verfügbar, weshalb ein vereinfachter Ansatz zum Tragen kommt.

Zur Erzeugung dieser Zerschneidungsgeometrie innerhalb des Siedlungskörpers werden die zerschneidungsrelevanten linienhaften Infrastrukturtrassen gepuffert – von der Mittelachse der jeweiligen Straße oder Bahnstrecke nach beiden Seiten mit der halben Gesamtbreite. Die Pufferung der Abschnitte des Hauptstraßennetzes erfolgt nach Widmung für die ATKIS-Objektarten Straße, Straßenkörper und Fahrbahn mit folgenden standardisierten Gesamtbreiten:

- Bundesautobahn: 12 m
- Bundesstraße: 8 m
- Landesstraße: 8 m
- Kreisstraße: 8 m

Die Pufferung der Abschnitte des normalspurigen Eisenbahnnetzes erfolgt für die ATKIS-Bahnkategorien Eisenbahn, Güterverkehr und S-Bahn mit maximaler Breite des Verkehrsweges. Falls nicht angegeben, wird eine Standardbreite je nach Anzahl der Streckengleise verwendet:

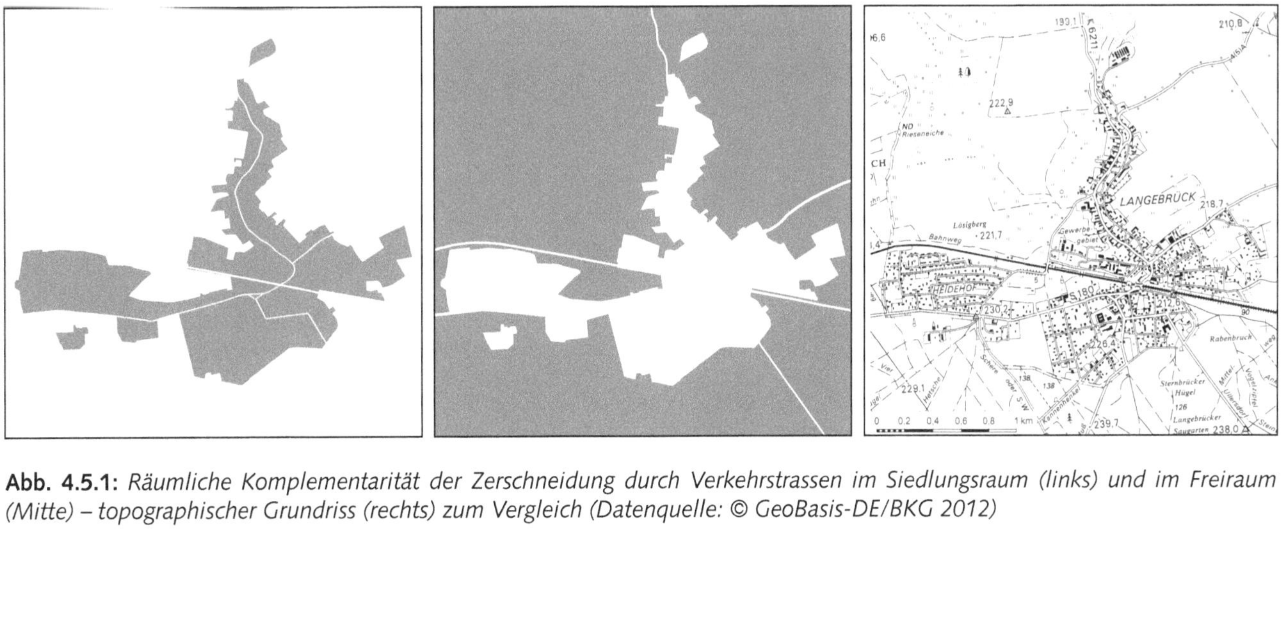

Abb. 4.5.1: *Räumliche Komplementarität der Zerschneidung durch Verkehrstrassen im Siedlungsraum (links) und im Freiraum (Mitte) – topographischer Grundriss (rechts) zum Vergleich (Datenquelle: © GeoBasis-DE/BKG 2012)*

- eingleisig: 6 m
- zweigleisig: 12 m

Der zerschnittene Siedlungskörper wird schließlich durch Tilgen der gepufferten Verkehrswege aus der grundlegenden Bezugsgeometrie erzeugt.

In Analogie zu Landschaftsräumen kann nun der Zerschneidungsgrad des Siedlungskörpers quantifiziert werden, wozu die Messgröße „Effektive Maschenweite" (m_{eff}) nach Jaeger in modifizierter Anwendung herangezogen wird (Jaeger 2000 und 2002). In der Landschaftsökologie ist die Anwendung dieser Messgröße bereits weit verbreitet: So liegen für NUTS-Regionen aus 29 europäischen Ländern dazu Ergebnisse vor (EEA 2011). Die räumliche Komplementarität der Zerschneidung durch Verkehrstrassen im Siedlungsraum sowie im Freiraum veranschaulicht Abbildung 4.5.1 an einem Beispiel: In beiden Fällen fungieren die Verkehrstrassen sowie die Siedlungsränder als Grenzen der betrachteten Polygone.

Die effektive Maschenweite gibt die Größe der „Maschen" eines regelmäßigen Netzes mit dem gleichen Zerschneidungsgrad an und ist von der Gebietsausdehnung weitgehend unabhängig (hinreichende Gebietskulisse vorausgesetzt). Bezieht man diese Messgröße auf die Gesamtfläche des Untersuchungsgebietes, so erhält man den Kohärenzgrad – die relative Häufigkeit bzw. Wahrscheinlichkeit, dass zwei beliebig ausgewählte Punkte in derselben Teilfläche nach der Zerschneidung liegen.

Zerschneidungsanalysen im urbanen Kontext sind im Unterschied zum Freiraum noch wenig verbreitet; die Möglichkeit zur modifizierten Anwendung dieses Ansatzes zeigt beispielsweise eine Arbeit aus Kanada (Mac Dougall 2011): Die Zerschneidungsgeometrie des Siedlungsraumes wird hier durch verschiedene natürliche und anthropogene Barrieren definiert (v. a. Hauptstraßen, Eisenbahnstrecken, Hochspannungsleitungen, Gewässer, Flächen mit starker Hangneigung, große Industrie-, Gewerbe- und Verkehrsflächen). Die resultierenden Restflächen werden im Einzelnen untersucht, wobei besonders stark fragmentierte Einzelflächen mit Wohnnutzung identifiziert werden können. Die quantitative Analyse erfolgt mit Hilfe verschiedener Messgrößen, darunter der effektiven Maschenweite.

Ausgewählte Beobachtungen und Ergebnisdiskussion

Bei Anwendung des Zerschneidungsansatzes auf den Siedlungskörper entspricht die effektive Maschenweite der durchschnittlichen Flächengröße unzerschnittener Lebensräume darin. Sie liegt bei den Beispielstädten zwischen 0,8 km^2 in Landau und 7,8 km^2 in Dresden. Diese große Differenz ist vor allem durch die unterschiedliche Dichte des überörtlichen Straßennetzes innerhalb des Siedlungskörpers, weniger durch die absolute Stadt-

Abb. 4.5.2: *Ein prägnantes Beispiel der Zerschneidung des Siedlungskörpers ist die Hallesche Hochstraße aus den 1960er Jahren zur Verbindung des zentralen Verkehrsknotens am Hauptbahnhof mit der Satellitenstadt Halle-Neustadt. Die Bündelung des Straßenverkehrs am südlichen Rand des Stadtzentrums zerschneidet historisch gewachsene städtebauliche Räume mit entsprechender Trennwirkung. Andererseits bleiben große Teile des Siedlungskörpers im Zentrum sowie in der südlichen Vorstadt von Hauptverkehrstrassen verschont, was sich in einem moderaten gesamtstädtischen Wert der effektiven Maschenweite zeigt. (Foto: Schumacher 2015, mit frdl. Genehmigung der kath. Pfarrei St. Mauritius und St. Elisabeth zu Halle/Saale)*

Tab. 4.5.1: *Auswirkungen eines zerklüfteten Siedlungskörpers auf die effektive Maschenweite bei unterschiedlicher kartographischer Generalisierung am Beispiel von Aachen (Datenquelle: © GeoBasis-DE/BKG 2009)*

Mindestgröße separater Polygone im Siedlungskörper	Anzahl separater Polygone im Siedlungskörper	Fläche Siedlungskörper gesamt	Effektive Maschenweite des Siedlungskörpers
0,1 ha	286	5 468 ha	98,1 ha
0,5 ha	247	5 457 ha	98,1 ha
1,0 ha	232	5 446 ha	98,4 ha
5,0 ha	98	5 171 ha	103,6 ha
10,0 ha	83	5 060 ha	105,7 ha

größe begründet. So weist die Großstadt Aachen eine ähnliche Maschenweite wie die Mittelstädte Landau oder Neubrandenburg auf. Die Robustheit der effektiven Maschenweite lässt sich an Hand ihrer Berechnungsformel mit quadrierten Teilflächen im Zähler bzw. Bezug auf die Gesamtfläche im Nenner begründen (Abschnitt 2.3 und Tab. 4.5.1). Jaeger verweist dazu auf die mathematische Eigenschaften dieser Messgröße als flächenproportional-additives Maß (Jaeger 2002, S. 156): *„Veranschaulicht werden kann die Aussage, dass m_{eff} eine flächenproportional-additive Größe ist, durch die Vorstellung, es würde ein regelmäßiges „Zerschneidungsnetz" über die Landschaft gelegt, welches eine konstante Maschenweite besitzt, die auch dann bestehen bleibt, wenn man das Netz halbiert oder ein nur wenige Maschen beinhaltendes Teilstück herausschneidet."*

Der Kohärenzgrad bzw. die Wahrscheinlichkeit, dass zwei beliebige Punkte im selben Teilpolygon des zerschnittenen Siedlungskörpers liegen, variiert bei den Beispielstädten zwischen 1,8 % in Aachen und 6,8 % in Neubrandenburg. Damit wird die absolute Aussage der effektiven Maschenweite für die untersuchten Städte relativiert: Der Kohärenzgrad in den Mittelstädten mit kleineren Siedlungskörperflächen liegt zwischen fünf und sieben Prozent und damit im Wertebereich der weniger zerschnittenen Großstädte.

Im Unterschied zu einer im Freiraum üblichen, großen zusammenhängenden Untersuchungsregion bildet der Siedlungskörper in der Regel eine zerklüftete Gebietskulisse, was bei der Interpretation zu beachten ist. Wie sich ein zerklüfteter Siedlungskörper bei unterschiedlicher kartographischer Generalisierung (d. h. Eliminierung von verschieden kleinen Splitterflächen) auf die effektive Maschenweite auswirkt, zeigt Tabelle 4.5.1 am Beispiel von Aachen.

Selbst bei relativ starker Generalisierung (Eliminierung von separaten Siedlungsflächen kleiner als 10 ha) vergrößert sich diese Maßzahl des Siedlungskörpers von Aachen nur unwesentlich – ohne Auswirkungen auf das Ranking der Beispielsstädte. Mit dieser Robustheit dürfte die effektive Maschenweite im gesamtstädtischen Maßstab relevante raumbezogene Informationen zum Zerschneidungsgrad für den Siedlungsraum einer Stadt liefern und die Indikatorfunktion erfüllen. In der Literatur ist eine Modifizierung der effektiven Maschenweite zur Abschätzung von relevanten Flächen außerhalb des Untersuchungsraumes – als unmittelbare Fortsetzung des betrachteten Freiraumes – zu finden (Moser et al. 2007), sofern der Untersuchungsraum nicht a priori erweitert wird (Schumacher und Walz 2006). Bei der Zerschneidung des Siedlungsraumes erscheint diese Betrachtung weniger relevant, weil unmittelbar benachbarte Ortslagen an der Stadtgrenze zwar vorkommen, aber insgesamt zu vernachlässigen sind.

Städtevergleich

Als beschreibende Messgrößen der Zerschneidung des Siedlungskörpers durch Verkehrstrassen wurden die „effektive Maschenweite" sowie der „Kohärenzgrad" identifiziert. Die Zerschneidung des Siedlungskörpers einer Stadt wird umso besser bewertet, je größer sowohl die effektive Maschenweite als auch der Kohärenzgrad ausfallen. Für beide Messgrößen erfolgte eine Extremwertnormierung in Skalenwerte zwischen Null (ungünstigster Wert) und Eins (günstigster Wert). Die normierten Messgrößen sind im Vergleich der sieben Beispielstädte als Histogramm dargestellt (Abb. 4.5.3 links). Nach Zusammmenfassung der Indizes (Summierung und erneute Normierung) bietet ein Netzdiagramm einen anschaulichen Überblick zum Städtevergleich (Abb. 4.5.3 rechts). Insgesamt zeigen sich in Dresden die günstigsten und in Aachen die ungünstigsten Bedingungen hinsichtlich der städtischen Lebens- und Aufenthaltsqualität als Folge der Zerschneidung durch Verkehrstrassen.

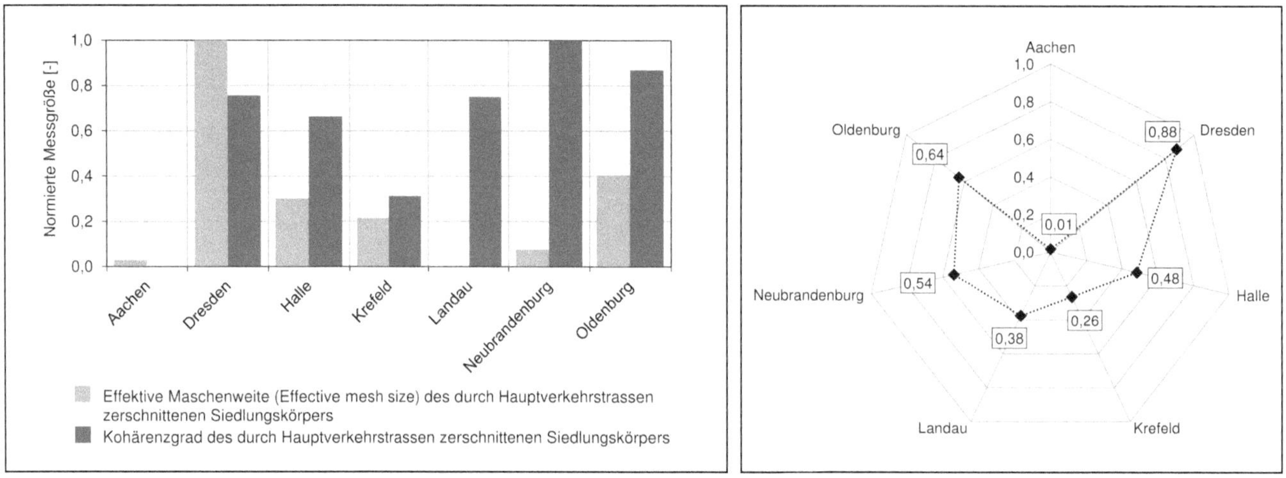

Abb. 4.5.3: *Städtevergleich zur Zerschneidung des Siedlungskörpers durch Verkehrstrassen auf Grundlage multikriterieller Bewertung durch Extremwertnormierung (links: normierte Indizes; rechts: Zusammenfassung der Indizes) (Datenquelle: © GeoBasis-DE/BKG 2009)*

(B) Immissionsbelastung der Siedlungsflächen

These:
Je mehr Wohnbauflächen einer Stadt im Immissionsbereich von Verkehrstrassen liegen, desto geringer sind die Wohn- und Wohnumfeldqualität. Der potenzielle Wohnwert in der Stadt sinkt. ▶ Karte 5.2

Das Verkehrswegenetz und insbesondere die Hauptverkehrstrassen verursachen – neben ihrer trennenden Wirkung – Immissionsbelastungen je nach Verkehrsstärke und Lage in den Städten. Es kommt zur Beeinträchtigung der Aufenthalts- und Lebensqualität in den städtischen Siedlungs- und Freiräumen allgemein sowie zur Verschlechterung der Wohn- und Wohnumfeldqualität im Besonderen. Eine repräsentative Umfrage des deutschen Umweltbundesamtes 2010 ergab, dass sich ca. 55 % der Bevölkerung durch Straßenverkehrslärm und 22 % durch Schienenverkehrslärm (insbesondere entlang von Güterzugstrecken) belästigt fühlen (MVI 2013). Die gesundheitlichen Folgen von Straßenverkehrslärm sind erheblich, da er das Wohlbefinden der Menschen beeinflusst und Gesundheitsrisiken, wie Bluthochdruck, Herzerkrankungen oder psychische Erkrankungen, fördert. Darüber hinaus sind Schlafstörungen auf Verkehrslärmbelastungen zurückzuführen (Fürst und Kühne 2010). Ökonomisch beeinflussen Verkehrslärmimmissionen tendenziell die Boden- und Mietpreise. Die durch Verkehrslärm verursachten volkswirtschaftlichen Kosten in Deutschland pro Jahr werden auf 9 Milliarden Euro geschätzt (Giering 2009).

Messansatz

Bei der physiognomischen Analyse werden immissionsrelevante linienförmige Verkehrstrassen im Stadtgebiet gepuffert. Ausgehend von der Achse des jeweiligen Verkehrsweges werden dabei Standardabstände zugrunde gelegt, die bei einer ungehinderten Schallausbreitung erforderlich wären, um den für Mischgebiete nachts ausgewiesenen Beurteilungspegel von 50 dB einhalten zu können (zulässiger Beurteilungspegel für reine Wohngebiete nachts 40 dB). Dabei handelt es sich um einen Ansatz auf mittelmaßstäblicher Ebene mit einer groben Näherung. Gezielte Schallschutzmaßnahmen (z. B. Schallschutzwände), städtebauliche schallabschirmende Hindernisse (z. B. geschlossene Blockbebauung oder Zeilenbebauung parallel zum Verkehrsweg) sowie meteorologische Einflüsse und Boden bleiben hier unberücksichtigt (Schumacher und Lehmann 2014).

Entsprechend ihrer Schallemissionskategorie werden die immissionsrelevanten Verkehrstrassen des überörtlichen Straßennetzes (Autobahnen, Bundes-, Landes- und Kreisstraßen) sowie des Streckennetzes der Eisenbahn (Normalspur, in Betrieb) gepuffert (nach MVI 2013). Die Pufferung der Abschnitte des Hauptstraßennetzes erfolgt nach Widmung für die ATKIS-Objektarten Straße und Straßenkörper mit folgenden standardisierten Gesamtbreiten:

- Bundesautobahn: 1.600 m,
- Bundesstraße: 400 m,
- Landesstraße: 140 m,
- Kreisstraße: 40 m.

Abb. 4.5.4: *Überlagerung der Wirkungszonen immissionsrelevanter Verkehrstrassen im Siedlungsraum (links) – topographischer Grundriss (rechts) zum Vergleich (Datenquelle: © GeoBasis-DE/BKG 2012)*

Die Pufferung der Abschnitte des normalspurigen Eisenbahnnetzes erfolgt für die ATKIS-Bahnkategorien Eisenbahn, Güterverkehr und S-Bahn nach Selektion ihres Betriebszustandes (in Betrieb) mit einer standardisierten Gesamtbreite von 800 m (Vorschlag nach DIN 18005-1 Verkehrslärm: Beurteilungspegel von 50 dB), weil Fern- und Nahverkehr nicht differenzierbar sind. Die linienhaften Infrastrukturtrassen werden jeweils von der Mittelachse der jeweiligen Straße oder Bahnstrecke nach beiden Seiten mit der halben Gesamtbreite gepuffert.

Die Pufferzonen der beiden selektierten Verkehrsnetze (Straße und Schiene) werden miteinander verschmolzen und bilden damit den potenziellen Immissionsbereich von Hauptverkehrstrassen im Stadtgebiet. Zur Fokussierung des Immissionsbereiches werden diese Pufferzonen anschließend mit den baulich geprägten Flächen im Siedlungskörper verschnitten. Von besonderer Bedeutung sind darunter die Siedlungsflächen mit Wohnnutzung – einer Zusammenfassung der reinen Wohngebiete sowie der Flächen gemischter Nutzung (siehe ATKIS-Objektarten im Abschnitt 2.4). Auf diese Weise ist es möglich, potenziell immissionsbelastete Wohngebiete räumlich zu verorten und für das Stadtgebiet flächenmäßig zu bestimmen (Darstellung der Beispielstädte im Vergleich siehe Karte 5.2). Die Wirkungszonen immissionsrelevanter Verkehrstrassen im Siedlungsraum können sich dabei mehr oder weniger überlagern (Beispiel in Abb. 4.5.4). Darüber hinaus verdeutlichen die durch Verkehrslärm potenziell immissionsbelasteten Flächen für den gesamten Siedlungskörper in welchem Maße eine Stadt durch Verkehrslärm belastet wird.

Ausgewählte Beobachtungen und Ergebnisdiskussion

Im Städtevergleich sind die beiden Kenngrößen „Anteil potenziell verlärmter Fläche im Siedlungskörper" sowie „Anteil der Siedlungsfläche mit Wohnnutzung im potenziellen Immissionsbereich von Hauptverkehrstrassen" relevant. Sie beschreiben die potenziellen Belastungen im Siedlungskörper der Städte bzw. speziell der Wohnbebauung durch die Art und Lage des Hauptstraßennetzes sowie des Streckennetzes der Eisenbahn.

In den Beispielstädten zeigen die Ergebnisse potenziell immissionsbelastete (verlärmte) Flächenanteile im Siedlungskörper zwischen 42 % (Halle) und 66 % (Aachen) – durch Hauptstraßen und Eisenbahnstrecken in den Nachtstunden (mindestens 50 dB). Dabei sind maßgeblich Flächen der Wohnbebauung in allen untersuchten Städten betroffen. Die entsprechenden Anteilswerte liegen zwischen 35 % (Halle) und 63 % (Aachen) und sind damit noch etwas stärker gespreizt. Es drängt sich die Hypothese auf, dass die potenzielle Verlärmung durch den Verkehr in ostdeutschen Städten weniger stark als in westdeutschen Städten ausgeprägt zu sein scheint.

Generell sollte die räumliche Verteilung der Hauptverkehrstrassen bei der Interpretation berücksichtigt werden: So fällt beim Vergleich der beiden o. g. Städte auf, dass die relevanten Trassen in Aachen relativ dicht und gleichmäßig verteilt sind, während in Halle die Haupttrassen von Straße und Schiene im östlichen Stadtgebiet konzentriert sowie in Nord-Süd-Richtung nahezu parallel verlaufen.

Abb. 4.5.5: *Starkes Verkehrsaufkommen bewirkt eine hohe Lärmbelastung im unmittelbaren Straßenraum (Foto links: © diego cervo/Fotolia), aber auch in der angrenzenden Wohnbebauung (Foto rechts: Lehmann 2015)*

Städtevergleich

Als beschreibende Messgrößen der potenziellen Lärmimmissionen durch Verkehrstrassen im Siedlungskörper wurden der „Anteil potenziell verlärmter Fläche im Siedlungskörper" sowie der „Anteil der Siedlungsfläche mit Wohnnutzung im potenziellen Immissionsbereich von Hauptverkehrstrassen an der Siedlungsfläche mit Wohnnutzung insgesamt" identifiziert. Je kleiner diese beiden Anteilswerte ausfallen, desto besser wird die potenzielle Lärmimmission im Siedlungskörper einer Stadt bewertet. Für beide Messgrößen erfolgte eine Extremwertnormierung in Skalenwerte zwischen Null (ungünstigster Wert) und Eins (günstigster Wert). Die normierten Indizes sind im Vergleich der sieben Beispielstädte als Histogramm dargestellt (Abb. 4.5.6 links). Nach Zusammmenfassung der Indizes (Summierung und erneute Normierung) bietet ein Netzdiagramm einen anschaulichen Überblick zum Städtevergleich (Abb. 4.5.6 rechts). Insgesamt zeigen sich in Halle die günstigsten und in Aachen die ungünstigsten Bedingungen der städtischen Lebens- und Aufenthaltsqualität hinsichtlich der Lärmimmissionsbelastung durch Verkehrstrassen.

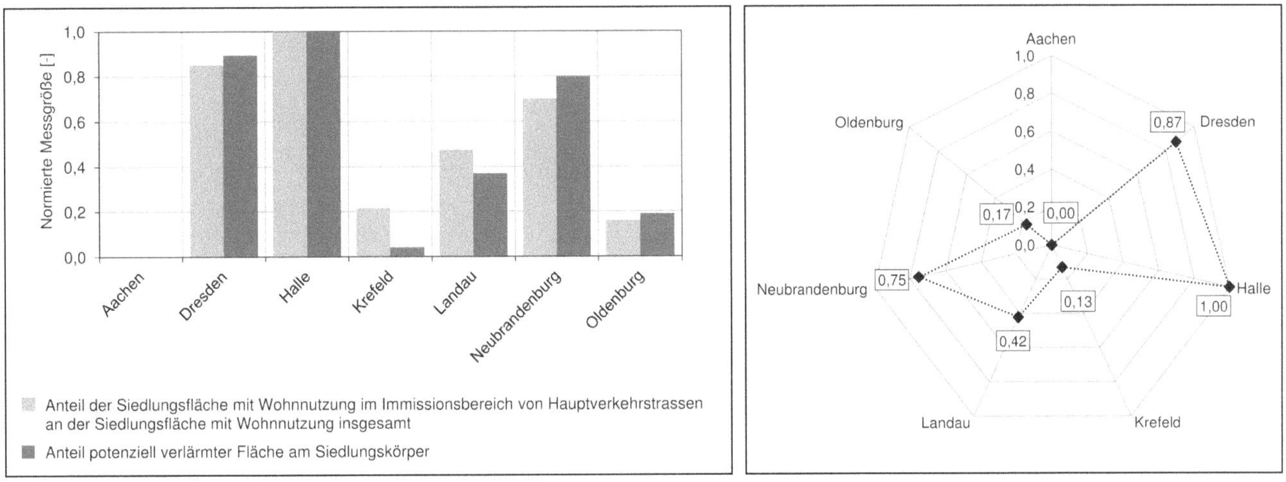

Abb. 4.5.6: *Städtevergleich zur Lärmimmissionsbelastung durch Verkehrstrassen im Siedlungskörper auf Grundlage multikriterieller Bewertung durch Extremwertnormierung (links: normierte Indizes; rechts: Zusammenfassung der Indizes) (Datenquelle: © GeoBasis-DE/BKG 2009)*

4.6 Gebäudeanordnung, -höhen und -abstände

Wirkungszusammenhänge
zwischen der Gebäudeanordnung, der Gebäudehöhe sowie dem Gebäudeabstand einerseits und dem Grad der Verschattung von Gebäuden und den dazugehörigen Freiflächen sowie der Wohn- und Wohnumfeldqualität, aber auch der Nutzungseffizienz der baulich geprägten Flächen andererseits.

(A) Verschattung baulich geprägter Flächen

These:
Mit sinkendem Gebäudeabstand im Verhältnis zur Gebäudehöhe nimmt die Verschattung der Gebäude sowie der Gebäudefreiflächen zu. Gleichzeitig sinken die Aufenthalts- und Lebensqualität in den städtebaulichen Räumen. ► Karte 6.1

Die Besonnung und Belichtung von Wohn-, Industrie- und Gewerbebauten ist aus medizinischer Sicht ein grundsätzliches Erfordernis. Ziel der Untersuchungen ist es, potenziell kritische Gebiete der Städte im Hinblick auf Besonnung der Gebäude und Freiflächen und damit mit zu großer Verschattung sowie deren Durchlüftung zu finden. Dies wird für dicht bebaute Gebiete, v. a. mit relativ hohen Gebäuden, angenommen. Hinsichtlich der Belüftung bestimmt die Höhe und Dichte der Bebauung, wie weit Frischluft sich ausbreiten kann. Dies ist bei einer lockeren Bebauung gegeben, während eine dichte Bebauung mit geschlossenen, hohen Häuserfronten den Luftaustausch behindert (Kuttler 1998). Das Tageslicht wird in allen Bauordnungen indirekt oder direkt thematisiert bzw. quantitativ geregelt und mit Berechnungsverfahren untersetzt.

Das preußische Landrecht forderte schon vor 190 Jahren, dass man am untersten Stockwerk stehend den Himmel sehen kann (Neufert 1984). Die durchaus wichtigen Details am Gebäude, wie Fenstergröße, deren Höhenposition und Laibungstiefen, können im Rahmen dieser Untersuchung nicht vertieft werden. Wichtig aus städtebaulicher Sicht sind die Gebäudeabstände und -höhen in Abhängigkeit von der Bebauungsstruktur, die einen bestimmten Einfallswinkel des Tageslichtes garantieren. Dabei haben sich die Bestimmungen sowohl über den Verlauf der Jahrhunderte als auch entlang von Nutzungszusammenhängen immer wieder verändert.

In der DDR galten strenge Vorschriften hinsichtlich des Tageslichtes in Wintermonaten. Für Neubauwohngebiete musste eine theoretische Besonnungsdauer von zwei Stunden mindestens in einem Wohnraum jeder Wohnung jeweils am 21. Februar gewährleistet sein (Ministerium für Bauwesen der DDR 1982). In der BRD der frühen 1980er Jahre wurde unter dem Aspekt des kostengünstigen flächensparenden Bauens die Verringerung der Abstandsflächen diskutiert. *„Abstandsregelungen, die je nach Bundesland als Fenster-, Gebäude- und Grenzabstände definiert sind, verursachen dabei größere Grundstücke, als sie aufgrund der funktionalen Erfordernisse notwendig wären"* (Linhardt et al. 1983, S. 90).

Waren diese Vorschriften noch stark vom Fenster her gedacht, so gehen heutige Reglungen vereinfacht vor. Nach der Reform in den Bauordnungen sind Abstandsflächen heute keine Kreisausschnitte, sondern erinnern im Plan an abgeklappte Wandflächen.

Messansatz

Als Bezugsgeometrie fungieren die baulich geprägten Flächen im Siedlungskörper sowie die damit räumlich korrespondierenden Gebäudegeometrien. Letztere werden durch Hausumringe und Gebäudekubatur gebildet. Die zu berücksichtigende Mindestgrundfläche der Gebäude beträgt 10 m², womit kleine Nebengebäude ausgeschlossen werden. Die Analyse erfolgt auf der Basis von Gebäudetypen, wofür die mittlere Geschosszahl und Geschosshöhe bestimmt werden. Die baulich geprägten Flächen mit nahezu homogener Bebauungsstruktur werden in Strukturtypen zusammengefasst und erhalten eine gemeinsame charakteristische Gebäudehöhe (Abschnitt 2.4, Tabelle 2.4.8).

Abb. 4.6.1: *Verschattung bei Blockrandbebauung – Beispiele aus Dresden-Neustadt (links), Dresden-Mickten (Mitte), Halle (rechts) (Fotos: Lehmann 2015, Kochan 2007, Schumacher 2015)*

Abb. 4.6.2: *Abstandsflächen – Schematische Darstellung nach Musterbauordnung (links) und als Modell (rechts)*

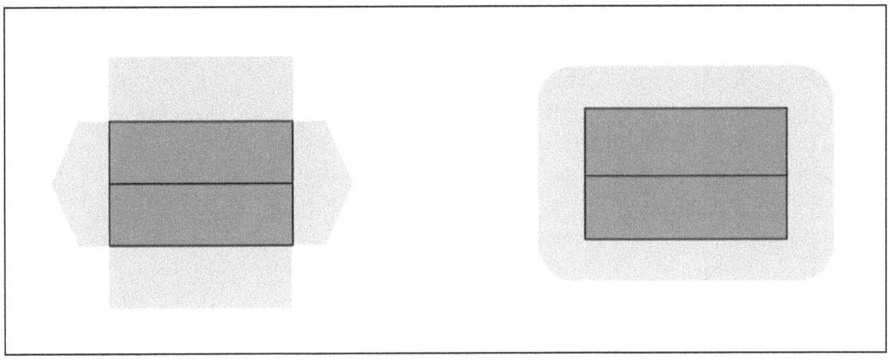

Vor dem Hintergrund des Wandels städtebaulicher Abstandsregelungen wird in dem hier vorgestellten Ansatz generell mit einer Abstandsfläche von einer halben Gebäudehöhe (0,5 H) gerechnet. Die Festlegungen orientieren sich – mit einigen Abstrichen – an der Musterbauordnung (ARGEBAU 2012, MBO § 6). Nach Musterbauordnung wäre - je nach Neigung des Daches - ein Anteil der Dachhöhe zusätzlich in die Tiefe der Abstandsfläche einzurechnen. Dies kann im Rahmen der GIS-Analyse nicht geleistet werden; vielmehr wird eine vereinfachte Abstandsregel gebildet (siehe schematische Darstellung in Abb. 4.6.2). Danach werden die Fassadenflächen nicht abgeklappt, sondern mit einem Maß von 0,5 H gepuffert. Daraus resultiert eine um das Gebäude laufende „Schattenfläche", die an den Gebäudeecken jeweils nicht zurückspringt.

Die Modellierung der Abstandsflächen erfolgt auf der Grundlage folgender Festlegungen:

(1) Aneinander grenzende Gebäude werden zu einem Gebäudeverbund verschmolzen. Die Bestimmung der Abstandsflächen erfolgt für den Gebäudeverbund.

(2) Die mittlere Höhe des Gebäudeverbundes bildet die Grundlage für die Konstruktion der Gebäudehöhen. Sie ergibt sich aus den nach der Grundfläche der Teilgebäude gewichteten Einzelhöhen.

(3) Die Abstandsflächen ergeben sich durch Pufferung der Gebäudeverbünde mit der halben mittleren Gebäudehöhe (Kartenbeispiel in Abb. 4.6.3).

Die Abstandsflächen können sich vor allem bei älteren, dicht bebauten Strukturen, wie in historischen Stadtzentren oder bei gründerzeitlicher Blockrandbebauung, untereinander bzw. mit Gebäudegrundflächen überlagern. Deshalb kann in einzelnen Fällen die Gebäudegrund- und Abstandsfläche im jeweiligen Baublock größer als die eigentliche Baublockfläche sein, womit sich Relationen größer Eins ergeben. Baublöcke mit einem besonders großen Verhältnis von Gebäudegrund- und Abstandsfläche zur Blockfläche deuten auf dicht bebaute Gebiete mit hohen Bebauungsstrukturen hin.

Ausgewählte Beobachtungen und Ergebnisdiskussion

Die Karte 6.1 zeigt den Anteil von Gebäudegrund- und Abstandsfläche an der Blockfläche und damit die Verschattung baulich geprägter Flächen für alle Beispiel-

Abb. 4.6.3: *Modellierte Abstandsflächen von Gebäudeverbünden – Kartenausschnitt*

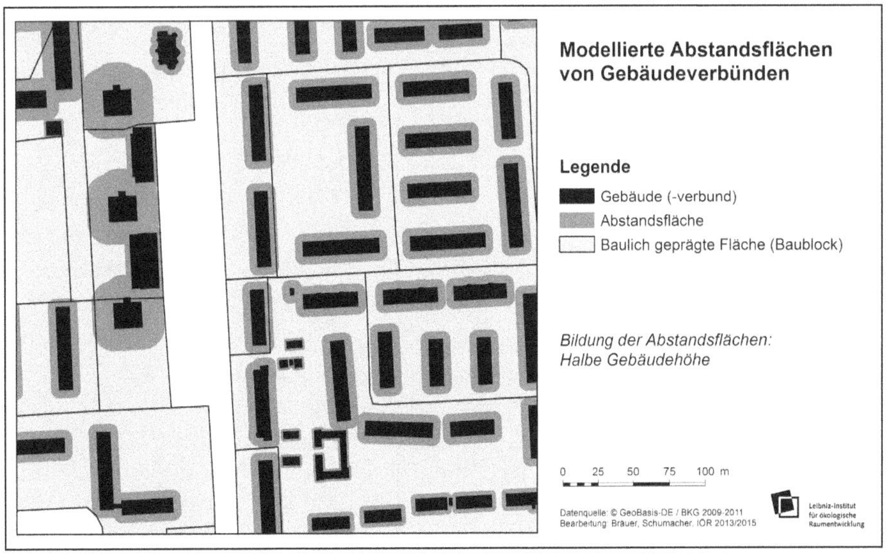

städte im Vergleich. In den meisten Städten sind die baulich geprägten Flächen mit einem hohen Anteil von Gebäude- und Abstandsfläche an der jeweiligen Blockfläche (größer 60 %) erwartungsgemäß in den historischen Stadtzentren konzentriert. Ausnahmen bilden Dresden und Neubrandenburg. Durch die Totalzerstörung der Dresdner Altstadt im zweiten Weltkrieg und ihren Wiederaufbau in zumeist aufgelockerten städtebaulichen Strukturen ist eine vergleichsweise stärkere Verschattung in den erhaltenen Gründerzeitquartieren der Dresdner Neustadt zu finden. Die vom Krieg verschonte Hallesche Altstadt weist ebenfalls starke Verschattungseffekte durch dichte Blockrandbebauung auf. Dagegen gibt es in Neubrandenburg besonders viele baulich geprägte Flächen mit einem geringen Anteil von Gebäude- und Abstandsfläche an der jeweiligen Blockfläche (unter 35 %). Damit entstehen auf diesen Flächen kaum Verschattungsprobleme durch die Bebauung. Im Vergleich dazu ist der Anteil baulich geprägter Flächen in der Mittelstadt Landau sehr gering, wobei er dort das städtebauliche Bild prägt.

Grundsätzlich sind kritische Belichtungsverhältnisse vor allem in engen Straßenschluchten zu erwarten, welche die Städte vorrangig in innerstädtischer gründerzeitlicher Bebauung prägen. Diese Gebiete können durch Untersuchungen ermittelt werden, wo sich Abstandsflächen untereinander oder Abstandsflächen anderer Gebäude überlagern. In Extremfällen sind Mehrfachüberlagerungen von drei oder mehr Flächen möglich. Wohnungen in Gebäuden mit solchen Mehrfachüberlagerungen werden mit hoher Wahrscheinlichkeit nur unzureichend belichtet. Die Abbildung 4.6.4 zeigt beispielhaft ein Gebiet in der Stadt Halle, wo derartige Überlagerungen auftreten.

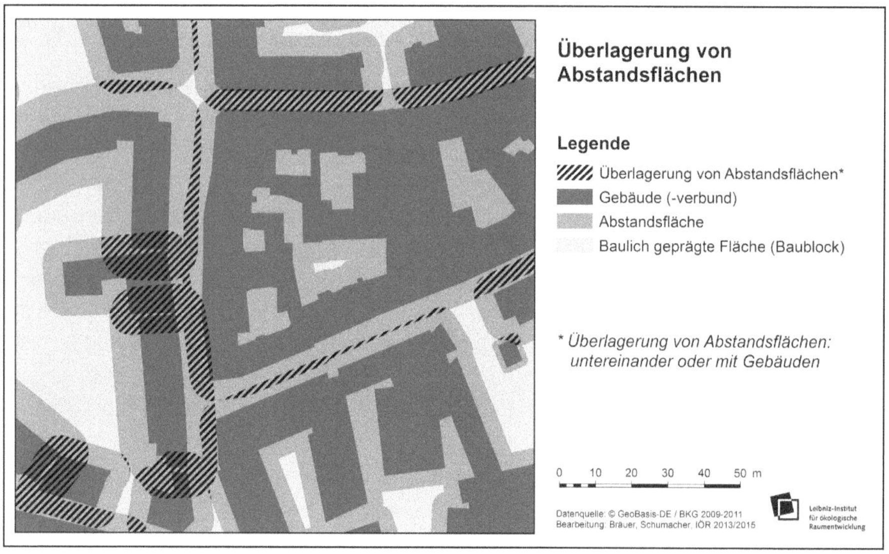

Abb. 4.6.4: *Überlagerung von Abstandsflächen als Indiz für potenziell kritische Belichtungsverhältnisse – Kartenausschnitt*

Städtevergleich

Die Verschattung baulich geprägter Flächen wird durch folgende Messgrößen beschrieben:

(1) Anteil verschatteter und überbauter Flächen (≤ 35 %) an baulich geprägten Flächen insgesamt,

(2) Anteil verschatteter und überbauter Flächen (> 60 % ... ≤ 85 %) an baulich geprägten Flächen insgesamt),

(3) Anteil verschatteter und überbauter Flächen (> 85 %) an baulich geprägten Flächen insgesamt).

Die als Messgrößen identifizierten Anteilswerte geben Hinweise auf städtebauliche Bebauungsstrukturen geringer, hoher bzw. sehr hoher Dichte und Anordnung sowie Bebauungshöhe und -abstände. Hierbei sind Bebauungsstrukturen mittlerer Dichte (Anteil verschatteter und überbauter Flächen > 35 % ... ≤ 60 %) nicht enthalten. Der Ansatz konzentriert sich auf die positiven und negativen Extreme bezüglich überbauter und verschatteter Flächen innerhalb der baulich geprägten Flächen im Siedlungskörper. Die Verschattung baulich geprägter Flächen wird städtebaulich umso besser bewertet, je größer der erste gesamtstädtische Anteilswert (1) und umso kleiner die beiden anderen Anteilswerte (2) und (3) ausfallen. Für die Messgrößen erfolgte eine Extremwertnormierung, wobei die stadtbezogenen Messgrößen in Skalenwerte zwischen Null (schlechtester Wert) und Eins (bester Wert) umgewandelt wurden (Abschnitt 2.6). Im Vergleich der sieben Städte spreizen die Indizes insgesamt zwischen Landau und Neubrandenburg (Abb. 4.6.5). Die Extremwerte widerspiegeln einerseits mit Landau eine alte, in der Substanz erhaltene, dicht bebaute Stadt und andererseits mit Neubrandenburg eine Stadt, deren Zentrum am Ende des zweiten Weltkrieges weitgehend zerstört und danach mit wesentlich geringerer Dichte wieder aufgebaut wurde.

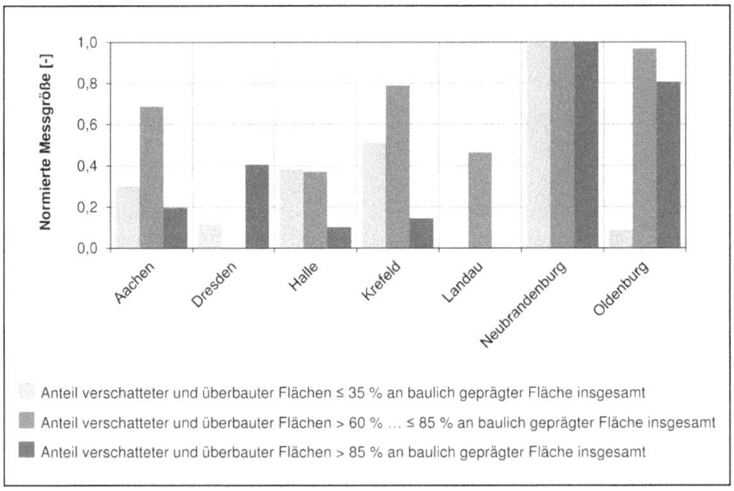

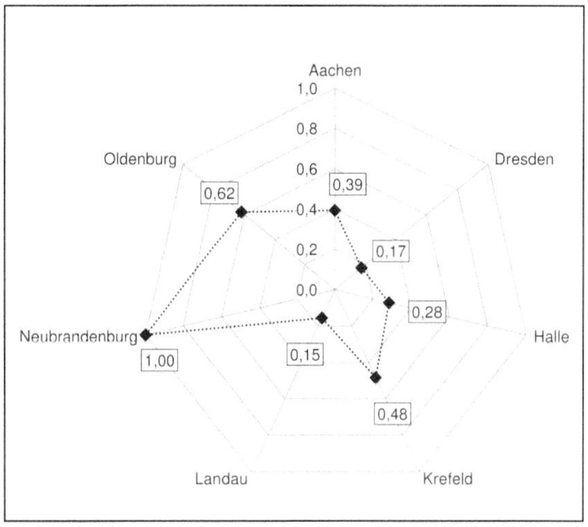

Abb. 4.6.5: *Städtevergleich zur Verschattung baulich geprägter Flächen mit Hilfe einer Extremwertnormierung (links: normierte Indizes; rechts: Summierung der genormten Indizes und erneute Normierung) (Datenquelle: © GeoBasis-DE/BKG 2009-2011)*

(B) Verdichtungsräume der Wohn- und Mischgebiete

These:
Mit steigender Geschossigkeit und Baumassendichte der Bebauungsstrukturen in Wohn- und Mischgebieten nimmt die Wohnnutzungsdichte (Nutzungseffizienz) zu. ► Karte 6.2

Geschossigkeit und Baumassendichte sind zwei Messgrößen bzw. Basisinformationen, die die bauliche Dichte einer städtebaulichen Struktur charakterisieren und damit die Nutzungsdichte und die Nutzungseffizienz bezüglich einer optimalen Flächeninanspruchnahme prägend beeinflussen. Überlagert wird die quantitative Nutzungsdichte durch eine soziale und eine symbolische Dichte innerhalb einer Stadt. Die soziale Dichte kann einerseits durch die Verteilung der Einwohner, andererseits durch die Verteilung der Nutzer und Nutzungen beschrieben werden. Die symbolische Dichte wird durch das Erleben von Gebäudehöhen, prägenden städtebaulichen Räumen oder Gebäudetypen bestimmt (Reuther 2002). Somit sollte die rein quantitative Sichtweise lediglich ein erste Näherung der Nutzungseffizienz darstellen und stets kombiniert werden mit qualitativen Einflussgrößen, wie sozialer Dichte, Erlebnisdichte und historischer Dichte (Westphal 2008).

Messansatz

Bezugsgeometrie sind die baulich geprägten Flächen im Siedlungskörper mit Spezifizierung auf Wohn- und Mischnutzung sowie die damit räumlich korrespondierenden Gebäudegeometrien. Letztere werden durch Hausumringe und Gebäudekubatur gebildet. Die zu berücksichtigende Mindestgrundfläche der Gebäude beträgt 10 m^2, womit kleine Nebengebäude ausgeschlossen werden. Die Analyse wird auf Basis von Gebäudetypen mit einer mittleren Geschosshöhe und -anzahl durchgeführt und stützt sich dabei auf den bereits bei der Verschattung verwendeten Datensatz (Abschnitt 4.6 (A)). Für jedes ATKIS-Polygon mit Wohn- bzw. Mischnutzung wird die Baumassendichte auf Grundlage der Attribute „Gebäudevolumen" und „Fläche des Polygons" ermittelt. Die polygonspezifischen Baumassendichten werden anschließend in vier Klassen differenziert. Für die drei Klassen größer 3,6 m^3/m^2 werden Anteilswerte, bezogen auf die Gesamtfläche der baulich geprägten Flächen mit Wohn- und Mischnutzung, abgeleitet.

Ausgewählte Beobachtungen und Ergebnisdiskussion

Die Nutzungsdichte und damit die quantitative Nutzungseffizienz der Wohn- und Mischbebauung werden vorrangig durch die dominierenden Bebauungsstrukturen in den Städten bestimmt. Die größten Flächenanteile hoher Nutzungsdichte an der gesamten Siedlungsfläche mit Wohn- und Mischnutzung zeigen Halle und Aachen (Karte 6.2). Beide Städte sind in hohem Maße durch gründerzeitliche Block- und Blockrandbebauung geprägt. Dies zeigt sich auch in hohen Baumassenanteilen mit einer Baumassendichte größer 3,6 m^3/m^2 an der Baumasse aller Wohn- und Mischgebiete und in hohen Flächenanteilen der Wohn- und Mischgebiete mit einer Baumassendichte größer 3,6 m^3/m^2 oder mehr als fünf Geschossen, bezogen auf die Gesamtfläche aller Wohn- und Mischgebiete (Tab. 4.6.2). Vergleicht man die Mehrfamilienhausbebauung mit der Ein- und Zweifamilienhausbebauung, so fällt die Dominanz der Mehrfamilienhäuser in Dresden (71 %) auf.

Abb. 4.6.6: *Städtebauliche Räume unterschiedlicher Verdichtung – Beispiele von links nach rechts: Stralsund (Vigh 2015), Dresden (Dittrich 2003) und Dresden (Lehmann 2016)*

Tab. 4.6.2: *Messgrößen bzw. Basisinformationen zur Nutzungsdichte der Wohnbebauung in den Beispielstädten (Datenquelle: © GeoBasis-DE/BKG/GeoBasis NRW 2009-2011)*

	Flächenanteil der Mehrfamilienhausbebauung an der Wohnbebauung insgesamt	Flächenanteil der Block- und Blockrandbebauung an der Wohnbebauung insgesamt	Baumassenanteil der Wohn- und Mischgebiete mit hoher Baumassendichte [> 3,6 m³/m²] an der Baumasse aller Wohn- und Mischgebiete	Flächenanteil der Wohn- und Mischgebiete mit hoher Baumassendichte [> 3,6 m³/m²] oder Geschoßanzahl > 5 bezogen auf die Gesamtfläche aller Wohn- und Mischgebiete
	[%]	[%]	[%]	[%]
Aachen	31	14	29	10
Dresden	71	8	20	8
Halle (Saale)	50	17	32	13
Krefeld	30	13	22	7
Landau in der Pfalz*	24	6	11	3
Neubrandenburg	46	4	17	5
Oldenburg (Oldb)	14	1	4	1

* ohne Exklaven

Städtevergleich

Zur Beschreibung und vergleichenden Bewertung der quantitativen Nutzungseffizienz von Wohn- und Mischgebieten sind vor allem zwei Messgrößen bzw. Basisinformationen relevant:

- der Baumassenanteil der Wohn- und Mischgebiete mit einer Baumassendichte größer 3,6 m³/m², bezogen auf die Gesamtbaumasse aller Wohn- und Mischgebiete sowie
- der Flächenanteil der Wohn- und Mischgebiete mit einer Baumassendichte größer 3,6 m³/m² oder mehr als fünf Geschossen, bezogen auf die Gesamtfläche aller Wohn- und Mischgebiete.

Die Nutzungseffizienz von Wohn- und Mischgebieten wird umso besser bewertet, je größer diese beiden gesamtstädtischen Anteilswerte ausfallen. Es zeigt sich, dass eine Stadt wie Oldenburg mit einem sehr hohen Anteil an Ein- und Zweifamilienhäusern eine sehr geringe Nutzungsdichte aufweist und damit quantitativ nutzungsineffizient ist. Anders stellt sich die Situation in Halle dar, wo die Altstadt zu einem vergleichsweise hohen Anteil durch dichte Blockrandbebauung geprägt wird.

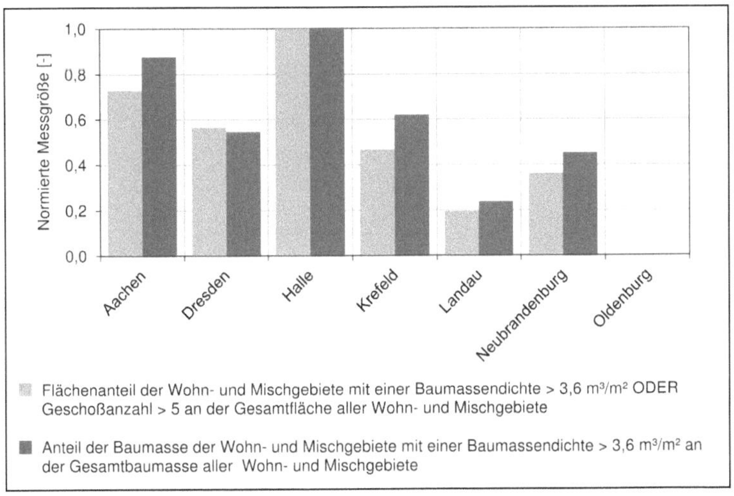

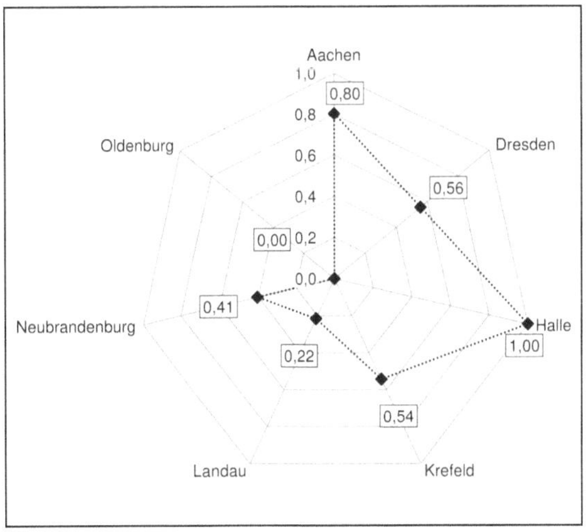

Abb. 4.6.7: *Städtevergleich zur Nutzungseffizienz von Wohn- und Mischgebieten auf Grundlage multikriterieller Bewertung durch Extremwertnormierung (links: relevante normierte Indizes; rechts: Summierung der genormten Indizes und erneute Normierung) (Datenquelle: © GeoBasis-DE/BKG/GeoBasis NRW 2009-2011)*

4.7 Überbauung und versiegelte Flächen

Wirkungszusammenhänge
zwischen dem Überbauungsgrad in Abhängigkeit von dem städtebaulichen Strukturtyp sowie der Nutzungsart einerseits und dem Anteil versiegelter Flächen sowie potenzieller Grünflächen im Siedlungskörper andererseits.

(A) Oberflächenabfluss und Regenwasserversickerung

These:
Mit zunehmendem Überbauungsgrad und Anteil an versiegelten Freiflächen in städtebaulichen Räumen steigt der Oberflächenwasserabfluss. Gleichzeitig verringern sich die lokale Regenwasserversickerung und das Grundwasserneubildungsvermögen.
▶ Karte 7.1

Es besteht eine enge Beziehung zwischen Strukturen sowie Nutzungsarten baulich geprägter Flächen einerseits und dem Überbauungs- sowie Versiegelungsgrad andererseits. Deshalb ist es möglich mit Kenntnis der strukturellen Lage und Verteilung von Flächen im Siedlungskörper auf potenzielle Überbauungen und Versiegelungen zu schließen. Somit können Flächen identifiziert werden, auf denen die natürlichen Bodenfunktionen Versickerung und Grundwasserneubildung potenziell weitgehend unterbunden sind.

Je größer dieser Flächenanteil ist, desto geringer sind die potenziellen Versickerungsflächen, auf denen das anfallende Niederschlagswasser in den Boden eindringen und/oder verdunsten kann. Es kommt auf diesen Flächen zur eingeschränkten ökologischen Leistungsfähigkeit sowie zu erhöhten Regenwasserabflüssen, beispielsweise bei Starkniederschlägen, die vom städtischen Kanalnetz aufgenommen werden müssen und ggf. zu Überschwemmungen in den Städten führen (Abb. 4.7.1).

Nach der von Schmidt (1993) formulierten Faustregel sollte auf jeder baulich geprägten Fläche der Anteil überbauter Flächen und versiegelter Freiflächen 60 % nicht übersteigen. Anderenfalls können auf den verbleibenden ökologisch wirksamen Flächen die ökologischen Funktionen nicht mehr erbracht werden.

Messansatz

In dem hier vorgestellten Ansatz werden die baulich geprägten Flächen (Wohn- und Mischnutzung, Industrie/Gewerbe sowie besondere funktionale Prägung) bezüglich ihres Verhältnisses von versiegelten und unversiegelten Flächen untersucht und in Näherung quantifiziert. Darüber hinaus werden die baulich geprägten Einzelflächen mit einem versiegelten Flächenanteil größer als 75 % (d. h. mit einem versickerungswirksamen Flächenanteil von maximal 25 %) quantitativ bestimmt sowie räumlich verortet. Gleichzeitig wird die Annahme mit dem Ansatz nach Schmidt (1993) verglichen. Er fordert einen versickerungswirksamen Flächenanteil von mindestens 40 %, um die ökologischen Funktionen auf der Fläche noch erfüllen zu können.

Auf der Grundlage früherer Felduntersuchungen am IÖR (Heber und Lehmann 1993 und 1996; Arlt und Lehmann 2007, 2008a und 2008b) konnten Korrelationen zwischen Überbauungs- und Versiegelungsgrad für baulich geprägte Flächen im Siedlungskörper ermittelt werden (Abb. 4.7.2).

Die Untersuchungen stützen sich auf die nutzungsartendifferenzierten Siedlungsflächen des ATKIS-Basis-

Abb. 4.7.1: *Große versiegelte Flächen, die bei Starkregenereignissen zu hohen Abflussspitzen mit Überstauereignissen in der Abwasserkanalisation führen können (Fotos: Lehmann 2015)*

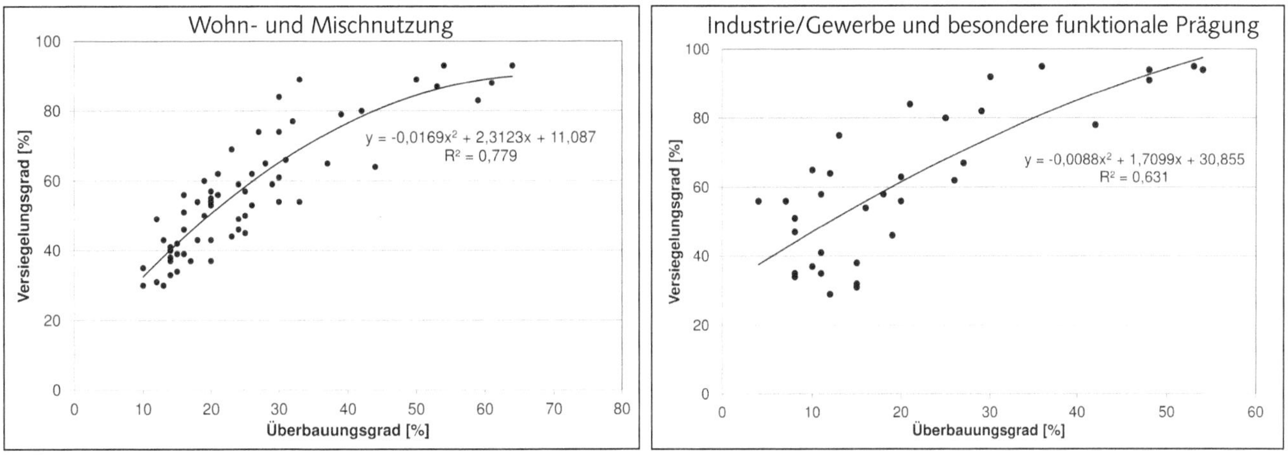

Abb. 4.7.2: *Zusammenhang zwischen Überbauungs- und Versiegelungsgrad für baulich geprägte Flächen: Wohn- und Mischnutzung (links) sowie Industrie/Gewerbe und besondere funktionale Prägung (rechts)*

DLMs in Überlagerung mit der Gebäudegeometrie der Hausumringe (Abschnitt 2.4). Dadurch ist es möglich, für einzelne ATKIS-Polygone Überbauungsgrade, differenziert nach Nutzungsarten, auszuweisen. Unter Anwendung von Regressionsfunktionen nach einem Polynomansatz wurden die versiegelten Flächenanteile aller ATKIS-Polygone baulich geprägter Flächen im Siedlungskörper ermittelt, um kritische Flächen zu identifizieren (Tab. 4.7.1) (Deilmann et al. 2015).

Tab. 4.7.1: *Flächenmessgrößen zur Bodenversiegelung und der potenziellen Versickerungsleistung auf baulich geprägten Flächen der Beispielstädte (Datenquelle: © GeoBasis-DE/BKG/GeoBasis NRW 2009-2011)*

	Anteil unversiegelter, baulich geprägter Fläche an der baulich geprägten Fläche insgesamt	Anteil baulich geprägter Fläche mit geringem versickerungswirksamen Flächenanteil (< 25 %) an der baulich geprägten Fläche
	[%]	[%]
Aachen	43,9	16,0
Dresden	48,7	8,3
Halle (Saale)	44,9	14,3
Krefeld	44,5	17,9
Landau in der Pfalz*	41,0	17,7
Neubrandenburg	48,4	8,7
Oldenburg (Oldb)	47,6	5,6

* ohne Exklaven

Ausgewählte Beobachtungen und Ergebnisdiskussion

Die Spannbreite durchschnittlich versiegelter Flächenanteile der baulich geprägten Flächen beträgt zwischen ca. 51 % (Dresden, Neubrandenburg) und 59 % (Landau), d. h. 41 % bis 49 % sind unversiegelte, potenziell versickerungswirksame Flächen. Werden die Einzelpolygone analysiert, so beträgt der Anteil der bebauten Flächen im Siedlungskörper mit mehr als 75 % Versiegelung zwischen 6 % (Oldenburg) und 18 % (Krefeld, Landau). Bei einem versiegelten Flächenanteil der Einzelpolygone von mehr als 60 % spreizen die Anteile der baulich geprägten Flächen, auf denen die ökologischen Funktionen nicht im vollen Umfang erbracht werden können, stärker. Sie liegen zwischen ca. 42 % in Landau und ca. 21 % in Oldenburg (Abb. 4.7.3).

Maßgeblich handelt es sich bei den baulich geprägten Flächen mit einem potenziell versickerungswirksamen Flächenanteil kleiner 25 % in den Städten um Industrie- und Gewerbeflächen. Bei den Wohnbauflächen mit einem derartig geringen potenziell versickerungswirksamen Flächenanteil betrifft dies vor allem Bebauungsstrukturen der gründerzeitlichen Blockrandbebauung in den Innenstädten von Aachen, Dresden und Halle sowie die alten ländlichen Bebauungsstrukturen in Landau (Karte 7.1).

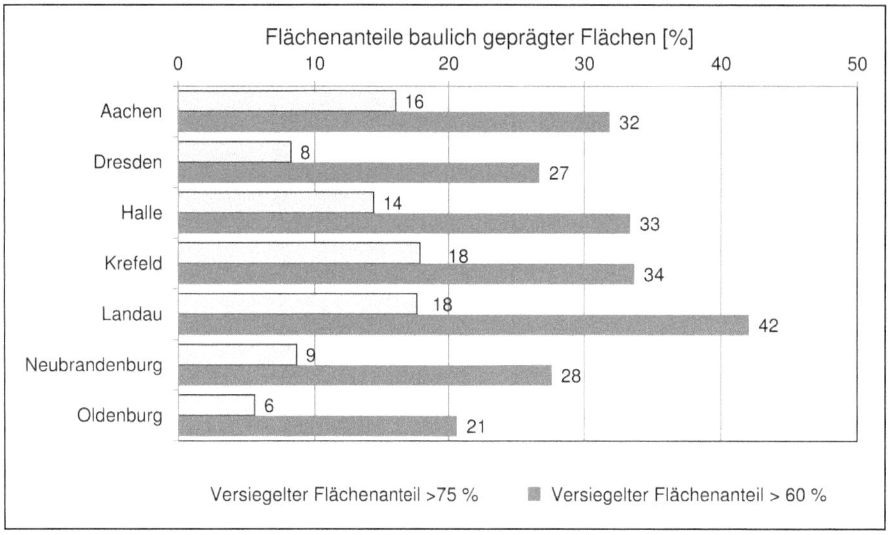

Abb. 4.7.3: *Anteile baulich geprägter Flächen mit verschiedenen potenziell versickerungswirksamen Flächenanteilen im Städtevergleich (Datenquelle: © GeoBasis-DE/ BKG/GeoBasis NRW 2009-2011)*

Städtevergleich

Ein Städtevergleich der sieben Beispielstädte erfolgt auf der Grundlage multikriterieller Bewertung durch Extremwertnormierung der Messgrößen bzw. Basisinformationen (Abschnitt 2.6). Als beschreibende Messgrößen der Beeinflussung der ökologischen Bodenfunktionen Regenwasserversickerung und Grundwasserneubildung durch Überbauung und Versiegelung bzw. Teilversiegelung der Böden wurden die Größen „Potenziell unversiegelter baulich geprägter Flächenanteil – insgesamt" (1) sowie „Anteil baulich geprägter Flächen mit versickerungswirksamen Flächenanteil ≤ 25 %" (2) gewählt. Beide Messgrößen beziehen sich auf die gesamte baulich geprägte Fläche im Siedlungskörper. Bei der Extremwertnormierung wurden die Messgrößen in metrische Skalenwerte zwischen Null (ungünstigster Wert) und Eins (günstigster Wert) umgewandelt. Die potenzielle Regenwasserversickerung baulich geprägter Flächen einer Stadt wird umso besser bewertet, je größer die erste Messgröße (1) und je geringer die zweite Messgröße (2) ausfallen. Im Vergleich der sieben Städte zeigt sich, dass Oldenburg, Dresden und Neubrandenburg einerseits sowie Krefeld und Aachen andererseits, bezogen auf die analysierten Messgrößen, ähnliche Gesamtindizes aufweisen. Sie lassen den Schluss zu, dass innerhalb der Siedlungskörper der Städte analoge strukturelle Muster der baulich geprägten Flächen bestehen (Abb. 4.7.4).

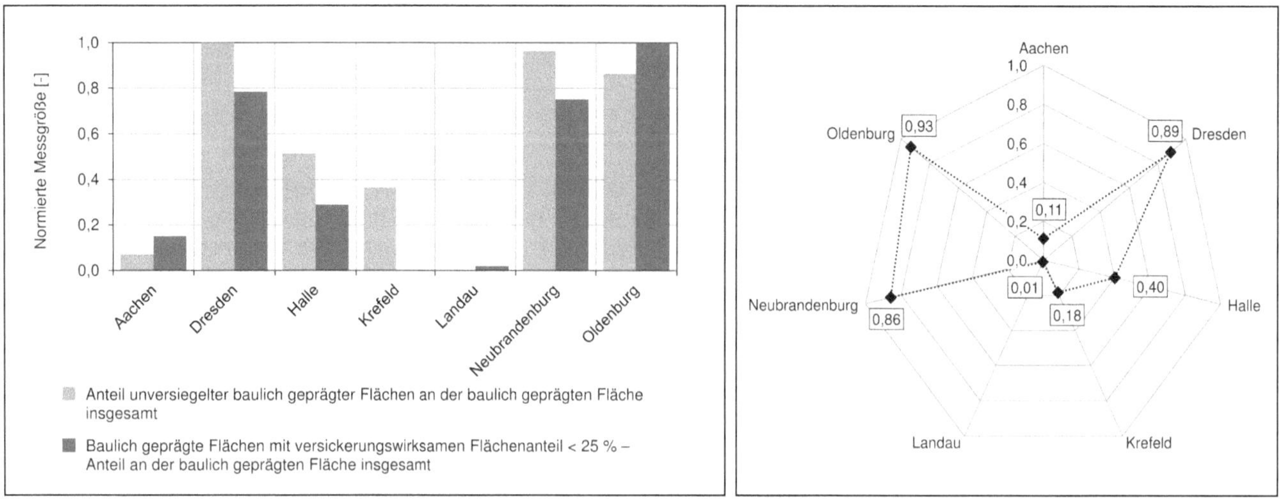

Abb. 4.7.4: *Städtevergleich zur Beeinträchtigung der Bodenfunktionen im Siedlungskörper auf Grundlage multikriterieller Bewertung durch Extremwertnormierung (links: normierte Indizes (1) und (2); rechts: Summierung der genormten Indizes und erneute Normierung) (Datenquelle: © GeoBasis-DE/BKG/GeoBasis NRW 2009-2011)*

4.8 Bauliche Verdichtung – ökologische sowie ökonomische Situation

Wirkungszusammenhänge
zwischen dem Grad baulicher Verdichtung (Baumassendichte und Überbauungsgrad) einerseits und der ökologischen sowie ökonomischen Situation einer Stadt andererseits.

(A) Technische Energie- und Ressourceneffizienz

These:
Je stärker die baulichen Strukturen verdichtet sind, desto kürzer sind die Verkehrswege und umso geringer werden die technischen Infrastrukturaufwendungen pro Serviceeinheit in der Stadt ▶ Karte 8.1

Der Grad der baulichen Verdichtung ist eine Messgröße aus der Stadtplanung und im Rahmen der Diskussion zur nachhaltigen Stadtentwicklung neben anderen Dichtemaßen, wie beispielsweise der Einwohnerdichte, der Beschäftigtendichte oder der Nutzungsdichte, ein wesentliches quantitatives städtebauliches Maß

Abb. 4.8.1: *Technische Erschließung der Bebauung im Straßenraum (Foto: Lehmann 2016)*

(Apel et al. 2000). Die bauliche Dichte hat in Kombination mit dem gewählten Erschließungssystem erheblichen Einfluss auf den Erschließungsaufwand in Quadratmeter Erschließungsfläche pro Quadratmeter Geschossfläche. So sinkt dieser mit steigender baulicher Dichte. Dieser Zusammenhang konnte in zahlreichen empirischen Untersuchungen nachgewiesen werden (Gassner und Thünker 1992; Gassner et al. 1986; Menkhoff et al. 1979).

Die erschließungsbedingte Materialintensität ist in verdichteten Bebauungsstrukturen deutlich geringer als in locker bebauten Gebieten, wenngleich die absoluten Materialmassen von Straßen und Rohrleitungen in Tonnen in verdichteten Mehrfamilienhausgebieten höher sind als in Einfamilienhausgebieten (Schiller 2004).

Messansatz

In dem hier vorgestellten Ansatz der formanalytischen Erfassung wird für die Dichte der Bebauungsstrukturen als Messgröße die Baumassendichte je Meter Erschließungsinfrastruktur gewählt. Die Erschließungsinfrastruktur wird durch die GIS-gestützte Zuordnung der linienförmigen Straßenabschnitte zur nächstgelegenen Bebauung im Siedlungskörper ermittelt. Dabei wird die Länge der einzelnen Straßenabschnitte bestimmt. Das Straßennetz steht stellvertretend für die Leitungslängen der verschiedenen Ver- und Entsorgungsnetze. Die abstrahierte Messgröße Baumassendichte bzw. Bruttorauminhalt pro Leitungslänge wird genutzt, um die technische Energie- und Ressourceneffizienz von baulichen Strukturen sowie den Aufwand für die technische Erschließung widerzuspiegeln. Je stärker die baulichen Strukturen einer Stadt verdichtet sind, je mehr Baumassen dem angrenzenden Straßen- und Leitungsnetz zugeordnet sind, umso kürzer sind die Wege der technischen Erschließung. Kürzere Wege bedeuten kürzere Straßen und Leitungen. Dadurch reduzieren sich die Materialaufwendungen für den Bau dieser technischen Infrastrukturen. Der Energieaufwand für die Herstellung der notwendigen Baumaterialien sinkt ebenfalls und es ergeben sich geringere Erschließungskosten. Die abstrahierte Messgröße Baumassendichte bzw. Bruttorauminhalt pro Leitungslänge ermöglicht allerdings keine gesicherten Rückschlüsse auf die Nutzfläche bzw. die Wohnungsanzahl.

Ausgangsgeometrie sind der Siedlungskörper mit seinen planaren Gebäudepolygonen (Hausumringe, Abschnitt 2.4) und das Straßennetz mit Autobahnen, Bundes-, Landes-, Kreis-, Gemeinde- und sonstigen Straßen zuzüglich Fahrwege innerhalb der administrativen Grenzen. Berücksichtigt werden alle Gebäudepolygone auf baulich geprägten Flächen (Wohnbauflächen, Flächen gemischter Nutzung, Industrie- und Gewerbeflächen sowie Flächen besonderer funktionaler Prägung) im Siedlungskörper. Die Gebäudepolygone sind mit einer Gebäudetypologie hinterlegt (Stadtstrukturtypen, Abschnitt 2.4) (EASE 2012). Im Bereich der

Wohnbebauung werden 15 baualtersklassenbezogene Wohnbaustrukturtypen unterschieden. Im Bereich des Nichtwohnbaus erfolgt eine Unterteilung in elf Nutzungstypen (Tab. 2.4.8). Die Typen sind mit den Attributen Gebäudegrundfläche, Geschossanzahl, Geschosshöhe sowie Gebäudehöhe versehen. In einem ersten Schritt werden die aneinandergrenzenden Gebäudepolygone zu einem Gebäudeverbund (Gesamtpolygon) verschmolzen. Auf Grundlage der Angaben zur Gebäudegrundfläche und der Gebäudehöhe wird die Baumassendichte als eine wichtige Größe für Effizienzbetrachtungen ermittelt. Kellergeschosse bleiben bei diesen Berechnungen unberücksichtigt; schräge Dachgeschosse sind durch gemittelte Gebäudehöhen integriert.

Auf Grundlage der räumlichen Daten werden folgende Messgrößen ermittelt: „Baumasse pro Gesamtstraßennetzlänge im Siedlungskörper", „Baumasse pro Straßenabschnittslänge mit Bebauung, Median" sowie die „Baumasse pro Straßenabschnittslänge mit Bebauung", gegliedert in die Klassen nach Straßenabschnitten

- mit geringer Baumassendichte (> 0 bis ≤ 50.000 m³/km),
- mit mittlerer Baumassendichte (> 50.000 m³/km bis ≤ 200.000 m³/km),
- mit hoher Baumassendichte (> 200.000 m³/km) (Abb. 4.8.2).

Die Messgröße „Baumasse pro Gesamtstraßennetzlänge im Siedlungskörper" ist der Quotient der Summe der Baumassen aller Gebäudepolygone und der Gesamtlänge aller Straßen und Wege im Siedlungskörper. Für die Ermittlung der Baumasse pro Straßenabschnittslänge werden die Gebäudepolygone jeweils dem nächstgelegenen Straßenabschnitt zugeordnet. Die Straßenabschnitte werden durch das Straßennetz bzw. durch Straßeneinmündungen gebildet. Das Ergebnis sind Baumassen in Kubikmeter pro Kilometer für alle im Siedlungskörper vorhandenen Straßenabschnitte mit Bebauung. Als Messgröße wird der Median der Messgröße „Baumasse pro Straßenabschnittslänge" gewählt, um das Gesamtergebnis negativ beeinflussender Extremwerte zu minimieren. Für die klassifizierten Straßenabschnitte mit geringer, mittlerer und hoher Baumassendichte werden die jeweiligen Anteilswerte bestimmt. In die Berechnung geht der „Längenanteil der Straßenabschnitte mit hoher Baumassendichte im Siedlungskörper" ein, da Städte mit einem hohen Anteilswert auf eine höhere bauliche Kompaktheit schließen lassen.

Ausgewählte Beobachtungen und Ergebnisdiskussion

Die Verteilung der Baumassendichten pro Straßenabschnitt im Siedlungskörper zeichnet unterschiedliche Bilder, je nachdem welcher Grad an Baumassendichte betrachtet wird: Hoch, mittel, gering oder ohne Baumasse. Wird auf Straßenabschnitte mit hoher Baumassendichte (> 200.000 m³/km) fokussiert, so bilden Aachen und Oldenburg die Bandbreite zwischen dem größten und dem geringsten Längenanteil ab. Aachen hat den größten Längenanteil an Straßenabschnitten mit hoher Baumassendichte, was auf den großen Anteil an kompakten Bebauungsstrukturen zurückzuführen ist. In Oldenburg dominiert die Ein-und Zweifamilienhausbebauung, welche eher mit geringen und mittleren Baudichten verbunden ist (Tab. 4.8.2; Diagramm in Karte 8.1).

Der Median der Baumasse pro Straßenabschnittslänge mit Bebauung spreizt zwischen Aachen und Landau. Bei den Beobachtungen darf nicht außer Acht gelassen werden, dass neben den Flächen mit Wohnnutzung auch Industrie- und Gewerbeflächen sowie Flächen besonderer funktionaler Prägung die bauliche Dichte von Städten

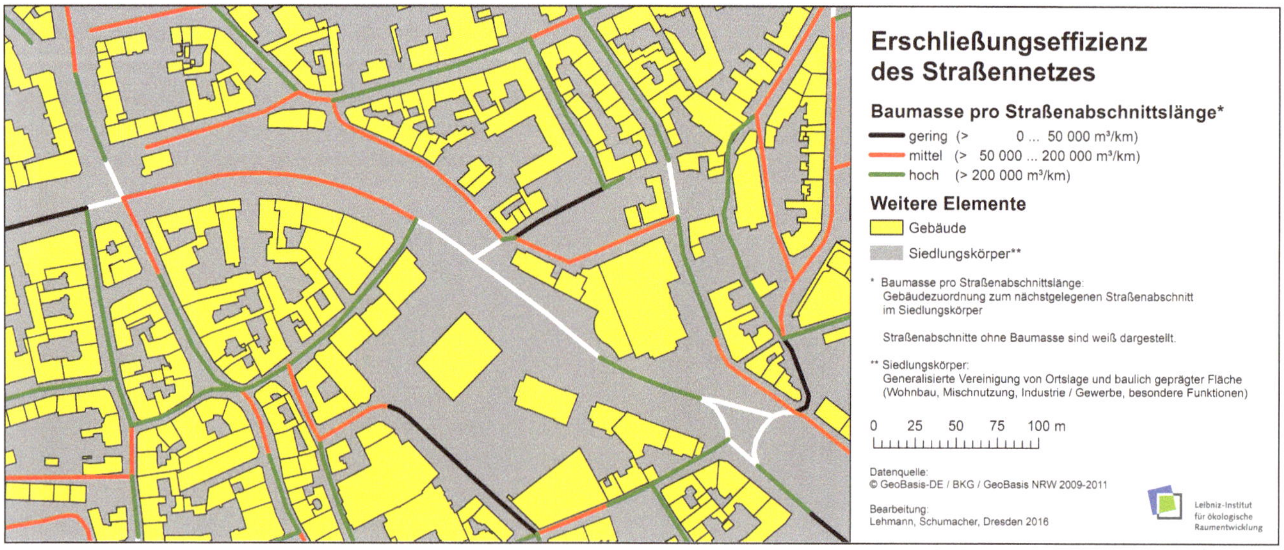

Abb. 4.8.2: *Klassifizierung der Straßenabschnitte nach Baumassendichte*

Tab. 4.8.1: *Messgrößen zur Beschreibung der technischen Energie- und Erschließungseffizienz im Siedlungskörper der Beispielstädte (Datenquelle: © GeoBasis-DE/BKG/GeoBasis NRW 2009-2011)*

	Baumasse pro Gesamtstraßennetzlänge im Siedlungskörper	Baumasse pro Straßenabschnittslänge mit Bebauung, Median	Längenanteil der Straßenabschnitte mit hoher Baumassendichte im Siedlungskörper
	[m³/km]	[m³/km]	[%]
Aachen	127.426	85.015	20,6
Dresden	110.385	83.697	15,7
Halle (Saale)	109.108	84.070	17,6
Krefeld	116.689	73.447	18,5
Landau in der Pfalz*	89.976	58.189	10,5
Neubrandenburg	103.705	66.302	15,1
Oldenburg (Oldb)	98.796	74.698	9,8

* ohne Exklaven

und deren technische Energie- und Ressourceneffizienz beeinflussen. Schließen z. B. Gewerbegebiete räumlich direkt an andere bebaute Flächen an (ohne dazwischenliegenden Freiraum) und sind die dortigen Bebauungen kompakt (große Baumassen), trägt dies zur Erhöhung der technischen Energie- und Ressourceneffizienz im hier definierten Sinne bei.

Städtevergleich

Zur Bestimmung der technischen Energie- und Ressourceneffizienz fließen die drei Messgrößen „Baumasse pro Gesamtstraßennetzlänge im Siedlungskörper", „Baumasse pro Straßenabschnittslänge mit Bebauung, Median" sowie der „Längenanteil der Straßenabschnitte mit hoher Baumassendichte im Siedlungskörper" in die multikriterielle Bewertung ein. Sind alle drei in die Bewertung einfließenden Messgrößen hoch, so wird die Stadt als kompakt eingeschätzt und kommt zur Versorgung ihrer bebauten Bereiche mit einem relativ kleinen Straßennetz aus. Folglich ergeben sich geringere Infrastrukturaufwendungen (Straßen, Leitungen) pro Nutzungseinheit (z. B. Wohnung oder Gewerbe- bzw. Produktionseinheit). Dies trifft auf Aachen und Krefeld zu. Beide Beispielstädte haben in ihrem Siedlungskörper hohe Anteile an kompakten Bebauungsstrukturen, die günstig und effizient mit Infrastrukturen versorgt werden können. Dies bedingt eine höhere technische Energie- und Ressourceneffizienz.

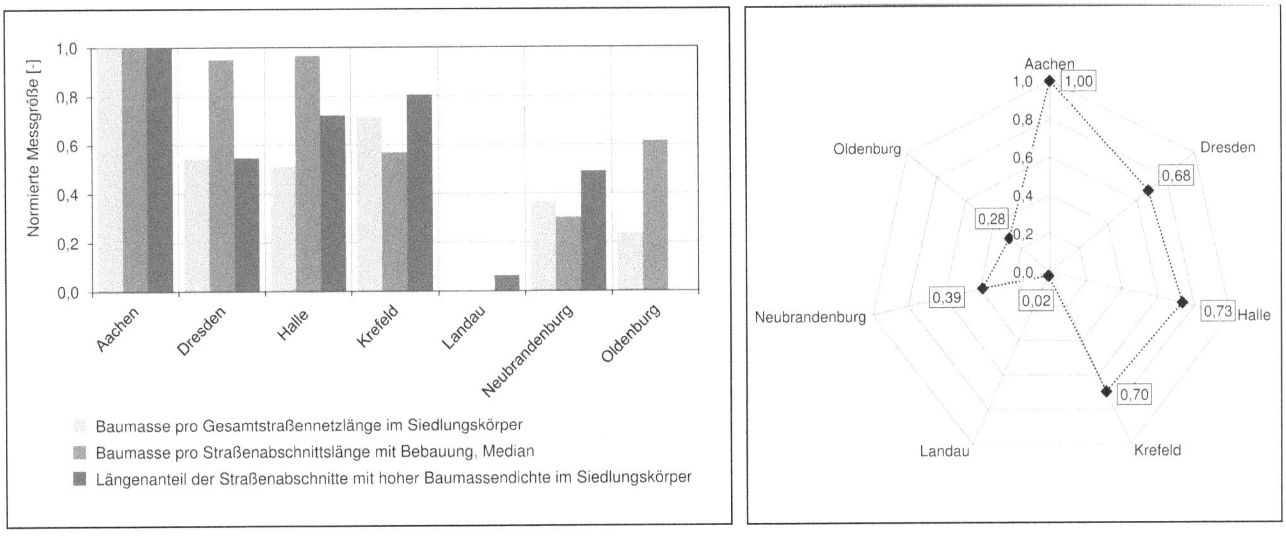

Abb. 4.8.3: *Städtevergleich zur technischen Energie- und Ressourceneffizienz auf Grundlage multikriterieller Bewertung durch Extremwertnormierung (links: relevante normierte Indizes; rechts: Summierung der genormten Indizes und erneute Normierung) (Datenquelle: © GeoBasis-DE/BKG/GeoBasis NRW 2009-2011)*

(B) Potenzielle Wärmeinseln in der Stadt

These:
Mit zunehmender Baumassendichte und Versiegelung städtebaulicher Strukturen steigt das Wärmespeichervermögen und damit die Jahresdurchschnittstemperatur (Wärmeinseleffekt).

▶ Karte 8.2

„Die städtische Wärmeinsel ist ein typisches Merkmal des Stadtklimas. Sie wird durch die Temperaturdifferenz zwischen der wärmeren Stadt und ihrem kühleren Umland charakterisiert und erreicht ihr Maximum während sonnenscheinreicher und windschwacher Wetterlagen. Die Differenz kann in großen Städten bis zu 10 Kelvin betragen. Die Lufttemperatur in Städten hängt unter anderem von der Gebäudegeometrie, den thermischen Eigenschaften der Bausubstanz, den Strahlungseigenschaften der Oberflächen und der anthropogenen Wärmefreisetzung, z. B. durch Hausbrand, Verkehr und Industrie ab. Die Auswirkungen der städtischen Wärmeinsel sind vielfältig. In den Sommermonaten erhöht sich die Gefahr für Hitzestress der Stadtbewohner“ (DWD 2016, S. 1).

Die Versiegelung des Bodens durch Überbauung sowie Abdichten offener Böden für Verkehrsinfrastruktur (einschl. Wege und Plätze) beeinflusst u. a. die mikroklimatische Situation in den Städten. Je höher die Versiegelung und je dichter die Bebauung sind, desto stärker heizen sich diese Flächen und Baukörper bei Sonneneinstrahlung auf und speichern die Wärme am Tag, welche in den Nachtstunden lediglich im geringen Umfang wieder abgestrahlt wird. Dadurch steigt langfristig die mittlere Lufttemperatur in den dicht bebauten und hoch versiegelten Gebieten (Arlt et al. 2001). Konkrete Temperaturmessungen vor Ort in der Modellstadt Oberhausen in einem Zeitraum von einem Jahr (August 2010 bis Juli 2011) haben gezeigt, dass die Wärmebelastung in den verdichteten, hoch versiegelten Bebauungsstrukturen der Innenstadt beispielsweise im Vergleich zu einem gering versiegelten Park innerhalb des Siedlungskörpers wesentlich höher ist. Die Messungen ergaben in der Innenstadt 35, im Park lediglich 26 Sommertage ($t_{max} \geq 25$ °C) sowie in der Innenstadt zwölf bzw. im Park lediglich neun tropische Nächte ($t_{min} \geq 20$ °C) (Kuttler et al. 2011). Überlagert und verstärkt werden die temperaturerhöhenden Wirkungen hoher Versiegelung und dichter Bebauung durch den Klimawandel.

Modelluntersuchungen von Stadtvegetationsstrukturtypen mit unterschiedlichen baulichen und Grünstrukturen haben ergeben, dass diese sehr stark die Lufttemperatur am Standort im Vergleich zu einer asphaltierten Fläche beeinflussen (Lehmann et al. 2014). In anderen Untersuchungen wurde nachgewiesen, dass in einem Bebauungsgebiet mit Zunahme des Versiegelungsgrades um 10 % die Lufttemperatur im Vergleich zum unbebauten Umland um ca. 0,2 °C höher liegt (Reuter und Kapp 2012).

Messansatz

Ausgangsgeometrie sind die baulich geprägten Flächen (Wohnbaufläche, Fläche gemischter Nutzung, Industrie- und Gewerbefläche, Fläche besonderer funktionaler Prägung) im Siedlungskörper. Datengrundlage bildet das ATKIS Basis-DLM in Überlagerung mit der Gebäudegeometrie der Hausumringe. Die Aussagen zum Gebäudevolumen bzw. zur Gebäudehöhe werden über gebäudetypenspezifische Höhen getroffen (Abschnitt 4.6).

Abb. 4.8.4: *Stadtvegetationsstrukturen im Kontext mit Bebauung und Versiegelung (Fotos: Lehmann 2015)*

Tab. 4.8.2: *Flächenmessgrößen und Basisinformationen im Kontext der Beschreibung potenzieller Wärmeinseln im Siedlungskörper der Beispielstädte (Datenquelle: © GeoBasis-DE/BKG/GeoBasis NRW 2009-2011)*

	Fläche des Siedlungskörpers	Gesamtfläche potenzieller Wärmeinseln	Flächenanteil potenzieller Wärmeinseln am Siedlungskörper	Flächengröße einer potenziellen Wärmeinsel (Mittelwert)
		A > 1 ha; VG > 75 %; BMD > 4,8 m³/m²		
	[ha]	[ha]	[%]	[ha]
Aachen	5.593	163,4	2,9	7,4
Dresden	14.022	153,0	1,1	2,8
Halle (Saale)	5.682	72,6	1,3	2,9
Krefeld	6.852	124,9	1,8	5,4
Landau in der Pfalz*	1.386	13,9	1,0	13,9
Neubrandenburg	1.917	6,2	0,3	2,1
Oldenburg (Oldb)	5.913	33,5	0,6	4,2

* ohne Exklaven

Das Flächenmessgröße Versiegelungsgrad wird für alle Polygone der baulich geprägten Flächen auf der Grundlage eines Algorithmus ermittelt. Die Grundlage dafür bilden eigene terrestrische Untersuchungen (Abschnitt 4.7). Benachbarte Flächen mit einem Versiegelungsgrad größer 75 % und einer Baumassendichte größer 4,8 m³/m² werden zu einem Polygon verschmolzen. Anschließend erfolgt eine weitere Selektion aller Flächen größer ein Hektar. Für die identifizierten Flächen wird die mittlere Flächengröße ermittelt.

Ausgewählte Beobachtungen und Ergebnisdiskussion

Bei den ermittelten Flächen handelt es sich um Verdachtsflächen, auf denen sich wesentlich höhere Temperaturen als in der Umgebung ausbilden, wodurch es zu gesundheitlichen Belastungen der Menschen kommen kann. Der Zusammenhang zwischen der bebauungsstrukturellen Gliederung der Städte und den potenziellen Wärmeinseln zeichnet sich deutlich ab. Weiterhin zeigt sich in den Karten, aber auch bei den ermittelten Messgrößen bzw. Basisinformationen – bezogen auf die Beispielstädte – eine deutliche Beziehung der potenziellen Flächen starker Überwärmung zu dichter gründerzeitlichen Altstadtbebauung und zu hochversiegelten und überbauten Gewerbestandorten. Es ist auffallend, dass sich die Flächen potenzieller Wärmeinseln – außer in Dresden – maßgeblich auf den Innenstadtbereich konzentrieren (Diagramm in Karte 8.2 und Tabelle 4.8.2).

Städtevergleich

Die multikriterielle Beschreibung und Bewertung der potenziellen Wärmeinseln erfolgt auf der Grundlage der als relevant identifizierten Messgrößen „Flächenanteil potenzieller Wärmeinseln an der Fläche des Siedlungskörpers" und dem Mittelwert „Flächengröße einer potenziellen Wärmeinsel".

Beide Messgrößen werden zwischen Null und Eins extremwertnormiert. Dabei gilt für die Wirkrichtung beider Messgrößen: Je kleiner der Wert, desto geringer sind die potenziellen Wärmebelastungen innerhalb der entsprechenden Strukturen (Abb. 4.8.5 links). Die Überlagerung der beiden Indizes und anschließende erneute Normierung zeigt, dass im Städtevergleich Neubrandenburg und Oldenburg mit einem sehr geringen Anteil verdichteter Strukturen die wenigsten Probleme durch potenzielle Wärmeinseln zu erwarten haben. Dagegen sind vor allem in Aachen potenzielle Wärmeinseln durch einen hohen Anteil verdichteter Strukturen im Zentrum relativ stark präsent (Abb. 4.8.5 rechts).

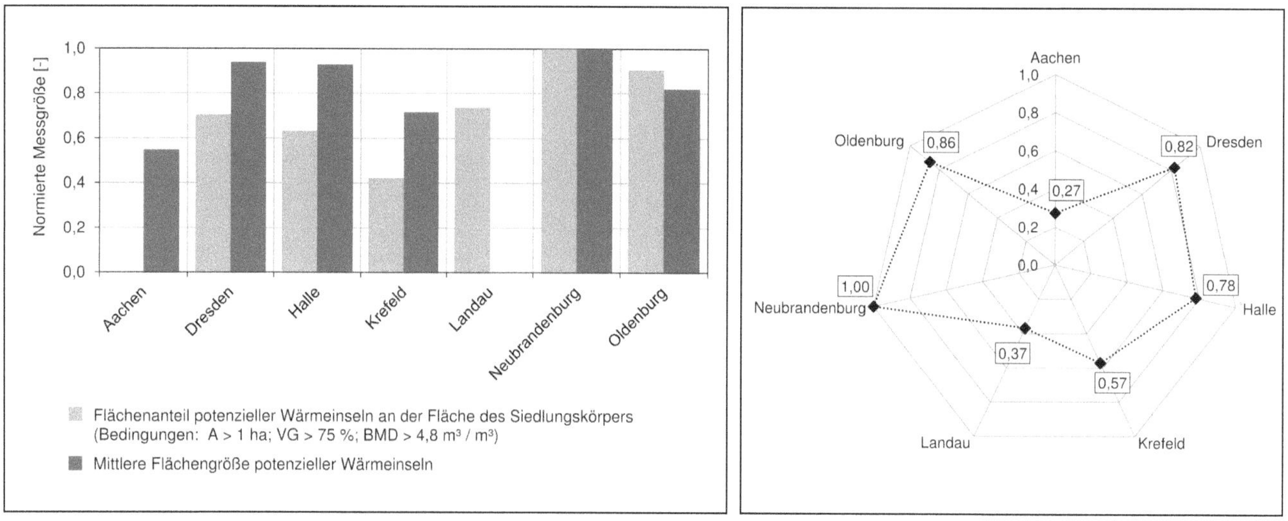

Abb. 4.8.5: *Städtevergleich zu potenziellen Wärmeinseln im Siedlungskörper mit Hilfe einer Extremwertnormierung (links: normierte Indizes; rechts: Summierung der genormten Indizes und erneute Normierung) (Datenquelle: © GeoBasis-DE/BKG/ GeoBasis NRW 2009-2011)*

4.9 Gebäudekompaktheit

Wirkungszusammenhänge
zwischen dem Verhältnis von Gebäudevolumen und Gebäudeoberfläche (Gebäudekompaktheit) einerseits und den potenziellen Transmissionswärmeverlust andererseits.

(A) Gebäudekompaktheit und Energieeffizienz

These:
Mit zunehmender Gebäudekompaktheit steigen die Voraussetzungen für technische Energieeffizienz und Ressourceneffizienz. Damit können die Instandhaltungsaufwendungen sinken. ▶ Karte 9.1

Die Gebäudekompaktheit ist in Verbindung mit städtebaulicher Dichte ein Faktor für städtebauliche Kompaktheit. Die Kompaktheit eines Gebäudes hat einen wesentlichen Einfluss auf dessen Energieverbrauch (Heizwärme). Dabei ist das Verhältnis der Wärme übertragenden Hüllfläche A (Gebäudeoberfläche) zum davon eingeschlossenen Bauwerksvolumen V (Gebäudevolumen) eine wichtige Entwurfsgröße zur Beeinflussung des Transmissionswärmeverlustes eines Gebäudes. Je kleiner die Wärme übertragende Hüllfläche A im Verhältnis zum Bauwerksvolumen V ist (A/V-Verhältnis), desto geringer sind (bei gleichem Dämm-Standard) die Transmissionswärmeverluste pro m^2 Nutzfläche durch die Gebäudehülle, und um so günstiger sind die Voraussetzungen für eine technische Energieeffizienz.

Für die Gebäudekompaktheit ist vor allem die Bauform maßgeblich, die sich in Gebäudetypen widerspiegelt. Für jede Bauform ergeben sich innerhalb der vom jeweiligen Bauwerksvolumen bestimmten Spannweite typische A/V-Verhältnisse. Dabei hat es maßgeblichen Einfluss, ob ein Gebäude einzeln frei steht oder mehrere Gebäude zu einem Gebäudeverbund aneinander gereiht sind. Zudem spielt die Geschossigkeit des Gebäudes eine Rolle (Abb. 4.9.1).

Für bestimmte Gebäudetypen kann in der Regel von folgenden A/V-Verhältnissen ausgegangen werden (Baunetzwissen 2015):

- Frei stehende Einfamilienhäuser: 0,7 bis über 1,0 m^2/m^3,
- Doppelhäuser: 0,6 bis 0,9 m^2/m^3,
- Reihenhäuser: 0,4 bis 0,6 m^2/m^3,
- Mehrfamilienhäuser: 0,3 bis 0,5 m^2/m^3.

Die Bandbreite der A/V-Verhältnisse der verschiedenen Bauformen reicht generell von unter 0,2 m^2/m^3 (günstig) bis über 1,0 m^2/m^3 (ungünstig). Eine mehrgeschossige Blockrandbebauung (im Gebäudeverbund) hat etwa einen A/V-Wert von 0,25 m^2/m^3. Demgegenüber erreicht ein eingeschossiges Winkeleinfamilienhaus einen Wert von etwa 1,2 m^2/m^3. Verdichtete Bebauungsformen tendieren grundsätzlich zu günstigeren A/V-Verhältnissen.

Das A/V-Verhältnis wird maßgeblich von der Geschossigkeit, der Gebäudelänge, der Gebäudetiefe sowie deren „Zusammenspiel" beeinflusst. So wird dieses Verhältnis mit steigender Geschossigkeit niedriger bzw. günstiger (Königstein 2009). Ein niedriges A/V-Verhältnis weist eine Bauweise mit drei bis fünf Geschossen auf. Bei Mehrfamilien- und Reihenhäusern mit weniger als zwei bis drei Geschossen ist dieses Verhältnis deutlich größer und damit ungünstiger. Ein freistehendes Einfamilienhaus hat aufgrund seiner geringen Kompaktheit auch bei zwei Geschossen ein ungünstiges A/V-Verhältnis.

Bei unverändertem Gebäudequerschnitt nimmt das A/V-Verhältnis mit zunehmender Gebäudelänge ab. So sollte die Gebäudelänge bei zweigeschossigen Gebäuden etwa 20 m, bei drei- und mehrgeschossigen Gebäuden ca. 30 m nicht unterschreiten. Bei einer Länge von 30 bis 50 m besteht ein günstiges A/V-Verhältnis. Eine über 50 m liegende Länge der Gebäude hat keine deutliche Verbesserung dieses Verhältnisses zur Folge (Königstein 2009).

Mit zunehmender Gebäudetiefe verbessert sich das A/V-Verhältnis (Königstein 2009). Die Notwendigkeit einer natürlichen Belichtung und Belüftung von

Abb. 4.9.1: *Unterschiedliche Gebäudetypen – frei stehendes Einfamilienhaus, Einfamilien-Reihenhaus und Mehrfamilienhaus in Zeile (Fotos: Tittel 2006 (links); Dittrich und Neubauer 2000 (Mitte); Dittrich 1997 (rechts))*

Tab. 4.9.1: *A/V-Verhältnis unterschiedlicher Kombinationen eines Quaders*

Quader-Kombination: Länge x Breite x Höhe in m	Hüllfläche A [m²]	Gebäudevolumen V [m³]	A/V-Verhältnis [m²/m³]
10 x 10 x 3 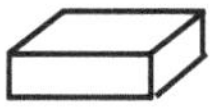	320	300	1,07
10 x 10 x 6 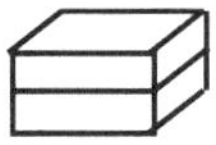	440	600	0,73
20 x 10 x 6 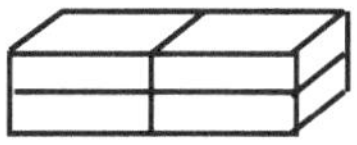	760	1.200	0,63
50 x 10 x 6 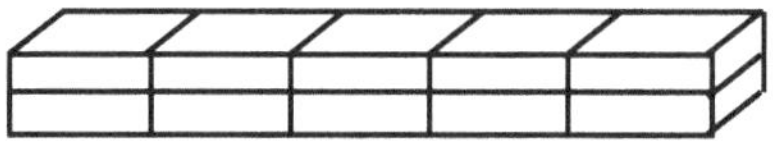	1.720	3.000	0,57
50 x 10 x 12 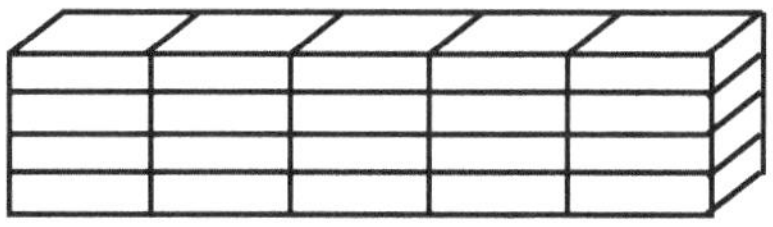	2.440	6.000	0,41
50 x 10 x 18 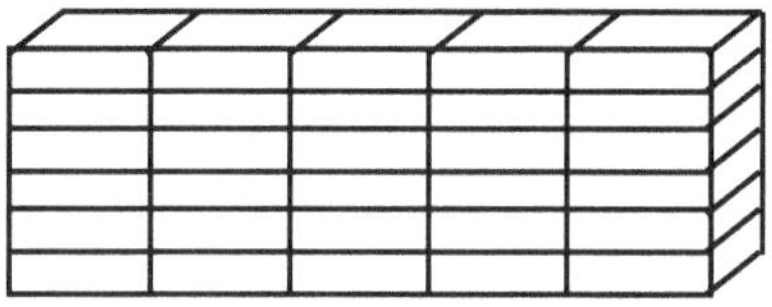	3.160	9.000	0,35

Aufenthaltsräumen begrenzt andererseits die maximal mögliche Gebäudetiefe. Im Wohnungsbau ist nur bis zu einer Raumtiefe von ca. 6 bis 7 m und damit bis zu einer Gebäudetiefe von ca. 12 bis 14 m eine ausreichende Belichtung mit Tageslicht möglich. Dementsprechend liegt die günstigste Gebäudetiefe zwischen 12 und 14 m.

Vorsprünge, Rücksprünge und Versätze erhöhen die Gebäudeoberfläche und verschlechtern damit das A/V-Verhältnis. Als Gestaltungselemente sollte bei kleinen Gebäuden (< 1.000 m³) darauf verzichtet werden, da sie geometrisch bedingt relativ viel Hüllfläche pro Volumen benötigen. Bei großen Gebäuden gilt diese gestalterische Zurückhaltung nicht im gleichen Maße. Generell sollten Gebäude kompakt und ihre Hüllflächen spezifisch klein sein. Dieser Forderung werden Mehrfamilienhäuser eher gerecht. Sie sind bei gleicher baulicher und haustechnischer Ausstattung energetisch günstiger als mehrere frei stehende Einfamilienhäuser.

Messansatz

Ausgangsgeometrie sind die planaren Gebäudepolygone (Hausumringe, Abschnitt 2.4) im Siedlungskörper, wobei kleine Nebengebäude mit einer Grundfläche von kleiner 10 m² nicht betrachtet werden. Die Gebäudepolygone sind mit einer Gebäudetypologie (Stadtstrukturtypen, Abschnitt 2.4) (EASE 2012) hinterlegt.

Die Gebäudetypologie berücksichtigt im Bereich Wohnen die Stellung der Gebäude (frei stehende Gebäude, mehrere, zu einem Baukörper verbundene Gebäude) sowie deren Wohnform (Ein- und Zweifamilienhäuser, Mehrfamilienhäuser, Mischformen). In der Kombination von Gebäudestellung und Wohnform ergeben sich 15 verschiedene Wohnbaustrukturtypen (Abschnitt 2.4, Tab. 2.4.8). Die Wohnbaustrukturtypen haben Baualtersbezug und sind mit den Attributen Gebäudegrundfläche, Geschossanzahl, Geschosshöhe sowie Gebäudehöhe versehen. Das A/V-Verhältnis wird auf Grundlage des Klötzchenmodells ermittelt. Ausgehend von der Gebäudegrundfläche und der Gebäudehöhe werden die Wärme übertragende Hüllfläche A (Gebäudeoberfläche mit Außenwand-, Dach- und Bodenflächen) und das von dieser Hüllfläche eingeschlossene Bauwerksvolumen V (Gebäudevolumen) berechnet. Kellergeschosse bleiben in diesem Zusammenhang unberücksichtigt; schräge Dachgeschosse sind durch gemittelte Gebäudehöhen integriert.

Im Bereich Nichtwohnen unterscheidet die Typologie elf verschiedene Nutzungen (Abschnitt 2.4, Tab. 2.4.8), u. a. Industrie und Gewerbe sowie besondere funktionale Prägung. Jeder Nutzungstyp ist – wie beim Wohnen – mit Informationen (Attributen) zur Geschossanzahl, Geschosshöhe, Gebäudehöhe, zur Umfassungsfläche A, zum Bauwerksvolumen V sowie zum resultierenden A/V-Verhältnis versehen.

Alle aneinander grenzenden Gebäudepolygone werden zu einem Gebäudeverbund (Gesamtpolygon) verschmolzen. Im Folgenden soll für Einzelgebäude und Gebäudeverbünde der Begriff „Gebäude(-verbund)"

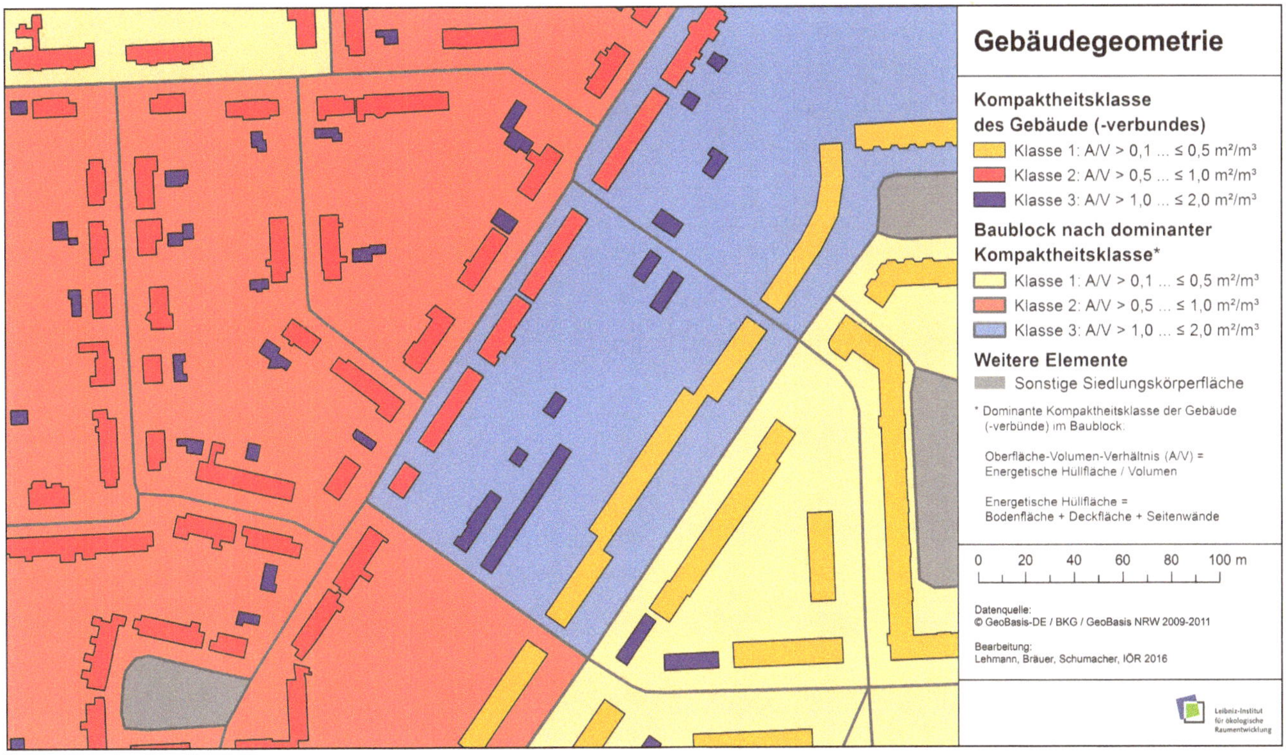

Abb. 4.9.2: *Bestimmung der Kompaktheitsklasse der Gebäude(-verbünde) im Baublock nach dem Dominanzprinzip*

verwendet werden. Die Berechnung der A/V-Verhältnisse erfolgt für alle Gebäude(-verbünde). Da die Analyse auf energierelevante Objekte fokussiert, bleiben alle Gebäude(-verbünde) mit einer Grundfläche ≤ 30 m² (meist unbeheizte Gebäude) unberücksichtigt. Ermittelt werden die Gebäude(-verbund)anteile bezogen, auf den Gesamtbestand, mit folgenden A/V- Verhältnisen:

≥ 0,1 bis ≤ 0,5 m²/m³ (Klasse 1),

> 0,5 bis ≤ 1,0 m²/m³ (Klasse 2) sowie

> 1,0 bis ≤ 2,0 m²/m³ (Klasse 3).

Für die kartographische Darstellung wird auf Baublock-Ebene das dominante A/V-Verhältnis in den Klassen 1 bis 3 ermittelt (Beispielstädte im Vergleich siehe Karte 9.1). Dazu erhält jeder Gebäude(-verbund) ein Zentroid, welches etwa dem geometrischen Schwerpunkt der Fläche entspricht und als Referenzpunkt für Attributdaten genutzt wird. Die Zentroide der Gebäude(-verbünde) werden mit den zugehörigen Baublöcken (Wohnbauflächen, Flächen gemischter Nutzung, Industrie- und Gewerbeflächen, Flächen besonderer funktionaler Prägung) verknüpft. Dem Dominanzprinzip folgend, erhält jeder Baublock als Attribut die in ihm am häufigsten vertetene A/V-Klasse (Abb. 4.9.2).

Nach Bestimmung der A/V-Verhältnisse in den ATKIS-Baublöcken und deren Zuordnung zu dominanten Kompaktheitsklassen sind Analysen zur Verteilung dieser Klassen möglich. Diese erfolgen nicht auf Baublock-, sondern auf Gebäude(-verbund-)ebene. Dazu wird ermittelt, wie viele Gebäude(-verbünde) den einzelnen Klassen anteilsmäßig, bezogen auf die Gesamtstadt, angehören.

Ausgewählte Beobachtungen und Ergebnisdiskussion

Die Verteilung der A/V-Klassen zeichnet je nach Bezugsbasis unterschiedliche Bilder. Die Verteilung auf Grundlage der Gebäudeanzahl lässt erkennen, dass nur durchschnittlich 16 % der in den Beispielstädten vorhandenen Gebäude(-verbünde) ein von den Autoren als günstig eingeschätztes A/V-Verhältnis ≤ 0,5 m²/m³ haben (Tab. 4.9.2 und Diagramm in Karte 9.1). Neubrandenburg und Dresden weisen nahezu ein Viertel der erfassten Gebäude(-verbünde) mit einem derartigen A/V-Verhältnis auf. Ist die Gebäudestruktur einer Stadt stark von Ein- und Zweifamilienhäusern geprägt, so gibt es einen hohen Anteil an Gebäuden mit einem A/V-Verhältnis > 0,5 m²/m³. Beispielsweise beträgt in Oldenburg dieser Anteil 93 %; im Durchschnitt der Städte liegt er bei 84 %.

Der Anteil an Gebäude(-verbünden) in der ungünstigsten Kompaktheitsklasse (> 1,0 m²/m³) hat in Halle den höchsten Wert aller Beispielstädte (44 %), was auch bei der Kartendarstellung zu Ausdruck kommt. Im Gegensatz dazu ist in der Dresdner Karte diese Klasse (trotz 30 % Anteil) kaum zu erkennen. Dieser Effekt hängt mit der Generalisierung vom Gebäude(-verbund) zur

	Anteile der Gebäude(-verbünde) mit A/V-Verhältnis		
	≥ 0,1 bis ≤ 0,5 m²/m³ Klasse 1	> 0,5 bis ≤ 1,0 m²/m³ Klasse 2	> 1,0 bis ≤ 2,0 m²/m³ Klasse 3
	[%]	[%]	[%]
Aachen	16	55	29
Dresden	23	47	30
Halle (Saale)	15	41	44
Krefeld	13	47	40
Landau in der Pfalz*	11	60	29
Neubrandenburg	25	64	11
Oldenburg (Oldb)	7	63	30

* ohne Exklaven

Tab. 4.9.2: *Prozentuale Anteile der Gebäude(-verbünde) nach Kompaktheitsklassen, bezogen auf den Gesamtbestand (Datenquelle: © GeoBasis-DE/BKG/ GeoBasis NRW 2009-2011)*

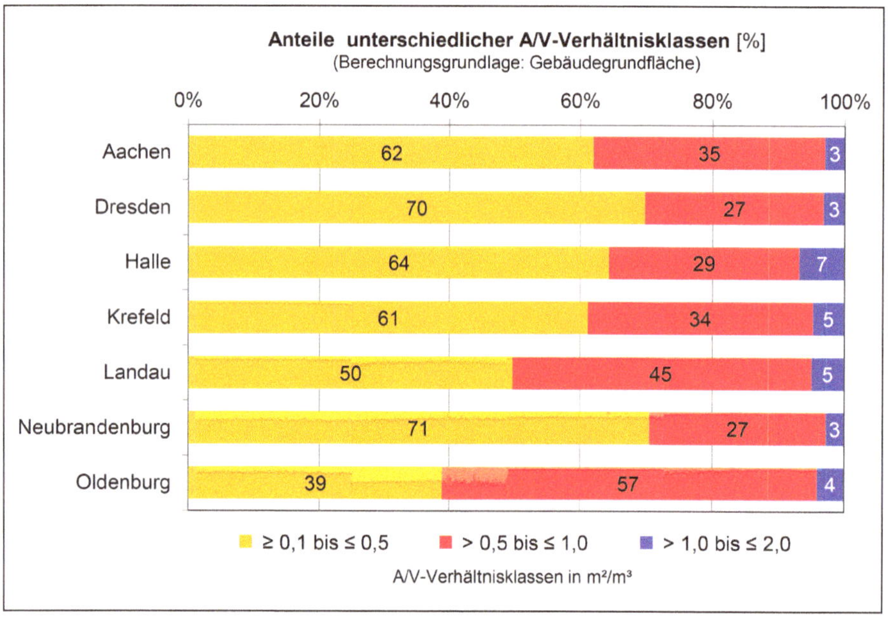

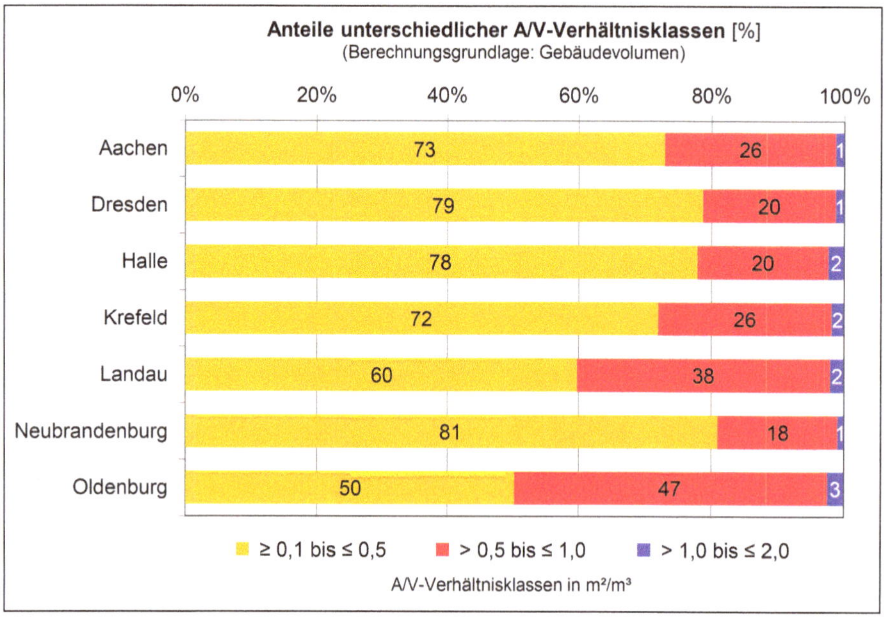

Abb. 4.9.3: *A/V-Verhältnisklassen der Gebäude(-verbünde) – Anteilsverteilung auf Grundlage der Gebäudegrundflächen und der Gebäudevolumina im Vergleich der Beispielstädte, bezogen auf den Gesamtbestand (Datenquelle: © GeoBasis-DE/BKG/ GeoBasis NRW 2009-2011)*

Baublockebene nach dem Dominanzprinzip zusammen, wobei unterschiedliche Strukturen in beiden Städten eine Rolle spielen: Während in Halle die Dominanz kleinerer Gebäude mit energetisch ungünstigen Bauformen auf Baublockebene vor allem in den Vorstädten oft erhalten bleibt, werden derartige Gebäude in Dresden bei einer baublockbezogenen Betrachtung meist verdrängt. Dieser Aspekt ist bei der Interpretation unbedingt zu beachten.

Diese Feststellungen relativieren sich, wenn man die Analysen auf Grundlage des Fußabdruckes der Gebäude (Gebäudegrundfläche) bzw. der durch die Gebäude bereit gestellten Rauminhalte (Gebäudevolumen) durchführt (Abb. 4.9.3). Dann haben durchschnittlich 40 % (obere Grafik) bzw. durchschnittlich 29 % (untere Grafik) der in den Beispielstädten vorhandenen Gebäude ein A/V-Verhältnis > 0,5 m^2/m^3.

In drei Beispielstädten liegt der volumenbasierte Anteil der als günstig einzuschätzenden A/V-Klasse 1 (≥ 0,1 bis ≤ 0,5 m^2/m^3) bei über 75 % (Neubrandenburg 81 %, Dresden 79 % und Halle 78 %). Grund dafür ist vermutlich die Bautätigkeit in diesen Städten nach dem Zweiten Weltkrieg, vor allem in Zeilen- und Reihenbebauung. Dies bestätigt die Struktur der Wohnbebauung in diesen Städten. In Neubrandenburg sind 35 % des Wohngebäudebestandes Mehrfamilienhäuser in Reihen- bzw. Zeilenbebauung, in Halle sind es 28 % und in Dresden 20 %. Die Zeilen bzw. Reihen sind meist vier- bis fünfgeschossige Mehrfamilienhäuser mit vier bis fünf Hauseingängen und haben in der Regel A/V-Verhältnisse unter 0,5 m^2/m^3 (Tab. 4.9.1).

Städtevergleich

Für die Bestimmung des Merkmals Gebäudekompaktheit und Energieeffizienz fließen die beiden Messgrößen „Anteil der Gebäude(-verbünde) mit A/V-Verhältnis ≥ 0,1 bis ≤ 0,5 m^2/m^3" am Gesamtbestand (Klasse 1) sowie „Anteil der Gebäude(-verbünde) A/V-Verhältnis > 1,0 bis ≤ 2,0 m^2/m^3" am Gesamtbestand (Klasse 3) (jeweils auf Grundlage der Gebäudeanzahl) ein. Bewertet werden die Kompaktheit und damit die Energieeffizienz der Gebäude in den Beispielsstädten. Die Gebäudekompaktheit und Energieeffizienz einer Stadt wird umso besser bewertet, je höher der Anteil der Gebäude(-verbünde) in der energieeffizienten Klasse (1) und je geringer der Anteil der Gebäude(-verbünde) in der energieineffizienten Klasse (3) nach Messansatz ausfällt. Danach ergibt sich, dass Neubrandenburg und Dresden aus der Sicht des A/V-Verhältnisses den höchsten, Oldenburg den geringsten Anteil energieeffizienter Gebäude, bezogen auf den Gebäudebestand, zeigen. Erklärbar ist das Ergebnis in Neubrandenburg und Dresden mit dem relativ geringen Anteil an Ein- und Zweifamilienhausstrukturen im Vergleich zu Oldenburg und demgegenüber einem hohen Anteil an A/V-günstiger Zeilen- und Reihenbebauung sowie in Dresden kompakter gründerzeitlicher Bebauung.

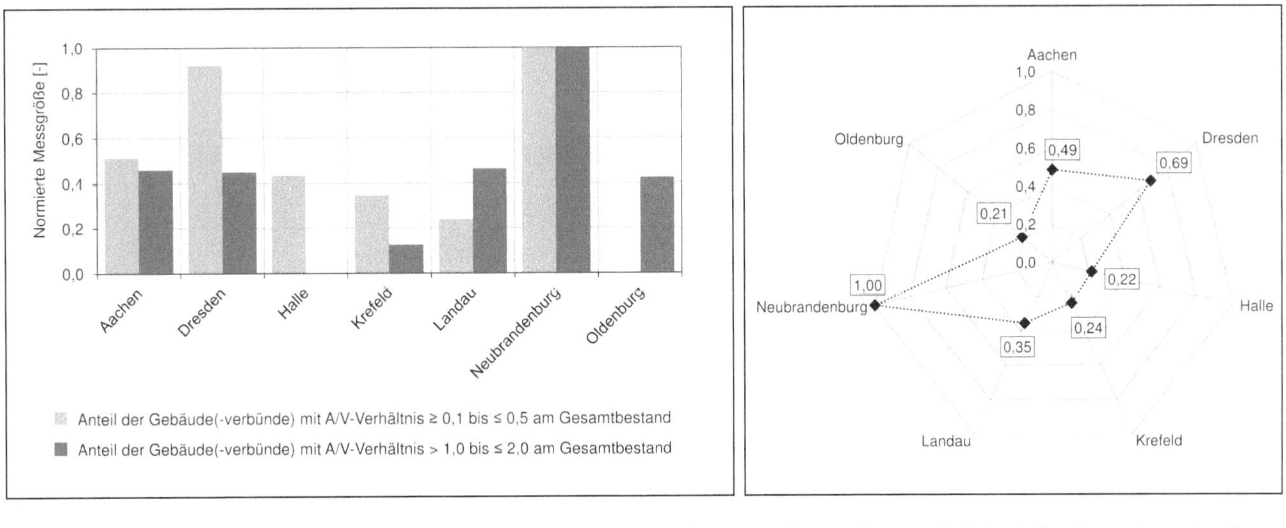

Abb. 4.9.4: *Städtevergleich zur Gebäudekompaktheit und Energieeffizienz auf Grundlage multikriterieller Bewertung durch Extremwertnormierung (links: Anteile der Gebäude(-verbünde) mit energieeffizienten und -ineffizienten A/V-Verhältnissen als normierte Indizes; rechts: Summierung der genormten Indizes und erneute Normierung) (Datenquelle: © GeoBasis-DE/BKG/ GeoBasis NRW 2009-2011)*

4.10 Strukturvielfalt der Wohnbebauung

Wirkungszusammenhänge
zwischen der Vielfalt der städtebaulichen Strukturen in Art und Lage einerseits und der Lebensqualität für unterschiedliche Lebensstile andererseits.

(A) Vielfalt des Wohnens in der Stadt

These:
Je höher die Anzahl unterschiedlicher Bebauungsstrukturen, desto größer ist die Vielfalt des Wohnens in der Stadt. ► Karte 10.1

Eine Vielfalt der städtebaulichen Strukturen in Art und Lage ermöglicht städtebauliche Qualität für unterschiedliche Lebensstile. Je mehr unterschiedliche Strukturen existieren, desto größer ist das Angebot für Vielfalt des Wohnens in der Stadt. Die Vielfalt der Lebensstile und Standortpräferenzen der Menschen sind abhängig von individuellen bildungs- und lebensphasenspezifischen, gesellschaftlichen, sozialen sowie kulturellen Hintergründen. Daraus ergeben sich voneinander abweichende Ansprüche an das Wohnen in den Städten. Je mehr Wohnformen in unterschiedlicher Wohnlage eine Stadt anbieten kann, desto höher ist ihre Attraktivität und Anziehungskraft für die Menschen.

Messansatz

Bezugsgeometrie für die Analyse der Wohnbebauungsstrukturen ist der Siedlungskörper als wichtigste Komponente einer funktional orientierten Physiognomie des Siedlungsraumes (Abschnitt 2.5). Innerhalb dieser Raumabgrenzung wird eine Differenzierung in Strukturtypen der Wohnbebauung (ATKIS-Objektarten Wohnbau und Mischnutzung in baulich geprägter Fläche) sowie sonstiger Fläche im Siedlungskörper vorgenommen.

Nachfolgende Tabelle gibt einen Überblick zur Klassifikation der Strukturtypgruppen der Wohnbebauung nach deren Dominanz im Baublock – mit Zusammenfassung zu sechs Gruppen (Tab. 4.10.1).

Tab. 4.10.1: *Strukturtypen der Wohnbebauung und ihre Gruppierung*

Strukturtyp-gruppe (SG)	Struktur-typ	Bezeichnung
1	11	Mehrfamilienhaus (überwiegend in Blockrandbebauung, einschl. Hinterhausbebauung)
2	12	Freistehendes Mehrfamilienhaus (straßenbegleitend bzw. in offener Blockrandbebauung)
	13	Villa
3	21	Mehrfamilienhaus in traditioneller oder teilindustrieller Bauweise (überwiegend Zeilenbauweise)
	22	Mehrfamilienhaus in industrieller Bauweise
	24	Mehrfamilienhaus in Reihung nach 1990
	25	Mehrfamilienhaus in Reihung vor 1990
4	23	Freistehendes Mehrfamilienhaus als Punkthochhaus (> 45 m)
	26	Freistehendes Mehrfamilienhaus als Punkthochhaus (> 8 Stockwerke und < 45 m)
5	31	Ein- und Zweifamilienhaus, freistehend oder in straßenbegleitender Bebauung
	32	Ein- und Zweifamilienhaus als Reihenhaus
	34	Ein- und Zweifamilienhaus als Doppelhaus
	36	Ein- und Zweifamilienhaus als Teppichhausbebauung
6	33	Gebäude in dörflicher Struktur
	35	Gebäude im historischen Ortskern

Die quantifizierte Beschreibung der Anzahl, Größe und Verteilung der sechs formalisierten Strukturtypgruppen der Wohnbebauung erfolgt auf Ebene der Gesamtstadt – einerseits räumlich implizit über Messgrößen zur Diversität und andererseits räumlich explizit über Messgrößen zur räumlichen Aggregation (Verklumpung).

Abb. 4.10.1: *Beispiele für die Vielfalt des Wohnens in verschiedenen städtebaulichen Strukturen: gründerzeitliche Blockrandbebauung, Zeilenbebauung, Hochhäuser, Mehrfamilienhäuser oder Einfamilienhäuser (Fotos von links nach rechts: Lehmann 2015, Lehmann 2010, Schumacher 2015, Rößler 2007, Lehmann 2015)*

Die Untersuchungen zur Diversität erfolgen auf Basis mehrerer Messgrößen (Shannon-Wiener-Diversität, *Evenness* und Fülle). Damit werden die folgenden Fragen zunächst auf rein statistischer Ebene (ohne Berücksichtigung der räumlichen Verteilung) beantwortet: Welche Aussagen lassen sich über Vorkommen und Verteilung von Strukturtypgruppen der Wohnbebauung auf Basis der Flächenanteile treffen? Wie gleichmäßig ist die Verteilung der Strukturtypgruppen der Wohnbebauung?

Die Messgröße Shannon-Wiener-Diversität beschreibt die Vielfalt betrachteter Daten und berücksichtigt dabei sowohl die Anzahl unterschiedlicher Datenkategorien (z. B. die Anzahl der Strukturtypgruppen (SG) im Wohnbau) als auch die Abundanz (Anzahl der Objekte (z. B. Flächen je Strukturtypgruppe der Wohnbebauung)).

Die Gleichverteilung bzw. Ausgewogenheit (*engl. Evenness*) ist eine weitere mathematische Größe im Kontext der Diversitätsmessungen. Diese Größe wird bestimmt, indem die Diversität über den maximalen Diversitätswert standardisiert wird. Sie erlaubt eine Beschreibung der Verteilung der Flächenanteile in einer Untersuchungseinheit. Diese Größe ist einfach zu interpretieren aufgrund ihres möglichen Wertebereichs zwischen Null (Ungleichverteilung) und Eins (Gleichverteilung).

Die Fülle (*engl. Richness*) ist eine mathematische Größe im Kontext der Diversitätsmessungen, die absolut die Anzahl der vorkommenden Strukturen (Typen, Kategorien, Klassen) in einem Untersuchungsgebiet (z. B. Stadt) erfasst. Die relative Fülle wird berechnet, indem die absolute Anzahl der Strukturen auf die maximal mögliche Anzahl von Strukturen normiert wird. Damit hängt diese Messgröße stark von der zuvor definierten thematischen Tiefe (Anzahl Strukturen) ab. Anhand dieser Größe lässt sich beurteilen, inwieweit Strukturen im Untersuchungsgebiet tatsächlich vorhanden sind.

In Ergänzung zu den Diversitätsmaßen ist der Verklumpungsgrad (*Contagion*) eine explizit räumliche Messgröße, der sowohl die Raumkomposition (z. B. statistische Verteilung der Strukturen der Wohnbebauung) als auch die Konfiguration der Strukturen innerhalb eines Untersuchungsgebiets (z. B. Zerstreuung der Strukturen der Wohnbebauung) beschreibt. Dieser rasterbasierte Index repräsentiert ein Maß für die Verklumpung, die aus der Nachbarschaft einzelner Pixelzellen hervorgeht. Der beobachtete Zusammenhalt wird für eine gegebene Anzahl an Strukturen ins Verhältnis zu ihrer maximal möglichen Aggregation gesetzt. Der Verklumpungsgrad (*Contagion*) wurde 1988 von O'Neill eingeführt. Die ursprüngliche Messvorschrift wies jedoch Defizite auf, da diese sich als sensitiv nur gegenüber der Raumkomposition, d. h. der Anzahl der vorhandenen Strukturen eines Untersuchungsraumes erwies, nicht aber in Bezug auf deren Konfiguration. Von Li und Reynolds wurde deshalb diese Messgröße 1993 insofern modifiziert, dass tatsächlich auch die räumliche Anordnung eine Berücksichtigung fand. Der Wert des Verklumpungsgrades (*Contagion*) beträgt 100, wenn alle Strukturen die maximale Aggregation aufweisen. Im Gegensatz dazu tendiert der Wert gegen Null, wenn alle Strukturen die maximale Zerstreuung aufweisen (z. B. wenn jede Zelle eine andere Struktur aufweist). Undefiniert ist die modifizierte Messgröße, wenn weniger als zwei Strukturen im Untersuchungsraum vorhanden sind. Die Anwendung der Messgröße wird divers diskutiert, da diese stark von der räumlichen Auflösung abhängt und aus mehreren Wahrscheinlichkeiten berechnet wird, deren Interpretation in einigen Fällen umstritten ist. Das Messergebnis selbst wird nach Frohn (1998) durch folgende Parameter beeinflusst: Rasterauflösung, Anzahl Strukturen (thematische Tiefe), Rasterorientierung, Nachbarschaftsdefinition. Die Berechnung des Verklumpungsgrades (*Contagion*) basiert hier auf einer Zellgröße von 100 m. Das Raster nimmt Bezug auf die INSPIRE-Verordnung (INSPIRE 2010), so dass eine feste Position des Rasters gegeben ist. Die Strukturen der Wohnbebauung werden nach dem Dominanzprinzip einer jeden Zelle zugewiesen.

Der Grad der Durchmischung (*Interspersion Juxtaposition Index*) (McGarigal und Marks 1995) von Struktureinheiten in einem Untersuchungsgebiet (z. B. Durchmischung verschiedener Wohnbaustrukturen in einer Stadt) wird in Prozent gemessen. Im Zuge der Quantifizierung wird jede Struktureinheit nach der Nachbarschaft zu allen anderen Struktureinheiten bewertet. Bei der Berechnung auf Grundlage von Rasterdaten wird eine Struktureinheit durch diejenigen Zellen definiert, welche die Abgrenzung bestimmen. Hohe Werte deuten auf eine gleichmäßige Verteilung der Strukturen in einem Untersuchungsgebiet hin (z. B. Strukturen der Wohnbebauung einer Stadt). Analog zur Berechnung des *Contagion* wird ein INSPIRE-konformes Raster mit Zellgröße 100 m verwendet und die Zuordnung einer Struktur der Wohnbebauung auf eine Zelle nach dem Dominanzprinzip vorgenommen. Die Messgröße wird nicht von der Rastergröße beeinflusst, da diese nur die Kanten berücksichtigt.

Ausgewählte Beobachtungen und Ergebnisdiskussion

Die Kartierung der Strukturtypen der Wohnbebauung deutet auf lokale Besonderheiten in den Beispielstädten sowohl in Bezug auf die anzutreffenden Bebauungsstrukturtypen als auch ihre räumliche Verteilung innerhalb des Siedlungskörpers (Darstellung der Beispielstädte im Vergleich siehe Karte 10.1). Für die vorgestellten Messgrößen zur Diversität sowie zur Heterogenität sind die stadtbezogenen Werte in Tabelle 4.10.2 zusammengefasst. Dabei zeigt Oldenburg deutliche Anzeichen auf einer einseitig strukturierten Wohnbebauung. In Bezug die Ausgewogenheit der Verteilung *Evenness* (E = 0,36) und die Shannon-Wiener-Diversität (SHDI = 0,57) bestätigt sich der visuelle Eindruck zu Oldenburg.

Tab. 4.10.2: *Messgrößen zur Beschreibung der Vielfalt der Beispielstädte (Datenquelle: © GeoBasis-DE/BKG/GeoBasis NRW 2009-2011)*

	Diversität			Heterogenität	
	Shannon-Wiener-Diversität (SHDI)	*Evenness* (E)	*Richness* (R)	Verklumpungsgrad (*Contagion*) (CI)	Grad der Durchmischung (*Interspersion Juxtaposition Index*) (IJI)
				100-m-Raster	
	[-]	[-]	[%]	[%]	[%]
Aachen	1,17	0,66	100,0	51,1	67,7
Dresden	1,34	0,75	100,0	39,9	66,3
Halle (Saale)	1,33	0,74	100,0	46,1	75,2
Krefeld	1,08	0,60	100,0	54,8	65,0
Landau in der Pfalz*	1,23	0,77	83,3	42,4	69,8
Neubrandenburg	1,21	0,68	100,0	50,6	75,0
Oldenburg (Oldb)	0,57	0,36	83,3	71,6	45,1

* ohne Exklaven

Dahingegen sind Dresden (E = 0,75, SHDI = 1,34) und Halle (E = 0,74, SHDI = 1,33) in Bezug auf die sechs definierten Strukturtypgruppen der Wohnbebauung (Tabelle 4.10.1) und die Messwerte zur Diversität als divers zu bezeichnen. Mit Blick auf die relative Fülle von Strukturen der Wohnbebauung wird deutlich, dass Landau und Oldenburg (jeweils R = 83,33 %) nicht über alle Strukturen verfügen. Der geringere Wert der relativen Fülle resultiert aus der nicht vorhandenen Struktur „Punkthochhaus". Fünf der sieben Städte verfügen über alle Strukturtypgruppen der Wohnbebauung.

In Bezug auf die Messgrößen der Heterogenität ist jede Einzelmessung geeignet, um eine stärkere Zergliederung (niedriger CI-Wert, hoher IJI-Wert) oder deutlichere Aggregation (hoher CI-Wert, niedriger IJI-Wert) anzuzeigen. Ein hoher Wert des Verklumpungsgrades (*Contagion*) (Beispiel Oldenburg: CI = 71,6 %) deutet auf starke Aggregation von Strukturtypgruppen der Wohnbebauung. Ein hoher Wert des Durchmischungsgrades (*Interspersion Juxtaposition Index*) deutet auf eine räumlich vielfältig durchmischte Stadt in Bezug auf die sieben Strukturtypgruppen der Wohnbebauung (Beispiel Halle: IJI = 75,2 %)

Städtevergleich

Zur Beschreibung der Vielfalt der Wohnbebauungsstrukturen im Siedlungskörper wurden Messgrößen zur Diversität (Messgrößen: *Evenness und Richness*) sowie Heterogenität (Messgrößen: Verklumpungsgrad (*Contagion*) und Grad der Durchmischung (*Interspersion Juxtaposition Index*)) eingesetzt. Die Vielfalt der Wohnbebauungsstrukturen einer Stadt wird umso besser bewertet, je größer die Messgröße Ausgewogenheit (*Evenness*) und je größer die Messgröße Fülle (*Richness*), aber je geringer der Verklumpungsgrad (*Contagion*) und je größer der Grad der Durchmischung (*Interspersion Juxtaposition Index*) ausfallen. Für diese Messgrößen erfolgte eine Extremwertnormierung, wobei die stadtbezogenen Messgrößen in Skalenwerte zwischen Null (ungünstigster Wert) und Eins (günstigster Wert) umgewandelt wurden. Im Vergleich der sieben Städte ergeben sich Skalenwerte zwischen 0,20 (Oldenburg) und 0,94 (Halle). Dabei fällt der deutliche Abstand von Oldenburg – mit dominierender Ein- und Zweifamilienhausbebauung – zu den anderen Beispielstädten Dresden, Landau, Neubrandenburg, Aachen und Krefeld auf, die ähnlich vielfältige Bebauungsstrukturen wie Halle zeigen (Abb. 4.10.2). Dieses Ergebnis entspricht auch der Einschätzung der Stadt Krefeld, die damit auf ihrer Web-Seite wirbt: „*Die Vielfalt der Wohnmöglichkeiten ist in Krefeld riesig*" (Stadt Krefeld 2016).

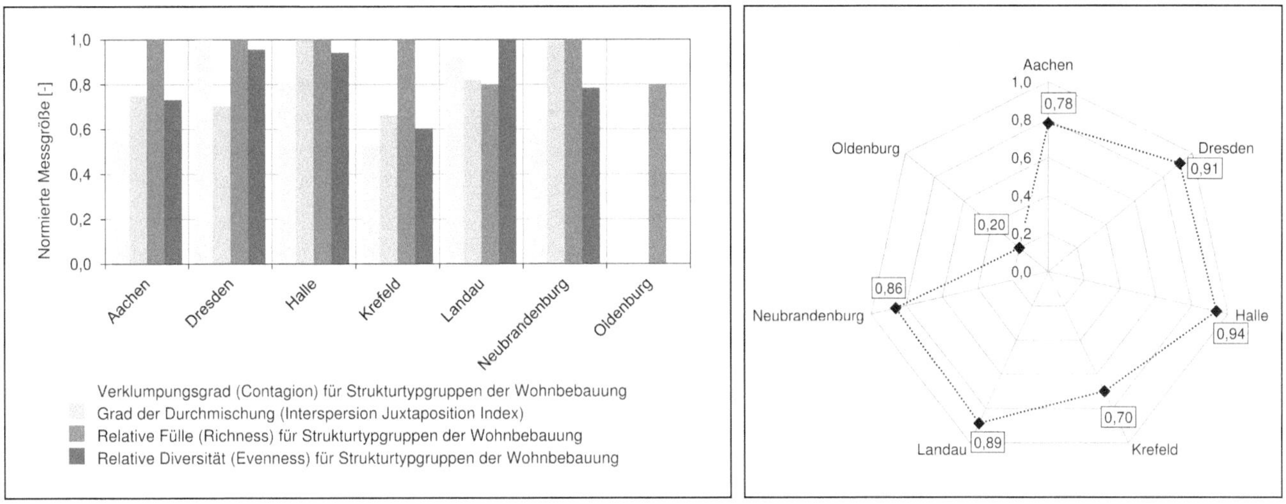

Abb. 4.10.2: *Städtevergleich zur Vielfalt der Wohnbebauungsstrukturen auf Grundlage multikriterieller Bewertung durch Extremwertnormierung (links: normierte Indizes; rechts: Zusammenfassung der normierten Indizes) (Datenquelle: © GeoBasis-DE/BKG/GeoBasis NRW 2009-2011)*

(B) Großflächige Strukturen der Wohnbebauung

These:
Wird eine Stadt von wenigen großflächigen und homogenen Wohnbebauungsstrukturen geprägt, desto reizloser und eintöniger wird eine Stadt.
▶ Karte 10.2

Eine Stadt lebt durch ihre Vielfalt der Strukturen, durch ihre Nutzungsmischung, ihre ökologische Qualität sowie ihre sozialen, wirtschaftlichen und kulturellen Angebote. Städte mit großflächigen, homogenen Strukturen laufen Gefahr, durch Monotonie ihre Lebendigkeit zu verlieren und damit unattraktiv zu werden. Sie sind möglicherweise nicht ausreichend resilient gegen veränderte gesellschaftliche Rahmenbedingungen und sich wandelnde Lebensstile (Breuste et al. 2016).

Es waren wohl die beiden Streitschriften von Alexander Mitscherlich, „Die Unwirtlichkeit unserer Städte" 1965 und „Thesen zur Stadt der Zukunft" 1971, mit denen erstmalig der hastige Wiederaufbau Deutschlands nach dem Krieg, die seelenlosen Neubausiedlungen und monotonen Einfamilienhausgebiete kritisiert wurden. „*Die hochgradig integrierte alte Stadt hat sich in einzelne Leistungs- und Lebensbereiche entmischt (…) Städte zu schlechten Provisorien für die Beheimatung von Menschenmassen werden lassen, die erst in diesen Provisorien so recht zur Masse geraten*" (Mitscherlich 1971, S. 2-3). Diese Erscheinung wird auch in Beziehung gesetzt zum Prozess ihrer Entstehung. Im Fall der Altstädte gibt es ein organisches Wachstum als Folge unzähliger kleiner Entscheidungen: „*Der Blick von oben auf die Kleinstädte zeigt die zellenhafte Wachstumsform in kleinen Schritten. Demgegenüber wirken die ‚housing developments', die Wohnblocks, Reihenhaussiedlungen oder Trabantenstädte so wenig ansprechend, weil sie schlagartig einem plötzlichen Bedürfnis entsprechend durch Multiplikation eines oder weniger Modelle ohne Artikulation entstanden sind, also ohne diese kleinen Entscheidungen in zeitlicher Folge, welche die optisch fassbare Vielfalt der Variationen hervorgebracht haben. …*" (Mitscherlich 1971, S. 32).

Noch in den 1970er Jahren gaben Flächensanierung, technizistische Wohnmodelle, wie Meta-Stadt und industrielle Fertigteilproduktion die Entwicklungsrichtung der Städte vor. Die wachsende Kritik und Demonstrationen gegen infrastrukturelle Megastrukturen und monotone Trabantenstädte lösten einen Paradigmenwechsel aus. Es waren vor allem siedlungssoziologische Forschungen über die Beziehung von Raumgestalt und sozialem Verhalten, die zu einer Neuausrichtung beitrugen. Der Wohnpsychologe Jan Piperek kritisierte Monotonie, die endlose Wiederholung gleicher genormter Formelemente als einen der augenfälligsten Denaturierungsfaktoren der industrialisierten Bauweise. Im Gegensatz hierzu sei die Natur nicht von Wiederholung des Gleichen geprägt, sondern von Ähnlichem in unendlicher Vielfalt. Seine aus entwicklungspsychologischer Sicht entwickelten Appelle an die Architekten waren Vielfalt, gewachsene Form, Farbigkeit, Behaglichkeit, Ästhetik und persönliche Note (Piperek 1975). Für die soziologische Auseinandersetzung wurde der Begriff der Nachbarschaft zum zentralen dieser Untersuchungen. Die wichtigsten architektonischen Punkte des Nachbarschaftskonzeptes waren (Barre 1977):

- Überschaubarkeit: Der Wohnbereich sollte keinesfalls mehr als 5.000 Einwohner haben, nach außen ablesbar, nach innen gut gegliedert sein.
- Räumliche Nähe: sollte die Kontaktdichte erhöhen,
- Heterogenität: als Voraussetzung für soziale Lernprozesse und im Sinne der Mannigfaltigkeit,

Abb. 4.10.3: *Klein- und Großstrukturen der Wohnbebauung (Foto links: © Igor Wink/Fotolia, Foto rechts: © Arnold Oblistil/Fotolia)*

- vielfältiges infrastrukturelles Angebot: für Wegeverflechtungen und
- man erhoffte politisch, durch soziale Integration zur politischen Partizipation zu kommen.

Ohne auf die Verarbeitung dieser Kritik am modernen Städtebau der 1960er und 1970er Jahre weiter einzugehen, gilt die nachfolgende formanalytische Suche dem Aufspüren einer kritischen Größe physiognomisch homogener Teilräume einer Stadt.

Messansatz

Wie bereits in den Untersuchungen zur Vielfalt der Wohnbebauungsstrukturen (Abschnitt 4.10 (A)) wird zur Identifikation der Großflächigkeit dieser Strukturen ebenfalls der Siedlungskörper als Bezugsgeometrie verwendet (Abschnitt 2.5) und eine Differenzierung in sechs Strukturtypgruppen der Wohnbebauung vorgenommen (Tab. 4.10.1). Als Eingangsdaten nutzt der nachfolgend vorgestellte Ansatz Rasterdaten mit einer Zellgröße von 100 m mit Orientierung an einem INSPIRE-konformen Raster (INSPIRE 2010). Pro Rasterzelle wird der vorherrschende Strukturtyp der Wohnbebauung als Wert zwischen 1 und 6 gespeichert (Karte in Abb. 4.10.4). Rasterzellen im Stadtgebiet ohne Wohnbebauung führen den Wert '999'.

Die Vorgehensweise zur Bestimmung von großflächigen Strukturen der Wohnbebauung folgt im Wesentlichen zwei Arbeitsschritten: a) Nachbarschaftsanalyse für jede Strukturtypgruppe der Wohnbebauung und b) Klassifizierung zu großflächigen Strukturen der Wohnbebauung.

a) Nachbarschaftsanalyse für jede Strukturtypgruppe der Wohnbebauung:

Pro Rasterzelle einer jeden Strukturtypgruppe der Wohnbebauung (Abb. 4.10.5, a) wird in einem Umfeld von 5 x 5 Rasterzellen die Anzahl der benachbarten Rasterzellen gleichen Typs aufsummiert. Dabei wird eine spezielle angepasste Kernzelle verwendet (Abb. 4.10.5, b), welche die innerhalb eines Radius von 250 m liegenden Rasterzellen zählt. Dadurch ergibt sich ein Maximalwert von 21 Rasterzellen gleichen Typs, die sich theoretisch im Umkreis einer jeden Kernzelle befinden können. Als Ergebnis wird in jeder untersuchten Rasterzelle die Anzahl der im Umkreis vorhandenen Rasterzellen gleichen Typs gespeichert (Abb. 4.10.5, c). Neben der Anzahl Rasterzellen der gleichen Strukturtypgruppe der Wohnbebauung wird zusätzlich die Anzahl Rasterzellen der anderen Typen als Wert gespeichert.

b) Klassifizierung zu großflächigen Strukturen der Wohnbebauung:

Im Hinblick auf eine Klassifizierung zu großflächigen Strukturen der Wohnbebauung wird zellenweise eine Häufigkeitsverteilung anhand der detektierten Anzahlen von den im Umkreis vorkommenden Rasterzellen

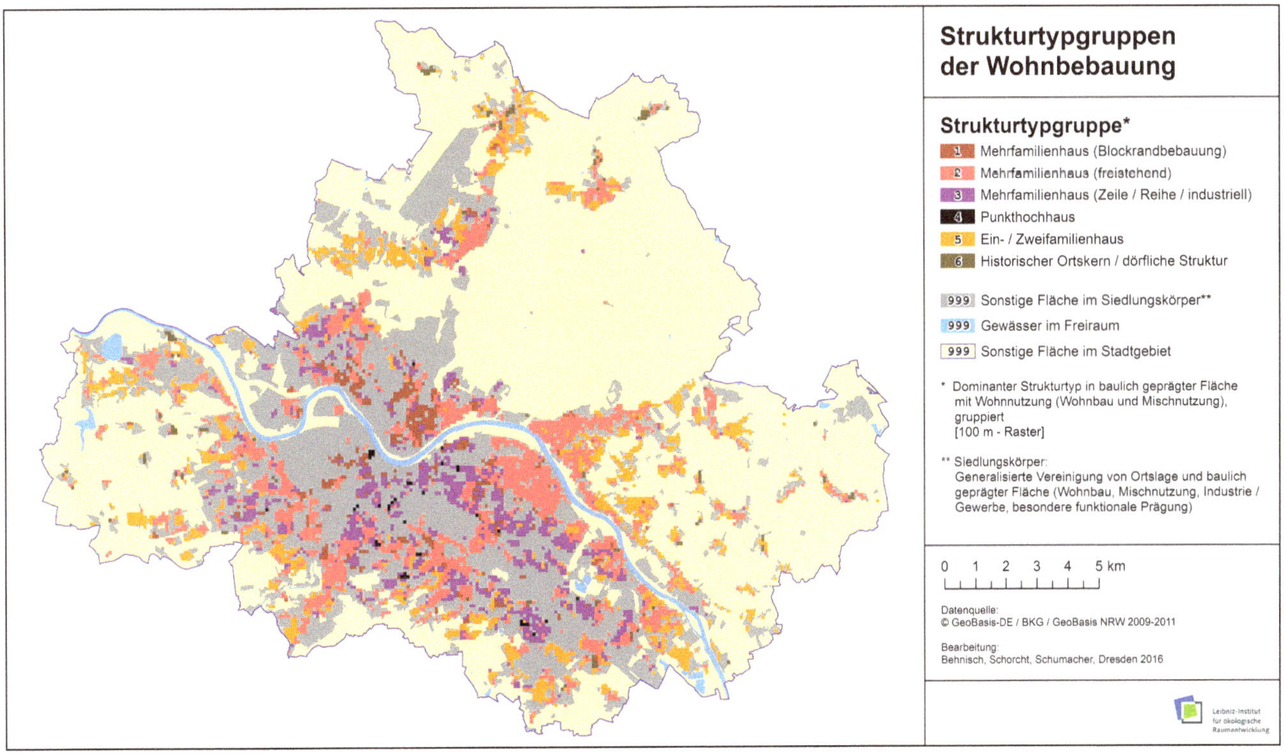

Abb. 4.10.4: *Strukturtypgruppen der Wohnbebauung als Input-Raster am Beispiel Dresden*

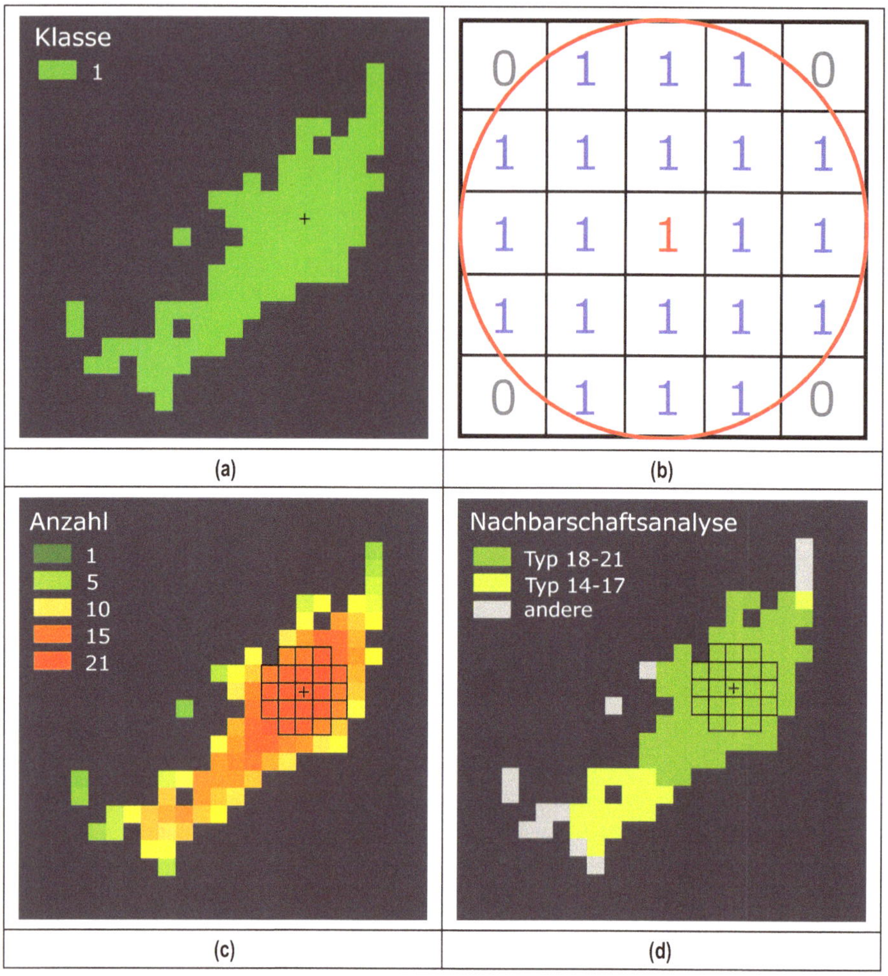

Abb. 4.10.5: *Nachbarschaftsanalyse: (a) Input-Raster für eine Strukturtypgruppe der Wohnbebauung; (b) Kernzelle mit definiertem Umgebungsradius; (c) Anzahl Rasterzellen gleichen Typs in der durch die Kernzelle definierten Umgebung; (d) Beispiel für die Klassifizierung zu großflächigen Strukturen der Wohnbebauung: Typ 18-21 = strenger Nachbarschaftstyp, d. h. großflächige Struktur mit einer hohen räumlichen Konzentration von ähnlicher Wohnbebauung; Typ 14-17 = großflächige Struktur mit einer geringen räumlichen Konzentration von ähnlicher Wohnbebauung (Datenquelle: © GeoBasis-DE/BKG/GeoBasis NRW 2009-2011)*

bestimmt. Rasterzellen (Kernzellen), welche innerhalb ihrer definierten Umgebung 18 bis 21 Rasterzellen der gleichen Strukturtypgruppe der Wohnbebauung und maximal drei Rasterzellen anderer Typen der Wohnbebauung enthalten, werden als großflächige Struktur mit einer hohen räumlichen Konzentration von ähnlicher Wohnbebauung definiert (strenger Nachbarschaftstyp, Typ 18-21 Zellen mit drei Fremdzellen). Dies tritt vor allem bei geschlossener Blockrandbebauung auf.

Sind in einem Umkreis mindestens 14 Rasterzellen der gleichen Strukturtypgruppe der Wohnbebauung und maximal zwei Rasterzellen anderer Typen der Wohnbebauung enthalten, gelten diese immer noch als großflächige Struktur, jedoch mit einer geringeren räumlichen Konzentration ähnlicher Wohnbebauung (loser Nachbarschaftstyp, Typ 14-17 Zellen mit zwei Fremdzellen). Diese geringen Konzentrationen treten besonders bei Strukturtypen mit hohem Anteil unbebauter Flächen auf, wie etwa in Wohngebieten industrieller Bauweise.

Nachdem die Rasterzellen der hohen und der geringen Konzentration bestimmt worden sind, wird der sogenannte Einflussbereich ermittelt, d. h., es werden zusätzlich jene Rasterzellen, welche im Umkreis der bereits bestimmten Rasterzellen (Kernzellen) liegen und letztlich zu ihren Werten führten, einer großflächigen Struktur der Wohnbebauung zugeordnet (Abb. 4.10.5, d). Alle anderen außerhalb des Umkreises liegenden Rasterzellen werden als sonstige Wohnnutzung klassifiziert. In der Karte 10.2 sind diejenigen Rasterzellen, welche den Maximalwert von 21 erreichen, mit einem Kreuz markiert.

Ausgewählte Beobachtungen und Ergebnisdiskussion

Die empirischen Befunde des vorgestellten Messansatzes zu großflächigen Strukturen der Wohnbebauung (Tab. 4.10.3 sowie Abb. 4.10.4) zeigen, dass nur wenige Beispielstädte durch Strukturtypen der Wohnbebauung dominiert werden. So ist Oldenburg durch größere zusammenhängende Gebiete von Ein- und Zweifamilienhausbebauung gekennzeichnet. Hier sind die meisten sogenannten Kernzellen anzutreffen, d. h. Zellen, die in einer 5x5 Nachbarschaftsumgebung mit abgerundetem Kern vollständig von Zellen mit gleicher Wohnbebauung umgeben sind (234 Zellen, Anteilswert 6,7 %). Der Einflussbereich von großflächigen Strukturen mit einer hohen räumlichen Konzentration (strenger Nachbarschaftstyp) in Bezug auf alle Zellen der Wohnbebauung beträgt hier sogar 56 % (Anteil der zusammenhängenden Zellen mit ähnlicher Wohnbebauung am Gesamtbestand der Zellen mit Wohnbebauung).

Ein ähnlich dominantes Bild von großflächigen Strukturen der Wohnbebauung mit hoher räumlicher Konzentration zeichnet sich in Krefeld ab (96 Kernzellen, Anteilswert 2,8 %). Hierzu zählen einerseits größere zusammenhängende Mehrfamilienhausgebiete in Block- bzw. Blockrandbebauung und andererseits größere zusammenhängende Gebiete der Ein- und Zweifamilienhausbebauung. Auch in Krefeld liegt der Einfluss der Gebiete des strengen Nachbarschaftstyps bei annähernd 50 %.

In Dresden finden sich in Bezug auf die vorliegenden Strukturtypen der Wohnbebauung keine so deutlichen Konzentrationsmuster eines einzigen Strukturtyps (Karte 10.2). Durch den hier verwendeten Messansatz werden vielmehr über das Stadtgebiet verteilt verschiedene Wohnformen in ihrem räumlichen Zusammenhang und der dazugehörigen Nachbarschaftsumgebung hervorgehoben. Die identifizierten Strukturen sind relativ klein und dementsprechend auch nur durch wenige Kernzellen charakterisierbar.

Der Anteil von gleichen Strukturtypen mit räumlicher Konzentration fällt sowohl in Landau in der Pfalz als auch in Neubrandenburg relativ gering aus.

Ob die Ausdehnung der identifizierten großflächigen Strukturen der Wohnbebauung stadtsoziologisch kritisch sein könnte, bleibt an dieser Stelle unbeantwortet. Die Darstellung großer zusammenhängender Gebiete in mehreren Beispielstädten (Karte 10.2) verweist auf die Notwendigkeit einer Überprüfung vor Ort.

Tab. 4.10.3: *Messgrößen zu großflächigen Strukturen der Wohnbebauung und baustrukturellen Nachbarschaften auf Rasterzellenbasis (Datenquelle: © GeoBasis-DE/BKG/GeoBasis NRW 2009-2011)*

	Zellen mit Strukturtypen der Wohnbebauung*	Häufigkeit gleicher Strukturtypgruppen in definierter Nachbarschaft			Anteilswert gleicher Strukturtypgruppen in definierter Nachbarschaft			Einflussbereich der Nachbarschaftstypen	
		Typ 21 Zeilen	Typ 18-21 Zeilen	Typ 14-17 Zeilen	Typ 21 Zeilen	Typ 18-21 Zeilen	Typ 14-17 Zeilen	Typ 18-21 Zeilen	Typ 14-17 Zeilen
	[-]	[-]	[-]	[-]	[%]	[%]	[%]	[%]	[%]
Aachen	2.829	23	195	406	0,8	6,9	14,4	27,9	25,2
Dresden	6.335	40	293	492	0,6	4,6	7,8	17,7	17,0
Halle (Saale)	2.544	22	165	323	0,9	6,5	12,7	23,4	23,7
Krefeld	3.436	96	490	611	2,8	14,3	17,8	46,4	17,3
Landau in der Pfalz**	726	1	11	77	0,1	1,5	10,6	14,6	33,3
Neubrandenburg	675	2	15	80	0,3	2,2	11,9	12,6	31,3
Oldenburg (Oldb)	3.508	234	806	704	6,7	23,0	20,1	56,0	16,9

* nach Dominanzprinzip ermittelt

** ohne Exklaven

Städtevergleich

Der Städtevergleich in Bezug auf großflächige Strukturen der Wohnbebauung und baustrukturelle Nachbarschaften wurde wie zuvor multikriteriell anhand von drei beschreibenden Messgrößen vorgenommen. Als erste Messgröße wurde der Anteil von sogenannten Kernzellen an allen Wohnbauzellen verwendet. Dabei handelt es sich um solche Zellen, die über 21 benachbarte Zellen (= Maximalwert) verfügen, die der gleichen Strukturtypgruppe der Wohnbebauung entsprechen, wie die Zelle selbst. Ergänzend dazu wurde als zweite Messgröße der Anteil von Zellen des strengen Nachbarschaftstyps (Typ 18-21 mit max. 3 Fremdzellen) an allen Wohnbauzellen verwendet. Gemessen wird die Bedeutung von großflächigen Strukturen, die durch hohe Konzentrationen ähnlicher Wohnbebauung gekennzeichnet sind. Die dritte Messgröße entspricht dem Anteilswert des sogenannten Einflussbereichs an allen Wohnbauzellen. Der Fokus liegt hier auf der Betrachtung des Einflussbereichs des strengen Nachbarschaftstyps, ohne die dazugehörigen Kernzellen. Der Städtevergleich zeigt, dass, bezogen auf die drei Messgrößen, in keiner der sieben Städte optimale Bedingungen bestehen (Normwert = 1,0). Die höchsten Wertausprägungen werden in Neubrandenburg (Normwert = 0,98) und Landau (Normwert = 0,90) gemessen. Dresden (Normwert = 0,88) repräsentiert die größte untersuchte Stadt und ist geprägt durch eine ausgewogene Mischung von großflächigen Strukturen einerseits und weiteren durchmischten Gebieten der Wohnbebauung andererseits. Oldenburg (Normwert = 0,0) zeigt in Bezug auf alle drei Indizes im Stadtvergleich die ungünstigsten Eigenschaften. Wie zuvor dargestellt, ist diese Stadt sehr stark von großflächigen Strukturen der Wohnbebauung – vorrangig Ein- und Zweifamilienhausgebiete – gekennzeichnet (Abb. 4.10.6).

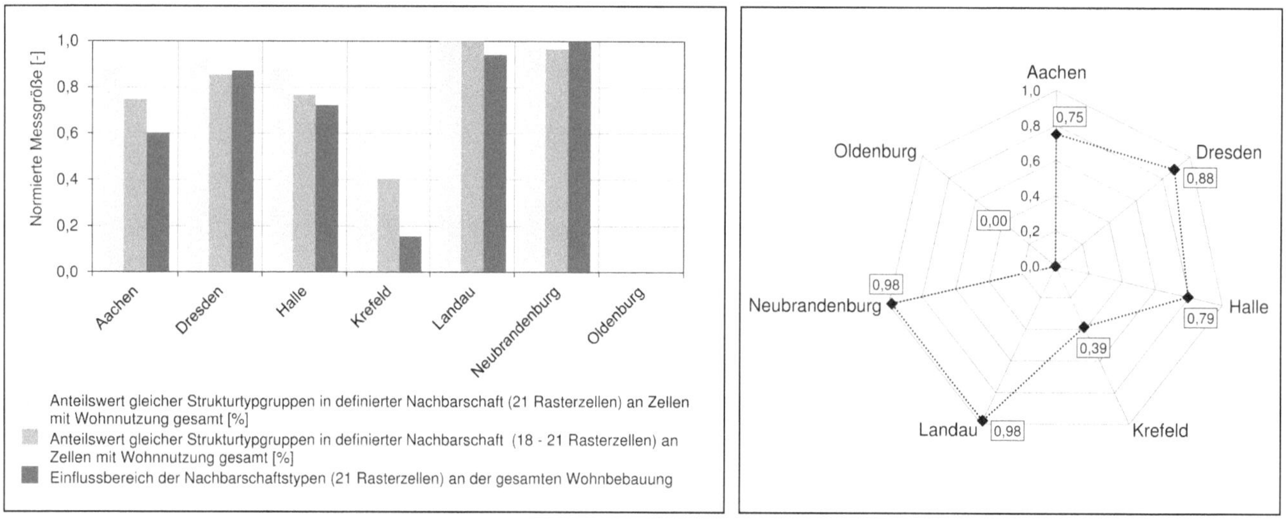

Abb. 4.10.6: *Städtevergleich zu großflächigen Strukturen der Wohnbebauung und baustrukturellen Nachbarschaften auf Grundlage multikriterieller Bewertung durch Extremwertnormierung (links: Anteil Zellen der gleichen Strukturtypgruppe nach unterschiedlichem Nachbarschaftstyp an Zellen mit Wohnnutzung als normierte Indizes; rechts: Summierung der genormten Indizes und erneute Normierung) (Datenquelle: © GeoBasis-DE/BKG/GeoBasis NRW 2009-2011)*

Physiognomie des Urbanen – Kartenserie

Ulrich Schumacher, Iris Lehmann, Anne Bräuer, Martin Behnisch

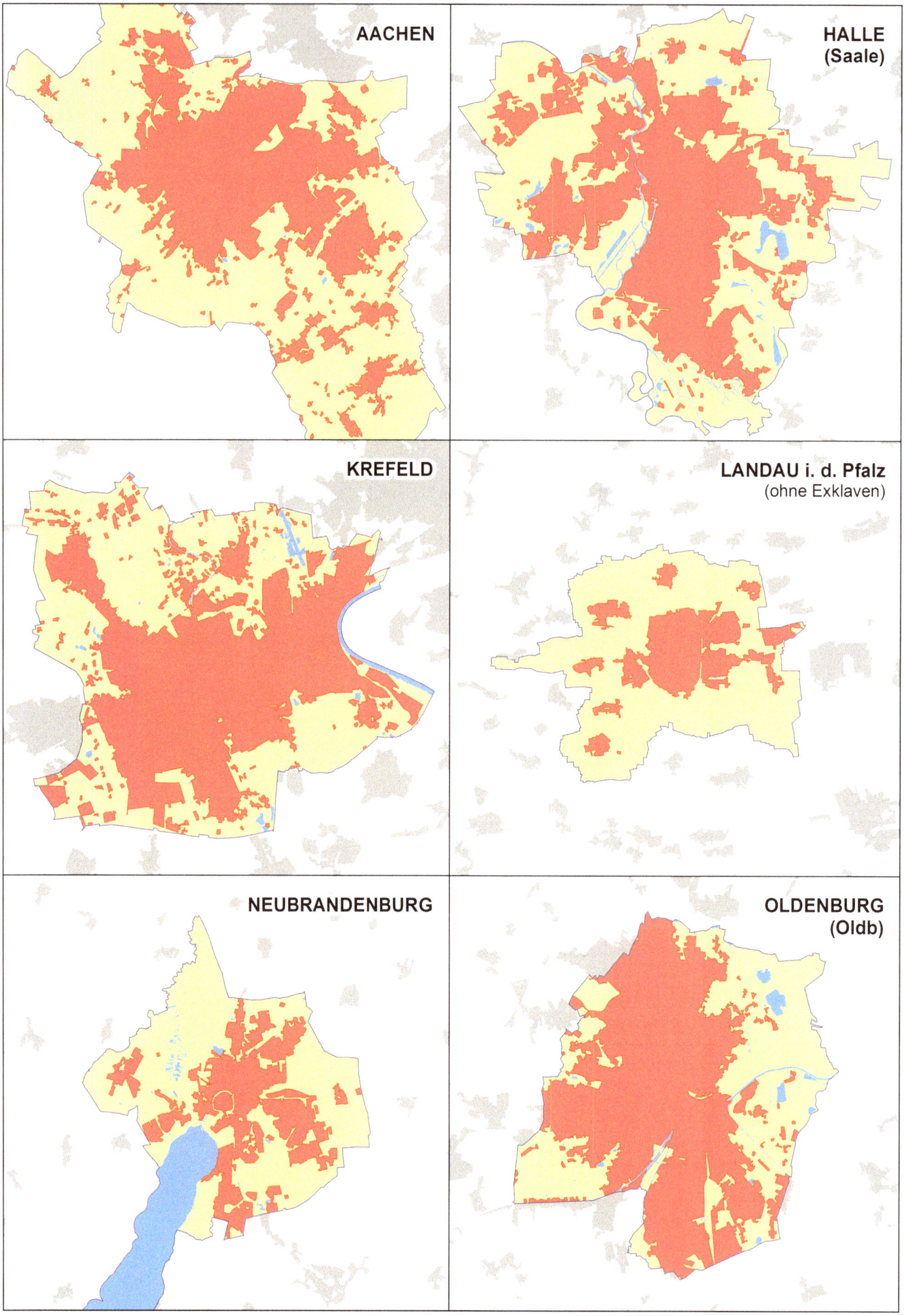
AACHEN
HALLE
(Saale)
KREFELD
LANDAU i. d. Pfalz
(ohne Exklaven)
NEUBRANDENBURG
OLDENBURG
(Oldb)

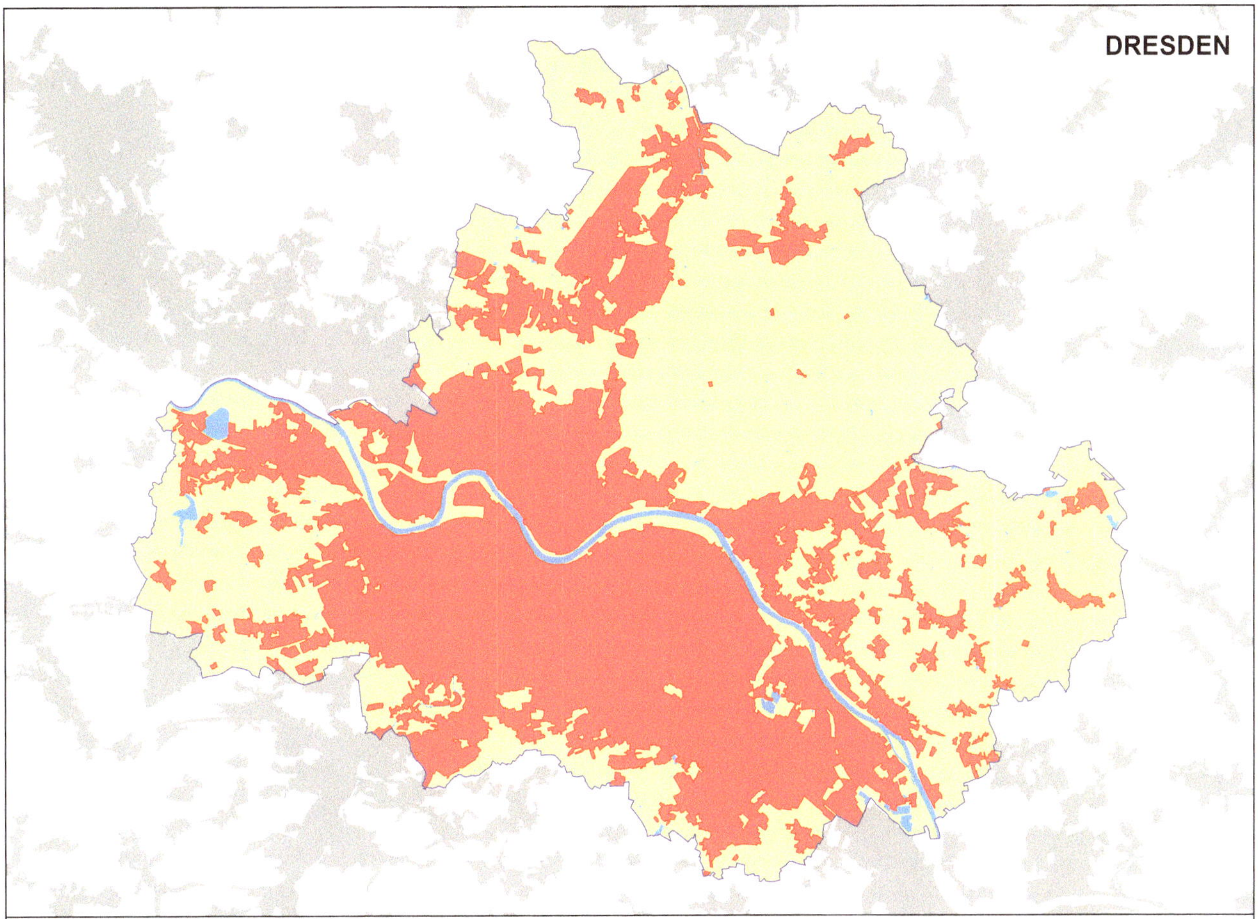

Formkomplexität des Siedlungskörpers

- Siedlungskörper*
- Gewässer im Freiraum
- Sonstige Fläche im Freiraum (Stadtgebiet)
- Ortslage außerhalb des Stadtgebietes

* Siedlungskörper:
Generalisierte Vereinigung von Ortslage und baulich geprägter Fläche (Wohnbau, Mischnutzung, Industrie/Gewerbe, besondere funktionale Prägung)

Flächengewichteter mittlerer Formindex des Siedlungskörpers (AWMSI)

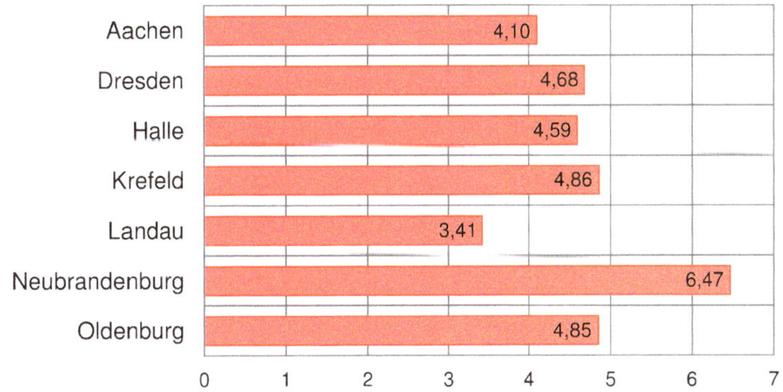

Maßstab 1 : 200 000

0 2 4 6 8 10 km

Leibniz-Institut für ökologische Raumentwicklung

Datenquelle: © GeoBasis-DE / BKG 2009
Bearbeitung: Schumacher, IÖR 2015

Karte 1.1
Kompaktheit des Siedlungskörpers

Kartenserie

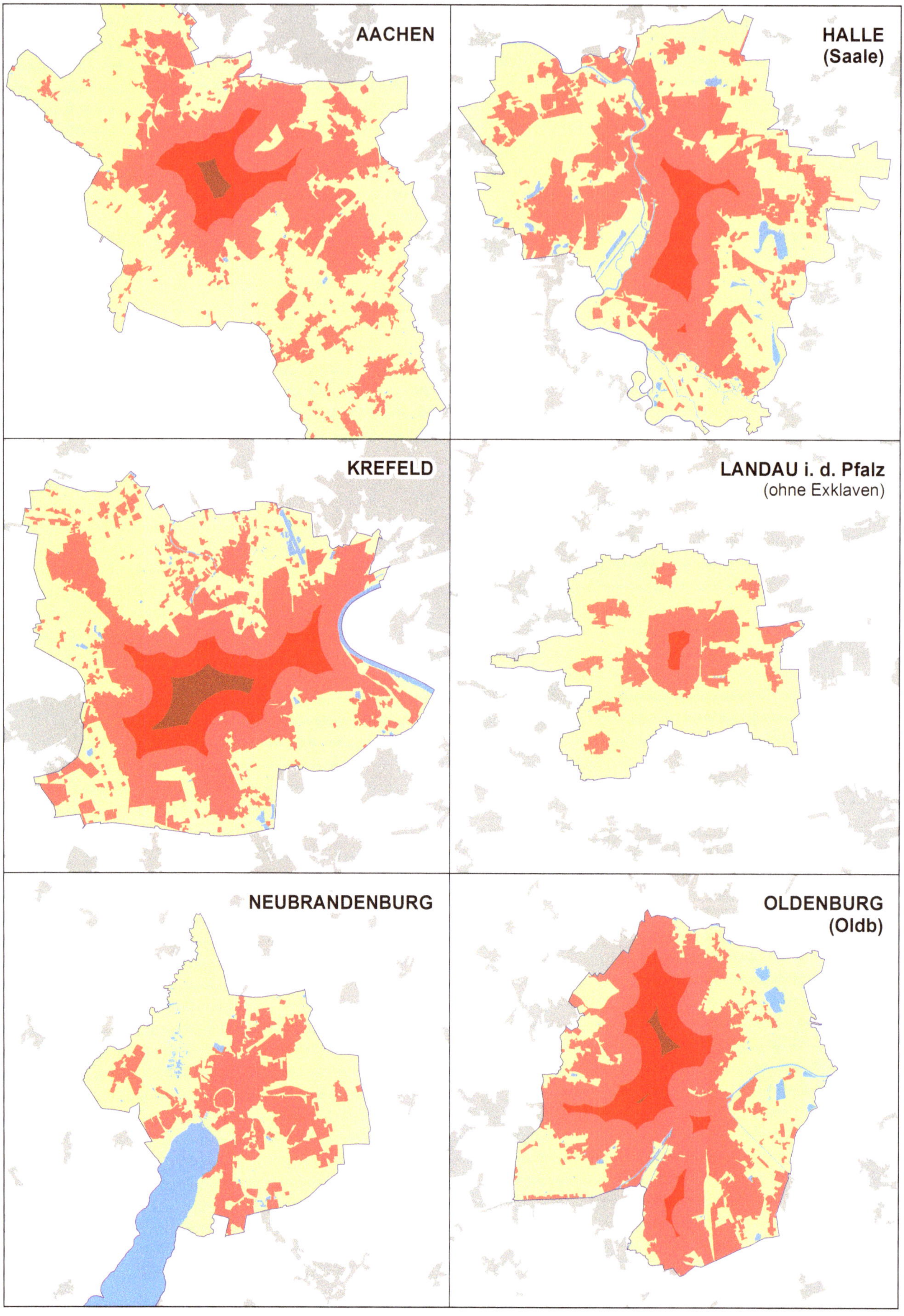
AACHEN
HALLE (Saale)
KREFELD
LANDAU i. d. Pfalz
(ohne Exklaven)
NEUBRANDENBURG
OLDENBURG (Oldb)

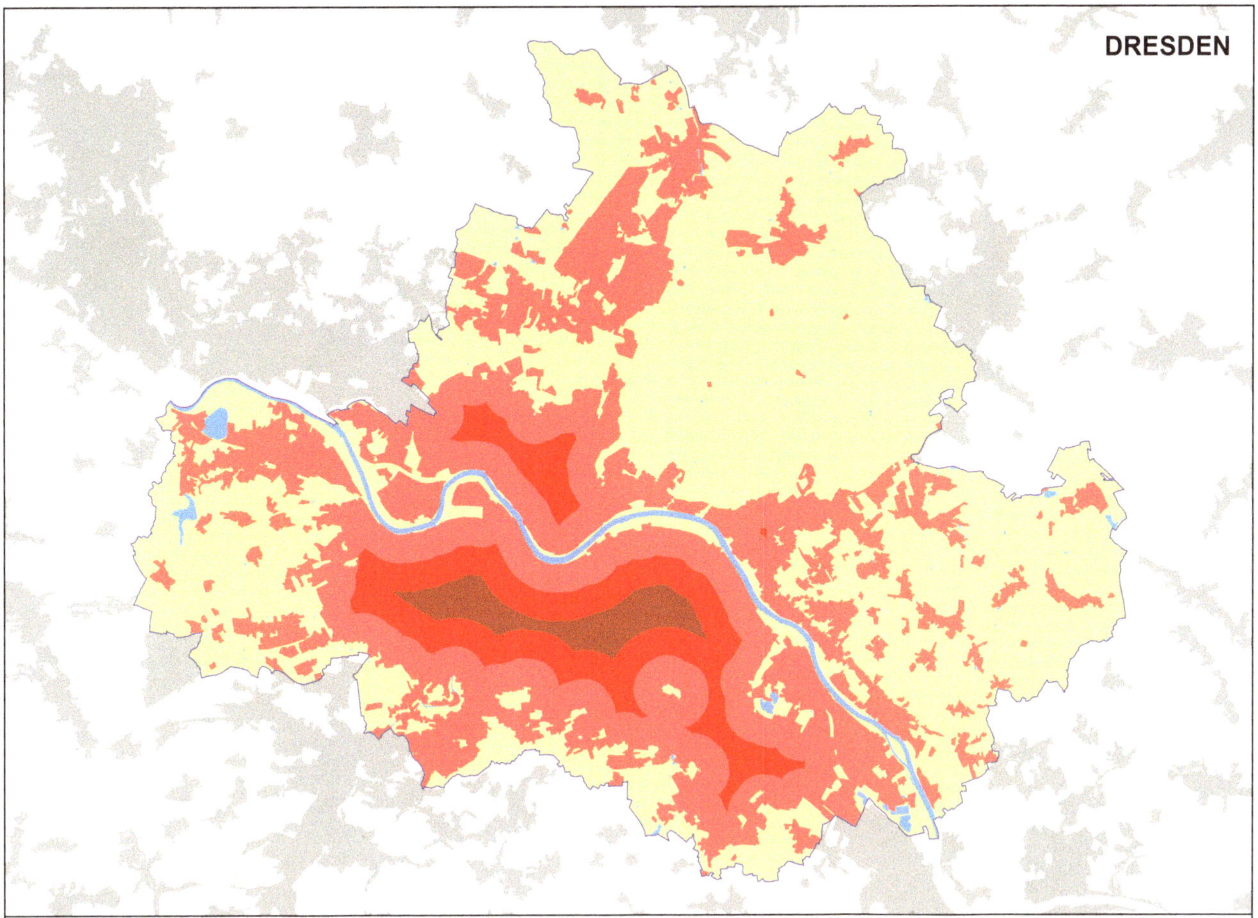

Siedlungskörper mit Defizitfläche

- ohne Defizitfläche* zum Freiraum
- Defizitfläche* > 750 m Distanz zum Freiraum
- Defizitfläche* > 1 500 m Distanz zum Freiraum

Freiraum

- Gewässer im Freiraum
- Sonstige Fläche im Freiraum (Stadtgebiet)

Sonstiges

- Ortslage außerhalb des Stadtgebietes

* Defizitfläche im Siedlungskörper mit unterschiedlicher Distanz zum Freiraum

Siedlungskörper:
Generalisierte Vereinigung von Ortslage und baulich geprägter Fläche (Wohnbau, Mischnutzung, Industrie/Gewerbe, besondere funktionale Prägung)

Kernflächenindex des Siedlungskörpers

(Kernflächenanteil bei 750 m Distanz zum Freiraum [%])

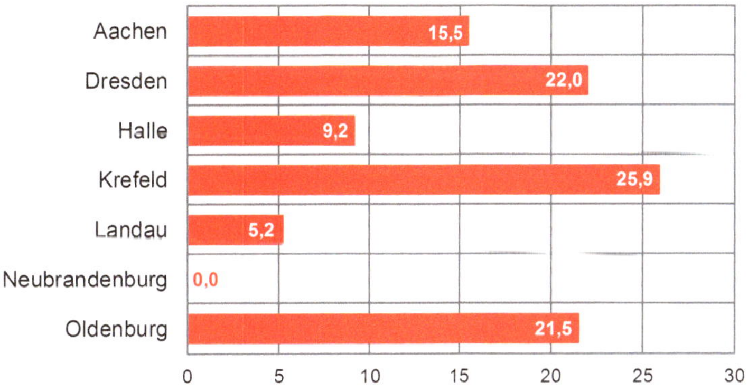

Maßstab 1 : 200 000

0 2 4 6 8 10 km

Leibniz-Institut für ökologische Raumentwicklung

Datenquelle: © GeoBasis-DE / BKG 2009
Bearbeitung: Bräuer, Schumacher, IÖR 2015

Karte 1.2
Erreichbarkeit des Freiraums

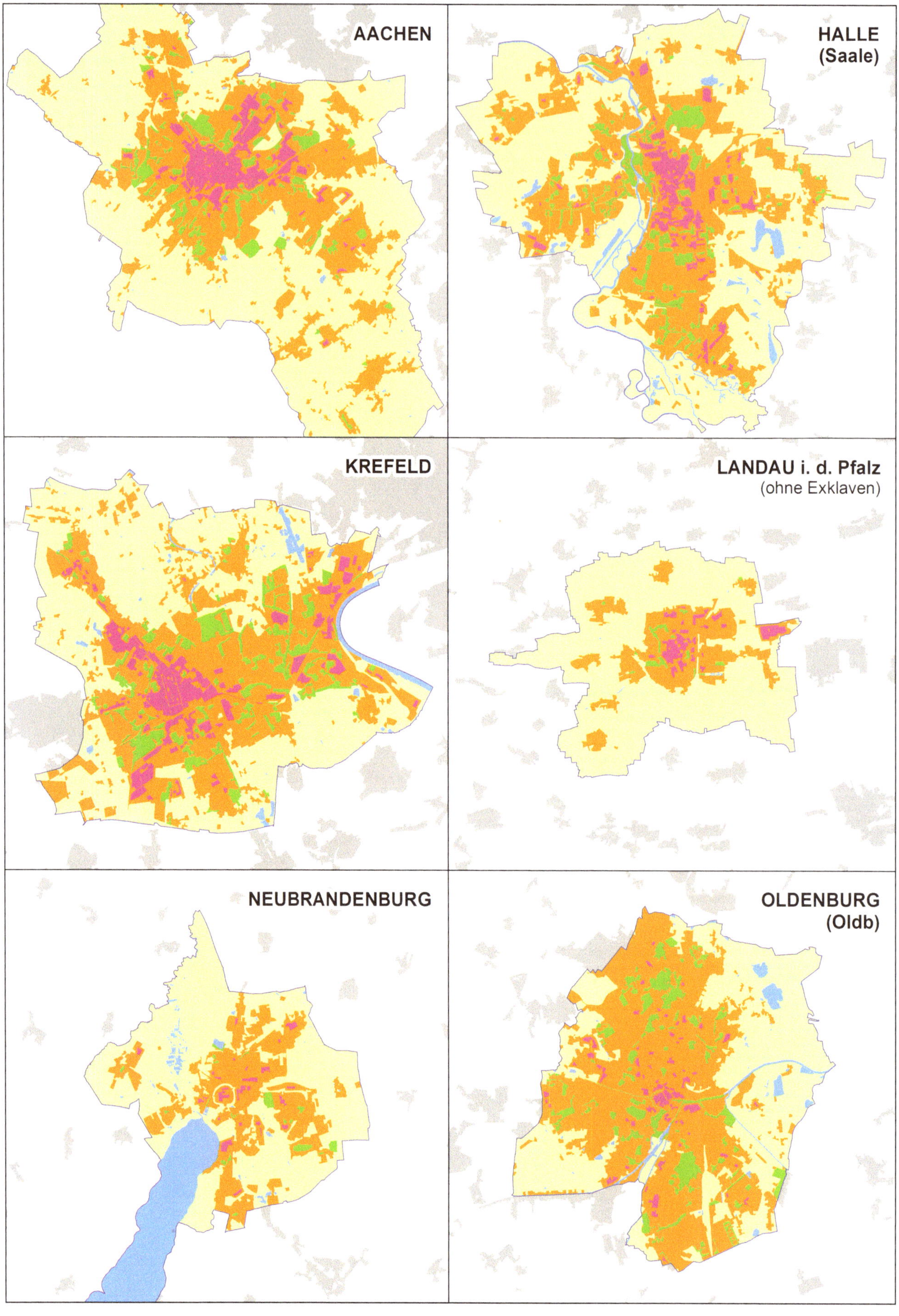
AACHEN
HALLE (Saale)
KREFELD
LANDAU i. d. Pfalz
(ohne Exklaven)
NEUBRANDENBURG
OLDENBURG (Oldb)

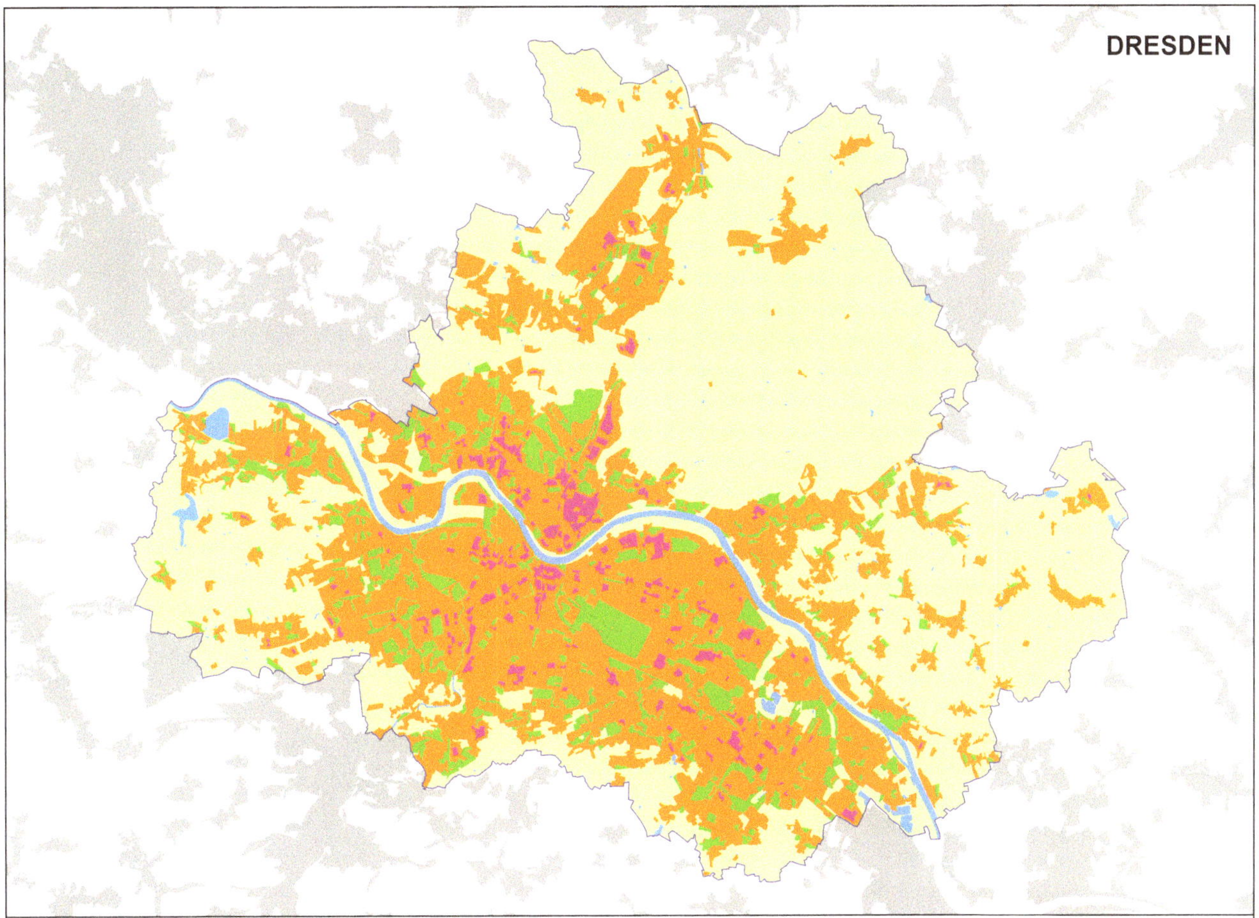

Siedlungsraum

- Potenzielle Defizitfläche* im Siedlungskörper
- Grün- und Wasserfläche im Siedlungskörper
- Sonstige Fläche im Siedlungskörper

Freiraum

- Gewässer im Freiraum
- Sonstige Fläche im Freiraum (Stadtgebiet)

Sonstiges

- Ortslage außerhalb des Stadtgebietes

* Baulich geprägte Fläche mit Mehrfamilienhäusern, Industrie/Gewerbe oder besonderer funktionaler Prägung (Überbauungsgrad > 30 % auf min. 1/2 ha) außerhalb des Wirkungsbereiches von Siedlungsgrün und Freiraum einschl. Gewässer (Distanz > 75 m)

Siedlungskörper:
Generalisierte Vereinigung von Ortslage und baulich geprägter Fläche (Wohnbau, Mischnutzung, Industrie/Gewerbe, besondere funktionale Prägung)

Anteil potenzieller Defizitflächen im Siedlungskörper [%]

Maßstab 1 : 200 000

0 2 4 6 8 10 km

Leibniz-Institut für ökologische Raumentwicklung

Datenquelle: © GeoBasis-DE / BKG / GeoBasis NRW 2009-2011
Bearbeitung: Bräuer, Lehmann, Schumacher, IÖR 2015

Karte 2.1
Mikroklimatische Wirkung von Grün- und Wasserflächen

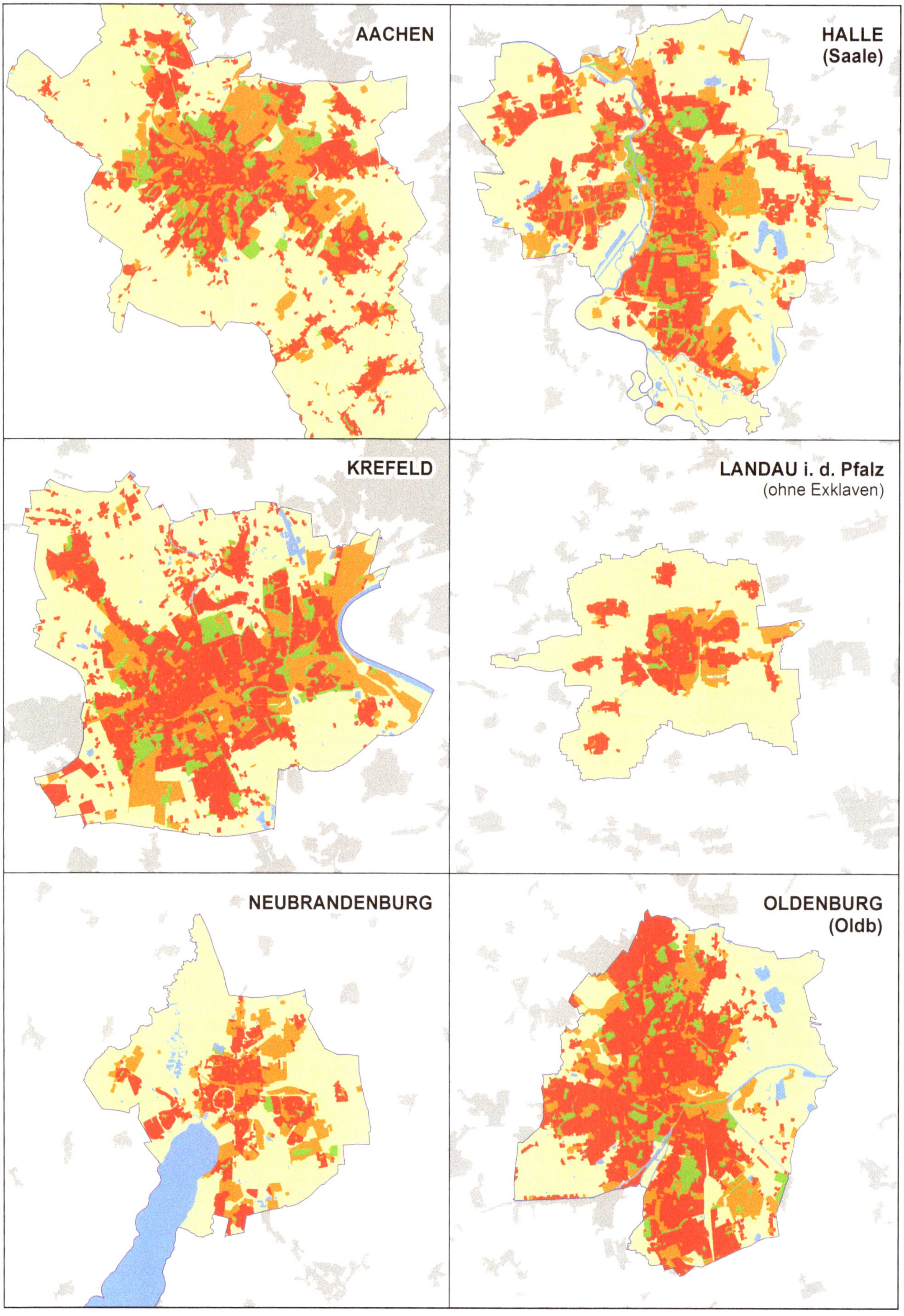
AACHEN
HALLE
(Saale)
KREFELD
LANDAU i. d. Pfalz
(ohne Exklaven)
NEUBRANDENBURG
OLDENBURG
(Oldb)

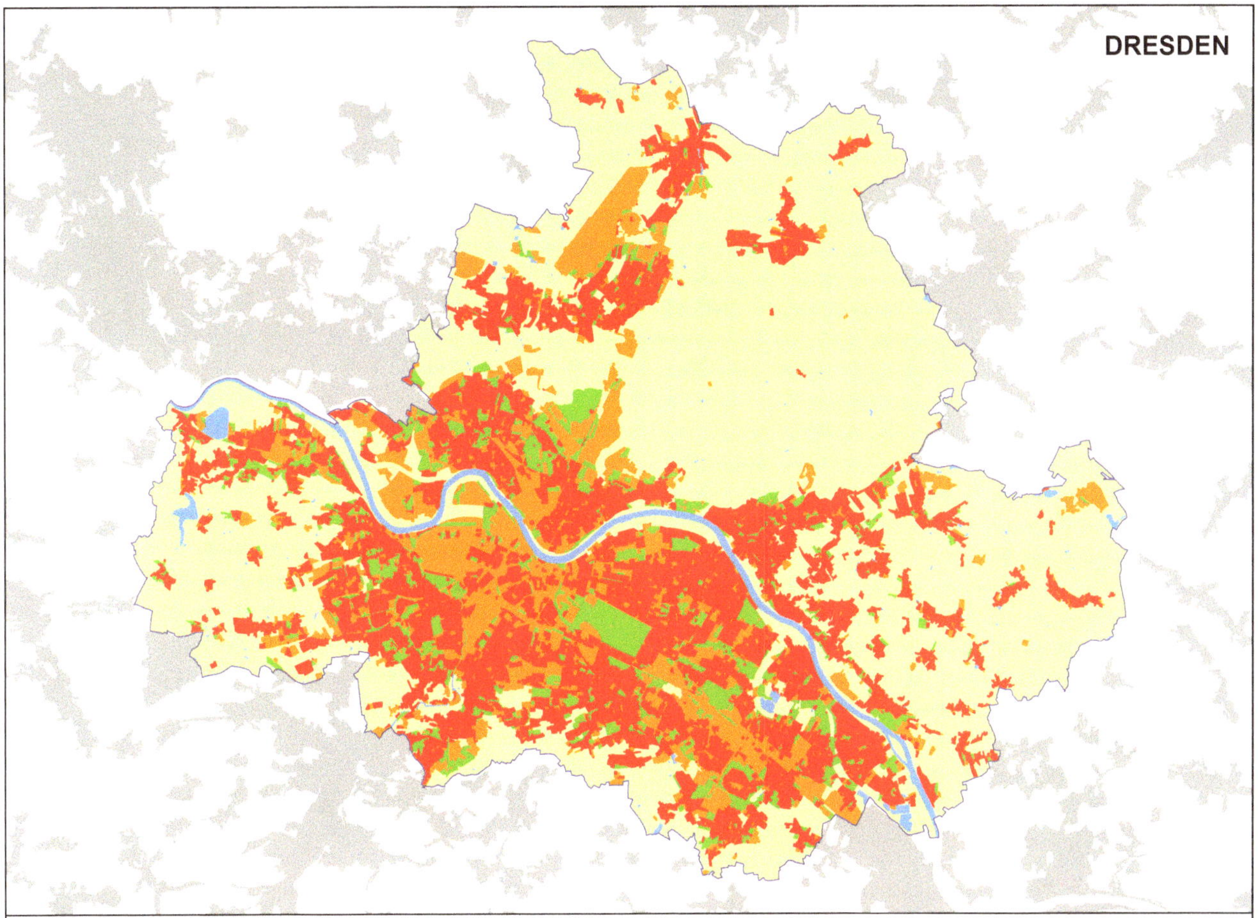

Siedlungsraum

- Siedlungsfläche mit Wohnnutzung*
- Grün- und Wasserfläche im Siedlungskörper
- Sonstige Fläche im Siedlungskörper

Freiraum

- Gewässer im Freiraum
- Sonstige Fläche im Freiraum (Stadtgebiet)

Sonstiges

- Ortslage außerhalb des Stadtgebietes

* Siedlungsfläche mit Wohnnutzung:
Baulich geprägte Fläche (Wohnbau und Mischnutzung)

Siedlungskörper:
Generalisierte Vereinigung von Ortslage und baulich geprägter Fläche (Wohnbau, Mischnutzung, Industrie/Gewerbe, besondere funktionale Prägung)

Grün- und Wasserflächenanteil im Siedlungskörper [%]

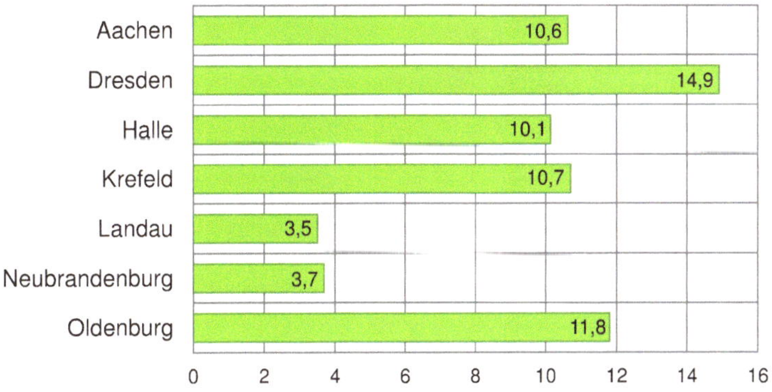

Maßstab 1 : 200 000

0 2 4 6 8 10 km

Leibniz-Institut für ökologische Raumentwicklung

Datenquelle: © GeoBasis-DE / BKG 2009
Bearbeitung: Bräuer, Lehmann, Schumacher, IÖR 2015

Karte 2.2
Lage der Wohngebiete zu Grün- und Wasserflächen

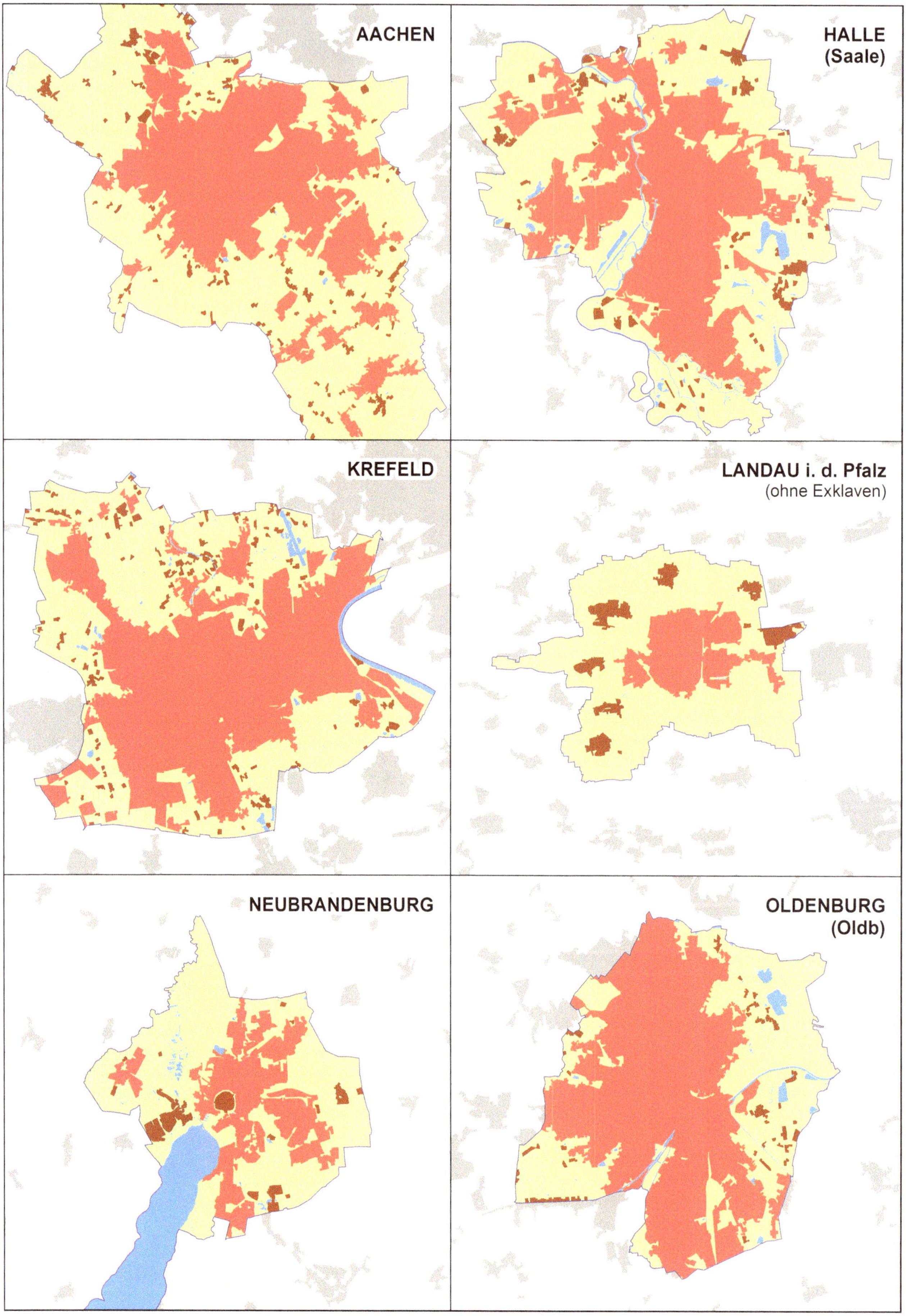
AACHEN
HALLE (Saale)
KREFELD
LANDAU i. d. Pfalz
(ohne Exklaven)
NEUBRANDENBURG
OLDENBURG (Oldb)

Kartenserie

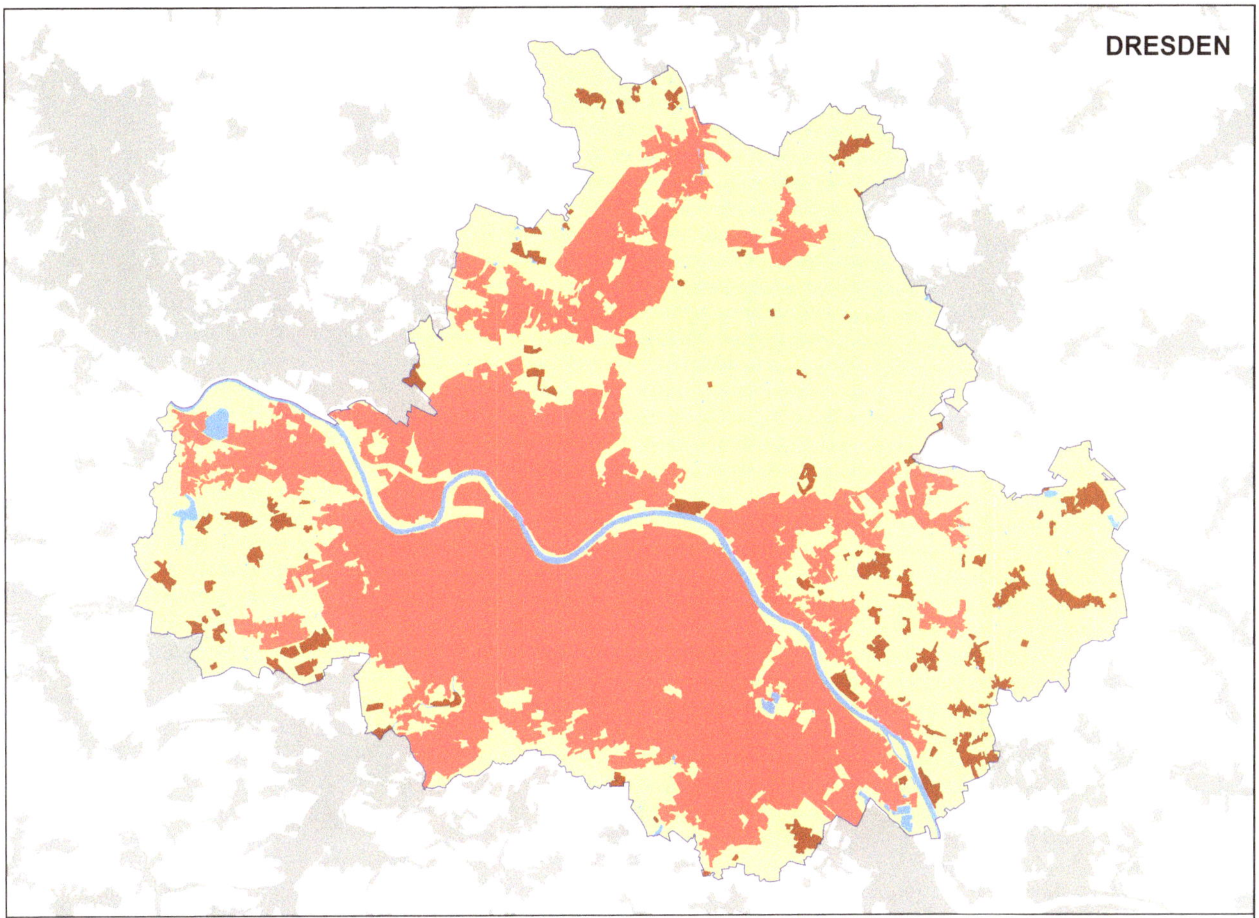

Siedlungsraum

Dominante Fläche des Siedlungskörpers*

Sonstige Fläche des Siedlungskörpers

Freiraum

Gewässer im Freiraum

Sonstige Fläche im Freiraum (Stadtgebiet)

Sonstiges

Ortslage außerhalb des Stadtgebietes

* Dominante Fläche des Siedlungskörpers:
Erstes Zehntel der flächengrößten separaten Polygone des Siedlungskörpers

Siedlungskörper:
Generalisierte Vereinigung von Ortslage und baulich geprägter Fläche (Wohnbau, Mischnutzung, Industrie/Gewerbe, besondere funktionale Prägung)

Verklumpungsgrad (Contagion Index) des Siedlungskörpers [100 m-Raster, %]

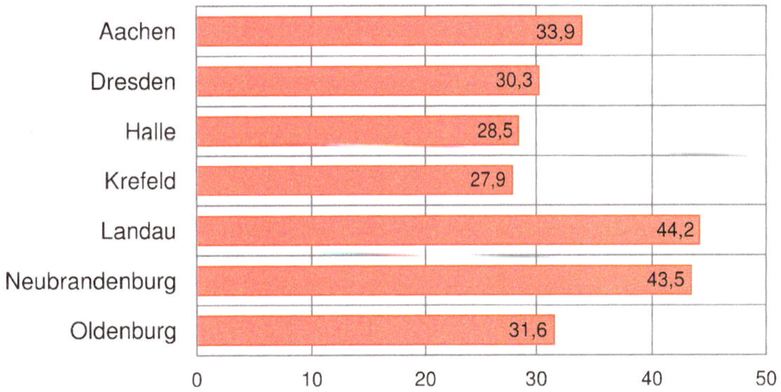

Maßstab 1 : 200 000

0 2 4 6 8 10 km

Leibniz-Institut für ökologische Raumentwicklung

Datenquelle: © GeoBasis-DE / BKG 2009
Bearbeitung: Behnisch, Lehmann, Schumacher, IÖR 2015

Karte 3.1
Zersplitterung des Siedlungskörpers

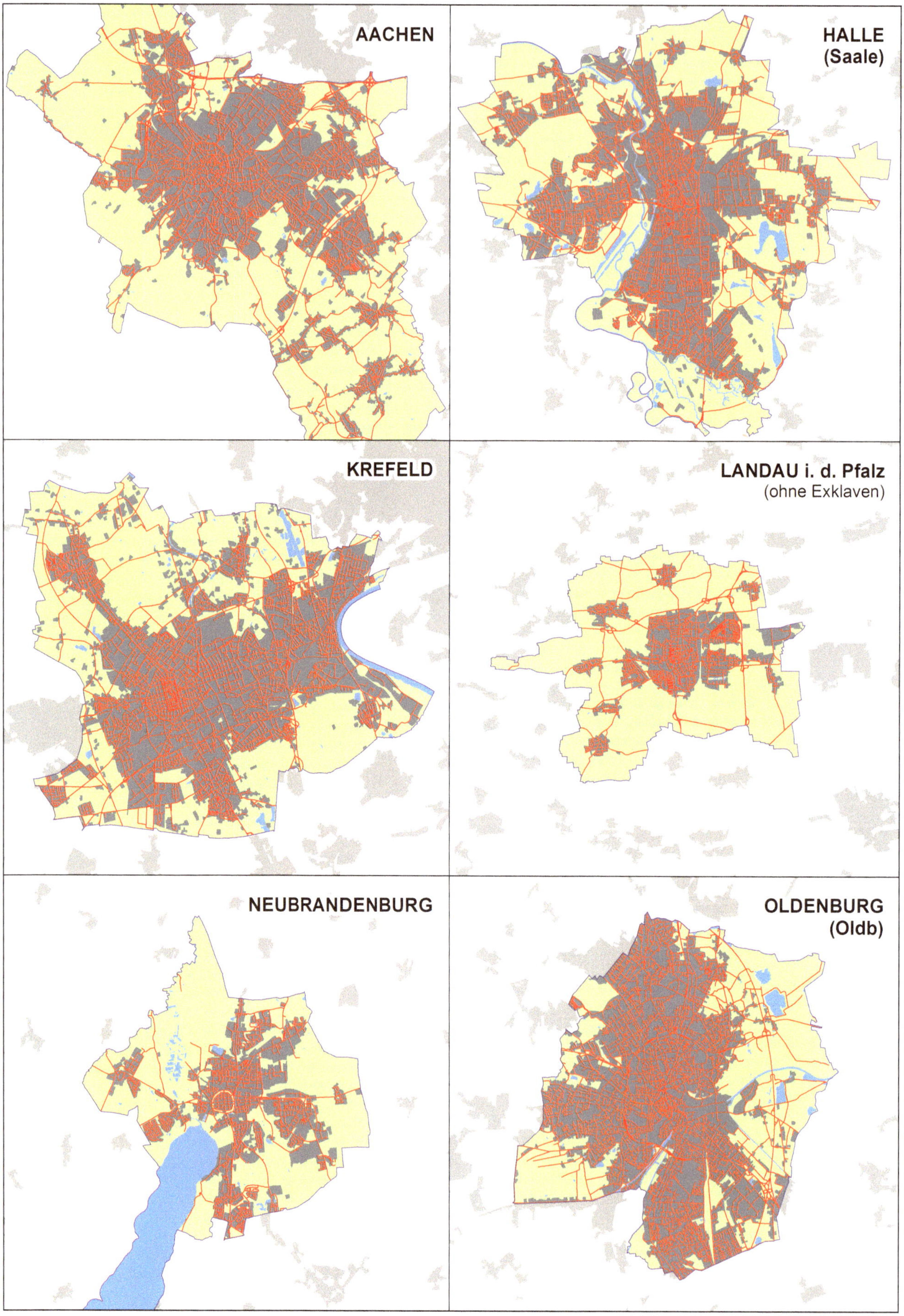
AACHEN
HALLE (Saale)
KREFELD
LANDAU i. d. Pfalz (ohne Exklaven)
NEUBRANDENBURG
OLDENBURG (Oldb)

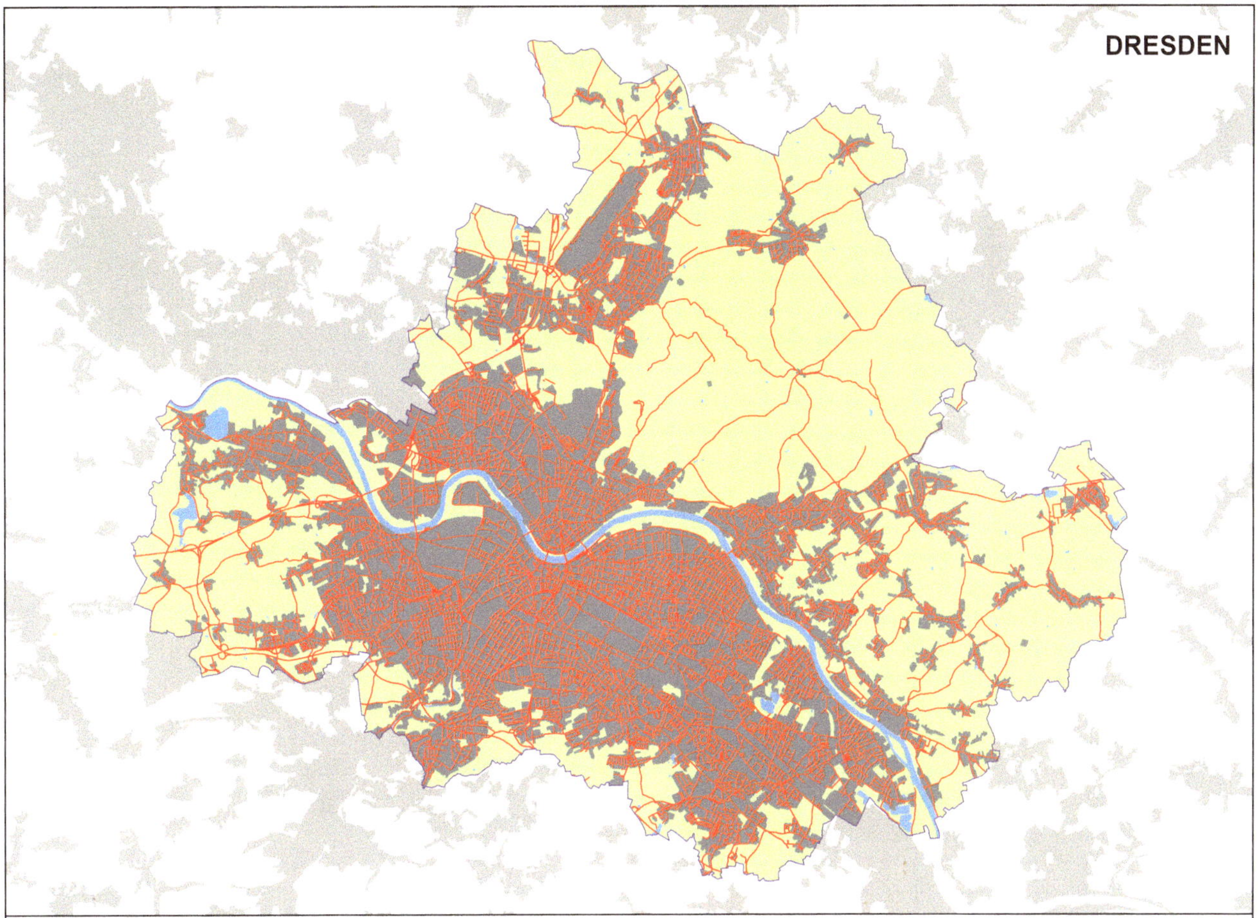

Legende

- Straßennetz (gesamt)*
- Siedlungskörper**
- Gewässer im Freiraum
- Sonstige Fläche im Freiraum (Stadtgebiet)
- Ortslage außerhalb des Stadtgebietes

* Straßennetz (gesamt):
Autobahnen, Bundes-, Landes-, Kreis- und Gemeindestraßen sowie sonstige Straßen

** Siedlungskörper:
Generalisierte Vereinigung von Ortslage und baulich geprägter Fläche (Wohnbau, Mischnutzung, Industrie/Gewerbe, besondere funktionale Prägung)

Verhältnis Straßennetzdichte im Siedlungskörper zur Straßennetzdichte im Freiraum

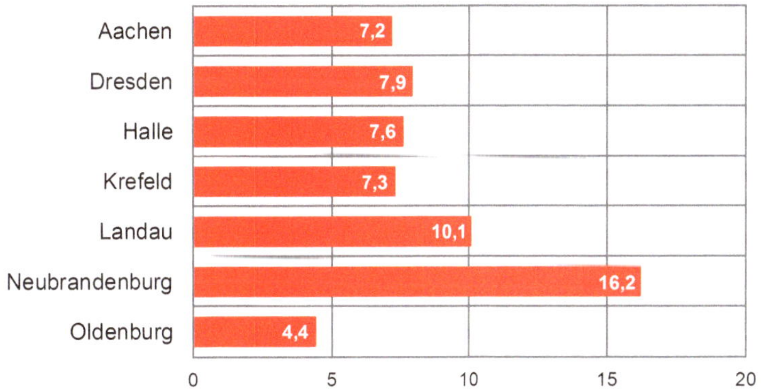

Maßstab 1 : 200 000

0 2 4 6 8 10 km

Leibniz-Institut für ökologische Raumentwicklung

Datenquelle: © GeoBasis-DE / BKG 2009
Bearbeitung: Lehmann, Schumacher, IÖR 2015

Karte 3.2
Straßennetz im Siedlungskörper und Freiraum

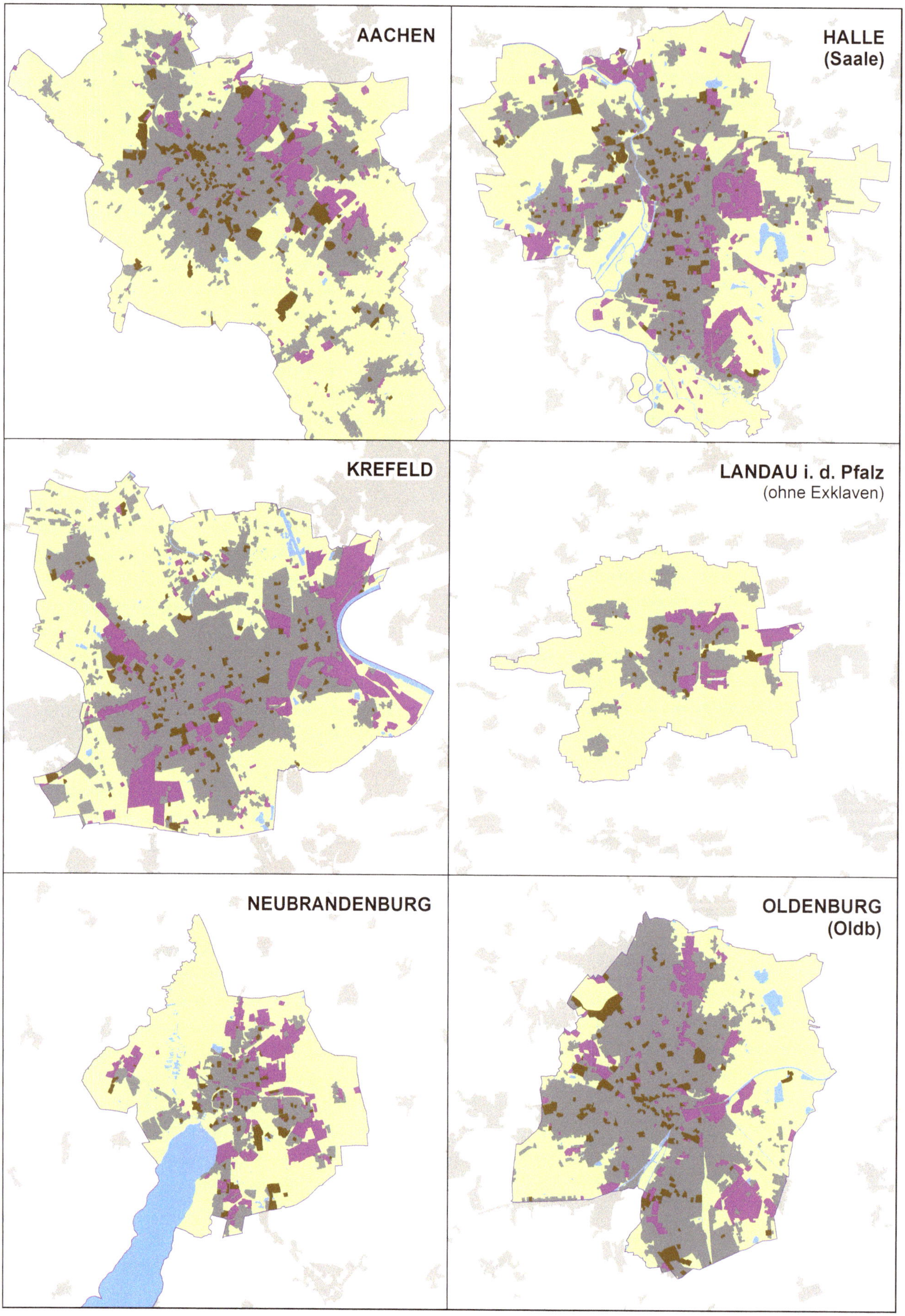
AACHEN
HALLE
(Saale)
KREFELD
LANDAU i. d. Pfalz
(ohne Exklaven)
NEUBRANDENBURG
OLDENBURG
(Oldb)

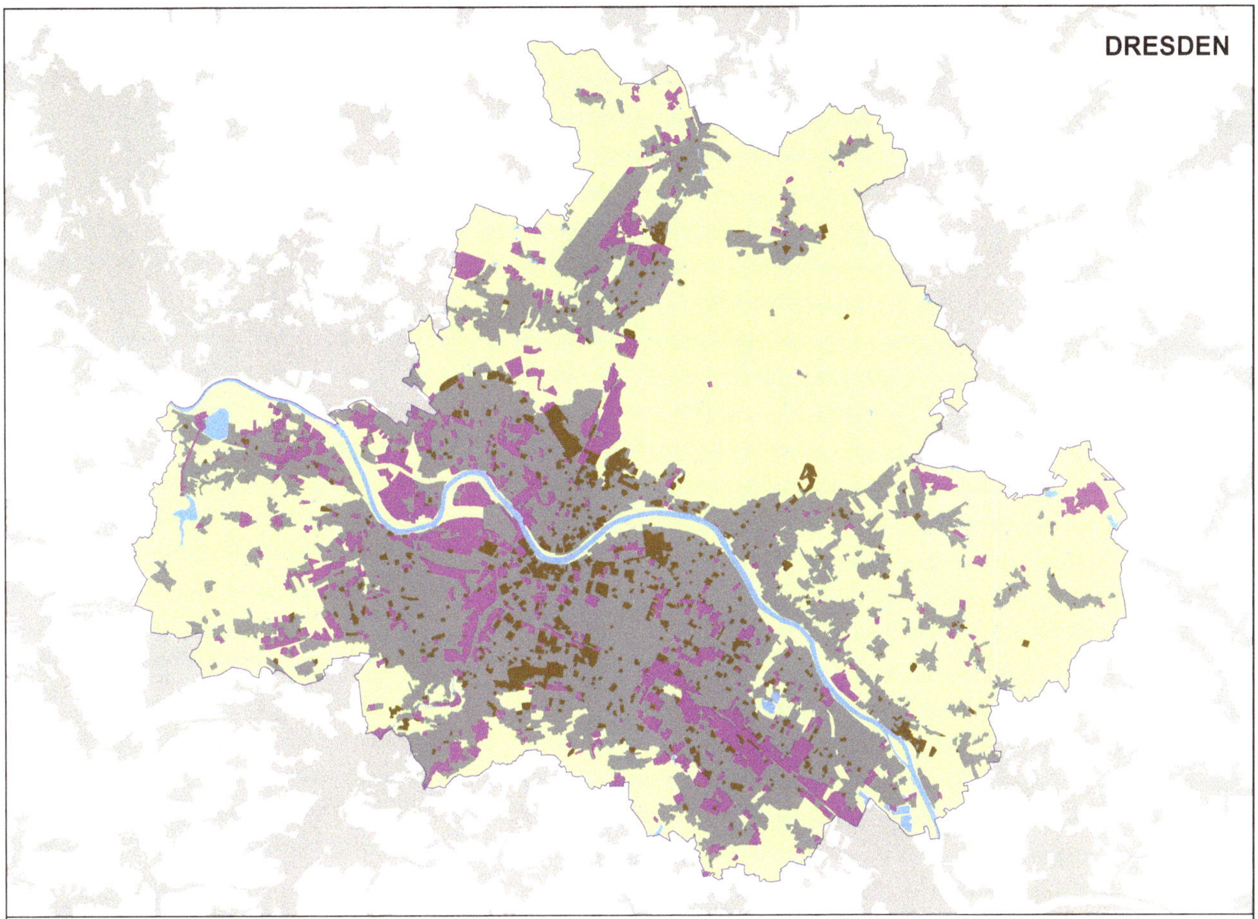

Siedlungsraum

- Industrie- und Gewerbefläche
- Fläche besonderer funktionaler Prägung*
- Sonstige Fläche des Siedlungskörpers

Freiraum

- Gewässer im Freiraum
- Sonstige Fläche im Freiraum (Stadtgebiet)

Sonstiges

- Ortslage außerhalb des Stadtgebietes

* Besondere funktionale Prägung:
Verwaltung, Bildung, Forschung, Kultur, Gesundheit, Soziales, Sicherheit und Ordnung

Siedlungskörper:
Generalisierte Vereinigung von Ortslage und baulich geprägter Fläche (Wohnbau, Mischnutzung, Industrie/Gewerbe, besondere funktionale Prägung)

Maßstab 1 : 200 000

0 2 4 6 8 10 km

Flächenanteile im Siedlungskörper [%]

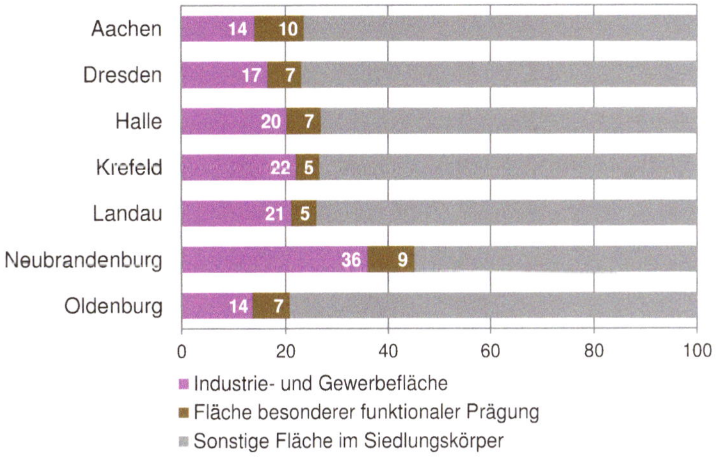

Leibniz-Institut für ökologische Raumentwicklung

Datenquelle: © GeoBasis-DE / BKG 2009
Bearbeitung: Behnisch, Lehmann, Schumacher, IÖR 2015

Karte 4.1
Flächen für Arbeit und Versorgung im Siedlungskörper

Kartenserie

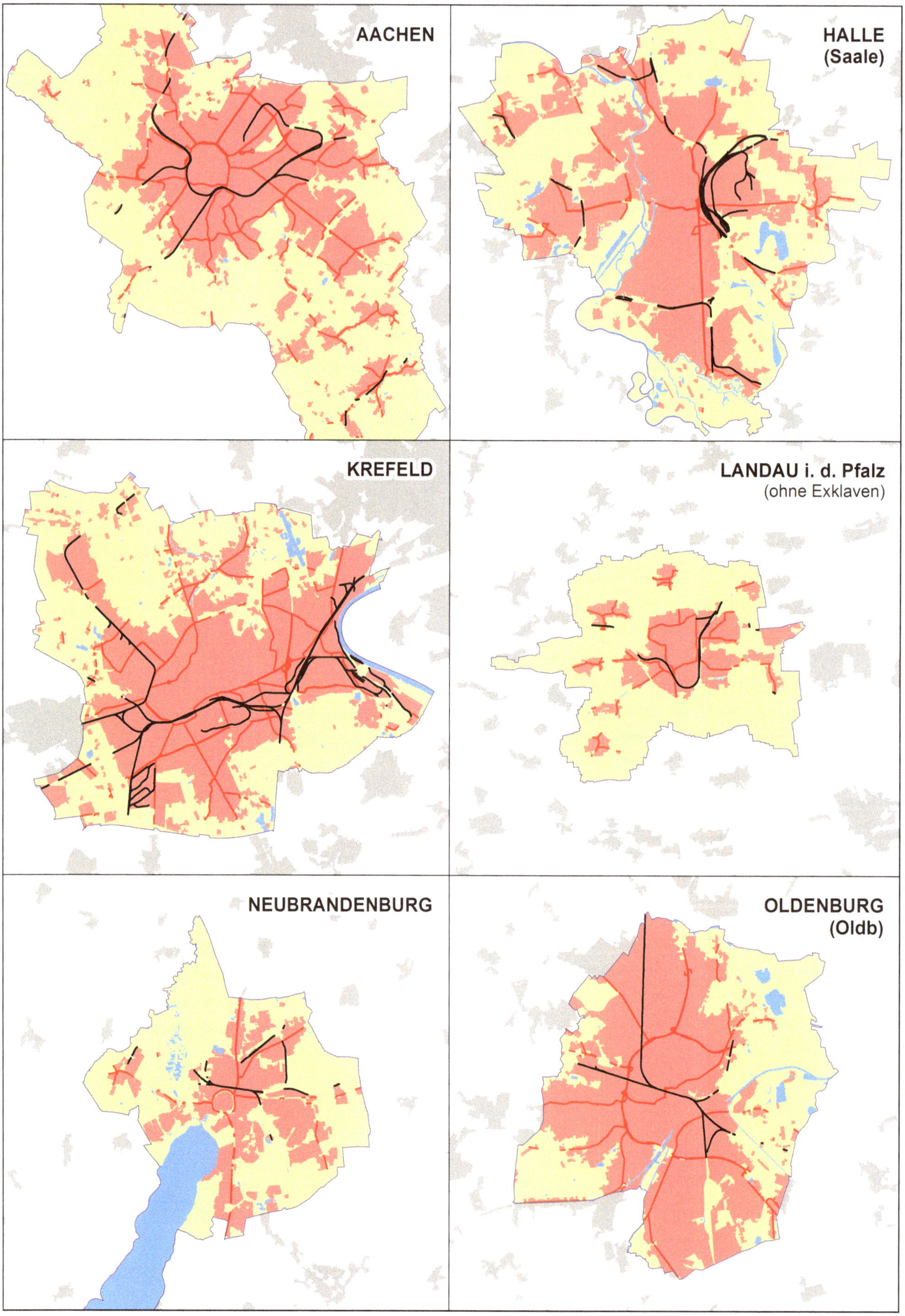
AACHEN
HALLE
(Saale)
KREFELD
LANDAU i. d. Pfalz
(ohne Exklaven)
NEUBRANDENBURG
OLDENBURG
(Oldb)

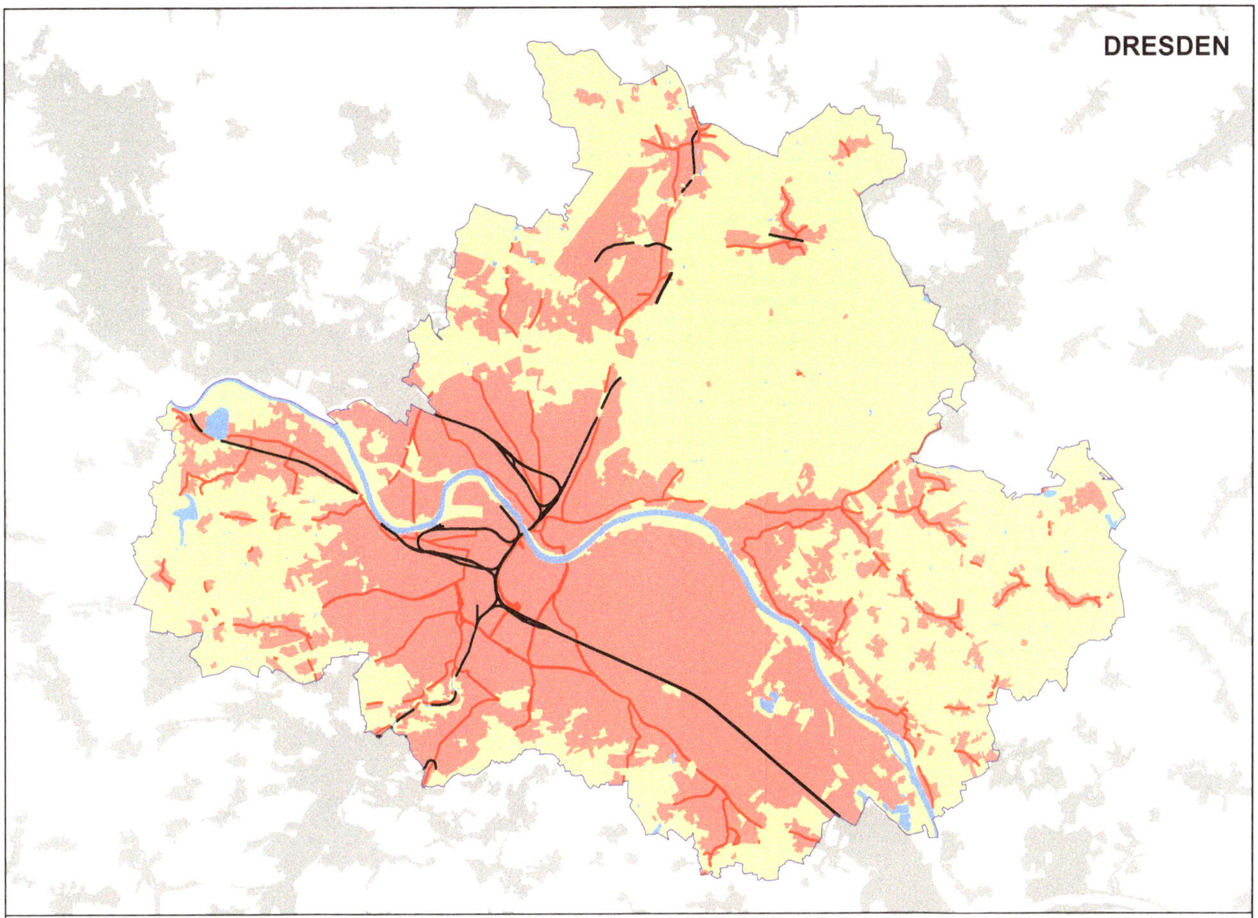

Zerschneidung des Siedlungskörpers

- Zerschnittener Siedlungskörper*
- Hauptstraße im Siedlungskörper
- Bahnstrecke im Siedlungskörper
- Gewässer im Freiraum
- Sonstige Fläche im Freiraum (Stadtgebiet)
- Ortslage außerhalb des Stadtgebietes

* Zerschneidung des Siedlungskörpers durch das Hauptstraßennetz (Autobahnen, Bundes-, Landes- und Kreisstraßen) sowie das Eisenbahnnetz (Normalspur)

Siedlungskörper:
Generalisierte Vereinigung von Ortslage und baulich geprägter Fläche (Wohnbau, Mischnutzung, Industrie/Gewerbe, besondere funktionale Prägung)

Effektive Maschenweite unzerschnittener Räume im Siedlungskörper [km^2]

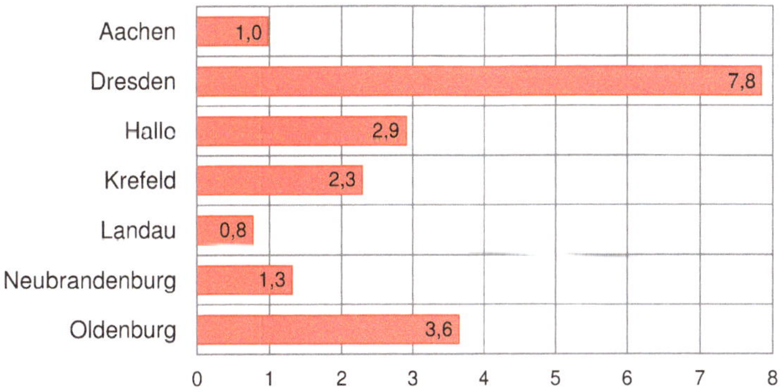

Maßstab 1 : 200 000

0 2 4 6 8 10 km

Leibniz-Institut für ökologische Raumentwicklung

Datenquelle: © GeoBasis-DE / BKG 2009
Bearbeitung: Schumacher, IÖR 2015

Karte 5.1
Zerschneidung des Siedlungskörpers durch Verkehrstrassen

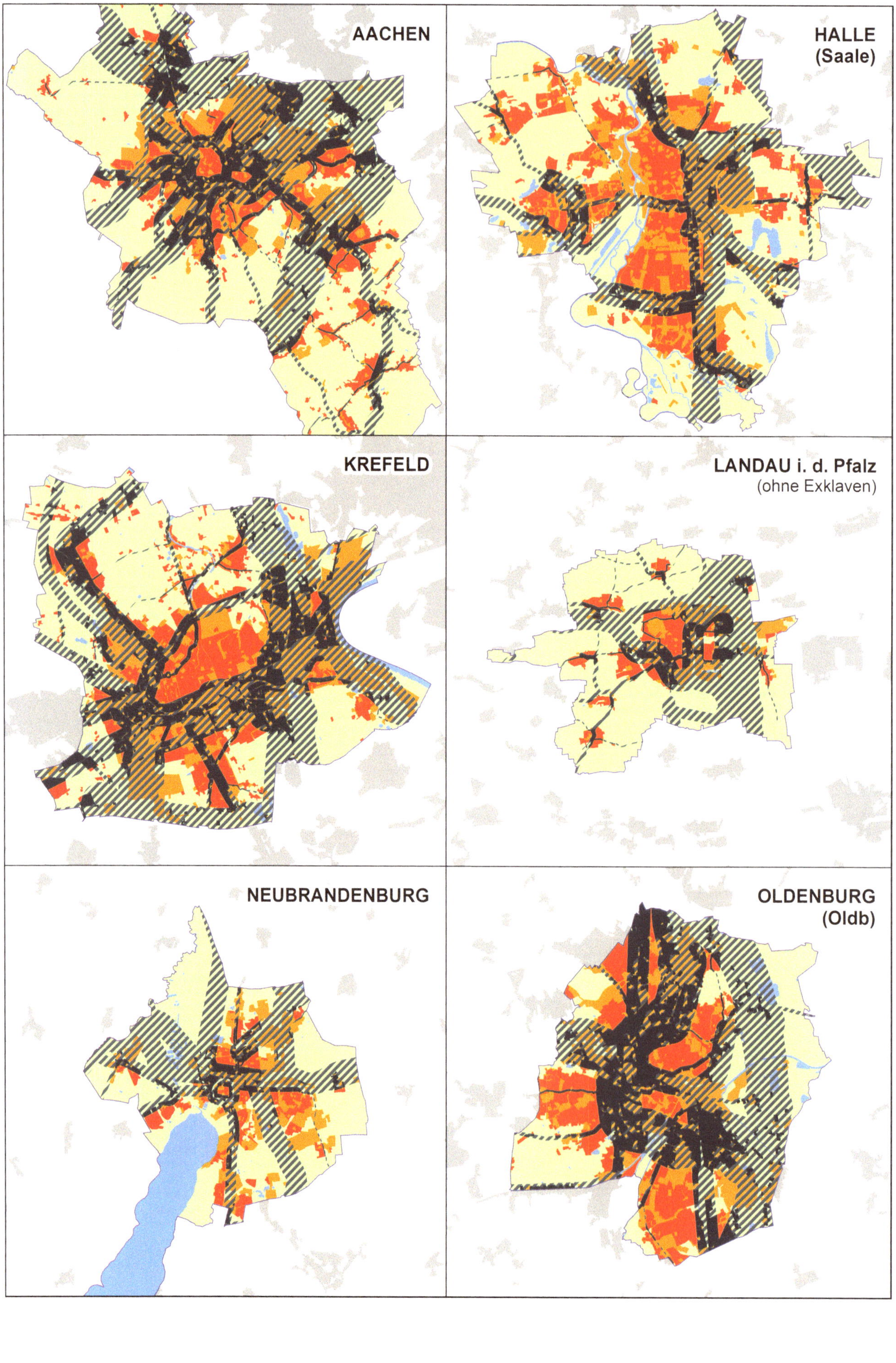
AACHEN
HALLE (Saale)
KREFELD
LANDAU i. d. Pfalz (ohne Exklaven)
NEUBRANDENBURG
OLDENBURG (Oldb)

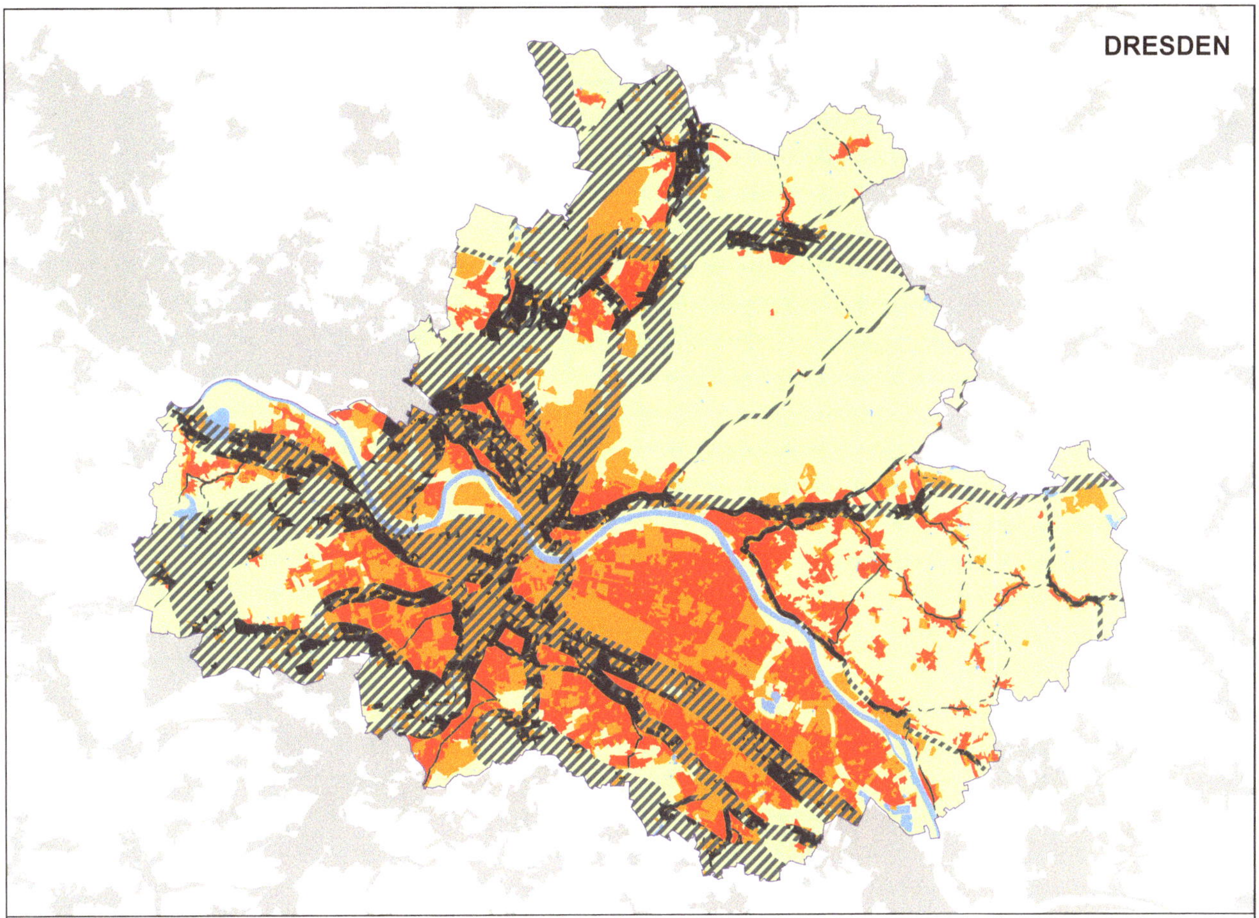

Potenzielle Lärmimmissionen

- Immissionsbereich von Hauptverkehrstrassen*
- Siedlungsfläche mit Wohnnutzung**
- - darunter im Immissionsbereich
- Sonstige Fläche im Siedlungskörper***
- Gewässer im Freiraum
- Sonstige Fläche im Freiraum (Stadtgebiet)
- Ortslage außerhalb des Stadtgebietes

* Potenzielle Lärmimmission durch das Hauptstraßennetz (Autobahnen, Bundes-, Landes- und Kreisstraßen) sowie das Eisenbahnnetz (Normalspur, in Betrieb) - Standardpufferung nach DIN 18005-1 Verkehrslärm

** Siedlungsfläche mit Wohnnutzung: Baulich geprägte Fläche (Wohnbau und Mischnutzung)

*** Siedlungskörper: Generalisierte Vereinigung von Ortslage und baulich geprägter Fläche (Wohnbau, Mischnutzung, Industrie / Gewerbe, besondere funktionale Prägung)

Anteil potenziell verlärmter Fläche an gesamter Siedlungsfläche mit Wohnnutzung [%]

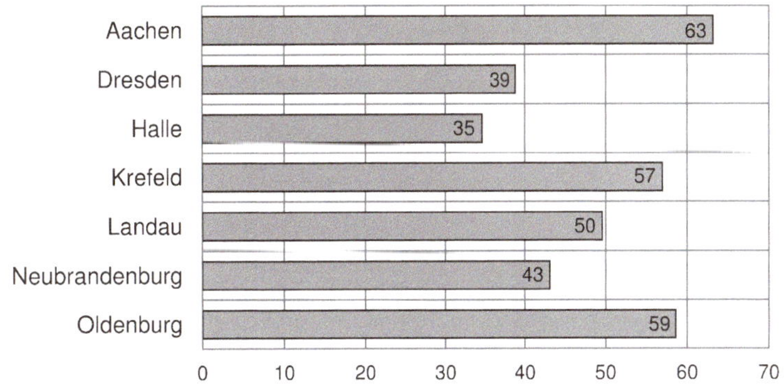

Maßstab 1 : 200 000

0 2 4 6 8 10 km

Leibniz-Institut für ökologische Raumentwicklung

Datenquelle: © GeoBasis-DE / BKG 2009
Bearbeitung: Lehmann, Schumacher, IÖR 2015

Karte 5.2
Lärmimmission im Siedlungskörper durch Verkehrstrassen

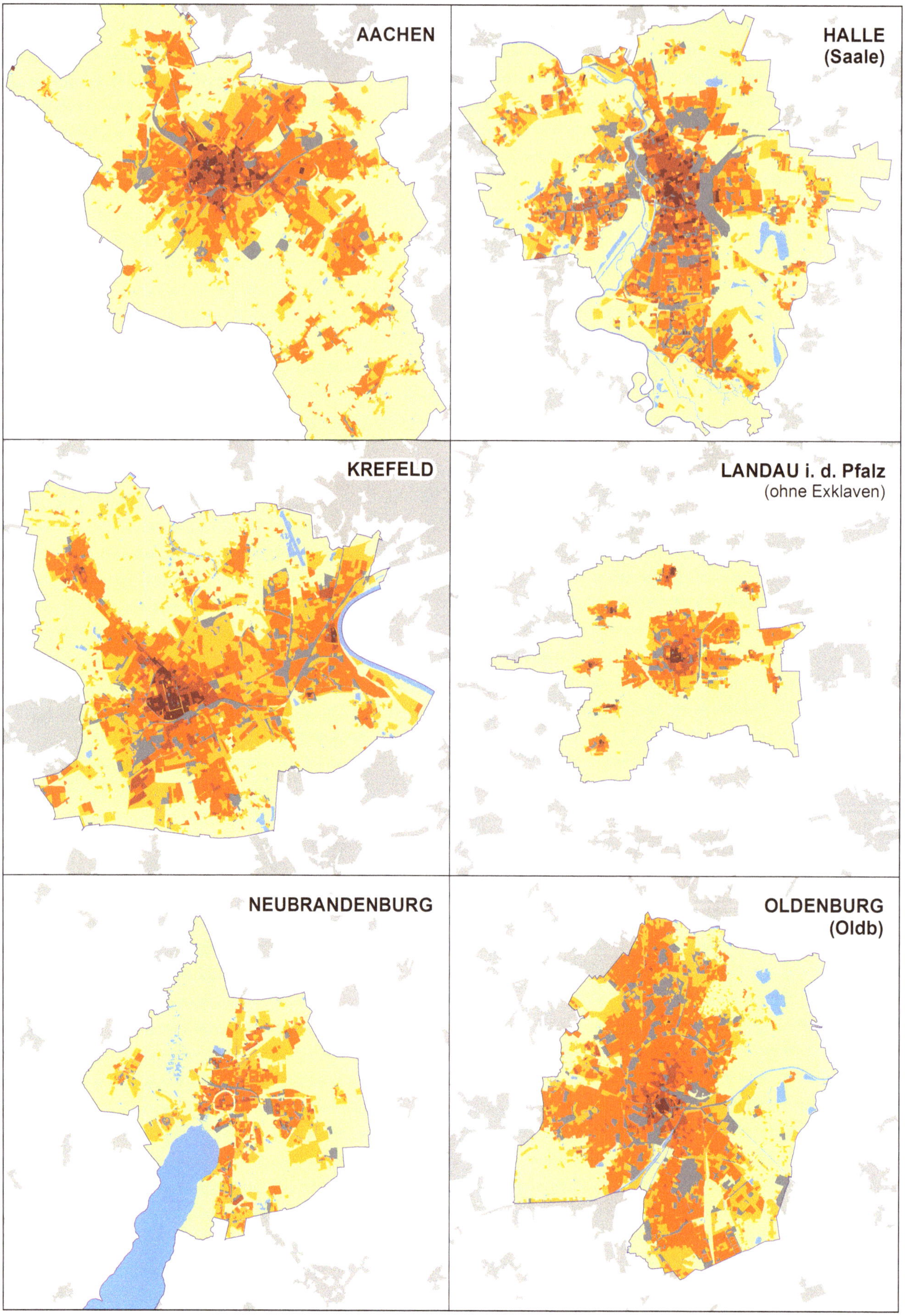
AACHEN
HALLE (Saale)
KREFELD
LANDAU i. d. Pfalz
(ohne Exklaven)
NEUBRANDENBURG
OLDENBURG (Oldb)

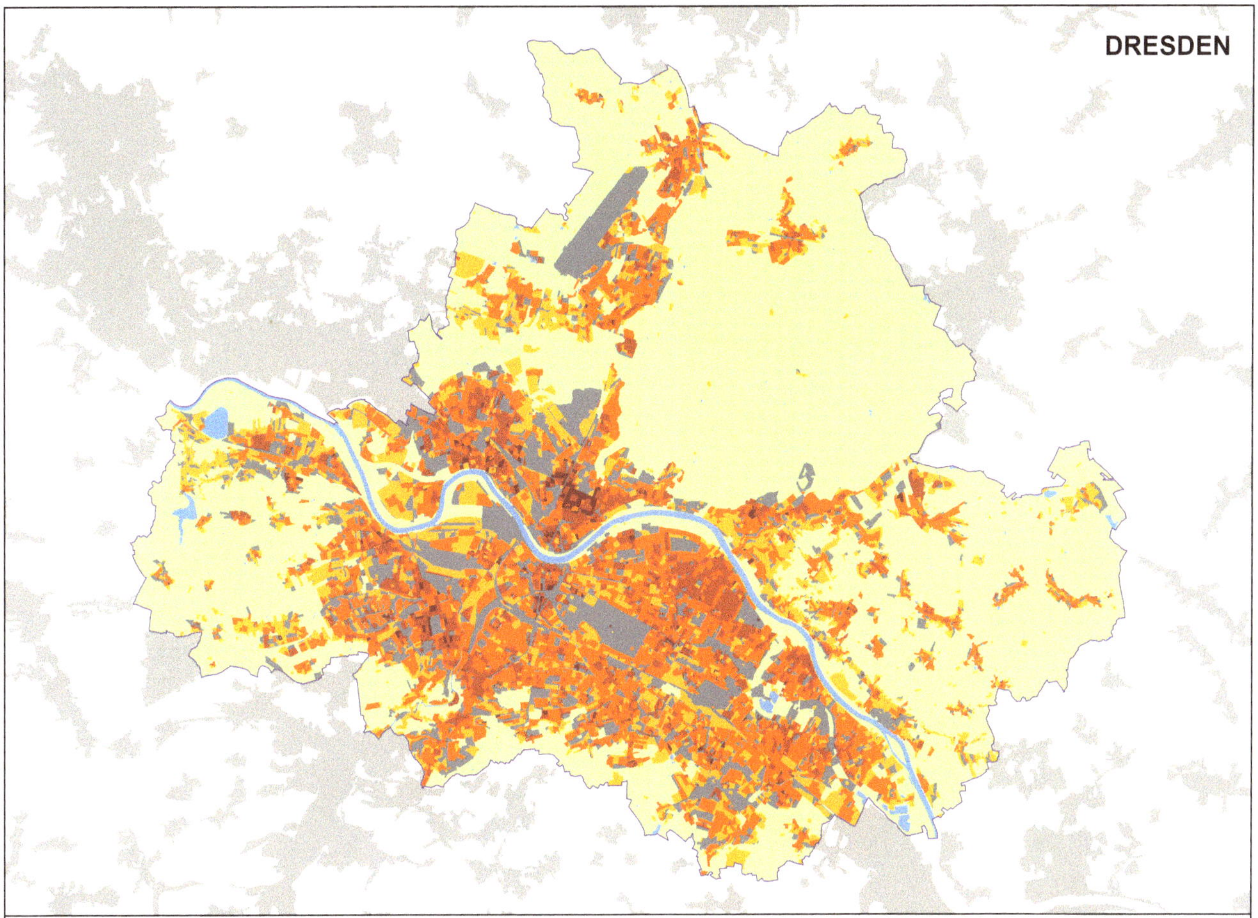

Anteil Gebäudegrund- und Abstandsfläche an der Blockfläche*

- gering (≤ 35 %)
- mäßig (> 35 % … ≤ 60 %)
- hoch (> 60 % … ≤ 85 %)
- sehr hoch (> 85 %)
- Sonstige Fläche des Siedlungskörpers**

Freiraum

- Gewässer im Freiraum
- Sonstige Fläche im Freiraum (Stadtgebiet)

Sonstiges

- Ortslage außerhalb des Stadtgebietes

* Blockfläche:
Baulich geprägte Fläche im Baublock (einschl. Freizeitanlage)

** Siedlungskörper:
Generalisierte Vereinigung von Ortslage und baulich geprägter Fläche (Wohnbau, Mischnutzung, Industrie/Gewerbe, besondere funktionale Prägung)

Maßstab 1 : 200 000

0 2 4 6 8 10 km

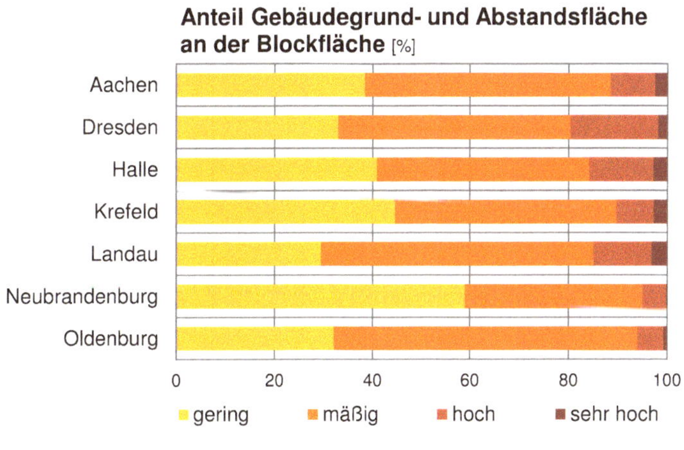

Leibniz-Institut für ökologische Raumentwicklung

Datenquelle: © GeoBasis-DE / BKG / GeoBasis NRW 2009-2011
Bearbeitung: Behnisch, Bräuer, Lehmann, Schumacher, IÖR 2015

Karte 6.1
Verschattung baulich geprägter Flächen

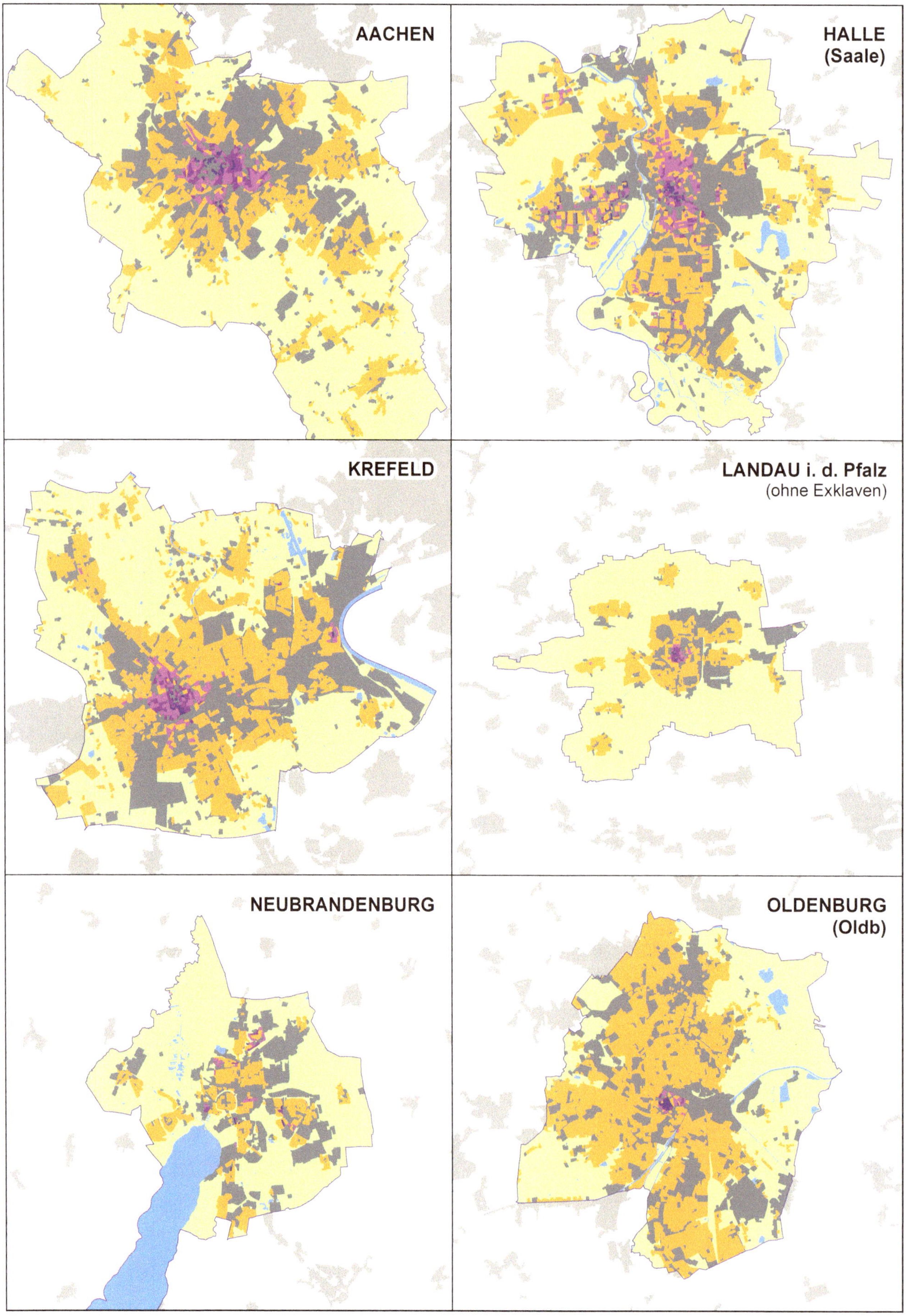
AACHEN
HALLE (Saale)
KREFELD
LANDAU i. d. Pfalz (ohne Exklaven)
NEUBRANDENBURG
OLDENBURG (Oldb)

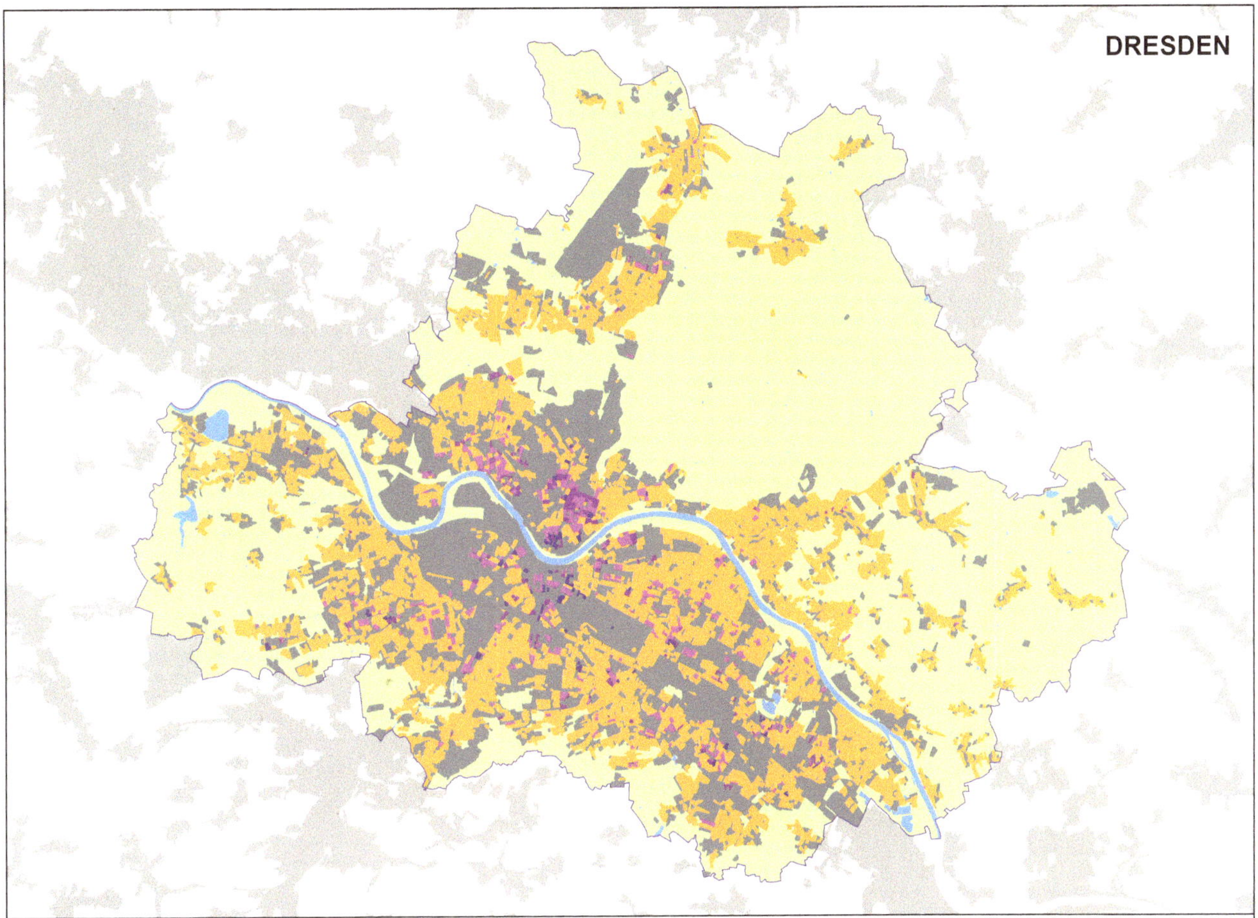

Hohe Baumassendichte in Siedlungsfläche mit Wohnnutzung*

- > 3,6 m³/m² - 4,8 m³/m²
- > 4,8 m³/m² - 6,0 m³/m²
- > 6,0 m³/m²
- Sonstige Siedlungsfläche mit Wohnnutzung
- Sonstige Fläche des Siedlungskörpers**

Freiraum

- Gewässer im Freiraum
- Sonstige Fläche im Freiraum (Stadtgebiet)

Sonstiges

- Ortslage außerhalb des Stadtgebietes

* Baulich geprägte Fläche (Wohnbau und Mischnutzung) mit hoher Nutzungsdichte (Baumassendichte > 3,6 m³/m²)

** Siedlungskörper: Generalisierte Vereinigung von Ortslage und baulich geprägter Fläche (Wohnbau, Mischnutzung, Industrie/Gewerbe, besondere funktionale Prägung)

Maßstab 1 : 200 000

0 2 4 6 8 10 km

Flächenanteile hoher Nutzungsdichte an ges. Siedlungsfläche mit Wohnnutzung [%]

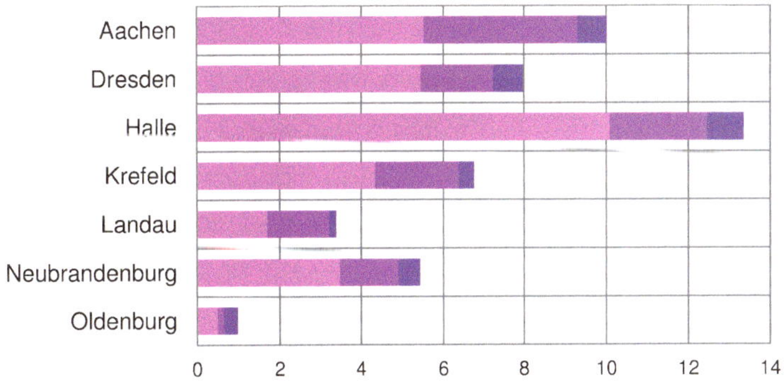

- Anteil mit Baumassendichte > 3,6 ... 4,8 m³/m²
- Anteil mit Baumassendichte > 4,8 ... 6,0 m³/m²
- Anteil mit Baumassendichte > 6,0 m³/m²

Leibniz-Institut für ökologische Raumentwicklung

Datenquelle: © GeoBasis-DE / BKG / GeoBasis NRW 2009-2011
Bearbeitung: Lehmann, Bräuer, Schumacher, IÖR 2015

Karte 6.2
Verdichtungsräume der Siedlungsfläche mit Wohnnutzung

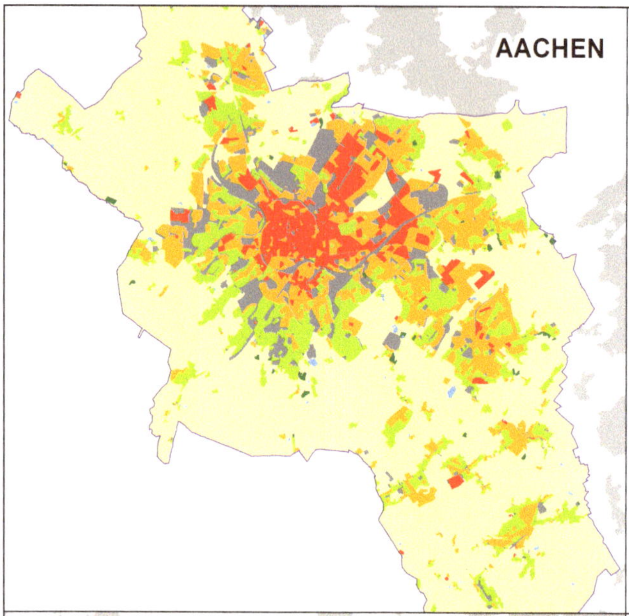
AACHEN

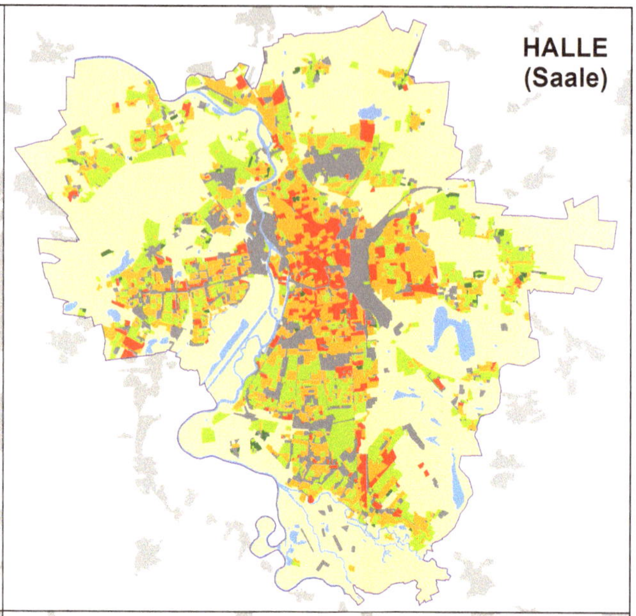
HALLE
(Saale)

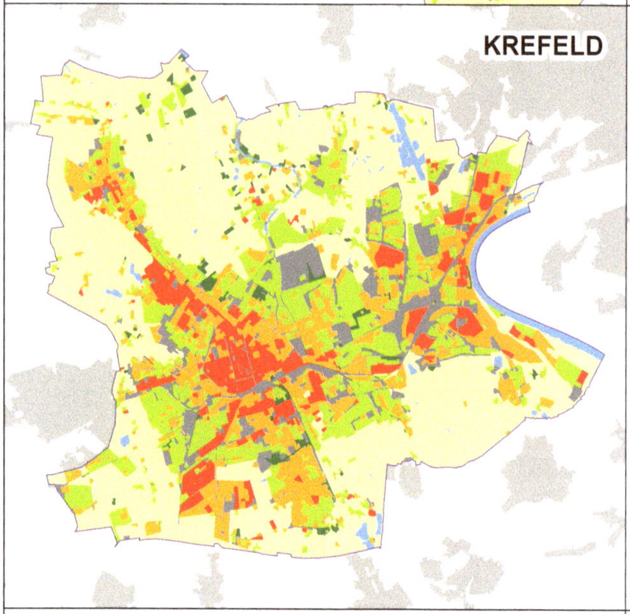
KREFELD

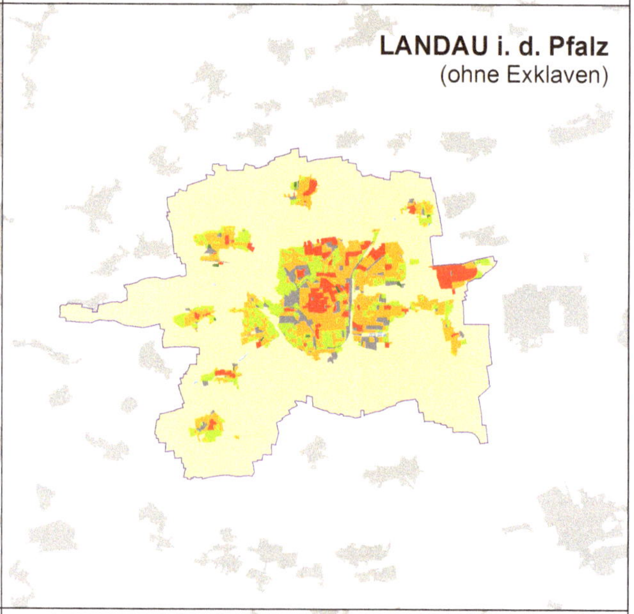
LANDAU i. d. Pfalz
(ohne Exklaven)

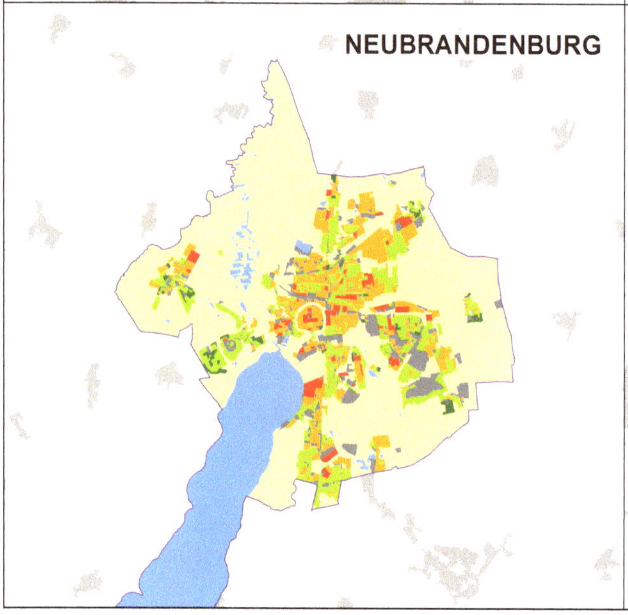
NEUBRANDENBURG

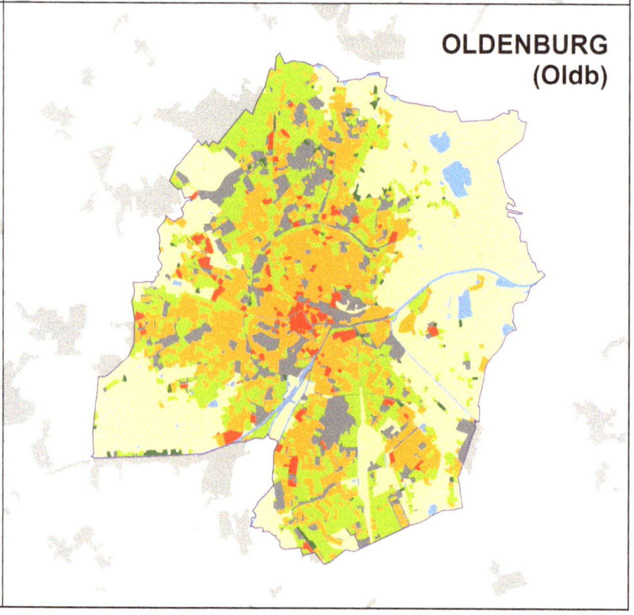
OLDENBURG
(Oldb)

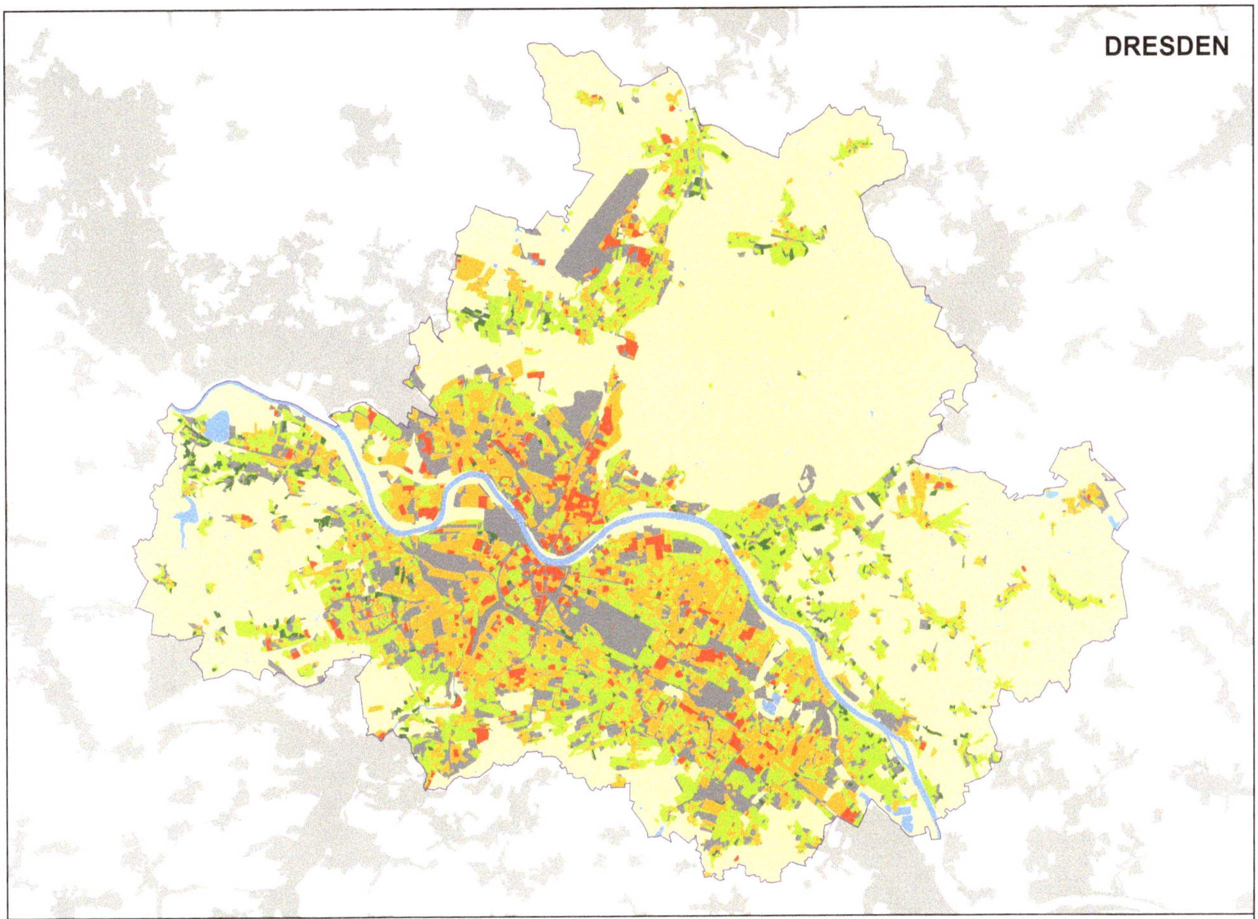

Relative Versickerungswirksamkeit baulich geprägter Fläche

- ≤ 25 %
- > 25 % - 50 %
- > 50 % - 75 %
- > 75 %
- Sonstige Fläche im Siedlungskörper*
- Gewässer im Freiraum
- Sonstige Fläche im Freiraum (Stadtgebiet)
- Ortslage außerhalb des Stadtgebietes

* Siedlungskörper:
Generalisierte Vereinigung von Ortslage und baulich geprägter Fläche (Wohnbau, Mischnutzung, Industrie/Gewerbe, besondere funktionale Prägung)

Verteilung baulich geprägter Fläche mit potenziell versickerungswirksamem Flächenanteil kleiner 25 % nach Hauptnutzungsarten [%]

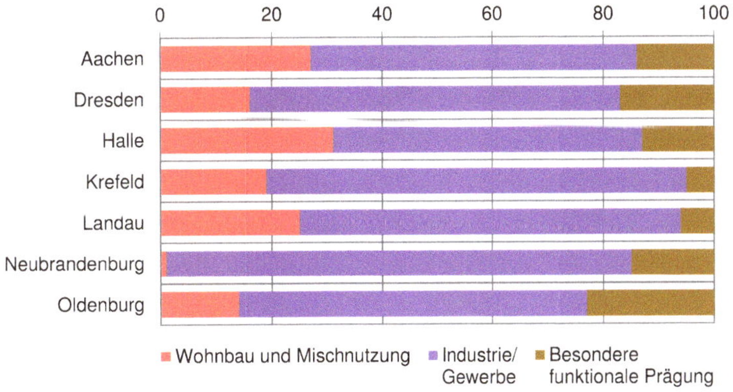

Leibniz-Institut für ökologische Raumentwicklung

Maßstab 1 : 200 000

0 2 4 6 8 10 km

Datenquelle: © GeoBasis-DE / BKG / GeoBasis NRW 2009-2011
Bearbeitung: Lehmann, Bräuer, Schumacher, IÖR 2015

Karte 7.1
Oberflächenabfluss und Regenwasserversickerung

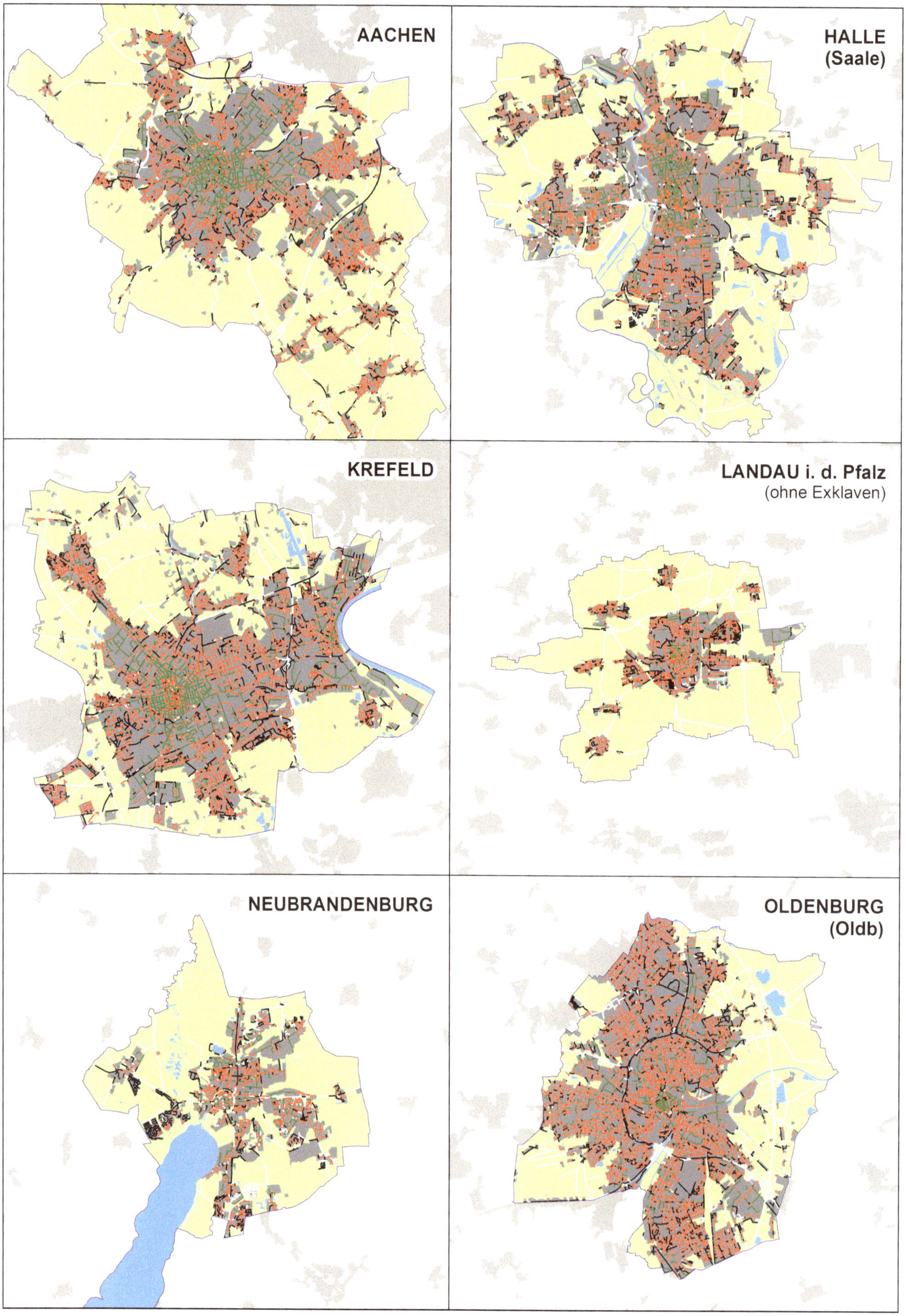
AACHEN
HALLE (Saale)
KREFELD
LANDAU i. d. Pfalz
(ohne Exklaven)
NEUBRANDENBURG
OLDENBURG (Oldb)

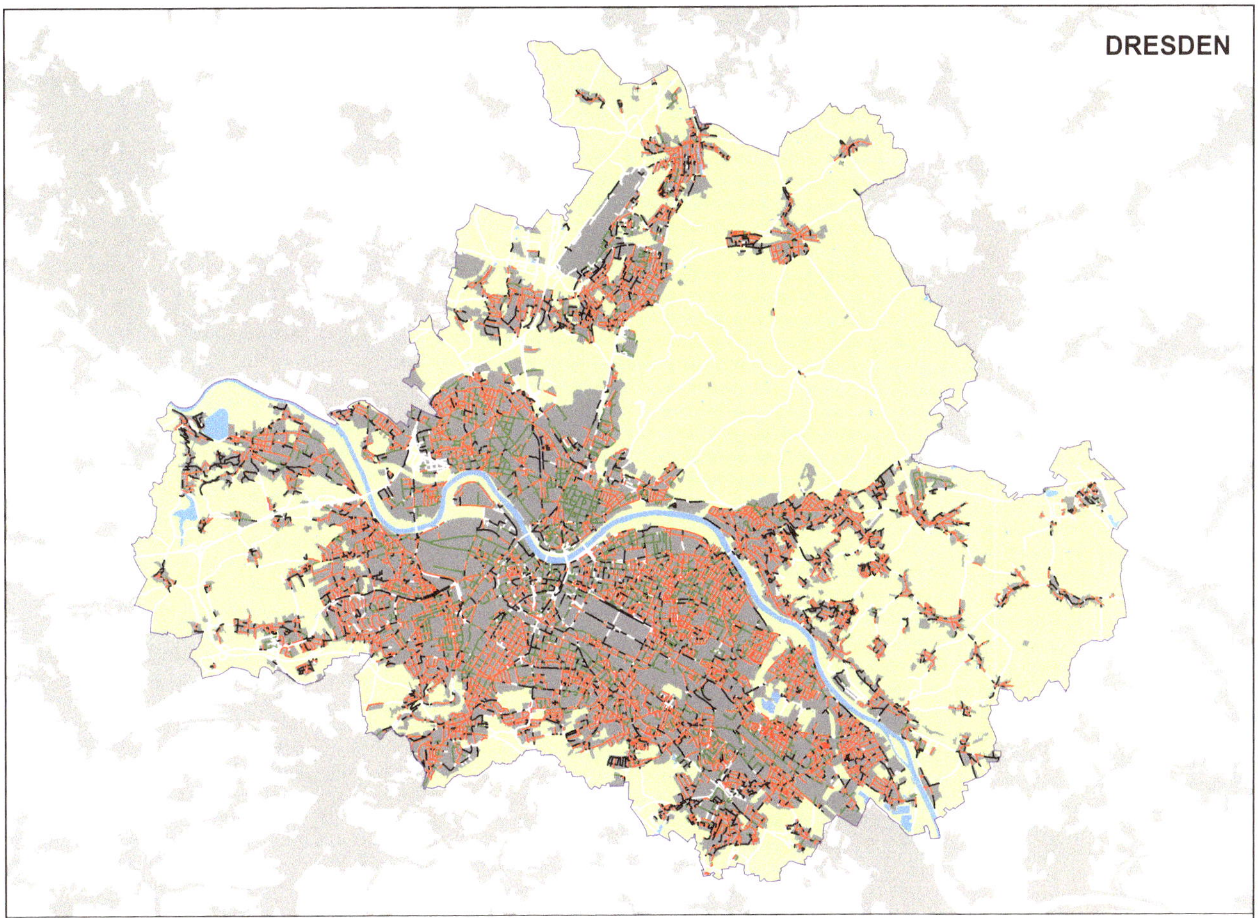

Erschließungseffizienz des Straßennetzes

Baumasse pro Straßenabschnittslänge*

- gering (> 0 ... 50 000 m³/km)
- mittel (> 50 000 ... 200 000 m³/km)
- hoch (> 200 000 m³/km)

- Siedlungskörper**
- Gewasser im Freiraum
- Sonstige Fläche im Freiraum (Stadtgebiet)
- Ortslage außerhalb des Stadtgebietes

* Baumasse pro Straßenabschnittslänge:
Gebäudezuordnung zum nächstgelegenen Straßenabschnitt im Siedlungskörper
(Straßenabschnitte ohne Baumasse im Stadtgebiet sind weiß dargestellt.)

** Siedlungskörper:
Generalisierte Vereinigung von Ortslage und baulich geprägter Fläche (Wohnbau, Mischnutzung, Industrie/Gewerbe, besondere funktionale Prägung)

Maßstab 1 : 200 000

0 2 4 6 8 10 km

Längenanteil der Straßenabschnitte mit hoher Baumassendichte im Siedlungskörper [%]

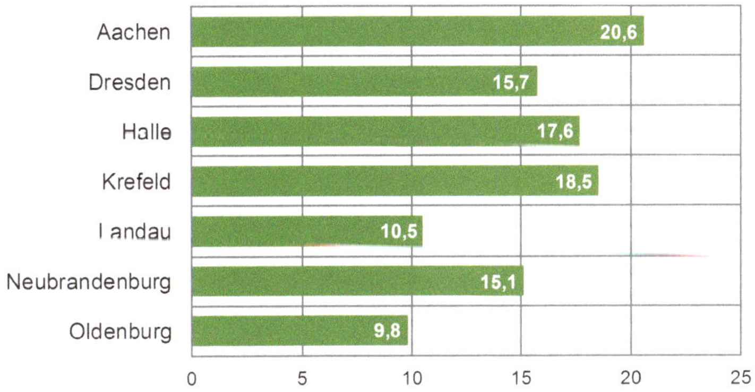

Leibniz-Institut für ökologische Raumentwicklung

Datenquelle: © GeoBasis-DE / BKG / GeoBasis NRW 2009-2011
Bearbeitung: Lehmann, Bräuer, Schumacher, IÖR 2015

Karte 8.1
Infrastrukturelle Erschließungseffizienz

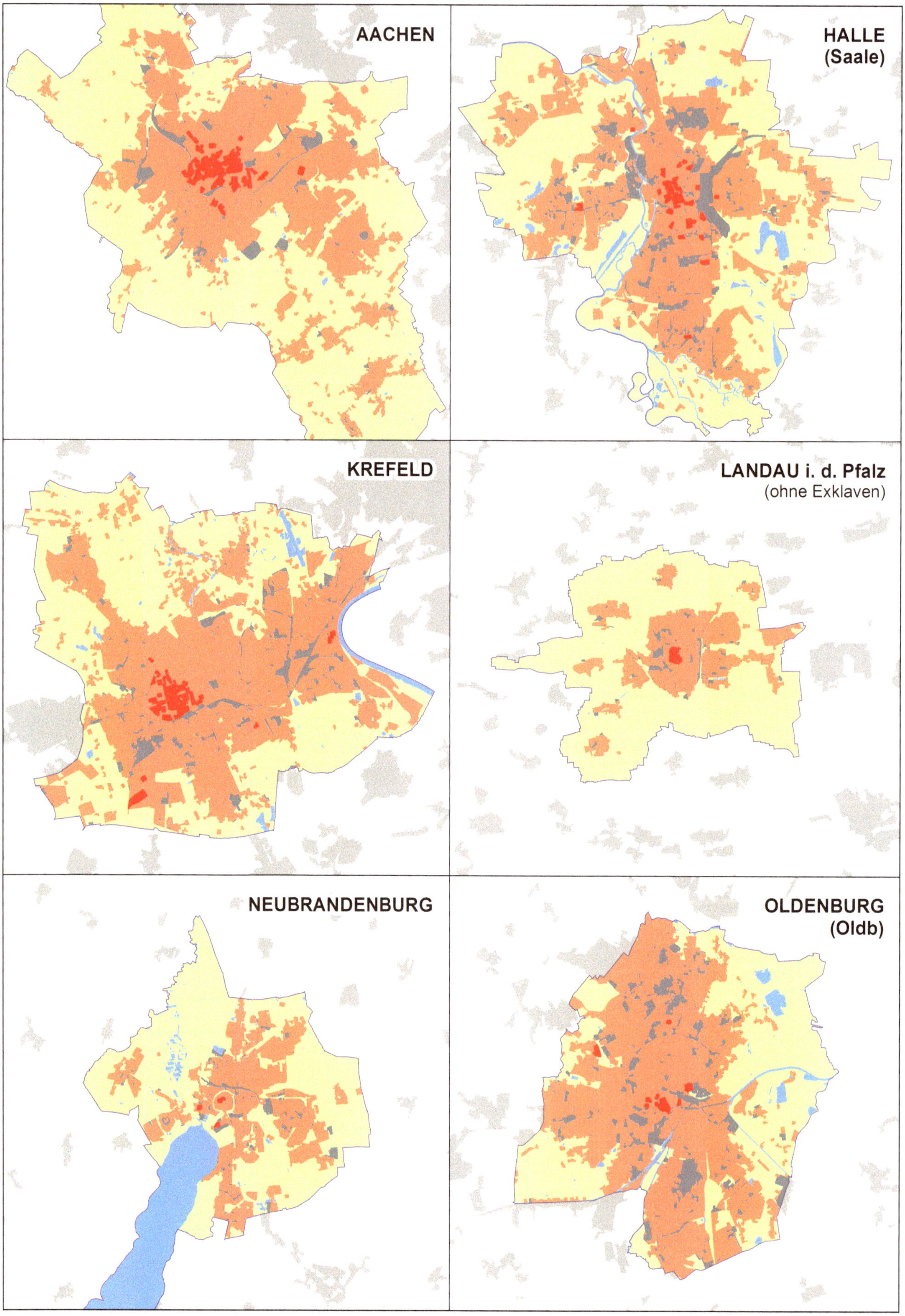
AACHEN
HALLE (Saale)
KREFELD
LANDAU i. d. Pfalz
(ohne Exklaven)
NEUBRANDENBURG
OLDENBURG (Oldb)

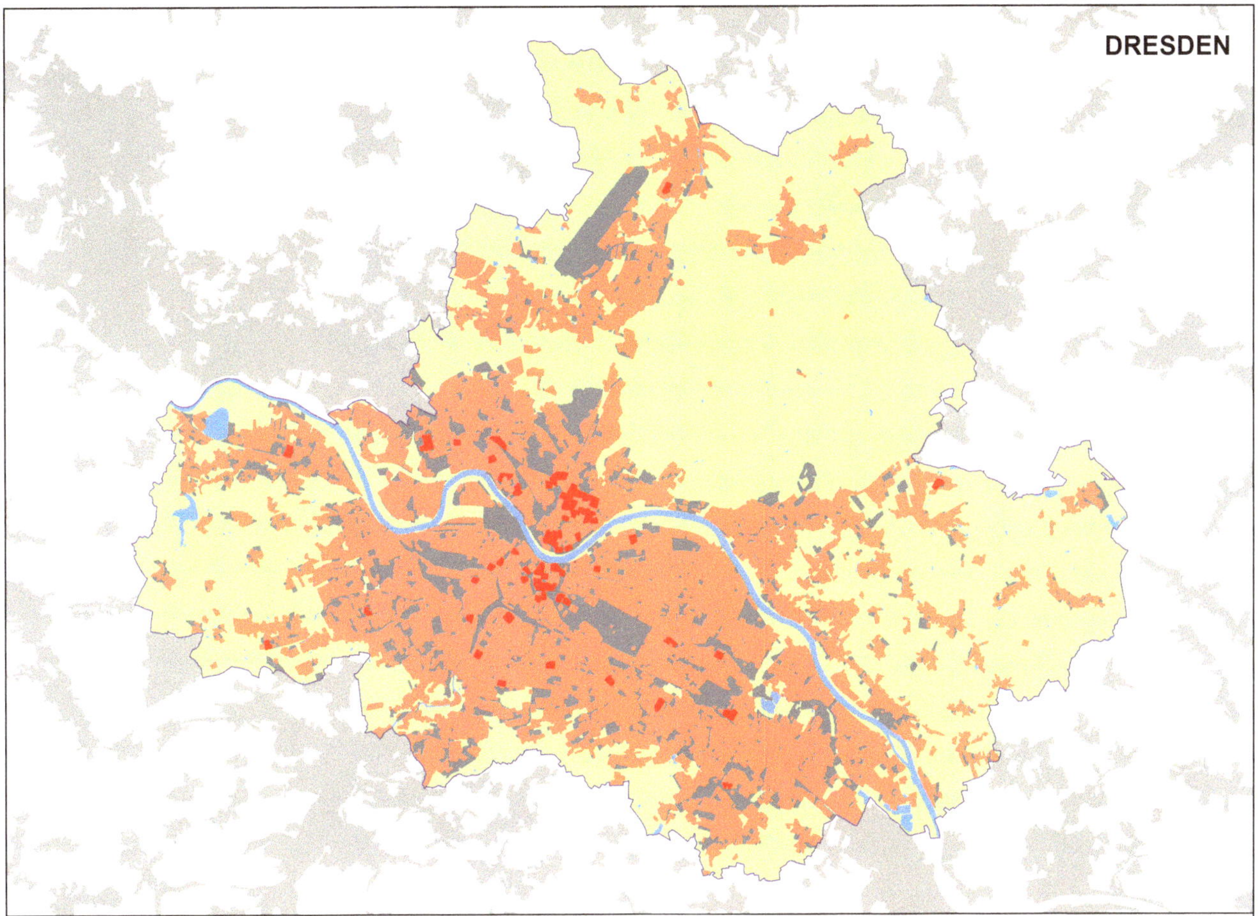

Versiegelung und Baumassendichte

- Potenzielle Wärmeinsel (Baublock)*
- Sonstige baulich geprägte Fläche
- Sonstige Fläche im Siedlungskörper**
- Gewässer im Freiraum
- Sonstige Fläche im Freiraum (Stadtgebiet)
- Ortslage außerhalb des Stadtgebietes

* Potenzielle Wärmeinsel:
Versiegelungsgrad > 75 % und
Baumassendichte > 4,8 m³/m²
(Flächengröße: min. 1 ha)

** Siedlungskörper:
Generalisierte Vereinigung von Ortslage und baulich geprägter Fläche (Wohnbau, Mischnutzung, Industrie/Gewerbe, besondere funktionale Prägung)

Anteil potenzieller Wärmeinseln an baulich geprägter Fläche [%]

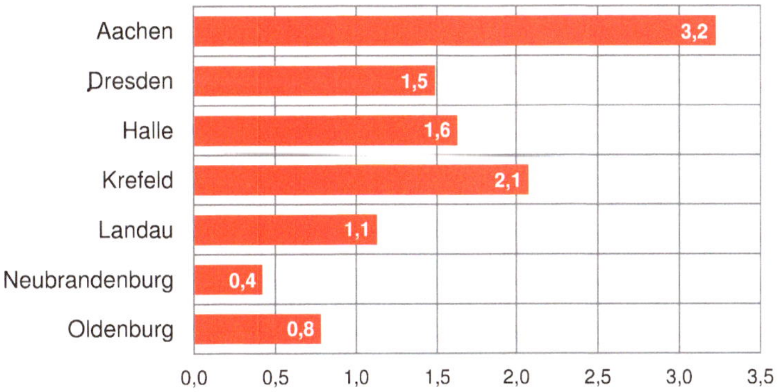

Maßstab 1 : 200 000

0 2 4 6 8 10 km

Leibniz-Institut für ökologische Raumentwicklung

Datenquelle: © GeoBasis-DE / BKG / GeoBasis NRW 2009-2011
Bearbeitung: Lehmann, Bräuer, Schumacher, IÖR 2015

Karte 8.2
Bauliche Dichte und Wärmeinseleffekt

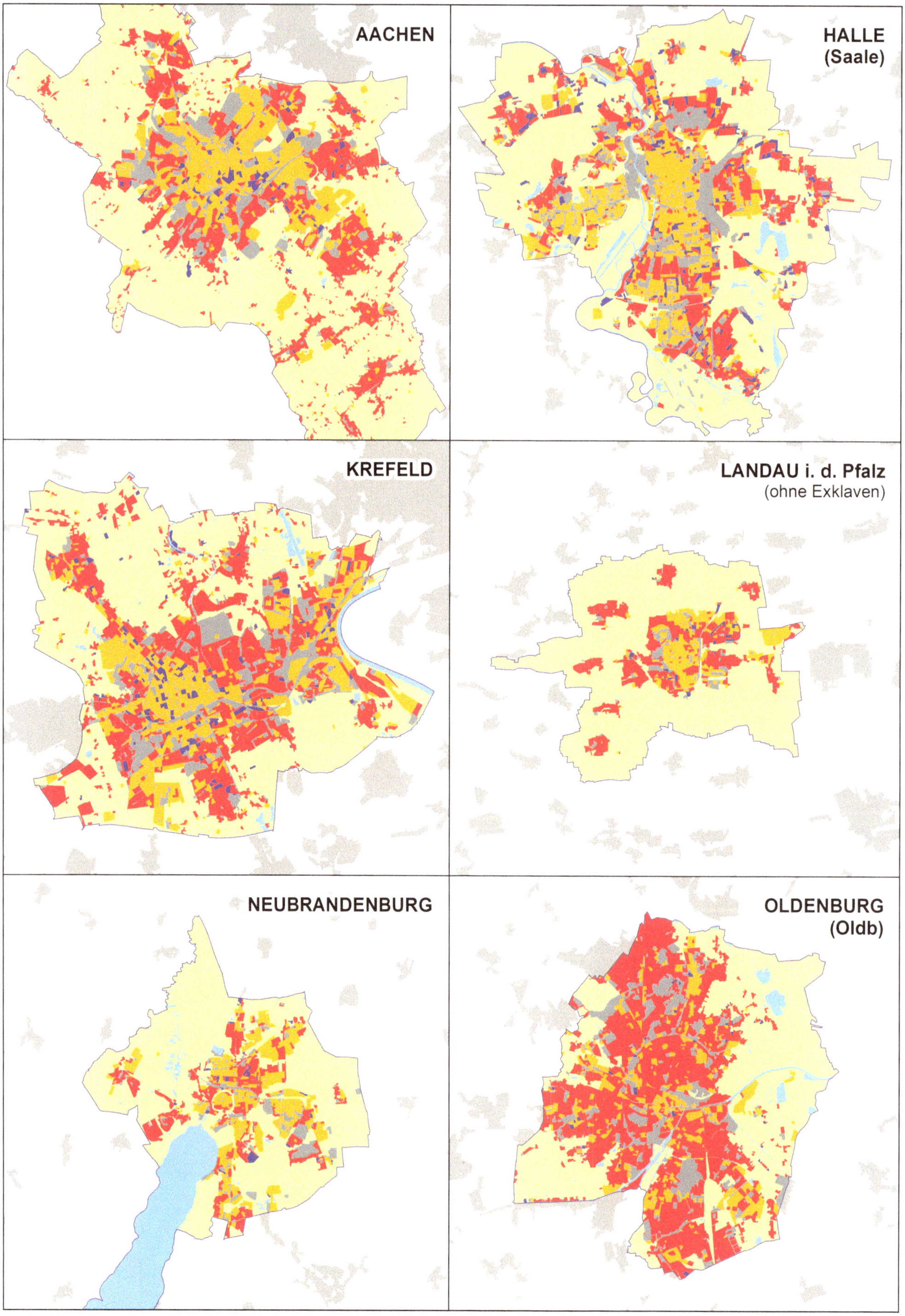
AACHEN
HALLE (Saale)
KREFELD
LANDAU i. d. Pfalz
(ohne Exklaven)
NEUBRANDENBURG
OLDENBURG (Oldb)

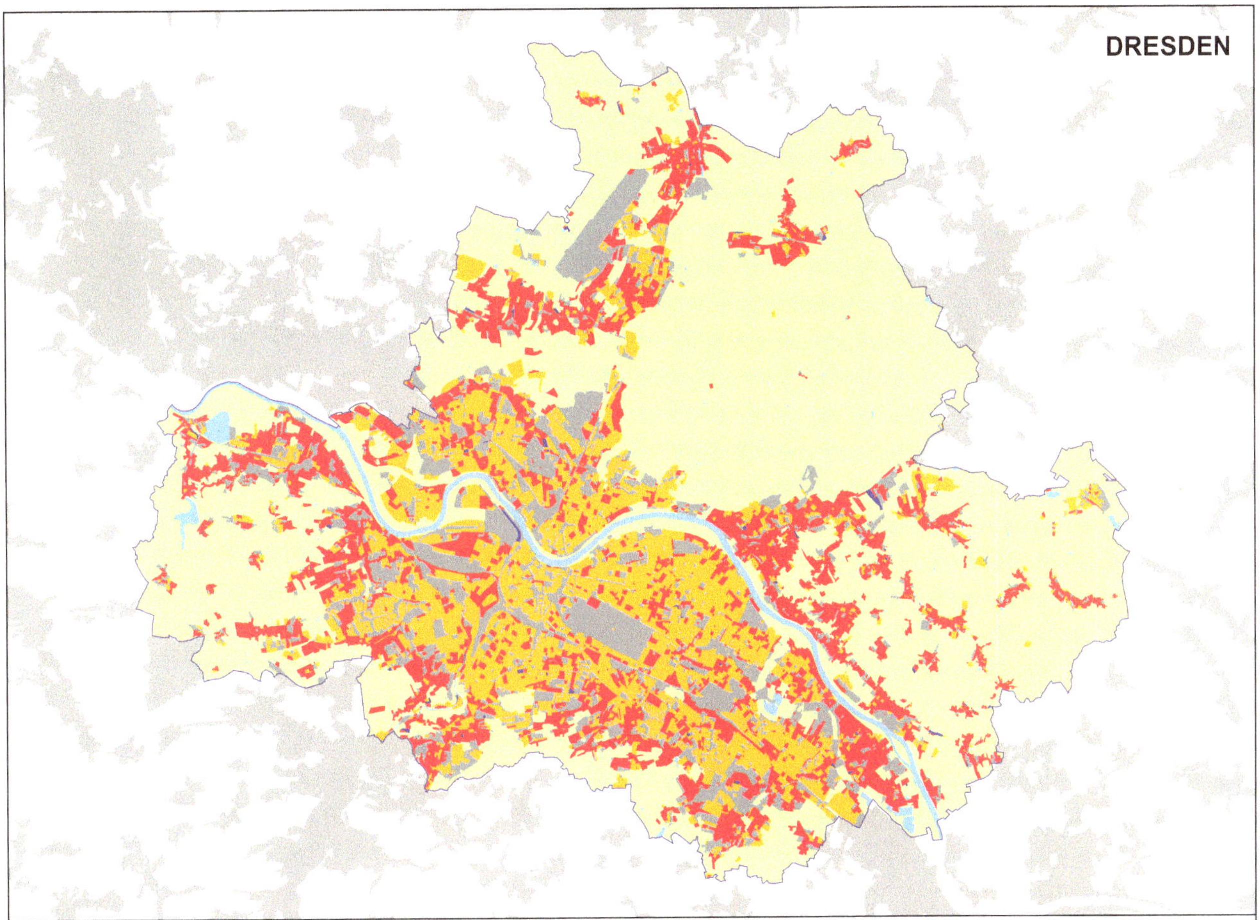

Gebäudekompaktheit*

- A/V-Verhältnis > 0,1 ... ≤ 0,5 m²/m³
- A/V-Verhältnis > 0,5 ... ≤ 1,0 m²/m³
- A/V-Verhältnis > 1,0 ... ≤ 2,0 m²/m³
- Sonstige Fläche im Siedlungskörper**
- Gewässer im Freiraum
- Sonstige Fläche im Freiraum (Stadtgebiet)
- Ortslage außerhalb des Stadtgebietes

* Dominante Klasse des Oberfläche-Volumen-Verhältniss (A/V) der Gebäudeverbünde (alle unmittelbar angrenzenden Gebäude mit mehr als 30 m² Gesamtgrundfläche) pro Baublock:

A/V-Verhältnis = Energetische Hüllfläche / Volumen
Energet. Hüllfläche = Bodenfläche + Deckfläche + Seitenwände

** Siedlungskörper:
Generalisierte Vereinigung von Ortslage und baulich geprägter Fläche (Wohnbau, Mischnutzung, Industrie/Gewerbe, besondere funktionale Prägung)

Verteilung der Anzahl der Gebäude (-verbünde) nach Kompaktheitsklassen (A/V-Verhältnis) [%]

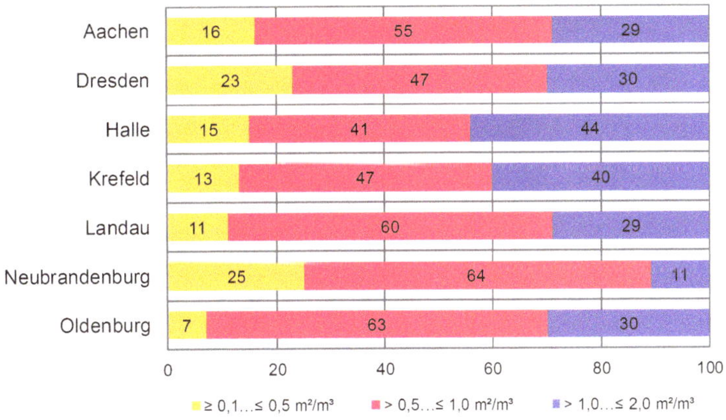

Maßstab 1 : 200 000

0 2 4 6 8 10 km

Leibniz-Institut für ökologische Raumentwicklung

Datenquelle: © GeoBasis-DE / BKG / GeoBasis NRW 2009-2011
Bearbeitung: Gruhler, Lehmann, Schumacher, IÖR 2015

Karte 9.1
Gebäudekompaktheit und Energieeffizienz

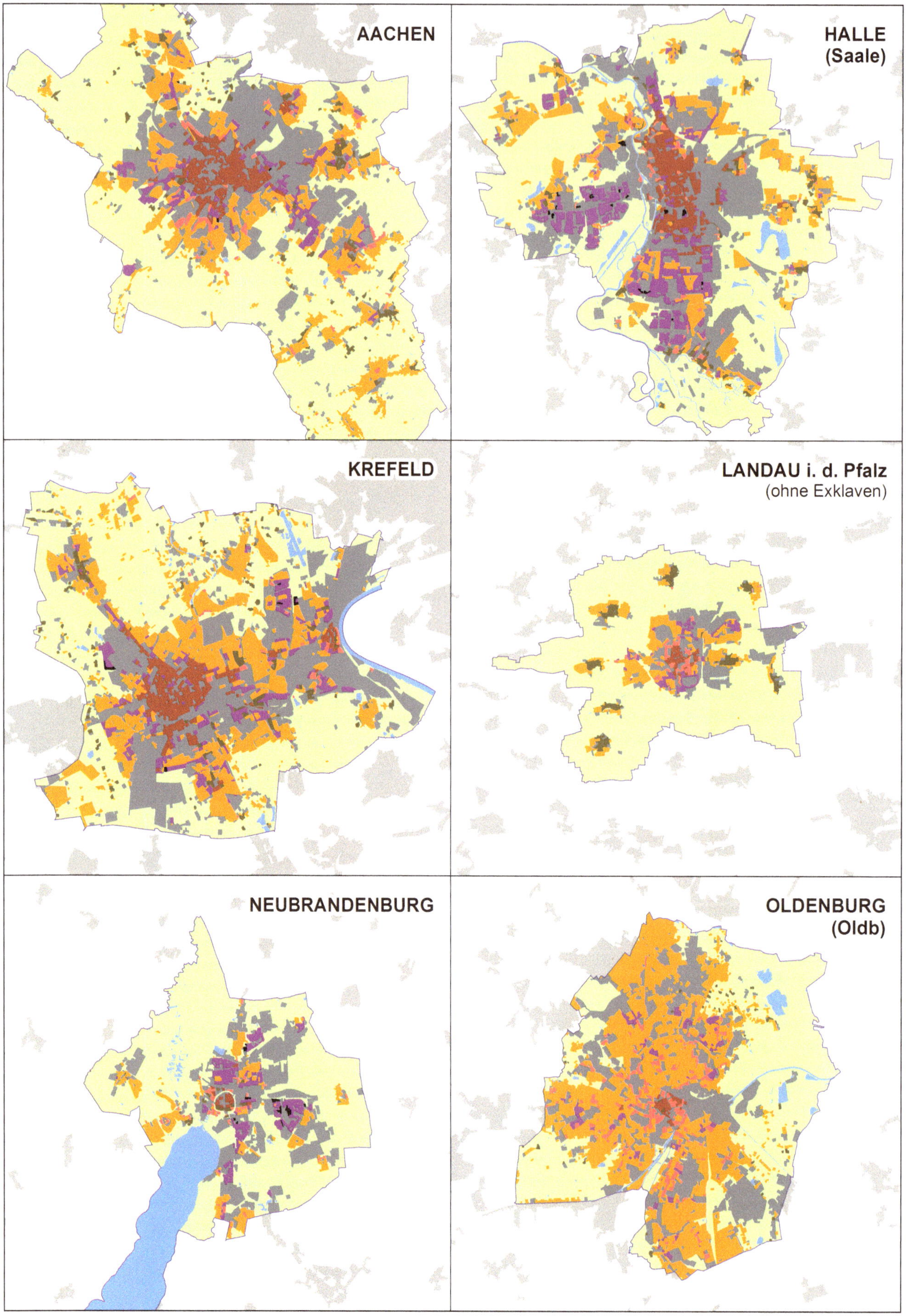
AACHEN
HALLE
(Saale)
KREFELD
LANDAU i. d. Pfalz
(ohne Exklaven)
NEUBRANDENBURG
OLDENBURG
(Oldb)

Kartenserie

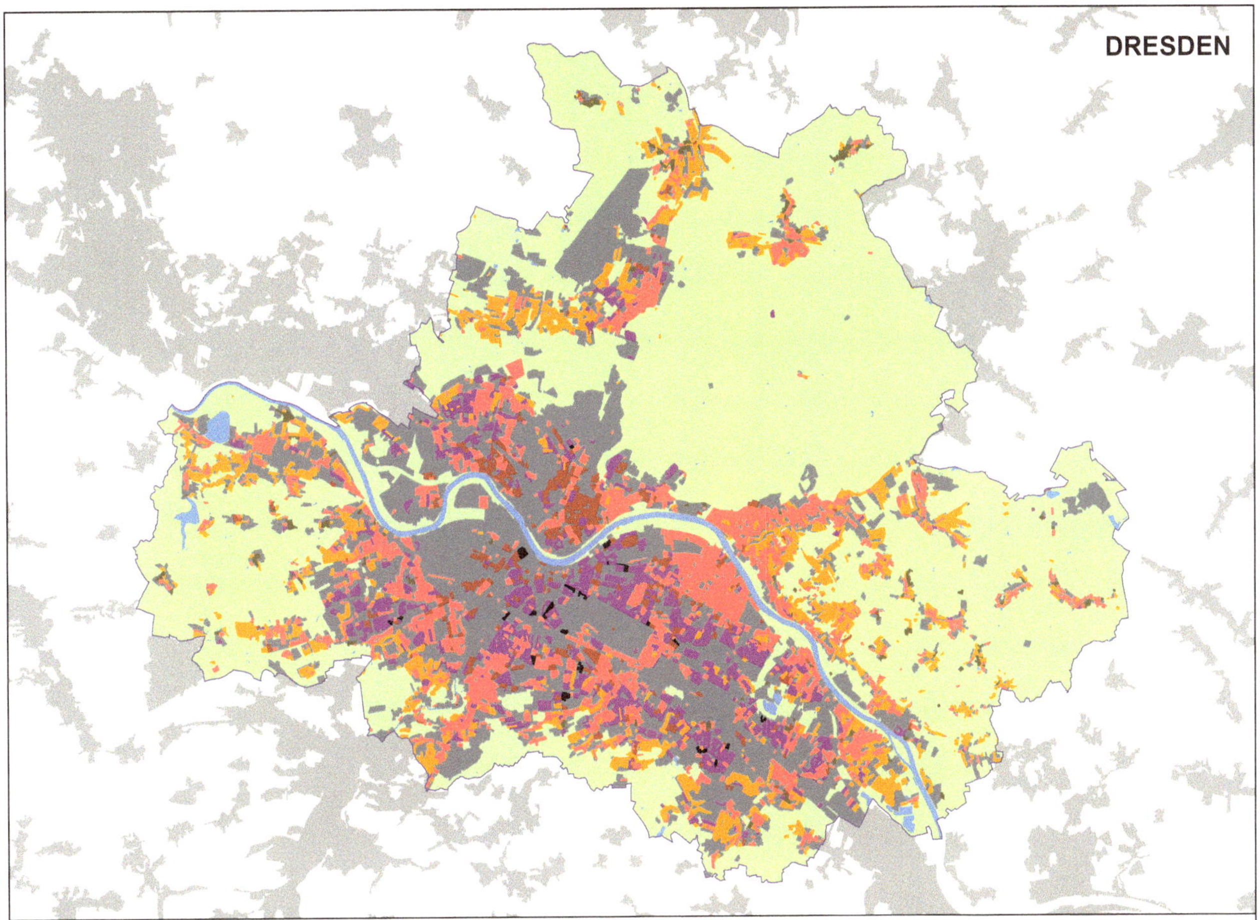

Bebauungsstrukturtyp - gruppiert*

- Mehrfamilienhaus (Block- / Blockrandbebauung)
- Mehrfamilienhaus (freistehend)
- Mehrfamilienhaus (Zeile / Reihe)
- Punkthochhaus
- Ein- / Zweifamilienhaus
- Historischer Ortskern / dörfliche Struktur
- Sonstige Fläche des Siedlungskörpers**

Freiraum

- Gewässer im Freiraum
- Sonstige Fläche im Freiraum (Stadtgebiet)

Sonstiges

- Ortslage außerhalb des Stadtgebietes

* Dominanter Strukturtyp in baulich geprägter Fläche mit Wohnnutzung (Wohnbau und Mischnutzung) - gruppiert

** Siedlungskörper:
Generalisierte Vereinigung von Ortslage und baulich geprägter Fläche (Wohnbau, Mischnutzung, Industrie/Gewerbe, besondere funktionale Prägung)

Verteilung der Siedlungsfläche mit Wohnnutzung nach dominantem Strukturtyp im Baublock [%]

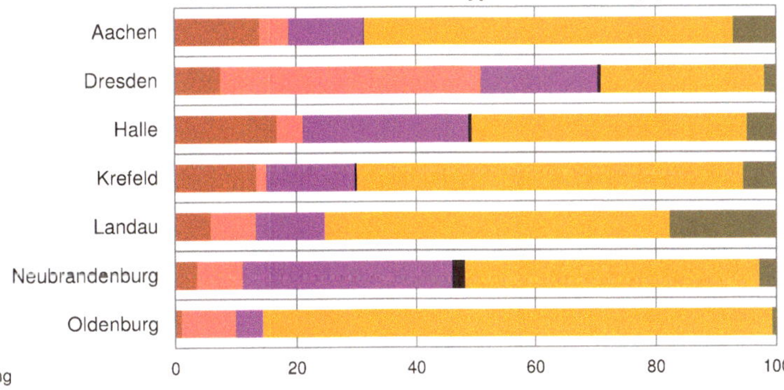

Maßstab 1 : 200 000

0 2 4 6 8 10 km

Leibniz-Institut für ökologische Raumentwicklung

Datenquelle: © GeoBasis-DE / BKG / GeoBasis NRW 2009-2011
Bearbeitung: Behnisch, Lehmann, Schumacher, IÖR 2015

Karte 10.1
Vielfalt der Wohnbebauungsstrukturen

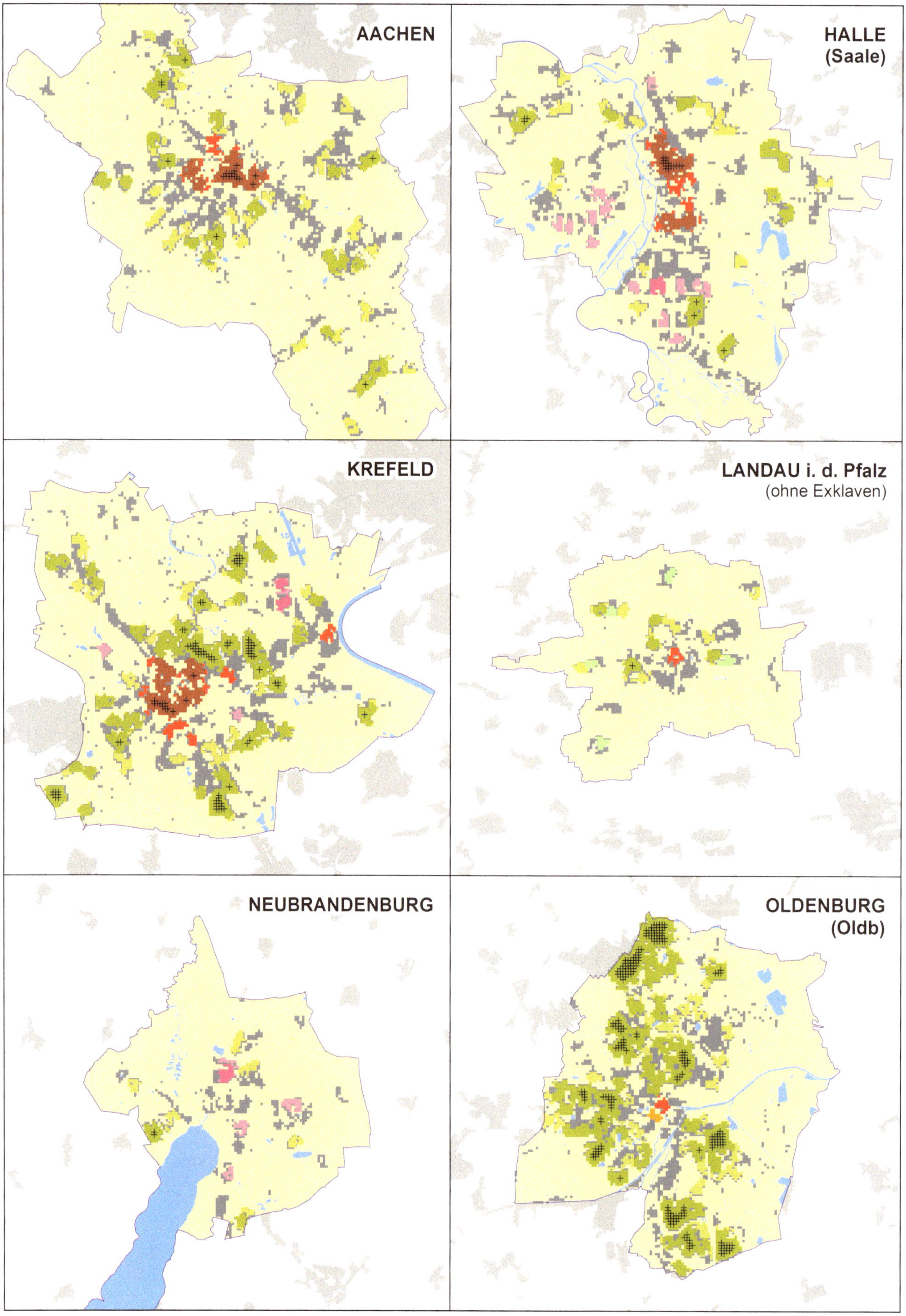
AACHEN
HALLE (Saale)
KREFELD
LANDAU i. d. Pfalz (ohne Exklaven)
NEUBRANDENBURG
OLDENBURG (Oldb)

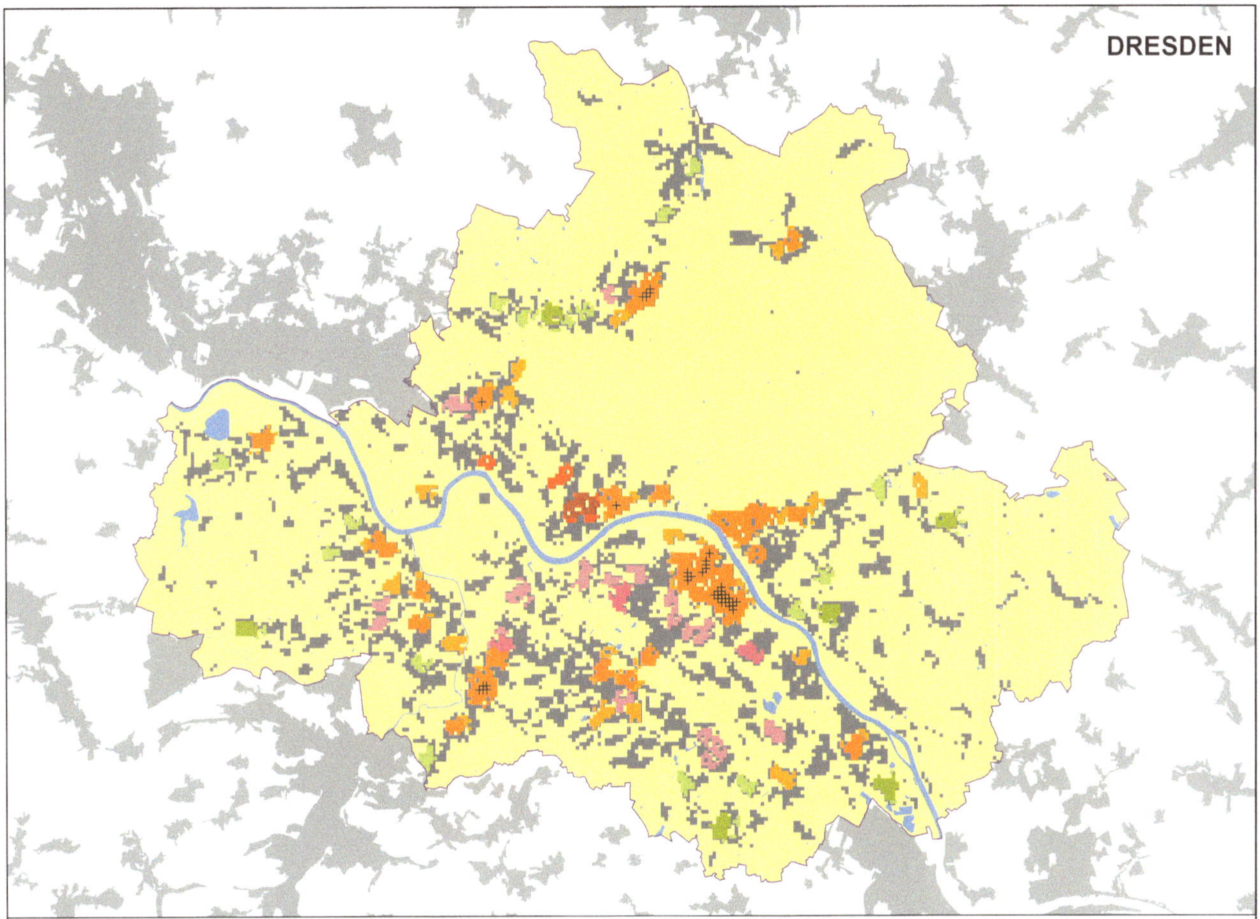

Strukturtyp ähnlicher Wohnbebauung

- \+ Maximale Ähnlichkeit der Rasterumgebung°
- Mehrfamilienhaus (Block- / Blockrandbebauung)*
- Mehrfamilienhaus (Block- / Blockrandbebauung)**
- Mehrfamilienhaus (freistehend)*
- Mehrfamilienhaus (freistehend)**
- Mehrfamilienhaus (Zeile / Reihe)*
- Mehrfamilienhaus (Zeile / Reihe)**
- Ein- / Zweifamilienhaus*
- Ein- / Zweifamilienhaus**
- Historischer Ortskern / dörfliche Struktur**
- Sonstige Wohnnutzung

100 m - Raster: ° 21 gleiche Zellen (5x5-Nachbarschaft, abgerundet)
* 18 - 21 gleiche Zellen
** 14 - 17 gleiche Zellen

Freiraum

- Gewässer im Freiraum
- Sonstige Fläche im Freiraum (Stadtgebiet)

Sonstiges

- Ortslage außerhalb des Stadtgebietes

Maßstab 1 : 200 000

0 2 4 6 8 10 km

Anteil Zellen gleicher Strukturtypgruppe in der Nachbarschaft an Zellen mit Wohnnutzung gesamt [%]

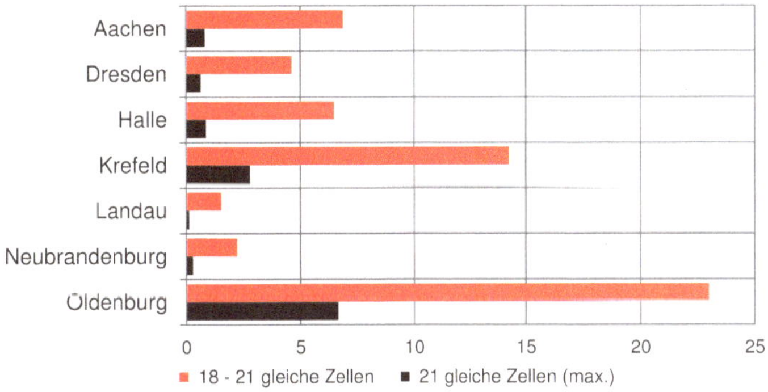

Leibniz-Institut für ökologische Raumentwicklung

Datenquelle: © GeoBasis-DE / BKG / GeoBasis NRW 2009-2011
Bearbeitung: Behnisch, Schorcht, Schumacher, IÖR 2015

Karte 10.2
Großflächige Strukturen der Wohnbebauung

5 Städtevergleich

Iris Lehmann, Juliane Banse, Karin Gruhler, Martin Behnisch

5.1 Systematische Zusammenschau der Messwerte im Spannungsfeld von Kompaktheit, Effizienz und Umweltqualität

Im Kapitel 4 wurden 17 Thesen zur Physiognomie von Stadt vorgestellt und mit Hilfe des Ansatzes der urbanen Metrik spezifische Strukturen, Formen und Muster von Stadt herausgearbeitet. Anhand von Umweltqualitäts- sowie Kompaktheits- und Effizienzmerkmalen wurden lebensweltliche städtebauliche Leitvorstellungen untersucht. Nachfolgend werden merkmalsspezifisch die Messgrößen dokumentiert, welche in die Untersuchung eingeflossen sind (Tab. 5.1.1 und 5.1.2). Darüber hinaus werden einige Beispiele zur Visualisierung der Messwerte präsentiert, die insbesondere für den Stadtvergleich als besonders geeignet erscheinen.

In Abbildung 5.1.1 werden die Messwerte der sieben Beispielstädte im Vergleich mit einem Zentralitätsmaß in einem Spinnendiagramm aufgetragen. Je nach Verteilungsverlauf der Messwerte bietet sich als Zentralitätsmaß z. B. der Mittelwert, der Modus oder der Median an. In diesem Fall wurde vom Mittelwert ausgegangen. Darstellungen dieser Art sind geeignet, um Aussagen zu Stärken und Schwächen der Siedlungsphysiognomien in den untersuchten Städten zu treffen, die auf strukturelle Besonderheiten, aber auch auf gesellschaftliche und politische Ziel- bzw. Rahmensetzungen zurück zu führen sind. Natürlich ist zu berücksichtigen, dass mit größerer Anzahl an Fallbeispielen die Aussagekraft steigt. Dies gilt z. B. auch für die Bestimmung des Mittelwerts von Umweltqualitäts- sowie Kompaktheits- und Effizienzmerkmalen (Tab. 5.1.3).

Die Visualisierung der Messwerte deutet an, dass die Beispielstädte voneinander abweichende Qualitäten aufweisen. Möglichkeiten zur Erklärung bestehen in den unterschiedlichen Interaktionsmustern zwischen baulich-physischen Manifestationen und den aktuellen und vergangenen demographischen, ökonomischen und soziokulturellen Entwicklungen. Vergangene Generationen haben auf Grundlage ihrer gesellschaftlichen Rahmenbedingungen und damit verbundenen Leitvorstellungen Strukturen hervorgebracht, die auf heutige Strukturen noch wirken, zum Teil sogar auch auf die gegenwärtige Lebenswelt Einfluss nehmen. Beispiele städtebaulicher Leitvorstellungen sind die autogerechte Stadt, die kompakte Stadt oder gegenwärtig die kompakte durchgrünte Stadt, aber auch politisch motivierte Rahmensetzungen, wie die Kampagnen zur Schaffung von Wohnraum durch großflächigen industriellen Wohnungsbau in Stadtrandlagen bzw. auf Freiraumflächen innerhalb der Städte oder die Eingemeindung umliegender Kommunen.

Tab. 5.1.1: *Messgrößen und Indizes zur Quantifizierung der Umweltqualitätsmerkmale*

		Siehe Abschnitt	Merkmale	Messgrößen für räumliche Objekte
Umweltqualitätsmerkmale	1	4.1 (B)	Erreichbarkeit des Freiraums	(1) Kernflächenindex (*Core Area Index*) des Siedlungskörpers (2) Randliniendichte (*Edge Density*) des Siedlungskörpers (3) Flächengewichteter mittlerer Formindex (*Area Weighted Mean Shape Index*) des Siedlungskörpers (4) Anteil der Flächen mit Wohn-/Mischnutzung an der Kernfläche
	2	4.2 (A)	Mikroklimatische Wirkung von Grün- und Wasserflächen	(1) Anteil potenzieller Defizitflächen im Siedlungskörper (2) Euklidische Distanz zwischen verdichteter, baulich geprägter Fläche und Grün- und Wasserfläche im Siedlungskörper oder Freiraumrand; Mittelwert (3) Euklidische Distanz zwischen verdichteter, baulich geprägter Fläche und Grün- und Wasserfläche im Siedlungskörper oder Freiraumrand; Maximalwert
	3	4.2 (B)	Wohnumfeldqualität durch Grün- und Wasserflächen	(1) Öffentliche Grün- und Wasserflächen im Siedlungskörper pro Einwohner (2) Eingebundenheit (*Proximity*) aller öffentlichen Grün- und bzw. Wasserflächen im Siedlungskörper sowie dem Freiraumrand untereinander; Median (3) Euklidische Distanz baulich geprägter Flächen und aller öffentlichen Grün- und Wasserflächen im Siedlungskörper sowie dem Freiraumrand; Mittelwert
	4	4.5 (A)	Zerschneidung des Siedlungskörpers	(1) Effektive Maschenweite (*Effective mesh size*) des durch Hauptverkehrstrassen zerschnittenen Siedlungskörpers (2) Kohärenzgrad des durch Hauptverkehrstrassen zerschnittenen Siedlungskörpers
	5	4.5 (B)	Immissionsbelastung der Siedlungsflächen	(1) Anteil der Siedlungsfläche mit Wohnnutzung im Immissionsbereich von Hauptverkehrstrassen an der Siedlungsfläche mit Wohnnutzung insgesamt (2) Anteil potenziell verlärmter Flächen am Siedlungskörper
	6	4.6 (A)	Verschattung baulich geprägter Flächen	(1) Anteil verschatteter und überbauter Flächen ≤ 35 % an baulich geprägter Fläche insgesamt (2) Anteil verschatteter und überbauter Flächen > 60 % … ≤ 85 % an baulich geprägter Fläche insgesamt (3) Anteil verschatteter und überbauter Flächen > 85 % an baulich geprägter Fläche insgesamt
	7	4.7 (A)	Oberflächenabfluss und Regenwasserversickerung	(1) Anteil unversiegelter, baulich geprägter Fläche an der baulich geprägten Fläche insgesamt (2) Baulich geprägte Flächen mit einem versickerungswirksamen Anteil ≤ 25 % – Anteil an der baulich geprägten Fläche insgesamt
	8	4.8 (B)	Potenzielle Wärmeinseln in der Stadt	(1) Flächenanteil potenzieller Wärmeinseln an der Fläche des Siedlungskörpers (2) Mittlere Flächengröße potenzieller Wärmeinseln

Tab. 5.1.2: *Messgrößen und Indizes zur Quantifizierung der Kompaktheits- und Effizienzmerkmale*

		Siehe Abschnitt	Merkmale	Messgrößen für räumliche Objekte
Kompaktheits- und Effizienzmerkmale	9	4.1 (A)	Siedlungsinterne Erreichbarkeiten	(1) Verklumpungsgrad (*Contagion*) des Siedlungskörpers (2) Flächengewichteter mittlerer Formindex *(Area Weighted Mean Shape Index)* des Siedlungskörpers (3) Flächenanteil des größten separaten Polygons an der Siedlungskörperfläche (4) Anzahl separater Polygone des Siedlungskörpers
	10	4.3 (A)	Fragmentierung des Siedlungskörpers und Zersiedlung der Freiraumlandschaften	(1) Verklumpungsgrad (*Contagion*) des Siedlungskörpers (2) Anteil dominierender Flächen des Siedlungskörpers an der Fläche des Siedlungskörpers insgesamt (3) Anzahl separater Polygone des Siedlungskörpers pro Gebietsfläche (Siedlungskörperdichte) (4) Nächster Nachbar *(Nearest Neighbour)* des Siedlungskörpers; Mittelwert (5) Eingebundenheit (*Proximity*) des Siedlungskörpers; Mittelwert
	11	4.3 (B)	Erschließungseffizienz der Stadt	(1) Anzahl separater Polygone des Siedlungskörpers (2) Anzahl separater Polygone des Siedlungskörpers pro Gebietsfläche (Siedlungskörperdichte) (3) Dichte des Straßennetzes (einschl. Autobahn) im Stadtgebiet (4) Länge des Straßennetzes (einschl. Autobahn) im Stadtgebiet pro Wohn- und Mischgebietsfläche
	12	4.4 (A)	Nutzungsmischung von Versorgung und Produktion	(1) Nächster Nachbar *(Nearest Neighbour)* der Versorgungs- und Produktionsflächen; Mittelwert (2) Eingebundenheit (*Proximity*) der Versorgungs- und Produktionsflächen; Mittelwert (3) Euklidische Distanz zwischen Industrie- und Gewerbeflächen bzw. Flächen besonderer funktionaler Prägung; Mittelwert
	13	4.6 (B)	Verdichtungsräume der Wohn- und Mischgebiete	(1) Flächenanteil der Wohn- und Mischgebiete mit einer Baumassendichte > 3,6 m^3/m^2 ODER Geschossanzahl > 5 an der Gesamtfläche aller Wohn- und Mischgebiete (2) Anteil der Baumasse der Wohn- und Mischgebiete mit Baumassendichte > 3,6 m^3/m^2 an der Gesamtbaumasse aller Wohn- und Mischgebiete
	14	4.8 (A)	Technische Energie- und Ressourceneffizienz	(1) Baumasse pro Gesamtstraßennetzlänge im Siedlungskörper (2) Baumasse pro Straßenabschnittslänge mit Bebauung; Median (3) Längenanteil der Straßenabschnitte mit hoher Baumassendichte
	15	4.9 (A)	Gebäudekompaktheit und Energieeffizienz	(1) Anteil der Gebäude(-verbünde) mit A/V-Verhältnis ≥ 0,1… ≤ 0,5 m^2/m^3 am Gesamtbestand (2) Anteil der Gebäude(-verbünde) mit A/V-Verhältnis > 1,0… ≤ 2,0 m^2/m^3 am Gesamtbestand
	16	4.10 (A)	Vielfalt des Wohnens in der Stadt	(1) Verklumpungsgrad (*Contagion*) für Strukturtypgruppen der Wohnbebauung (2) Grad der Durchmischung (*Interpersion Juxtaposition Index*) für Strukturtypgruppen der Wohnbebauung (3) Relative Fülle (*Richness*) für Strukturtypgruppen der Wohnbebauung (4) Relative Diversität (*Evenness*) für Strukturtypgruppen der Wohnbebauung
	17	4.10 (B)	Großflächige Strukturen der Wohnbebauung	(1) Anteilswert gleicher Strukturtypgruppen in definierter Nachbarschaft (21 Rasterzellen) an Zellen mit Wohnnutzung gesamt (2) Anteilswert gleicher Strukturtypgruppen in definierter Nachbarschaft (18 - 21 Rasterzellen) an Zellen mit Wohnnutzung gesamt (3) Einflussbereich der Nachbarschaftstypen (21 Rasterzellen) an der gesamten Wohnbebauung

Gleichzeitig verdeutlichen die visualisierten Messgrößen die Zusammenhänge zwischen Siedlungsstruktur-, Verkehrsinfrastruktur-, Grünstruktur, Bebauungsstruktur sowie Wirkungen, wie z. B. Verkehrswegelängen, Bodenversiegelung, Nutzungsdichte, Immissionen oder Zersiedlung von Freiraumlandschaften. Die untersuchten Merkmale deuten auf gegenläufige Ansprüche in ihrer strukturellen Ausprägung. Die Messgrößen der sieben Beispielstädte lassen in der Tendenz darauf schließen, dass Städte mit hoher Umweltqualität geringere Kompaktheits- und Effizienzwerte aufweisen. Diese Aussage sollte anhand einer größeren Untersuchungsmenge von Städten nachgewiesen und erhärtet werden.

Betrachtet man die Ergebnisse der Einzelmerkmale in der Gegenüberstellung zur zwei- bzw. dreidimensionalen Physiognomie der Siedlungskörper, lassen sich folgende Beobachtungen dokumentieren.

Anhand der Merkmale „Mikroklimatische Wirkung von Grün- und Wasserflächen“ sowie „Wohnumfeldqualität“ zeigen sich deutliche Beziehungen zwischen der Art, Größe und Lage der städtebaulichen und Grünstrukturen und ihren mikroklimatischen Potenzialen, das Stadtklima positiv zu beeinflussen (Abb. 5.1.1). Ebenso wird ein enger Zusammenhang des Merkmalswerts „Oberflächenabfluss und Regenwasserversickerung“ mit der Art und Ausprägung der Bebauungsstrukturen in den Städten deutlich. Dieser ist durch die beiden Messgrößen Überbauungsgrad und Versiegelungsgrad quantifizierbar. Die „Zerschneidung des Siedlungskörpers“ sowie die „Immissionsbelastungen der Siedlungsflächen“ sind Ausdruck von Entwicklungsprozessen der städtischen Verkehrsinfrastrukturen. Die „Siedlungsinternen Erreichbarkeiten“, die „Erreichbarkeit des Freiraums“, aber auch die „Fragmentierung des Siedlungskörpers und Zersiedlung der Freiraumlandschaften“ zeigen sich in der physiognomischen Ausprägung der Siedlungskörper der Städte. Sie sind vielfach Ausdruck von Siedlungsentwicklungsprozessen, wie u. a. Eingemeindungen.

	Umweltqualität	Kompaktheit und Effizienz

Aachen

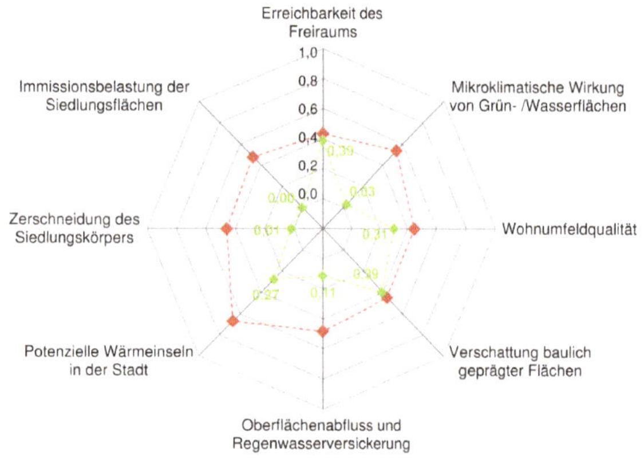

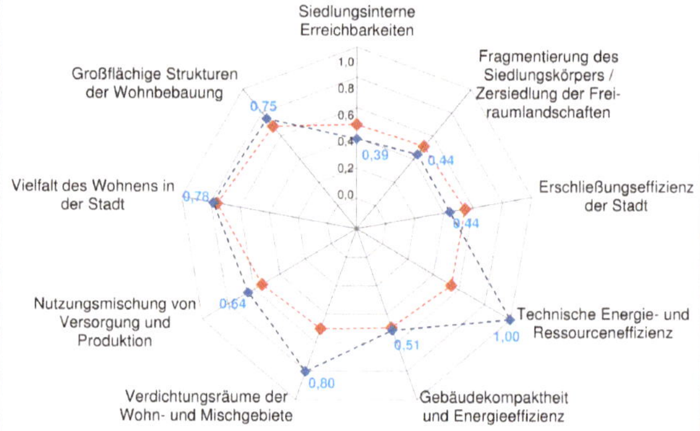

Dresden

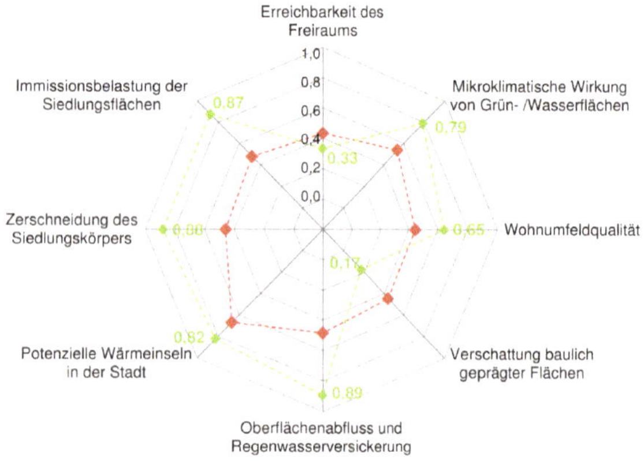

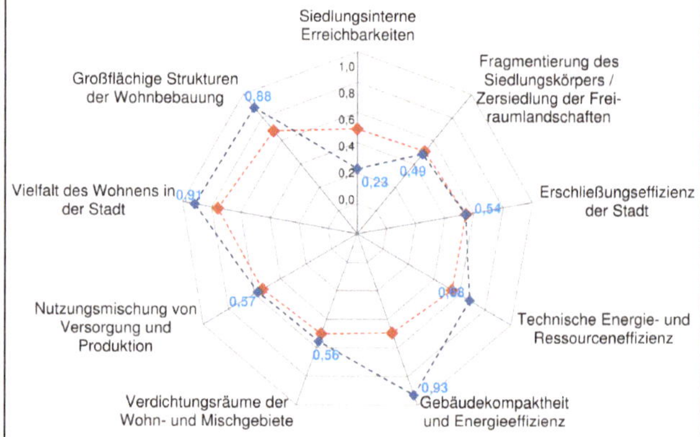

Halle (Saale)

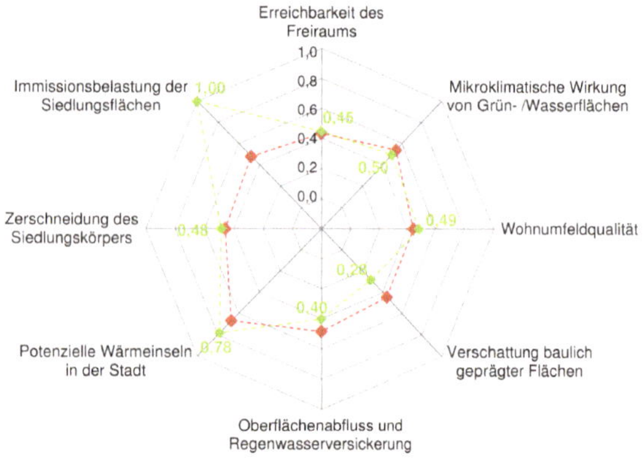

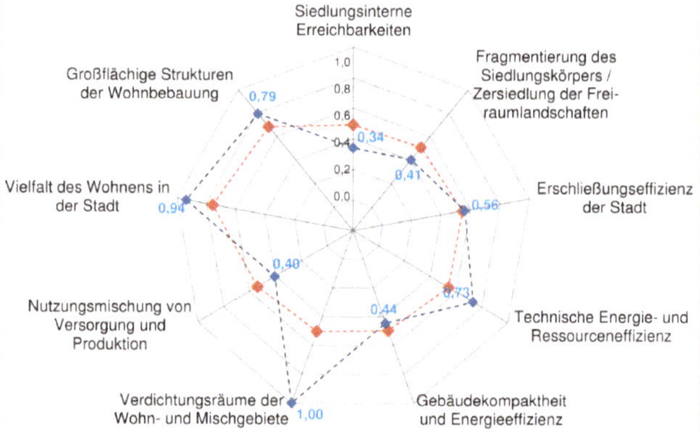

Krefeld

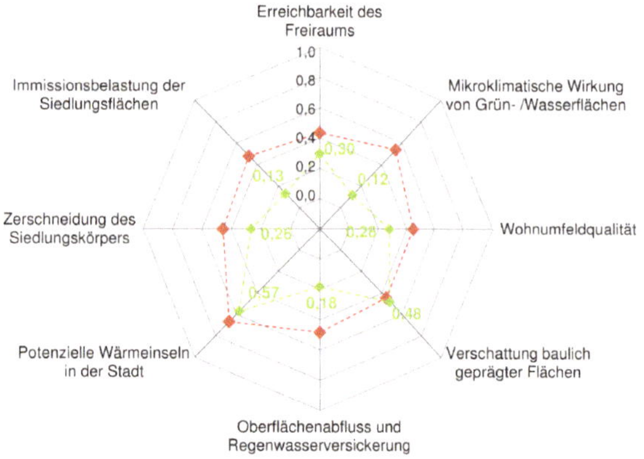

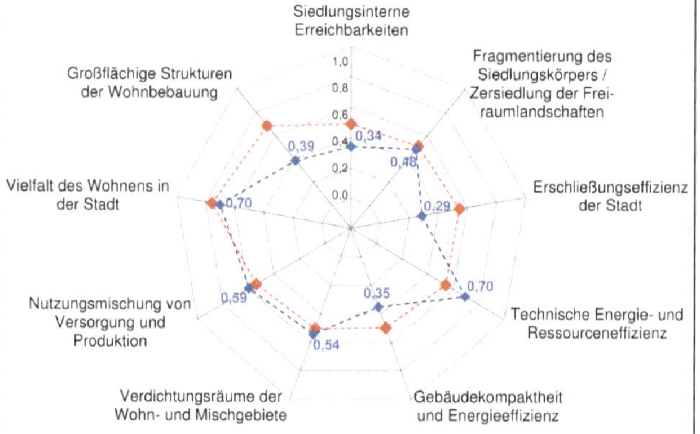

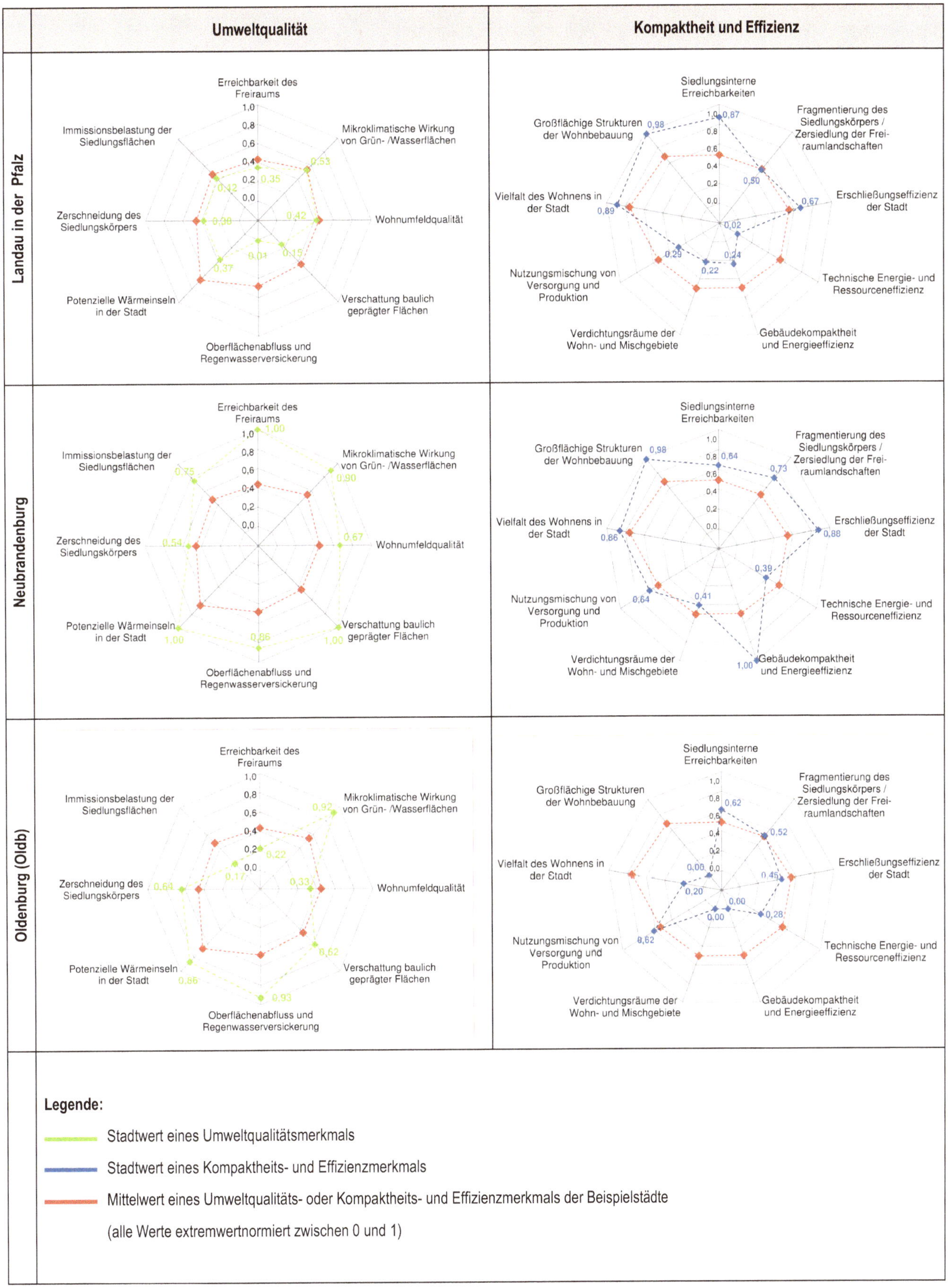

Abb. 5.1.1: *Städtische Merkmalswerte der Umweltqualität sowie der Kompaktheit und Effizienz im Vergleich zu entsprechenden Mittelwerten der Beispielstädte*

Tab. 5.1.3: *Umweltqualitätsmerkmale sowie Kompaktheits- und Effizienzmerkmale – Mittelwerte der multikriteriellen Bewertung im Städtevergleich mit Verweisen auf die entsprechenden Abschnitte*

				Mittelwert	Abschnitt
Extremwertnormierte Werte zwischen Null (ungünstigste Situation) und Eins (günstigste Situation)	Umweltqualitätsmerkmale	1	Erreichbarkeit des Freiraums	0,43	4.1
		2	Mikroklimatische Wirkung von Grün- und Wasserflächen	0,54	4.2
		3	Wohnumfeldqualität durch Grün- und Wasserflächen	0,45	4.2
		4	Zerschneidung des Siedlungskörpers	0,46	4.5
		5	Immissionsbelastung der Siedlungsflächen	0,48	4.5
		6	Verschattung baulich geprägter Flächen	0,44	4.6
		7	Oberflächenabfluss und Regenwasserversickerung	0,48	4.7
		8	Potenzielle Wärmeinseln in der Stadt	0,67	4.8
	Kompaktheits- und Effizienzmerkmale	9	Siedlungsinterne Erreichbarkeiten	0,57	4.1
		10	Fragmentierung des Siedlungskörpers / Zersiedlung der Freiraumlandschaften	0,51	4.3
		11	Erschließungseffizienz der Stadt	0,55	4.3
		12	Nutzungsmischung von Versorgung und Produktion	0,54	4.4
		13	Verdichtungsräume der Wohn- und Mischgebiete	0,50	4.6
		12	Technische Energie- und Ressourceneffizienz	0,59	4.8
		13	Gebäudekompaktheit und Energieeffizienz	0,50	4.9
		14	Vielfalt des Wohnens in der Stadt	0,75	4.10
		15	Großflächige Strukturen der Wohnbebauung	0,68	4.10

Als Kriterien für Resilienz von Städten, im Sinne von Anpassungsfähigkeit an veränderte Lebensmodelle und Verhaltensmuster der Menschen, werden die Merkmale „Vielfalt des Wohnens in der Stadt" und kontrastierend „Großflächige Strukturen der Wohnbebauung" gesehen (Abb. 5.1.1). Städte mit einer größeren Anzahl unterschiedlicher Bebauungsstrukturen in harmonischer Verteilung haben grundsätzlich gute Voraussetzungen für sich wandelnde Lebensstile und Wohnformen. Demgegenüber bedürfen Städte mit großflächigen Strukturen der Wohnbebauung einer stärkeren Durchmischung mit anderen Nutzungsarten.

Durch die Einbeziehung der dritten Dimension fließen in die Untersuchung der stadtstrukturellen Zusammenhänge weitere, die Städte charakterisierende Merkmale, wie „Verschattung baulich geprägter Flächen", „Verdichtungsräume von Wohn- und Mischnutzung" oder „Gebäudekompaktheit und Energieeffizienz" ein.

Zwischen einzelnen Umweltqualitäts- sowie Kompaktheits- und Effizienzmerkmalen und den Flächenanteilen der Stadtstrukturtypen lassen sich deutliche Zusammenhänge erkennen. So zeigt beispielsweise Aachen mit einem hohen Anteil an gründerzeitlicher Block- und Blockrandbebauung ein höheres flächenmäßiges Risiko zur Ausbildung von Wärmeinseln als die sechs anderen Beispielstädte, wenn diese Strukturen nicht stärker durchgrünt werden. Ebenso lassen sich Beziehungen zum potenziellen Regenwasserabfluss in diesen Strukturen ableiten. Aus der Sicht der Kompaktheit und Effizienz sind dies größere Verdichtungsräume der Wohn- und Mischbebauung (Abb. 5.1.1). Bezogen auf die Gebäudekompaktheit und Energieeffizienz wird der Zusammenhang zum Stadtstrukturtyp „Ein- und Zweifamilienhausbebauung" insbesondere in Oldenburg, aber auch in Landau und Krefeld sichtbar. Die Vielfalt des Wohnens in der Stadt zeigt sich in Dresden und Halle. Hingegen weist Oldenburg mit 85% Ein- und Zweifamilienhausbebauung eine deutliche Tendenz zu großflächigen Strukturen auf, die als „Reines Wohngebiet" (WR) problematisch werden könnte (Abb. 5.1.1).

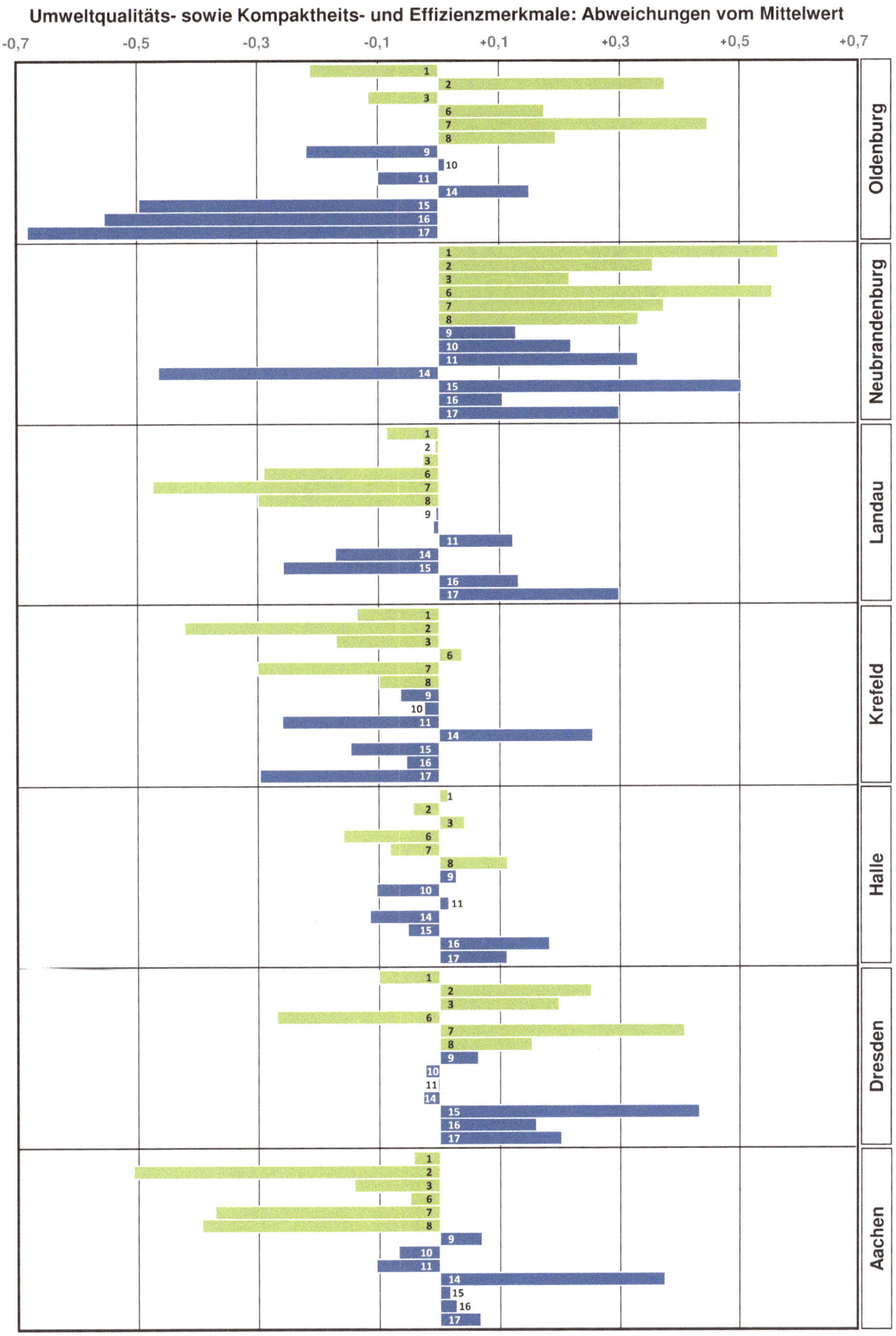

Abb. 5.1.2: *Umweltqualitätsmerkmale (grün) sowie Kompaktheits- und Effizienzmerkmale (blau) – Abweichungen vom jeweiligen Mittelwert im Städtevergleich (Ziffern 1 bis 17 siehe Tab. 5.1.3)*

Eine weitere Darstellungsform der Messergebnisse besteht darin, die Mittelwerte der multikriteriellen Bewertung im Städtevergleich aufzulisten (Tab. 5.1.3).

In Ergänzung zu den Spinnendarstellungen lässt sich für jede Stadt die Abweichung der ermittelten Merkmalswerte von den jeweiligen Mittelwerten für die Umweltqualitätsmerkmale sowie Kompaktheits- und Effizienzmerkmale in einem Balkendiagramm visualisieren. Stärken und Schwächen der untersuchten Städte werden auch mit Hilfe dieser Darstellung akzentuiert (Abb. 5.1.2). Im Vergleich der Beispielstädte deuten sich Zusammenhänge zwischen Strukturen sowie funktionalen Beziehungen und strukturellen Nachbarschaften an. Auch diese Darstellung profitiert von einer größeren Anzahl von Fallbeispielen, um präzisere Aussagen über die untersuchten Wirkungszusammenhänge treffen zu können.

Das räumliche Ordnungsgefüge der Flächennutzung in den städtischen Siedlungskörpern gibt Auskunft über die Erreichbarkeiten in der Stadt sowie räumliche Beziehungen von Wohnen, Arbeiten und Erholen. Durch die Einbeziehung der dritten Dimension in die Analyse werden Untersuchungen zur Gebäudekompaktheit, aber auch zu städtebaulichen Verdichtungsräumen möglich. Es lassen sich Vermutungen über das räumliche Muster des Siedlungsgefüges aussprechen und Eigenschaften der Zersiedlung oder Suburbanisierung ablesen.

Ein weiterer Aspekt der kritischen Interpretation der erzielten Ergebnisse ist deren Beziehung zur Größe einer Stadt.

Es kann überprüft werden, inwieweit bei komplexer Betrachtung die Größe einer Stadt die aggregierten Merkmale Umweltqualität sowie die Kompaktheit und Effizienz bestimmt. Die Beispielstädte deuten an, dass kleinere Städte im Vergleich zu größeren Städten, bezogen auf die Umweltqualität, nicht im Vorteil sind. Ferner erreichen größere Städte keine höhere Kompaktheit und Effizienz als kleinere Städte. Die Großstadt Dresden erzielt ähnliche Umweltqualitäts- sowie Kompaktheits- bzw. Effizienzwerte wie die Mittelstadt Neubrandenburg.

Werden die Merkmalswerte einzeln (getrennt) analysiert und nicht auf Ebene von z. B. aggregierten Kompaktheits- oder Effizienzmerkmalen, zeigen sich hingegen – insbesondere bei den Erreichbarkeitsmerkmalen – Abhängigkeiten zur Größe der Siedlungsfläche. Besonders deutlich sichtbar wird dies bei einem Vergleich der Städte Neubrandenburg mit ca. 1.900 ha und Dresden mit ca. 14.000 ha Siedlungskörperfläche. Sowohl bezogen auf die „Erreichbarkeit des Freiraumes" als auch die „Siedlungsinternen Erreichbarkeiten" profitiert Neubrandenburg gegenüber Dresden von der wesentlich kleineren Siedlungskörperfläche. Die Kernflächenanalyse ergab in Dresden bei der Abgrenzung von Distanzen größer 750 m vom Freiraumrand in den Siedlungskörper hinein einen Kernflächenindex von 22 %, in Neubrandenburg Null Prozent.

Der Vergleich zwischen den drei Städten Aachen, Halle und Krefeld mit mehr als 220.000 Einwohnern (Tab. 5.1.4) zeigt deutliche Merkmalsunterschiede, die auf voneinander abweichenden städtebaulich-strukturellen Entwicklungen beruhen. Aachen und Krefeld wei-

Tab. 5.1.4: *Ausgewählte Kennwerte der Beispielstädte (Quelle: © GeoBasis-DE/BKG/GeoBasis NRW 2009-2011)*

	Einwohnerzahl (Zensus 2011)	Siedlungsdichte*	Grün- und Wasserfläche/ Einwohner	Straßenlänge (Autobahnen, Bundes-, Landes-/ Staats- und Kreisstraßen) im Siedlungskörper	A/V-Verhältnis der Gebäudeverbünde (Mittelwert)	Anteil der Ein- und Zweifamilienhausbebauung an der Wohnbebauung
	[-]	[EW/ha]	[m²/EW]	[km]	[m³/m²]	[%]
Aachen	236.420	45	23	106	0,72	62
Dresden	512.354	38	41	166	0,62	27
Halle (Saale)	229.153	41	25	53	0,72	46
Krefeld	222.247	33	31	104	0,76	64
Landau in der Pfalz	43.341	28	11	29	0,75	58
Neubrandenburg	64.111	31	11	17	0,61	49
Oldenburg (Oldb)	157.267	27	44	61	0,74	85

* Bezug auf Siedlungs- und Verkehrsfläche; Quellen: IÖR- MONITOR: Zeitschnitt 2008

sen einen wesentlich höheren flächenintensiven Anteil an Ein- und Zweifamilienhausbebauung im Vergleich zu Halle auf. Die überörtliche Verkehrsinfrastruktur im Siedlungskörper (Autobahnen, Bundes-, Landes- und Kreisstraßen), gemessen als Straßenlänge innerhalb des Siedlungskörpers, ist in Aachen und Krefeld nahezu doppelt so lang wie in Halle und damit ein weiterer struktureller Faktor, der sich ablesbar auf die Umweltmerkmale „Zerschneidung des Siedlungskörpers" und „Immissionsbelastung der Siedlungsflächen" auswirkt. Vergleicht man die Ergebnisse der drei Städte mit deren Siedlungsdichten (Tab. 5.1.4), so zeigt sich eine Spreizung von 33 EW/ha SuV in Krefeld bis 45 EW/ha SuV in Aachen, was sich in dem Kompaktheits- und Effizienzmerkmal „Verdichtungsräume der Wohn- und Mischgebiete" niederschlägt. Demgegenüber stehen sowohl der Grün- und Wasserflächenanteil als auch die spezifische Messgröße Grün- und Wasserfläche je Einwohner in keinem direkten Zusammenhang mit den Umweltqualitätsmerkmalen „Mikroklimatische Wirkung von Grün- und Wasserflächen" und „Wohnumfeldqualität durch Grün- und Wasserflächen". Diese Messgrößen bedürfen einer Ergänzung der Aussage zur Lage des urbanen Grüns in Kartenform: Hier zeigen sich in Aachen und Krefeld zwar eine gleichwertige bis höhere Grünausstattung als in Halle, jedoch wesentlich ungünstigere Lagebeziehungen zwischen verdichteten Bebauungsstrukturen und öffentlichen Grün- bzw. Wasserflächen (Karten 2.1 und 2.2).

In einem weiteren abstrahierenden Schritt werden die Merkmalswerte zu je einem Umweltqualitäts- sowie Kompaktheits- und Effizienzwert zusammengefasst. Sie werden berechnet aus den extremwertnormierten Merkmalswerten der einzelnen Städte (Bewertungsansatz siehe Abschnitt 2.6) und den jeweiligen Mittelwerten aus der Summe der Umweltqualitäts- sowie Kompaktheits- und Effizienzwerten gegenübergestellt (Abb. 5.1.3).

Die Stadt Dresden mit über 500.000 Einwohnern erzielt ausgewogene Qualitätsmerkmale, wobei die Umweltqualitätswerte geringfügig unter denen von Neubrandenburg liegen. Jedoch sind die Kompaktheits- und Effizienzwerte von Dresden mit den Werten von Halle, Aachen und Neubrandenburg vergleichbar.

Die nach der Einwohnerzahl kleinste untersuchte Stadt Landau erzielt einen vergleichsweise geringen Umweltqualitätswert, der teilweise durch schlechtere Umweltqualitätsmerkmale als Dresden gekennzeichnet ist und

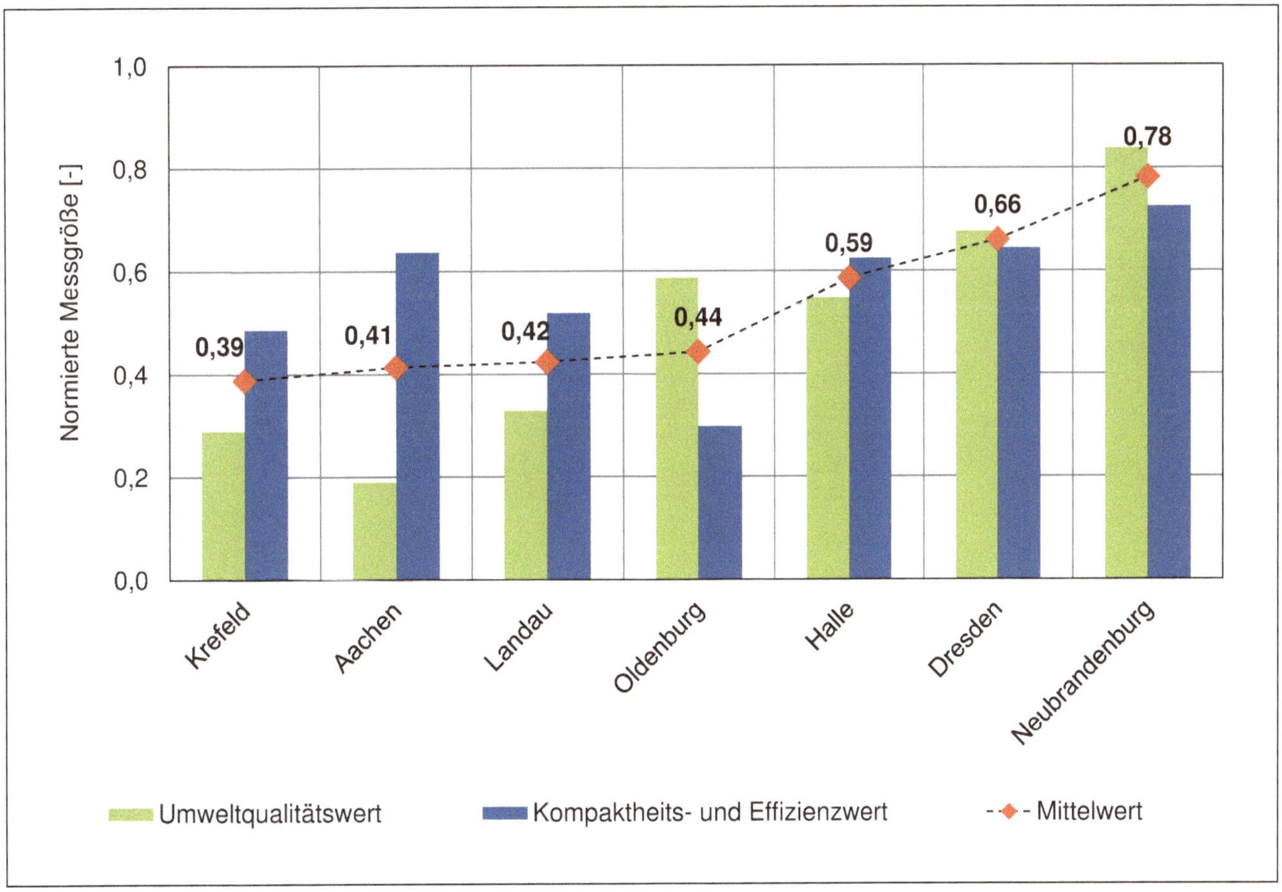

Abb. 5.1.3: *Zusammenfassung der Umweltqualitäts- sowie Kompaktheits- und Effizienzwerte der Beispielstädte*

deutlich unter dem Wert der ebenfalls kleinen Stadt Neubrandenburg liegt. Die Städte Aachen mit hohen sowie Krefeld und Landau mit relativ hohen Kompaktheits- und Effizienzmerkmalswerten weisen Defizite bezüglich der Umweltqualität auf (Abb. 5.1.3). Die Stadt Oldenburg kontrastiert im Gegensatz zu den anderen Beispielstädten insofern, dass eine höhere Umweltqualität als Qualität der Kompaktheit und Effizienz besteht (vgl. vertiefend die Merkmale der Umweltqualität).

Transformiert man die extremwertnormierten Messgrößen und klassifiziert sie ordinal in Qualitätsstufen zwischen „sehr geringe Qualität" (Wertebereich 0 … ≤ 0,2) bis „sehr hohe Qualität" (Wertebereich > 0,8 … ≤ 1,0), gehen zwar Einzelinformationen verloren. Es werden aber Tendenzen und Abhängigkeiten leichter erfassbar. In der Tabelle 5.1.5 ist ein Vorschlag zur Qualitätseinschätzung anhand von fünf Klassen dargestellt. Die Klassenanzahl und die Klassengrenzen können je nach Verteilung der Messwerte und der Intention des Anwenders angepasst werden.

Tab. 5.1.5: *Qualitätsstufen der normierten Messgrößen der Umweltqualitäts- sowie Kompaktheits- und Effizienzmerkmale*

Klassen	Qualitätsstufen	Symbol
0 … ≤ 0,2	sehr geringe Qualität	– –
> 0,2 … ≤ 0,4	geringe Qualität	–
> 0,4 … ≤ 0,6	mittlere Qualität	+/-
> 0,6 … ≤ 0,8	hohe Qualität	+
> 0,8 … ≤ 1,0	sehr hohe Qualität	+ +

Die Anwendung der vorgestellten Qualitätsstufen auf die Ergebnisse zeigt plakativ die Stärken und Schwächen der Städte im Vergleich zueinander. Auch diese Darstellung deutet an, dass Städte mit hoher bis sehr hoher Qualität der Kompaktheits- und Effizienzmerkmale im Vergleich zur untersuchten Grundgesamtheit mit einer relativ geringen Umweltqualität ausgestattet sind (Tab. 5.1.6). Sie liefert Anknüpfungspunkte für vertiefende Untersuchungen. Die Wahl des Klassifikationsschlüssels beeinflusst die Differenziertheit der Ergebnisse.

Tab. 5.1.6: *Qualitätsstufen (Wirksamkeit) der Umweltqualitäts- sowie Kompaktheits- und Effizienzmerkmale im Städtevergleich*

Qualitative Bewertunng - Fünf Klassen		Nr.	Merkmal	Wirkungstendenz	Aachen	Dresden	Halle (Saale)	Krefeld	Landau in der Pfalz	Neubrandenburg	Oldenburg (Oldb)	siehe Abschnitt
	Umweltqualitätsmerkmale	1	Erreichbarkeit des Freiraums	↗	+/-	+/-	+/-	+/-	+/-	+	+/-	4.1
		2	Mikroklimatische Wirkung von Grün- und Wasserflächen	↗	+/-	+/-	+/-	–	+	+ +	+/-	4.2
		3	Wohnumfeldqualität durch Grün- und Wasserflächen	↗	+/-	+ +	+/-	–	–	+ +	– –	4.2
		4	Zerschneidung des Siedlungskörpers	↘	–	– –	–	+/-	– –	+ +	+	4.5
		5	Immissionsbelastung der Siedlungsflächen	↘	– –	+ +	+/-	– –	– –	+ +	+ +	4.5
		6	Verschattung baulich geprägter Flächen	↘	–	–	+/-	–	–	+ +	–	4.6
		7	Oberflächenabfluss	↘	– –	+	+/-	– –	+/-	+ +	+ +	4.7
		8	Potenzielle Wärmeinseln in der Stadt	↘	–	+	+/-	–	+/-	+	–	4.8
	Kompaktheits- und Effizienzmerkmale	9	Siedlungsinterne Erreichbarkeiten	↗	–	+ +	+	+/-	–	+ +	+ +	4.1
		10	Fragmentierung des Siedlungskörpers / Zersiedlung der Freiraumlandschaften	↘	– –	+ +	+/-	–	–	+/-	+	4.3
		11	Erschließungseffizienz der Stadt	↗	– –	+ +	+ +	– –	+/-	+	– –	4.3
		12	Nutzungsmischung von Versorgung und Produktion	↗	+	+/-	+/-	+/-	–	+	+	4.4
		13	Verdichtungsräume der Wohn- und Mischgebiete	↗	+ +	+/-	+ +	+/-	–	+/-	– –	4.6
		14	Technische Energie- und Ressourceneffizienz	↗	+ +	+	+	+	– –	–	–	4.8
		15	Gebäudekompaktheit und Energieeffizienz	↗	+ +	+/-	+/-	+ +	+/-	– –	+	4.9
		16	Vielfalt des Wohnens in der Stadt	↗	+	+ +	+ +	+	+ +	+ +	– –	4.10
		17	Großflächige Strukturen der Wohnbebauung	↘	+	+ +	+	–	+ +	+ +	– –	4.10

↗ je größer, desto besser

↘ je geringer, desto besser

– – sehr geringe Qualität (Wertebereich: 0… ≤ 0,2)

– geringe Qualität (Wertebereich:> 0,2… ≤ 0,4)

+/- mittlere Qualität (Wertebereich:> 0,4… ≤ 0,6)

+ hohe Qualität (Wertebereich:> 0,6… ≤ 0,8)

+ + sehr hohe Qualität (Wertebereich:> 0,8… ≤ 1,0)

5.2 Interpretationsbeispiele zu ausgewählten Themenfeldern

Der in diesem Buch vorgestellte neue methodische Ansatz der urbanen Metrik bietet neben der Gesamtschau auf alle Messgrößen die Möglichkeit, Städte nach thematischen Schwerpunktsetzungen zu charakterisieren und darauf aufbauend zu vergleichen. Es können einerseits einzelne Messgrößen thematisch neu überlagert werden, um zu einer spezifischen Aussage zu gelangen. Andererseits können aber auch ausgewählte Merkmalswerte verknüpft werden. Im Fall eines bundesweiten urbanen Monitorings sollte eine ausreichend große Anzahl von Städten für den Vergleich zur Verfügung stehen. Im Folgenden werden anhand der sieben Beispielstädte exemplarisch die Themen „potenzielle städtische Flächen mit Hitzestress", „Ressourceneffizienz" sowie „Wohnqualität" auf der Grundlage der erzielten Messwerte und ergänzender spezifischer Untersuchungen als Erweiterungen beschrieben.

Potenzielle städtische Flächen mit Hitzestress für Bewohner und Besucher

Die Fokussierung des Ansatzes auf städtische Flächen mit Hitzestress für Bewohner und Besucher zeigt Risikoflächen auf, die – bedingt durch ihre Bebauungsdichte, ihre Lage zu den öffentlichen Grün- und Wasserflächen, aber auch zu den Flächen im Freiraum sowie deren Bodenversiegelung – an heißen Sommertagen zur gesundheitlichen Belastung von Menschen und Tieren führen können. Empirische Untersuchungen belegen, dass auf dicht bebauten Flächen mit einem hohen Versiegelungsgrad an heißen Tagen (Tageshöchsttemperatur übersteigt 30 °C (DWD 2016)) der Wärmeinseleffekt entstehen kann. Dieser führt zur Ausbildung deutlich höherer Temperaturen als in der Umgebung. Besondern kritisch ist bei fehlender Abkühlung in der Nacht die Belastung durch sogenannte Tropische Nächte (Def.: Nachttemperatur sinkt nicht mehr unter 20 °C (DWD 2016)). Diese Temperaturen stellen eine gesundheitliche Belastung für Menschen dar.

Damit konzentrieren sich die folgenden Ausführungen einerseits auf die Umweltqualität, speziell die thermischen Wirkungen der Grün- und Gewässerausstattung und deren strukturelle Ausprägung in Städten, andererseits auf spezifische Dichtemessgrößen, wie die bauliche Dichte und die Bevölkerungsdichte.

Methodisches Vorgehen

Potenzielle städtische Flächen mit Hitzestress lassen sich durch die komplexe Messgröße „potenzielle Defizitflächen" ermitteln. Diese basiert einerseits auf der Bestimmung der Flächen außerhalb des Wirkungsbereiches der öffentlichen Grün- und Wasserflächen sowie des Freiraumrandes im Siedlungskörper, andererseits auf der baulichen Dichte solcher Flächen. Die Messgrößen „Euklidische Distanz" sowie „betroffene Einwohner" bilden Erreichbarkeiten von Grün- und Wasserflächen sowie Betroffene ab (siehe Abb. 5.2.1).

Die Messgröße „potenzielle Defizitflächen" misst den Flächenanteil verdichtet bebauter Gebiete > 1 ha im Siedlungskörper, die nicht in der Nähe von Grün- und/ oder Wasserflächen liegen.

Die „Euklidische Distanz" ermittelt die Entfernungen der verdichtet bebauten Gebiete zu den öffentlichen Grün- und Wasserflächen sowie zum Freiraumrand. Dabei wird der Freiraumrand gebildet aus Landwirtschafts-, großen Wasser- und Waldflächen. Für die Berechnung der „Euklidischen Distanzen" wurden als Datengrundlage die Polygondatensätze in Rasterdaten mit einer Rasterweite von 100 m x 100 m umgewandelt und jede Rasterzelle mit einer Nutzungsart attributiert. Im Fall mehrerer Nutzungsarten auf einer Rasterzelle erfolgte die Attributierung nach dem Dominanzprinzip.

Die Datengrundlage bildet der Datensatz des ATKIS-Basis DLM. Ausgangsgeometrie ist die Fläche des Siedlungskörpers. Dieser wird aus der ATKIS-Basis DLM-Geometrie aus den bestehenden Ortslagen einerseits und baulich geprägten Siedlungsflächen (Wohnbaufläche, Fläche gemischter Nutzung, Industrie- und Gewerbefläche und Fläche besonderer funktionaler Prägung) andererseits gebildet.

Im Siedlungskörper werden speziell die Lage, die Größe und die Verteilung der Freiflächen (Parkanlagen, Friedhöfe) und Wasserflächen dargestellt und untersucht. Für die Wasserflächen erfolgte die Festlegung, dass alle oberirdisch verlaufenden, ständig Wasser führenden Fließgewässer in der Untersuchung zu berücksichtigen sind.

Es wurden folgende Mindestgrößen definiert: für die Flächen der Objektarten Friedhof, Grünanlage, Campingplatz, Golfplatz sowie für stehende Wasserflächen 1 ha; für Flüsse und Bäche eine Mindestbreite > 6 m. In ihrer Gesamtheit sind diese Flächen unter dem Begriff bzw. der Flächengruppe „Grün- und Wasserflächen" zusammengefasst.

Zur Bestimmung der Überbauungsgrade jedes einzelnen ATKIS-Polygons wurde als Datengrundlage die Geometrie der Hausumringe genutzt. Ein Überbauungsgrad von mehr als 30 % des Polygons wurde als hoch eingestuft. In Abhängigkeit von der Flächennutzungsart führt der Überbauungsgrad durch Zufahrten, Stellplätze, Terrassen und Wege zu einem Anteil an versiegelten Flächen zwischen 65 % und 100 % (Abschnitt 4.7A).

Die dritte Messgröße „betroffene Einwohner" wird auf der Grundlage der kartographisch ausgewiesenen „potenziellen Defizitflächen" sowie der Rasterkar-

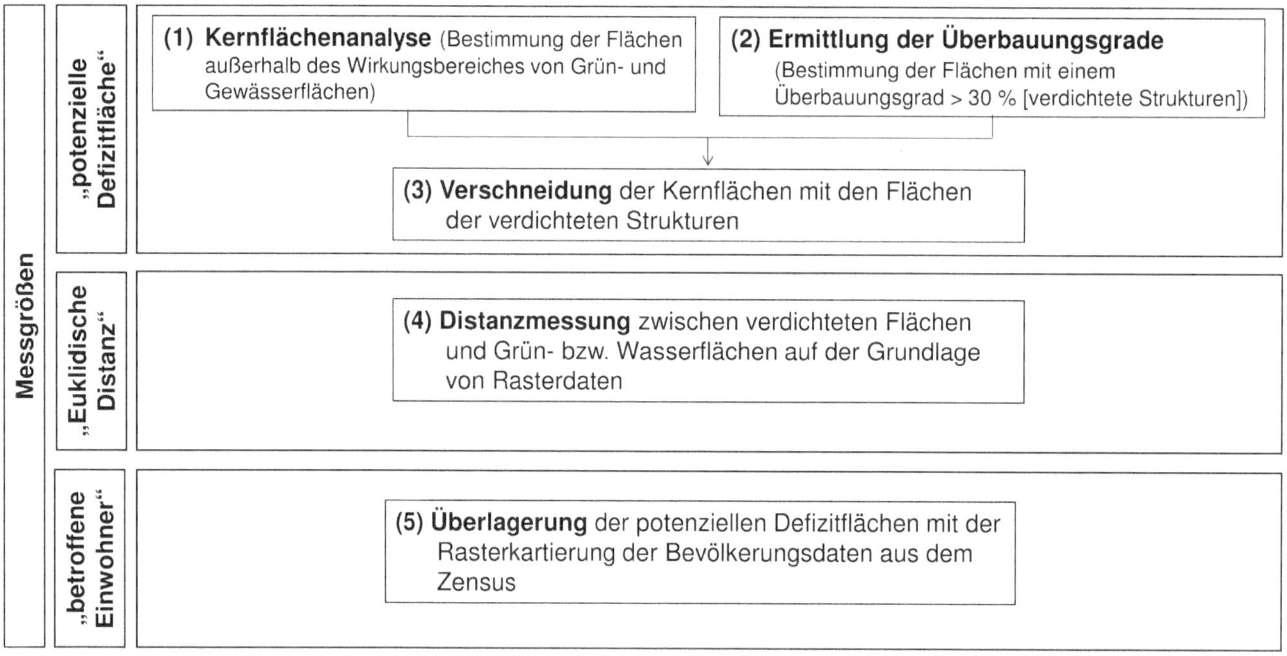

Abb. 5.2.1: *Schematische Darstellung der methodischen Arbeitsschritte*

tierung der Bevölkerungsdaten aus dem Zensus 2011 ermittelt (Statistische Ämter des Bundes und der Länder 2015). Die genutzten Rasterdaten basieren auf einer Rasterweite von 100 m x 100 m und weisen für jede Rasterzelle Einwohnerzahlen aus. Der Schwellenwert in den Rasterzellen liegt aus Datenschutzgründen bei drei Einwohnern. Danach werden Rasterzellen mit einzelnen Personen wie Rasterzellen ohne Personen sowie Rasterzellen mit lediglich zwei Personen wie Rasterzellen mit drei Personen ausgewiesen. Diese Rasterzellen sind für die Betrachtung auf Grund ihrer „dünnen Besiedelung“ nicht relevant.

Die Bestimmung der drei Messgrößen erfolgte durch aufeinander aufbauende Arbeitsschritte (Abb. 5.2.1).

Ergebnisse

Bei der Kernflächenanalyse werden alle öffentlichen Grün- und Wasserflächen identifiziert und deren Flächenanteil an der Fläche des Siedlungsköpers ermittelt. Die Größe des Wirkungsbereiches der öffentlichen Grün- und Wasserflächen ergibt sich durch die Pufferung dieser Flächen nach außen in den Siedlungskörper. Da davon ausgegangen werden kann, dass der Freiraumrand ebenfalls mikroklimatische Funktionen übernimmt, erfolgte eine Pufferung nach innen in den Siedlungskörper. Die ermittelte verbleibende Fläche ist die Fläche, welche außerhalb des Einflusses der öffentlichen Grün- und Wasserflächen sowie des Freiraumrands liegt und theoretisch mikroklimatisch benachteiligt ist. Sie wird als Kernfläche bezeichnet. Der Flächenanteil spreizt zwischen 44 % und 55 %. Inwieweit diese Flächen mikroklimatisch problematisch sind, lässt sich aus diesem Ergebnis nicht ableiten, da die ermittelten Kernflächen sehr unterschiedlich verdichtete bauliche Strukturen aufweisen, welche entsprechend durch sehr unterschiedliche Grünausstattungen und -strukturen geprägt sind (z. B. Einfamilienhausbebauung oder Blockrandbebauung).

Parallel dazu erfolgt die Bestimmung aller baulich geprägten Flächen mit einem Überbauungsgrad größer 30 %, wobei die Nutzungen Industrie- und Gewerbe, besondere funktionale Prägung sowie Wohn- und Mischnutzungen mit mehr- und vielgeschossigem Wohnungsbau sowie offener und geschlossener Blockrandbebauung Berücksichtigung fanden. Ermittelt wurden deren Anteile an der Fläche des Siedlungskörpers.

Während die Wohnbebauung der Stadt Oldenburg dominierend durch Ein- und Zweifamilienhausbebauung geprägt ist und dadurch lediglich einen geringen Anteil an verdichteten Flächen aufweist, sind es in Aachen, Krefeld und Landau ca. 16 % bzw. 15 %. Die Stadt Dresden mit ca. 7 % lässt die Schlussfolgerung zu, dass nach der nahezu vollständigen Zerstörung der Innenstadt diese nicht wieder so verdichtet aufgebaut wurde (Abb. 5.2.2). Somit sind die für Dresden ermittelten baulich geprägten Flächen mit einem Überbauungsgrad größer 30 % maßgeblich verdichtete Bebauungsstrukturen in den noch erhaltenen gründerzeitlichen Gebieten sowie in den nach den 1990er Jahren entstandenen Gewerbegebieten.

Durch die Verschneidung der Kernflächen mit den verdichteten Strukturen können die potenziellen Defizitflächen identifiziert werden. Folgendes Ergebnis wur-

Abb. 5.2.2: *Städtevergleich – Anteil baulich geprägter verdichteter Flächen mehrgeschossiger Wohnbebauung, Industrie und Gewerbe sowie besonderer funktionaler Prägung mit einem Überbauungsgrad > 30 % im Siedlungskörper*

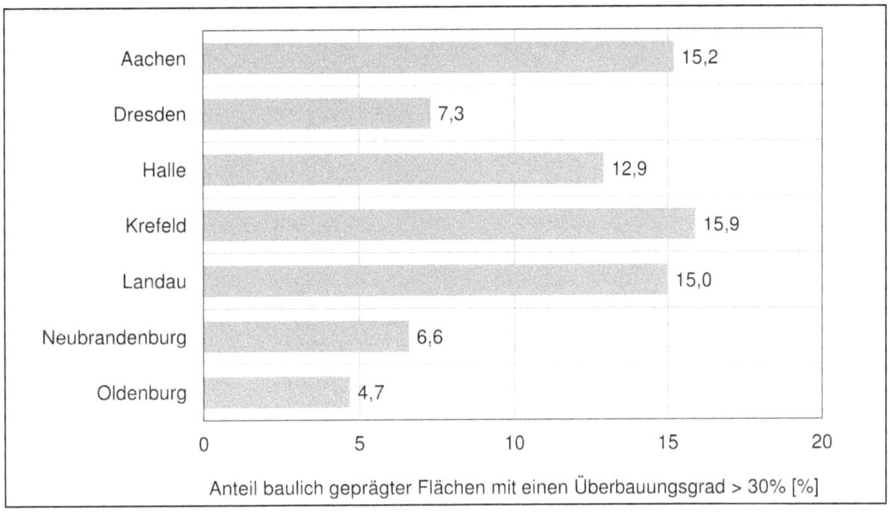

de für die sieben untersuchten Beispielstädte erzielt: Ca. 3 % bis 13 % der baulich geprägten Flächen im Siedlungskörper sind Flächen, die potenziell an heißen Sommertagen zu möglichem Hitzestress bei den Menschen führen können. Dabei weist die Stadt Oldenburg mit dem sehr hohen Anteil an Bebauungsstrukturen mit Ein- und Zweifamilienhäusern den geringsten Anteil potenziell kritischer Gebiete auf. Demgegenüber liegt der Anteil baulich geprägter Flächen mit einem Überbauungsgrad größer 30 % in Krefeld bei ca. 16 % (Maximum der Beispielstädte). Nahezu die Hälfte dieser Flächen sind Industrie- und Gewerbeflächen. Ein weiterer hoher Anteil sind Flächen der Blockrandbebauung mit teilweiser Hofüberbauung in der Innenstadt. Eine vergleichbare Situation zeigt sich in der Stadt Aachen.

Die Städte mit einem hohen Anteil an potenziellen Defizitflächen weisen gleichzeitig eine mittlere bis geringe einwohnerspezifische Ausstattung mit Grün- und Wasserflächen im Siedlungskörper auf. Eine auffallende Ausnahme bildet die Stadt Neubrandenburg, welche die geringste Grün- und Gewässerausstattung, aber auch die geringsten potenziellen Defizitflächen im Siedlungskörper zeigt. Das Ergebnis unterstreicht die Struktur der Stadt, die einen kompakten, in der flächenmäßigen Ausdehnung aber kleinen Siedlungskörper aufweist, der von der mikroklimatischen Wirkung des ihn umgebenden Freiraumrandes profitiert.

Mit Hilfe der Distanzmessungen zwischen verdichteten Flächen und öffentlichen Grün- bzw. Wasserflächen bzw. dem Freiraumrand (auf der Grundlage von Rasterdaten) lässt sich deren räumliche Nähe ermitteln. Damit werden Nachbarschaften bzw. fehlende Nachbarschaften von verdichtet bebauten Flächen zu den öffentlichen Grün- und Wasserflächen sowie zum Freiraumrand aufgezeigt. Es wird deutlich, dass sich das Verteilungsmuster der öffentlichen Grün- und Wasserflächen maßgeblich auf die potenziellen Defizitflächen auswirkt. Daneben ist der Anteil verdichtet bebauter Flächen von Bedeutung. Die Stadt Aachen hat durch ihren hohen Anteil verdichtet bebauter Flächen und der weiträumigen Verteilung der

Abb. 5.2.3: *Städtevergleich – Anteile „betroffener Einwohner" in den untersuchten Beispielstädten (Datenquelle: Statistische Ämter des Bundes und der Länder 2015)*

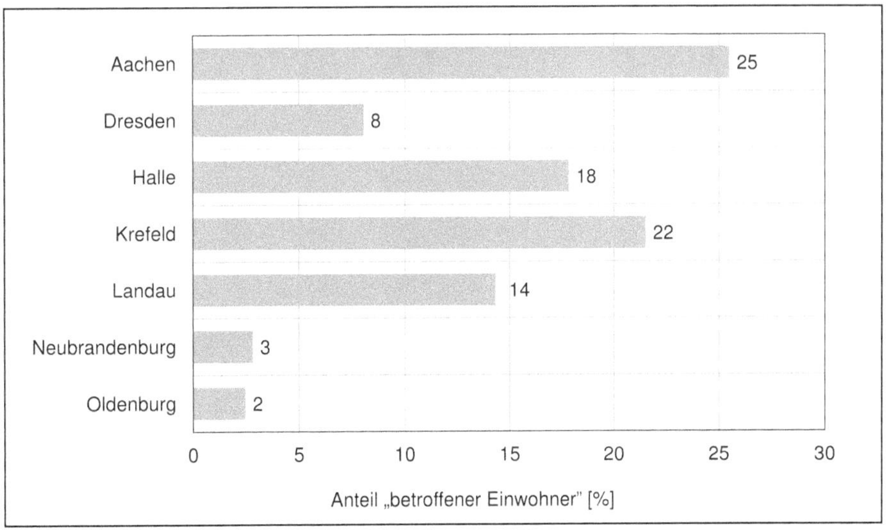

öffentlichen Grün- und Wasserflächen große Distanzen und damit eine geringe Nähe zum Grün. Im Vergleich dazu, weist die Stadt Dresden ein Verteilungsmuster der öffentlichen Grün- und Wasserflächen auf, das sich sehr positiv auf die Menge an potenziellen Defizitflächen auswirkt.

Die Überlagerung der potenziellen Defizitflächen mit den Bevölkerungsdaten aus dem Zensus ermöglicht eine Abschätzung der Betroffenheit der Einwohner der Städte. Es zeigt sich, dass beispielsweise in Aachen jeder vierte Einwohner in einem der potenziellen Defizitgebiete wohnt (Abb. 5.2.3). Vergleicht man das Ergebnis mit der Messgröße „Anteil baulich geprägter Flächen mit einem Überbauungsgrad > 30 %", zeichnet sich ein Zusammenhang zwischen beiden Größen ab. Die Städte Aachen und Krefeld mit einem Anteil betroffener Einwohner von 25 % bzw. 22 % weisen einen „Anteil baulich geprägter Flächen mit einem Überbauungsgrad > 30 %" von ca. 15 % bzw. 16 % auf (Abb. 5.2.2). Die Stadt Landau hat ebenso wie Aachen einen „Anteil baulich geprägter Flächen mit einem Überbauungsgrad > 30 %" von 15 %. Der wesentlich geringere Anteil „betroffener Einwohner" von 14 % deutet entweder auf eine geringere Einwohnerdichte oder einen höheren Anteil an Industrie- und Gewerbeflächen und/oder Flächen besonderer funktionaler Prägung hin (Abb. 5.2.2 und Abb. 5.2.3).

Städtevergleich auf der Grundlage multikriterieller Bewertung durch Extremwertnormierung der Messgrößen

Für die Bestimmung der städtischen Flächen mit Hitzestress für Bewohner und Besucher wurden als beschreibende Messgrößen der Anteilswert „Potenzielle Defizitflächen", die Nachbarschaftsmessgrößen „Mittlere Euklidische Distanz" und „Maximale Euklidische Distanz" der dicht bebauten Gebiete zu den öffentlichen Grün- und Wasserflächen sowie zum Freiraumrand und die statistische Basismessgröße „betroffene Einwohner" als Anteilswert an der Einwohnerzahl der Stadt in die Bewertung einbezogen.

Im Ergebnis zeigt sich, dass in keiner der Städte optimale Bedingungen bestehen. Die Städte Neubrandenburg und Oldenburg schneiden beim Städtevergleich auf Grund ihrer relativ kurzen Wegedistanzen zwischen den baulich geprägten Flächen und den öffentlichen Grünflächen bzw. den Flächen im Freiraum sowie durch ihre geringen Bebauungsdichten am günstigsten ab. Jedoch auch Dresden als die größte untersuchte Stadt ist durch die Anzahl und eine gute Verteilung der öffentlichen Grün- und Wasserflächen sehr positiv im Vergleich zu den anderen Städten zu bewerten (Abb. 5.2.4). Das normierte Ergebnis bildet die vorangegangenen Untersuchungsergebnisse zu den einzelnen Messgrößen anschaulich ab.

Zusammenfassende Diskussion

Es zeigen sich deutliche Beziehungen zwischen den unterschiedlichen städtebaulichen und Grünstrukturen der Städte und ihren mikroklimatischen Potenzialen, das Stadtklima positiv zu beeinflussen. Die Auswertung der Beispielstädte lässt erkennen, dass Städte deutlich voneinander abweichende Qualitäten aufweisen. Ein Grund dafür ist die Vielzahl von Lebenswelten, die es über die Historie der Städte hinweg gab und heute noch gibt. Sie führten und führen zur Ausprägung der Stadt, wie wir sie heute wahrnehmen. Eine Beobachtung aus heutiger Sicht – angesichts eines prognostizierten Klimawandels – verdeutlicht dabei, dass die Stadt unterschiedlich anpassungsfähig an neue Rahmenbedingungen sein wird. Vergangene Generationen haben Strukturen hervorgebracht, die noch heute existent sind und auf die

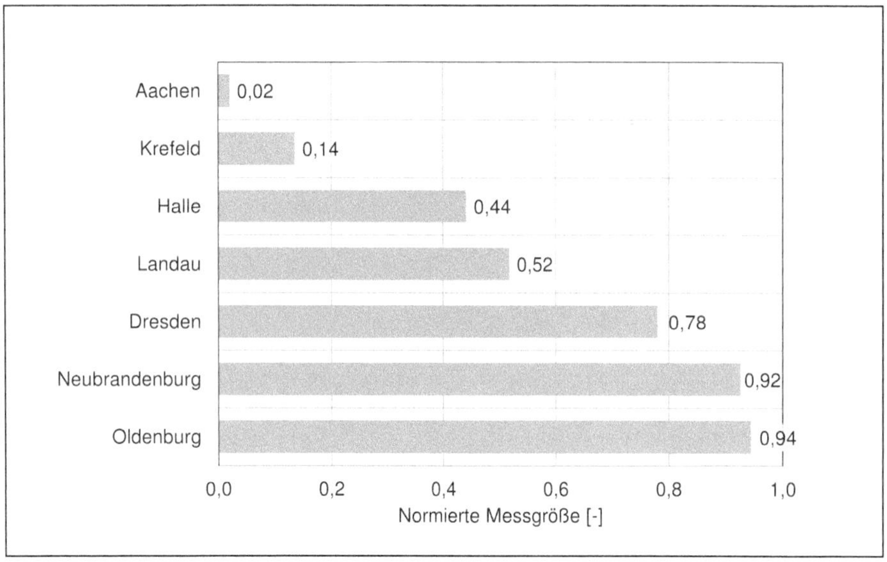

Abb. 5.2.4: *Städtevergleich zu potenziellen städtischen Flächen mit Hitzestress für Bewohner und Besucher auf Grundlage multikriterieller Bewertung durch Extremwertnormierung – Summierung der genormten Kenngrößen und erneute Normierung (Datenquelle: © GeoBasis-DE/BKG 2009)*

gegenwärtige und zukünftige Lebenswelt einschränkend bzw. positiv wirken können.

Unter dem Fokus auf städtische Flächen mit Hitzestress für Bewohner und Besucher erzielt die Stadt Oldenburg im Vergleich zu den anderen Städten die höchste Qualität, die beste „preparedness". Es stellen sich allerdings Fragen, z. B., inwieweit dieses positive Ergebnis hinsichtlich der mikroklimatischen Situation aufgrund überwiegender Ein- und Zweifamilienhausbebauung gängigen Vorstellungen von Stadt entspricht. Ob es förderlich ist, eine solche inhaltliche Fokussierung auf nur einen Aspekt vorzunehmen, oder ob und wie das vorteilhafte Ergebnis mit Nachteilen (z. B. aus Sicht der Ressourceneffizienz) gegengerechnet werden müsste. Dieses Teilergebnis zeigt, dass die Fokussierung auf nur einen Aspekt sehr gut geeignet ist, städtebauliche Unterschiede herauszuarbeiten, dass es aber für eine Beurteilung von Städten der Untersuchung weiterer Aspekte bedarf, wie beispielsweise Kompaktheit, Komplexität, Erschließungseffizienz, Immissionen und städtebauliche Vielfalt. Die Bewertung sollte immer einem komplexen Ansatz folgen, der stets das stadtspezifische Spannungsfeld von Stärken und Schwächen darstellen muss. Dabei sind geschichtliche Ausgangsbedingungen, lokale und gesellschaftliche Rahmenbedingungen zu würdigen.

Ressourceneffizienz von Siedlungsstrukturen

Der in dieser Publikation vorgestellte Ansatz der urbanen Metrik kann im Rahmen von thematischen Schwerpunktsetzungen beim Vergleich von Städten in verschiedener Art und Weise angewendet werden. So sind neben der Kombination merkmalsbeschreibender Messgrößen – wie beim Schwerpunkt „Potenzielle städtische Flächen mit Hitzestress" zuvor beschrieben – auch Kombinationen andere Merkmale möglich. Dies wird bei Betrachtung des Schwerpunktes „Ressourceneffizienz von Siedlungsstrukturen" deutlich. Hier werden einzelne spezielle Merkmale zur Beschreibung und Bewertung der Ressourceneffizienz von Siedlungsstrukturen miteinander verknüpft. Im Folgenden wird dazu geklärt, was Ressourceneffizienz bedeutet und wie einzelne ausgewählte Merkmale zu ihrer Beschreibung und Bewertung beitragen können.

Die Effizienz ist primär eine ökonomische Größe. Anliegen ist es, mit möglichst wenig Input den möglichst größten Output zu erzielen. Es geht um den bewussten Umgang mit Knappheiten, was *„ein ständiges Abwägen des Aufwands und Ertrags"* bedeutet (Streit 1991). Knappheiten können dabei monetäre Größen, aber auch Mengen an Ressourcen sein. Je nachdem, auf welche Knappheiten Bezug genommen wird, leiten sich unterschiedliche Effizienzen ab: die finanzwirtschaftliche Effizienz (Rentabilität), die leistungswirtschaftliche Effizienz (Produktivität), die ökologische Effizienz und die ökonomisch-ökologische Effizienz (Thinh und Schumacher 2011). Diese lassen sich in Abhängigkeit vom Thema weiter spezifizieren, z. B. in Ökoeffizienz (Verhältnis aus dem wirtschaftlichen Wert eines Produktes und den durch das Produkt verursachten Umweltauswirkungen), Ressourceneffizienz (Verhältnis eines erzeugten Nutzens zum dafür benötigten Ressourceneinsatz), Energieeffizienz (Verhältnis zwischen Nutzenergie und energetischem Aufwand) oder Erschließungseffizienz (technischer Erschließungsaufwand in Euro pro laufenden Meter Leitung oder pro Quadratmeter angeschlossene Nutzfläche) (Schiller et al. 2012).

Auf dem Weg zu einer dauerhaft umweltgerechten Entwicklung von Städten ist der bewusste und sparsame Umgang mit Ressourcen – dies sind z. B. Flächen, Baumaterialien oder Energie – ein unabdingbares Ziel. Siedlungsstrukturen sind ressourceneffizient, wenn ihr Ressourcenaufwand in Form von Flächen-, Material- oder Energie-Inanspruchnahme pro Nutzungseinheit möglichst gering ist. Mit dieser Optimierungsaufgabe sind Städte stets konfrontiert.

Betrachtet man die Flächen einer Stadt als eine endliche Ressource, so zielt deren Ressourceneffizienz auf eine optimale Inanspruchnahme dieser Flächen. Dabei spielen spezifische Dichtekenngrößen, wie beispielsweise die Bebauungsdichte, Einwohnerdichte, Bevölkerungsdichte oder Straßennetzdichte eine bedeutende Rolle. Damit sind Fragen zu beantworten, wie groß die Baumasse (Brutto-Rauminhalt) der Gebäude ist, wie dicht die Gebäude auf den Flächen verteilt sind und wie viele Straßen zur verkehrstechnischen Erschließung notwendig sind. Je nach Sachverhalt und Bezugsgröße sind unterschiedliche Effizienzbetrachtungen möglich.

Methodisches Vorgehen

Um die Ressourceneffizienz von Städten und Siedlungsstrukturen zu bestimmen, muss ermittelt werden, welchen Nutzen die Siedlungsstrukturen jeweils erzielen und mit welchem physischen Aufwand dieser Nutzen bereitgestellt wird. Dabei stützt sich dieser Ansatz auf die Kompaktheits- und Effizienzmerkmale „Erschließungseffizienz der Stadt", „Technische Energie- und Ressourceneffizienz", „Gebäudekompaktheit und Energieeffizienz" und „Verdichtungsräume der Wohn- und Mischgebiete" (Tab. 5.1.2, Abschnitt 5.1), als „Stellvertretergrößen" für das Verhältnis von Aufwand und Nutzen in den Städten (Abb. 5.2.5).

Im Einzelnen gibt die Wohnnutzungseffizienz – welche in diesem Ansatz durch das Effizienzmerkmal Verdichtungsräume der Wohn- und Mischgebiete beschrieben und quantifiziert wird – Aufschluss darüber, wie dicht (Flächenbezug) und kompakt (Baumassenbezug) die Wohn- und Mischgebiete einer Stadt bebaut sind. Besteht die Bebauung der Wohn- und Mischgebiete

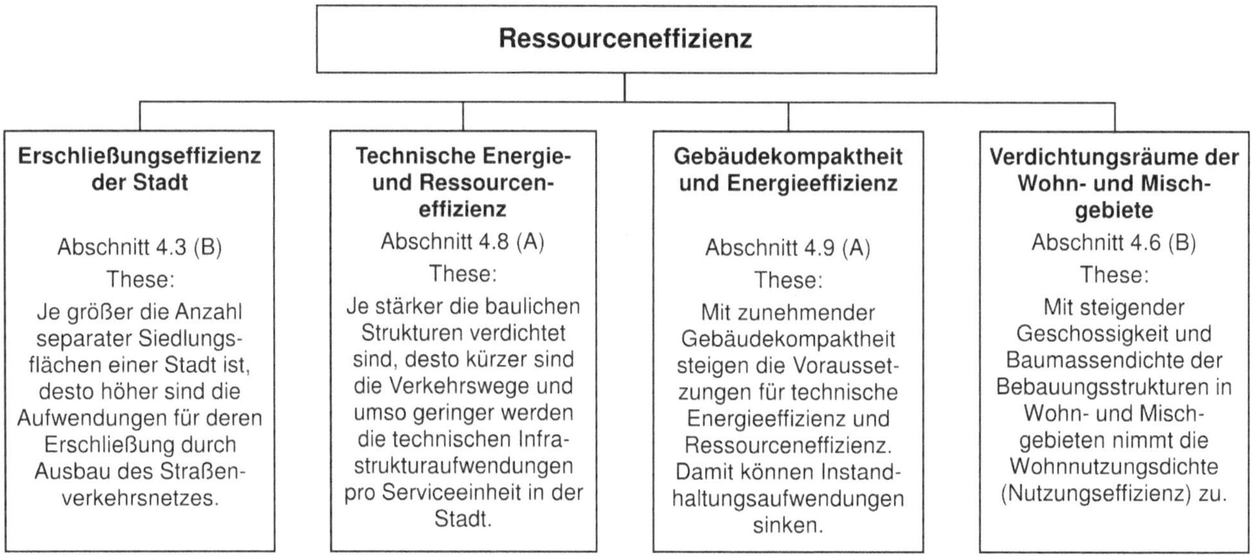

Abb. 5.2.5: *Effizienzbezogene Merkmale zur Beschreibung und Bewertung der Ressourceneffizienz von Siedlungsstrukturen*

zu hohen Anteilen aus großen Gebäuden (Baumasse > 3,6 m^3 Bruttorauminhalt/m^2 ATKIS-Nutzfläche) und sind diese zu hohen Anteilen auf den Flächen der Wohn- und Mischgebiete angeordnet, wird die Wohnnutzungseffizienz dieser Gebiete als hoch eingeschätzt. Die vorhandenen Flächen werden intensiv genutzt und ausgelastet. Dies ist z. B. in Halle mit einem hohen Anteil an kompakten gründerzeitlichen Block- und Blockrandbebauungen der Fall. Blockstrukturen sind kompakt und haben viel Baumasse, bezogen auf die Fläche.

Des Weiteren beeinflusst das Erschließungssystem die Ressourceneffizienz von Siedlungsstrukturen. Straßen und Wege sind erforderlich, um zu den Gebäuden zu gelangen und diese nutzen zu können. In Abhängigkeit von der Bebauungsstruktur (einzeln, aufgelockert, im Verbund) und deren Lage in der Stadt ist das Straßennetz mehr oder weniger lang und verzweigt und dementsprechend mit mehr oder weniger Material- und Energieaufwand verbunden. Die technische Energie- und Ressourceneffizienz ist somit ein weiteres Merkmal, das auf die Ressourceneffizienz von Siedlungsstrukturen Einfluss hat. Je mehr Baumasse pro Straßennetzlänge verkehrstechnisch erschlossen wird, desto höher ist die Ressourceneffizienz. Es wird davon ausgegangen, dass die Effizienz der Verkehrsinfrastrukturaufwendungen (d. h. der Einsatz von Straßenbaustoffen) im direkten Zusammenhang mit der Anzahl und Größe „angeschlossener" Gebäude steht. Unberücksichtigt bleibt der Leerstand der Gebäude. In die Betrachtungen eingeschlossen sind alle Siedlungsflächen im Stadtgebiet (dies sind Wohn- und Mischnutzflächen, Industrie- und Gewerbeflächen sowie Flächen besonderer funktionaler Prägung) einschließlich des vorhandenen Straßennetzes.

Darüber hinaus wird die Erschließungseffizienz der Stadt von der Lage der besiedelten Flächen innerhalb der Stadt beeinflusst. Ist eine Stadt durch viele separate Siedlungsflächen geprägt, steigen die Aufwendungen für deren Erschließung bzw. werden letztere weniger intensiv genutzt. Viele separate Siedlungsflächen führen zur Zersplitterung des städtischen Siedlungskörpers. Der

Tab. 5.2.1: *Extremwertnormierte Werte der vier gewählten Kompaktheits- und Effizienzmerkmale*

	Erschließungseffizienz der Stadt	Technische Energie- und Ressourceneffizienz	Gebäudekompaktheit und Energieeffizienz	Verdichtungsräume der Wohn- und Mischgebiete
Aachen	0,44	1,00	0,51	0,80
Dresden	0,54	0,68	0,93	0,56
Halle (Saale)	0,56	0,73	0,44	1,00
Krefeld	0,29	0,70	0,35	0,54
Landau i. d. Pfalz	0,67	0,02	0,24	0,22
Neubrandenburg	0,88	0,39	1,00	0,41
Oldenburg (Oldb)	0,45	0,28	0,00	0,00

Aufwand zur Bereitstellung des notwendigen Straßen- und ÖPNV-Netzes zur verkehrlichen Erschließung dieser zersplitterten Flächen erhöht sich und die Ressourceneffizienz wird negativ beeinflusst.

Als weiteres Merkmal fließt die Gebäudekompaktheit und Energieeffizienz in die Bewertung der Ressourceneffizienz von Siedlungsstrukturen ein. Die Messgröße der Gebäudekompaktheit ist das A/V-Verhältnis. Es wird von der Bauform (einzeln oder im Verbund stehende Gebäude) sowie dem „Zusammenspiel" von Geschossigkeit, Gebäudelänge und Gebäudetiefe beeinflusst. Kompakte Gebäude sind in diesem Ansatz Gebäude mit einem A/V-Verhältnis unter 0,5 m^2/m^3. Städtische Flächen mit kompakter Bebauung zeigen Gebiete auf, in denen aus Sicht der Gebäudekubatur gute Voraussetzungen für eine energieeffiziente Gebäudenutzung vorliegen. Demgegenüber lassen sich Gebiete identifizieren, in denen die Bebauung eher ungünstige A/V-Verhältnisse hat und damit die Voraussetzungen für energieeffiziente Gebäude weniger gegeben sind.

Alle vier beschriebenen Merkmale wurden im Kapitel 4 bereits einer Bewertung im Städtevergleich unterzogen. Für sie liegen pro Beispielstadt extremwertnormierte Werte zwischen Null und Eins vor (Tab. 5.2.1). Zur Beschreibung und Bewertung der Ressourceneffizienz von Siedlungsstrukturen werden sie im Komplex betrachtet. Um die Unterschiede zwischen den Beispielstädten auf Grundlage eines Wertes noch deutlicher herauszuarbeiten, werden die einzelnen Merkmalwerte summiert und erneut normiert. Dabei ergibt sich der Extremwertebereich aus dem Minimum (Null) und dem Maximum (Vier) der zu erreichenden Summe.

Ergebnisse

Beim Vergleich der extremwertnormierten Einzelmerkmale wird zunächst auf die positivsten Bewertungen (> 0,8) fokussiert (Abb. 5.2.6). Bezüglich der Verdichtungsräume der Wohn- und Mischnutzflächen weisen die Beispielstädte Halle und Aachen die höchste Nutzungsdichte auf. Dies ist nicht zuletzt auf die in diesen Städten (vor allem im Stadtzentrum) zu hohen Anteilen vorhandener Block- und Blockrandbebauungen zurückzuführen. In diesen Bereichen sind die Flächen mit Wohn- und Mischnutzung dicht mit voluminösen Gebäuden überbaut. In Halle ist dies zu 17 % der Fall, in Aachen zu 14 %.

Bei Betrachtung der Gebäudekompaktheit und Energieeffizienz werden Neubrandenburg und Dresden am positivsten bewertet. Als kompakt gelten Gebäude unter 0,5 m^2 Gebäudehüllfläche pro m^3 beheiztem Gebäudevolumen. Dies sind im Bereich Wohnen vor allem vier- bis fünfgeschossige Zeilen- und Blockrandbebauungen, im Bereich Industrie und Gewerbe den Zeilen ähnliche Büro- und Verwaltungsgebäude sowie kompakte Produktions- und Lagerhallen. In Neubrandenburg wird die positiv bewertete Gebäudekompaktheit durch einen hohen Anteil an Zeilenbebauungen erreicht. Er beträgt dort 35 %; demgegenüber liegen diese Anteile in den anderen Beispielstädten bei lediglich 4 % bis 28 %. In Dresden wirken eher komplexe Zusammenhänge auf die Gebäudekompaktheit durch Strukturen mit Blockrand- und Zeilenbebauung sowie kompakte Industrie- und Gewerbebebauung.

Die technische Energie- und Ressourceneffizienz wird in Aachen am positivsten eingeschätzt. Hier sind die Anteile an Straßen mit mittlerer und geringer Baumassendichte am kleinsten, wie Abbildung 5.2.7 noch einmal zusätzlich unterstreicht. Mittlere und geringe

Abb. 5.2.6: *Ressourceneffizienz-beeinflussende normierte Merkmale – Beispielstädte im Vergleich*

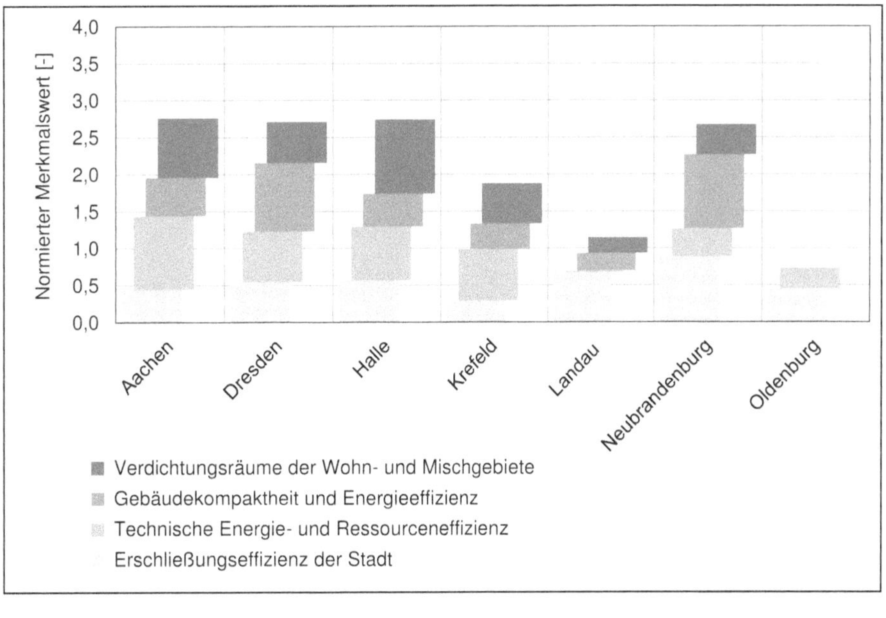

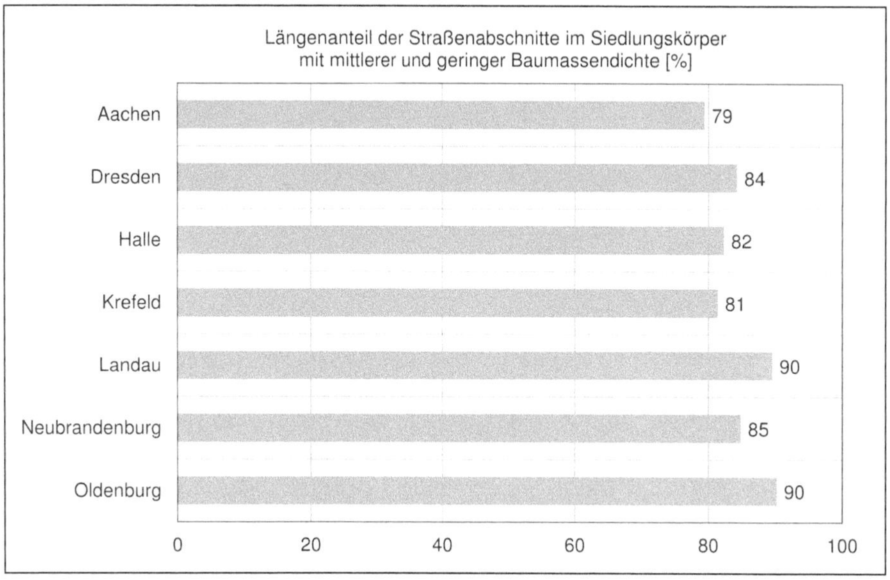

Abb. 5.2.7: *Längenanteile der Straßenabschnitte mit mittlerer und geringer Baumassendichte im Siedlungskörper – Beispielstädte im Vergleich*

Baumassendichte bedeutet dabei ≤ 200.000 m^3 Baumasse (Gebäudevolumen) pro km Straßenabschnitt.

Darüber hinaus ist für die Erschließungseffizienz der Stadt von Bedeutung, wie stark der Siedlungskörper fragmentiert ist. Viele separate Polygone des Siedlungskörpers, die durch Straßen und andere versorgende Infrastrukturen (z. B. Wasser, Abwasser, Strom, Gas etc.) angebunden werden müssen, beeinflussen die Erschließungseffizienz negativ. Im Vergleich der Beispielstädte wird Neubrandenburg am positivsten bewertet. Hier erstreckt sich der Siedlungskörper vom Zentrum fingerartig (netzartig) in den Freiraum. Die „abgelegenen" Siedlungsbereiche (an den „Fingerenden") bilden größtenteils keine separaten Polygone des Siedlungskörpers, sondern sind an Verkehrsachsen angeschlossen, die straßenbegleitend bebaut sind. Der Siedlungskörper hat so zwar einen langen Rand (jeder schmale „Finger" hat rechts und links einen Rand), ist aber nicht zersplittert („Finger" sind am Kernsiedlungskörper, nicht „abgetrennt").

Städtevergleich

Wie das Ergebnis der multikriteriellen Bewertung zeigt (Abb. 5.2.8), sind die Beispielstädte Aachen, Halle, Dresden und Neubrandenburg am ressourceneffizientesten. Sie zeichnen sich durch einen größeren Anteil an dichten und kompakten Bebauungsstrukturen aus. Dies beeinflusst die beschriebenen Effizienzen: Nutzungseffizienz, Energieeffizienz, Erschließungseffizienz.

Zusammenfassende Diskussion

Die Ressourceneffizienz von Siedlungsstrukturen ist hier eine übergeordnete Bewertungskategorie, die sich – je nach betrachtetem Sachverhalt – aus verschiedenen „Teil-"Effizienzen zusammensetzt. Alles, was dazu bei-

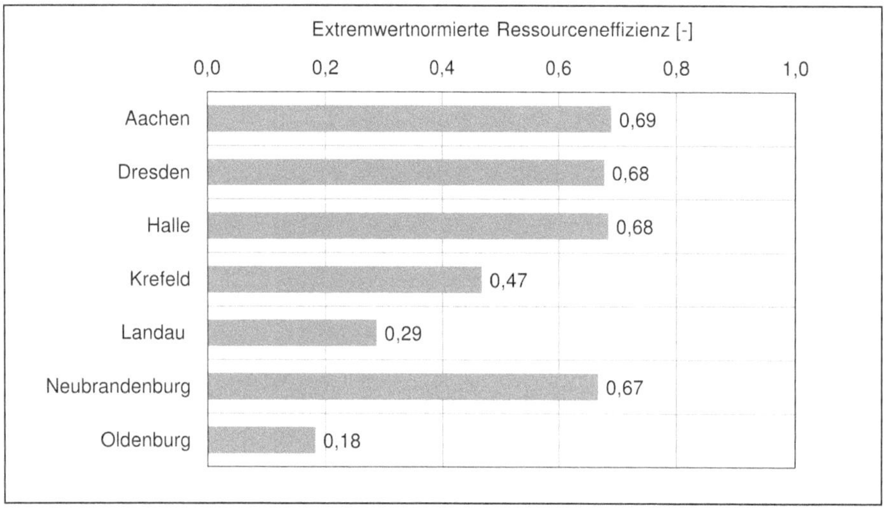

Abb.5.2.8: *Städtevergleich zur Ressourceneffizienz auf Grundlage von vier extremwertnormierten Kompaktheits- und Effizienzmerkmalen – Summierung der genormten Kenngrößen und erneute Normierung*

trägt, die Flächen-, Material- oder Energie-Inanspruchnahme von Siedlungsstrukturen pro Nutzungseinheit möglichst gering zu halten, ist ressourcenrelevant und sollte in die Ressourceneffizienzbetrachtungen einfließen. Die gewählten Kompaktheits- und Effizienzmerkmale – „Erschließungseffizienz der Stadt", „Technische Energie- und Ressourceneffizienz", „Gebäudekompaktheit und Energieeffizienz" sowie „Verdichtungsräume der Wohn- und Mischgebiete" – stehen in einem deutlichen Zusammenhang mit der Inanspruchnahme von Flächen, Baumaterialien und Energie und beeinflussen die Ressourceneffizienz von Siedlungsstrukturen. Je intensiver die einzelnen Merkmale dabei ins Positive wirken, umso positiver sind auch die Effekte auf die Ressourceneffizienz insgesamt.

Die Erhöhung und Steuerung der Ressourceneffizienz von Siedlungsstrukturen ist eine Optimierungsaufgabe, die die Städte in einem ständigen Prozess des Abwägens von Zielkonflikten zu bewältigen haben. Die Ressourceneffizienz von Siedlungsstrukturen wirkt sich zudem auf die finanziellen Mittel der Kommune aus, sind doch dichte, kompakte, ressourceneffiziente Strukturen auch aus ökonomischer Sicht positiv zu bewerten. Dabei darf das Streben nach Ressourceneffizienz – was meist mit Erhöhung und Optimierung von baulicher Dichte einhergeht – nicht zu Nachteilen in anderen Bereichen führen und die Nutzung und Akzeptanz aus lebensqualitativer Sicht gefährden. So ist z. B. darauf zu achten, dass baulich nur soweit verdichtet wird, dass dennoch eine Durchgrünung des Siedlungskörpers gegeben ist, Wärmeinseln und Hitzestress vermieden werden bzw. entsprechende Ausgleichsmöglichkeiten vorhanden sind. Umweltqualität (erlebbares Grün, geringe Emissionsbelastungen, angenehme Temperaturen etc.) ist zugleich ein maßgeblicher Faktor für Lebensqualität.

Im Folgenden wird für die Städte im Vergleich das Thema „Wohnqualität" auf der Grundlage der bisher erzielten Ergebnisse und ergänzender spezifischer Berechnungen betrachtet.

Wohnqualität

Wohnen ist eine der wichtigsten Funktionen einer Stadt und Teil der Lebensqualität. *„Das Konzept der Lebensqualität zielt im Idealfall auf gute objektive Lebensbedingungen, die mit einem positiven subjektiven Wohlbefinden einhergehen. Damit stehen die subjektiven Einschätzungen von Befragten in einem folgerichtigen Abhängigkeitsverhältnis zu den objektiven Indikatoren"* (Leimbrock 2016, S. 72). Als materielle Teilaspekte der Lebensqualität sind ökonomische Ressourcen, Arbeitsbedingungen, Beschäftigung, Ernährung, Gesundheit, Bildung, Kinder- und Altenbetreuung, Transport- und Kommunikationsmittel, Umweltbedingungen, aber auch die Wohnbedingungen zu nennen. Somit ist Wohnqualität Teil der städtischen Lebensqualität. Sie zielt auf gute Wohnbedingungen (in der Wohnung und im engeren Wohnumfeld) und beeinflusst gleichzeitig die subjektive Einschätzung der Bewohner zur Wohnzufriedenheit. Wohnqualität wird zum einen objektiv durch unterschiedliche technische, bauliche und strukturelle Einflüsse bestimmt, die durch Messgrößen quantifizierbar sind. Zum anderen wird sie von den Menschen subjektiv wahrgenommen und bewertet.

Eine Kenngröße zur Charakteristik der Wohnqualität ist die Wohnlage. Sie wird von vielfältigen objektiven Merkmalen bestimmt, die entsprechend verschiedener Nutzungsansprüche von unterschiedlichem subjektiven Wert sind. Gegenwärtige Methoden versuchen, die Bewertung von Wohnlagen zu objektivieren, indem Indikatoren eingesetzt werden, welche die Qualität einer Wohnlage zu ermitteln versuchen (Göbel 2002). So ist die Wohnlage ein Indikator aus einer Vielzahl von Merkmalen zur Charakterisierung von Wohngebieten. Nach Kleiber geht es u. a. um Erreichbarkeiten, klein- und großräumige Lagen, Nutzungsdichte und Verkehrsanbindung (Kleiber et al. 2002).

Wie oben bereits erwähnt, kann die objektive Wohnqualität mit Hilfe von Indikatoren und Messgrößen quantifiziert werden, die subjektive Wohnqualität lässt sich durch Befragungen erheben und beschreiben. Die Bewertung (Einschätzung) der Wohnqualität bezieht sich einerseits auf das Wohngebäude und die Wohnung und andererseits auf das Wohnumfeld. Folgende Merkmalsgruppen können dabei unterschieden werden:

(1) die Qualität des Wohngebäudes und der Wohnung,

(2) die Qualität des wohnungsnahen Wohnumfeldes sowie

(3) die Wohnlagequalität in den teilstädtischen Gebieten.

Die Qualität des Wohngebäudes und der Wohnung beinhaltet u. a. die Funktionalität der Wohnbereiche, des Koch- und Essbereichs, des Sanitärbereichs, das Vorhandensein von Stau- und Trockenraum sowie allgemein die Möblierbarkeit und Ausstattung der Räume. Weitere Kriterien sind das Vorhandensein von privaten Außenflächen (Freisitze wie Balkone, Terrassen oder Mietergärten), die Barrierefreiheit bzw. der Grad der Barrierefreiheit von Wohnungen sowie der Haus- und Wohnungszugänge (Hellerforth 2014; NaWoh 2013).

Bei der Qualität des wohnungsnahen Wohnumfeldes geht es u. a. um die Bereitstellung von freien Flächen zum Abstellen von Fahrzeugen und anderen Gegenständen der Mobilität, wie Fahrräder, Kinderwagen und Rollatoren, aber auch um die Erhaltung und Schaffung von Freiflächen als Aufenthalts- und Erholungsflächen für alle Altersgruppen (Allgemeinheit, Kinder, Jugendliche). Außerdem sind gestalterische Aspekte der Gebäude und Freiflächen ebenso bedeutsam wie der thermische Komfort, d. h. die thermische Behaglichkeit im Sommer. Letzterer wird durch strukturierte Begrünung der Freiflächen sowie Anlegen von künstlichen Wasserflächen und Wasserspielen erreichbar. Ein weiteres Kriterium für die Qualität des wohnungsnahen Wohnumfeldes ist die Sicherheit bzw. das Sicherheitsgefühl. Sie können durch technische Lösungen, aber auch gezielte bauliche bzw. städtebauliche Maßnahmen gestärkt werden. Ebenso bedeutsam ist die visuelle Behaglichkeit, die durch eine ausreichende Belichtung und Besonnung der Wohnungen und des Wohnumfeldes erzielt wird.

Die Wohnlagequalität in den teilstädtischen Gebieten wird u. a. nach der Erreichbarkeit der örtlichen Versorgungseinrichtungen sowie der Naherholungsgebiete beurteilt. Ebenso bedeutsame Kriterien sind die Grünausstattung der Umgebung, die Immissionsbelastung (Lärm, Luftverunreinigung) des Wohnumfeldes sowie die Nutzungsdichte, d. h. Art und Maß der baulichen Nutzung, sowie die klein- und großräumige Verkehrsanbindung. Nutzungsdichte, Nutzungsmischung und deren Flächenverhältnisse sind Indikatoren für die Effizienz der Bebauung und können durch die Messgrößen Nutzfläche pro Bruttogrundfläche sowie Wohnfläche pro Bruttogrundfläche quantifiziert werden. Subjektive Merkmale sind das gesellschaftliche Ansehen der Wohnlage (Image) sowie das kleinräumige Straßenbild und die großräumige Quartierslage (Kleiber et al. 2002).

Methodisches Vorgehen

Gegenstand der vorliegenden Untersuchungen sind die Siedlungsstrukturen im Betrachtungsrahmen der Gesamtstadt in ihren administrativen Grenzen und ihrer teilräumlichen Gliederung. So sind es in erster Linie Merkmale mit Einfluss auf die Qualität des Wohnumfeldes und die Wohnlagequalität, die für die Untersuchungen herangezogen werden können. Betrachtet werden extremwertnormierte Kenngrößen der Umweltqualität sowie der Effizienz und Kompaktheit (vgl. Kapitel 4).

Speziell die Umweltqualitätsmerkmale beeinflussen die Qualität des Wohnens in verschiedenen Bereichen (Abb. 5.2.9). Die Erreichbarkeit des Freiraumes (Abschnitt 4.1 (B)), die mikroklimatische Wirkung von Grün- und Wasserflächen sowie Wohnqualität durch Nähe zu Grün- und Wasserflächen (Abschnitt 4.2 (A) und (B)) und die Verschattung baulich geprägter Flächen (Abschnitt 4.6 (A)) sind umweltbezogene Einflussfaktoren, die auf die Qualität des Wohnumfeldes wirken. Die Zerschneidung des Siedlungskörpers durch Hauptverkehrstrassen (Straße und Schiene) zeigt deren städtebauräumliche funktionstrennende Wirkung auf (Abschnitt 4.5 (A)). Darüber hinaus führen das untersuchte Hauptstraßennetz sowie das normalspurige Schienennetz im Siedlungskörper und der Gesamtstadt zu Immissionen, die durch das Umweltqualitätsmerkmal Immissionsbelastung der Siedlungsflächen abgebildet werden (Abschnitt 4.5 (B)).

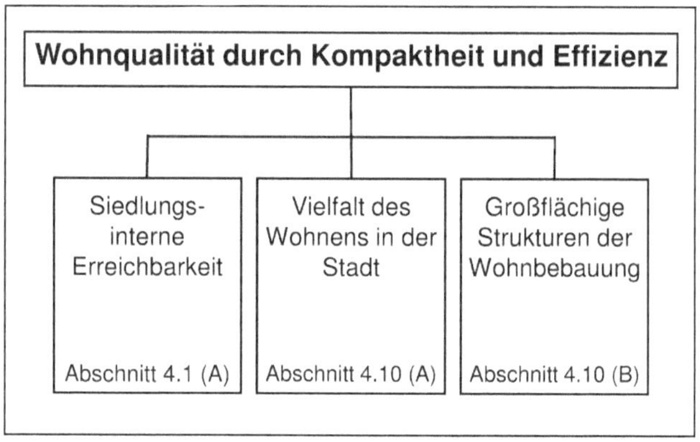

Abb. 5.2.10: *Übersicht ausgewählter Effizienzmerkmale mit Einfluss auf die Wohnqualität*

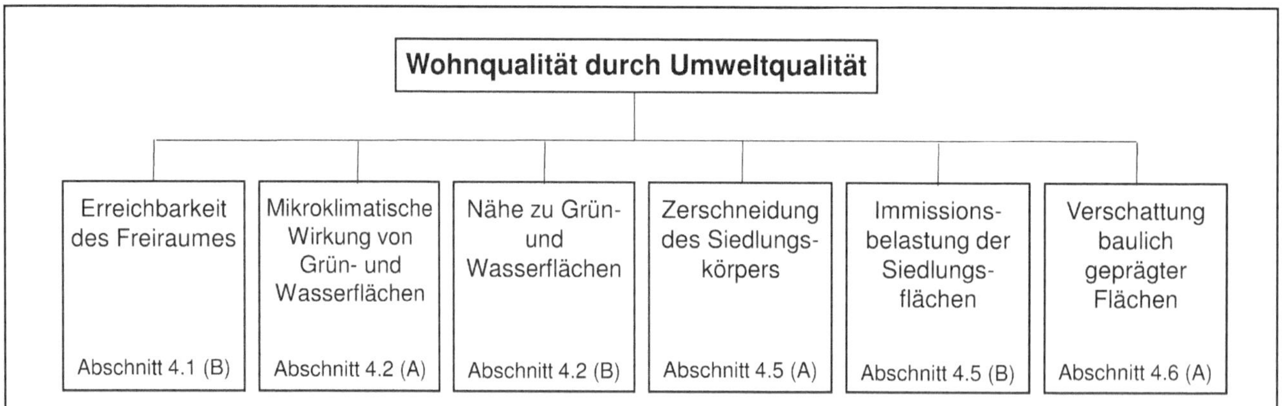

Abb. 5.2.9: *Übersicht ausgewählter Merkmale der Umweltqualität mit Einfluss auf die Wohnqualität*

Ein Effizienzmerkmal, mit dem Wohnqualität beschrieben werden kann, ist die siedlungsinterne Erreichbarkeit. Sie gibt Auskunft über das Maß räumlicher Nähe städtischer Funktionen (Abschnitt 4.1 (A)). Zwei weitere Effizienzmerkmale mit Einfluss auf die Wohnqualität sind die Vielfalt des Wohnens in der Stadt und das Vorhandensein großflächiger (monotoner) Strukturen der Wohnbebauung (Abschnitt 4.10 (A) und (B)) (Abb. 5.2.10).

Erreichbarkeit städtebaulicher Räume und des Freiraumes

Die siedlungsinterne Erreichbarkeit städtebaulicher Räume (hohe Kompaktheit, Nähe und Verflechtung städtischer Daseinsfunktionen) sowie des Freiraumes mit seiner Erholungsfunktion für die Stadtbewohner (Verzahnung von Siedlungskörper und Freiraum) tragen zum positiven subjektiven Wohlbefinden bei den Bewohnern bei. Die gute Erreichbarkeit der örtlichen Versorgungseinrichtungen verbessert ebenso wie die Erreichbarkeit der Naherholungsgebiete und Grünanteile in der Umgebung die Wohnlagequalität.

Mikroklimatische Wirkung von Grün- und Wasserflächen sowie Nähe zum öffentlichen Grün

Sowohl Lage als auch Größe der Grün- und Wasserflächen sind Merkmale, die die Wohnqualität beeinflussen. Sie haben eine positive Wirkung auf das städtische Klima, die lufthygienische Situation sowie die Immissionslage in der Stadt und in den teilstädtischen Räumen (z. B. den Wohngebieten). Die Nähe der Wohnbebauung zum öffentlichen Grün bedeutet z. B. auch die potenzielle Nutzbarkeit von Freiflächen für die Allgemeinheit, insbesondere auch für Kinder und für Jugendliche. Nicht zu unterschätzen sind die Blickbeziehungen der Bewohner zum Grün (Roch 2008). Das Vorhandensein und subjektive Empfinden von Grün im Wohnumfeld bzw. Wohngebiet beeinflussen die Wohnzufriedenheit der Bewohner positiv (Banse und Mathey 2013).

Zerschneidung des Siedungskörpers und Immissionsbelastung

Verkehrstrassen im Siedlungskörper ermöglichen einerseits eine Anbindung der Wohnstandorte an den öffentlichen Verkehr, was positiv bezüglich der Wohnlagebewertung wirkt. Andererseits zerschneiden sie die Wohngebiete, mit Folgen für die Luftschadstoff- und Verkehrslärmbelastung. Insbesondere durch hohe Lärmimmissionen wird die Wohnsituation negativ beeinflusst, es sinkt die Wohnqualität.

Verschattung baulich geprägter Flächen

Eine Verschattung baulich geprägter Flächen trägt zur thermischen Behaglichkeit im Sommer bei, kann jedoch in den Monaten mit geringem Sonnenstand zur unzureichenden Belichtung bzw. Besonnung der Gebäude und wohnungsnahen Freiflächen führen.

Vielfalt des Wohnens und großflächige Strukturen der Wohnbebauung

Eine Vielfalt der städtebaulichen Strukturen bedeutet u. a. differenzierte Wohnangebote und Wohnqualitäten für unterschiedliche Lebensstile. Dabei sind sowohl die gebäudebezogene als auch die wohnumfeldbezogene Differenziertheit von Interesse. Im Gegensatz dazu besteht in Städten mit großflächigen, homogenen Strukturen die Gefahr fehlender Lebendigkeit (Monotonie) und geringer Attraktivität als Wohnstandort, mit negativen Auswirkungen auf die Wohnlagequalität.

Tab. 5.2.2: *Extremwertnormierte Werte zu den Umweltqualitätsmerkmalen mit Einfluss auf die Wohnqualität*

	Umweltqualitätsmerkmale					
	Erreichbarkeit des Freiraumes [-]	Mikroklimatische Wirkung von Grün- und Wasserflächen [-]	Nähe zu öffentlichen Grün- und Wasserflächen [-]	Zerschneidung des Siedlungskörpers [-]	Immissionsbelastung der Siedlungsflächen [-]	Verschattung baulich geprägter Flächen [-]
Aachen	0,39	0,03	0,31	0,01	0,00	0,39
Dresden	0,33	0,79	0,65	0,88	0,87	0,17
Halle (Saale)	0,45	0,50	0,49	0,48	1,00	0,28
Krefeld	0,30	0,12	0,28	0,26	0,13	0,48
Landau in der Pfalz	0,35	0,53	0,42	0,38	0,42	0,15
Neubrandenburg	1,00	0,90	0,67	0,54	0,75	1,00
Oldenburg (Oldb)	0,22	0,92	0,33	0,64	0,17	0,62

Tab. 5.2.3: *Extremwertnormierte Werte zu den Kompaktheits- und Effizienzmerkmalen mit Einfluss auf die Wohnqualität*

	Kompaktheit- und Effizienzmerkmale		
	Siedlungs-interne Erreichbarkeit [-]	Vielfalt des Wohnens in der Stadt [-]	Großflächige Strukturen der Wohn-bebauung [-]
Aachen	0,39	0,78	0,75
Dresden	0,23	0,91	0,88
Halle (Saale)	0,34	0,94	0,79
Krefeld	0,34	0,70	0,39
Landau in der Pfalz	0,87	0,89	0,98
Neubrandenburg	0,64	0,86	0,98
Oldenburg (Oldb)	0,62	0,20	0,00

Ergebnisse

In die Berechnungen zum Einfluss siedlungsstruktureller Merkmale auf die Wohnqualität in den untersuchten sieben Beispielstädten sind die eingangs beschriebenen sechs Umweltqualitäts- sowie drei Kompaktheits- und Effizienzmerkmale eingeflossen. Beim Vergleich der für die einzelnen Qualitätsmerkmale ermittelten extremwertnormierten Werte zeigt sich ein sehr differenzierter Einfluss auf die Wohnqualität in den betrachteten Städten (Tab. 5.2.2 und Tab. 5.2.3).

In einem weiteren Schritt können die Städte über die Merkmale Umweltqualität sowie Kompaktheit und Effizienz im Vergleich charakterisiert werden. Dazu wurden die als relevant identifizierten Messgrößen erneut extremwertnormiert. So werden die Werte der Merkmalsgruppen Wohnqualität durch Umweltqualität und Wohnqualität durch Kompaktheit und Effizienz berechnet. Es wird deutlich, dass in der Mehrzahl der untersuchten Städte die Umweltqualität geringer bewertet wird als die Kompaktheit und Effizienz (Abb. 5.2.11). Eine Ausnahme bilden die Städte Dresden, Neubrandenburg und Oldenburg. In Dresden und Neubrandenburg sind die beiden Merkmalsgruppen ausgewogen, in Oldenburg dominiert die Umweltqualität.

Die Betrachtung der einzelnen Städte zeigt, dass die Umweltqualität in der Stadt Aachen gering bewertet wird. Bezogen auf die Einwohnerzahl, ist Aachen mit Halle und Krefeld vergleichbar. Die Stadt hat allerdings mit ca. 42 EW/ha eine höhere Siedlungsdichte und demgegenüber mit 23 m^2/EW eine geringere Ausstattung mit Grün- und Wasserflächen als Halle und Krefeld aufzuweisen. Die geringere Umweltqualität entsteht so besonders durch die Umweltqualitätsmerkmale „Mikroklimatische Wirkung von Grün- und Wasserflächen", „Zerschneidung des Siedlungskörpers" sowie „Immissionsbelastung des Siedlungskörpers", die in Aachen wesentlich niedriger bewertet wurden als in den anderen Städten.

In allen Städten – mit Ausnahme von Oldenburg – sind die „Vielfalt des Wohnens in der Stadt" und die (nicht häufig vorkommenden) „großflächigen Strukturen der Wohnbebauung" sehr positiv zu bewerten. So haben die Kompaktheits- und Effizienzmerkmale in fast allen Städten einen positiven Einfluss auf die Wohnqualität. Die siedlungsinterne Erreichbarkeit ist im Vergleich der Städte geringer, was insbesondere bei Aachen und Krefeld auf eine sehr hohe Anzahl separater Siedlungskörperflächen zurückzuführen ist.

Insgesamt zeigt sich in Neubrandenburg eine hohe Ausgewogenheit von Umweltqualität sowie Kompaktheit und Effizienz bei positiver Bewertung der Wohnqualität, gefolgt von Dresden und Halle. Alle anderen Vergleichsstädte besitzen Wohnqualität maßgeblich durch Kompaktheit und Effizienz.

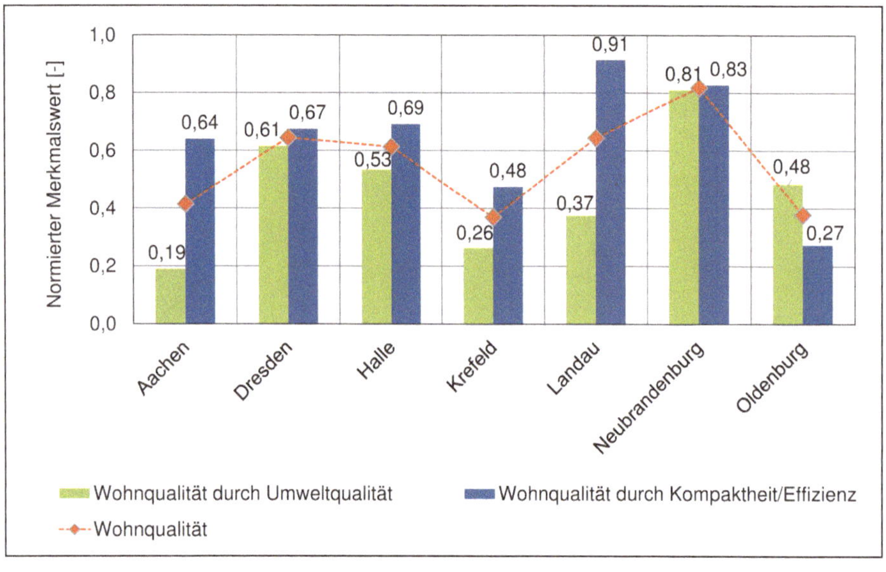

Abb. 5.2.11: *Extremwertnormierte Werte zu den Umweltqualitätsmerkmalen und den Kompaktheits- und Effizienzmerkmalen mit Einfluss auf die Wohnqualität*

5.3 Kritische Diskussion – Möglichkeiten und Grenzen der Anwendung

Der vorgestellte neue Analyse- und Bewertungsansatz stadträumlicher Strukturen im Spannungsfeld von Kompaktheit, Effizienz und Umweltqualität ist mit dem Begriff der urbanen Metrik überschrieben. Untersucht werden Strukturen (Siedlungs-, Bebauungs-, Flächennutzungs- und Infrastrukturen) sowie Phänomene (Landschafts- und Ortsbilder, Bodenversiegelung, Emissionen und Immissionen sowie Ressourcen- und Energieverbrauch). Der Untersuchungsansatz stützt sich auf die Erkenntnis, dass eine Stadt im Rahmen ihrer Flächennutzung und insbesondere ihrer Bebauung eine individuelle Physiognomie erzeugt, die ihre ökonomischen, sozialen und ökologischen Leistungen prägt (Arlt et al. 2001). Somit stehen das räumliche Ordnungsgefüge der Flächen unterschiedlicher Nutzungen sowie deren physiognomische Ausprägungen und charakteristischen Phänomene in einem engen Zusammenhang (Arlt et al. 2010). Physiognomische Ausprägungen und Phänomene sind vergegenständlichte Zeugnisse der über Jahrhunderte sich immer wieder wandelnden Vorstellungen des Zusammenlebens. Gesellschaftspolitische und sozioökonomische Rahmenbedingungen wirken auf Neubau, Umbau oder Wiederaufbau nach Zerstörung. Vorstellungen von einem guten Leben und planerische Leitbilder haben die Städte entscheidend geprägt. Sie sind teilweise im Nachhinein noch aus der Vogelperspektive physisch erkennbar und beschreibbar. Die Analyse einer Stadt kann aber auch – wie in diesem Buch – aus der Perspektive aktueller Leitvorstellungen heraus durchgeführt werden und dabei Stärken und Schwächen ans Licht bringen. Hierbei geht es vorrangig um das Aufzeigen von Entwicklungs- und Optimierungschancen, nicht um normative Zielfestlegungen.

Hintergrund des vorgestellten Ansatzes ist das Anliegen, Kompaktheit und Effizienz sowie Umweltqualität im Spannungsfeld städtebaulicher Dichte auf der Grundlage der Physiognomie bzw. Geometrie der Städte in ihrer Komplexität zu beschreiben, zu analysieren und die Verflechtungen bestehender Wirkungszusammenhänge herauszuarbeiten. Dazu werden einzelne, jedoch meist mehrere relevante, die strukturelle Situation abbildende Messgrößen bzw. Indizes bestimmt. Zahlreiche Messgrößen sind bereits in der landschaftsökologischen Strukturforschung etabliert und werden hier – wo möglich und sinnvoll – auf Siedlungsstrukturen (modifiziert) übertragen. Teilweise wurden neue Messgrößen für die Stadtanalyse entwickelt. Der auf Mittel- und Großstädte anwendbare, hier vorgestellte Untersuchungsansatz ermöglicht es, Städte zu vergleichen.

Die zusammenfassenden Ergebnisse zur Kompaktheit und Effizienz sowie Umweltqualität der untersuchten Städte zeigen mögliche Zielkonflikte zwischen den kompakten, hoch verdichteten und damit ressourcenschonenden Siedlungsstrukturen sowie den stärker durchgrünten aufgelockerten Siedlungsstrukturen auf. Die Ergebnisse lassen offen, wie diese lösbar wären. Für die Stadtplanung sind diese Zielkonflikte keineswegs neu. Aber in der hier vorgestellten Ausdifferenzierung in einzelne Wirkungszusammenhänge und deren Darstellung entlang von etwa 40 Messgrößen bzw. Indizes gelingt es, eine neue Qualität und Sachlichkeit in die Diskussion um städtebauliche Dichte und Umweltqualität zu bringen. Die Analyseergebnisse verweisen auf Potenziale und Herausforderungen für einige Städte. Sie zeigen gleichzeitig, dass es Städte gibt, die eine Balance zwischen Kompaktheit und Effizienz auf der einen Seite und Umweltqualität auf der anderen Seiten erreicht haben.

Informationen über die Physiognomie der Städte werden auf Grund der tendenziell detaillierter werdenden Geobasisdaten immer dichter. Geobasisdaten sind deutschlandweit verfügbar und können nach spezifischen Fragestellungen aufbereitet und ausgewertet werden. Der Ansatz der urbanen Metrik nutzt mit dem ATKIS-Basis-Landschaftsmodell amtliche Geodaten, die eine mittelmaßstäbliche Sicht auf die bebauungs- und nutzungsstrukturellen Zusammenhänge in Städten bieten. Zur Gewinnung neuer bzw. aktueller bebauungsstruktureller Informationen wurde, aufbauend auf eine manuelle Kartierung, die Analysemöglichkeit des GIS-basierten Settlement Analyzer (SEMENTA®) genutzt, die bei künftigen Untersuchungen von Städten stärker angewendet werden sollte (Hecht 2014; Meinel et al. 2009).

Die multikriterielle Bewertung der Merkmale erfolgt auf der Grundlage einer Extremwertnormierung der Messgrößen. Da die Extremwerte einzelner Messgrößen im Allgemeinen nicht bekannt sind, orientieren sie sich am Minimum bzw. Maximum der untersuchten Fälle. Mit einer größeren Anzahl untersuchter Städte können die Ergebnisse weiter qualifiziert werden. Der Schwerpunkt der hier dargestellten Untersuchung liegt auf der Darstellung des methodischen Ansatzes und der Prüfung auf Anwendbarkeit und Plausibilität. Bei sieben Beispielstädten bilden sich einerseits für einige Zusammenhänge nur geringe Differenzierungen ab. Andererseits werden durch die Extremwertnormierung einzelne Ergebnisse relativ stark gespreizt, die sich bei größerer Anzahl untersuchter Fälle möglicherweise weniger voneinander unterscheiden würden. Die Sinnfälligkeit und das Potential des Ansatzes wurde in der exemplarischen Anwendung dargestellt .

Die kartographische Visualisierung der quantitativen Ergebnisse ermöglicht eine subjektive bildhafte Wahrnehmung und qualitative Interpretation der Komplexität der Stadtstruktur und ihrer Phänomene durch den Betrachter im räumlichen Zusammenhang.

Der Ansatz erhebt nicht den Anspruch der Vollständigkeit, sondern ist vielmehr ein Fundament für weiterführende Untersuchungen.

So könnten aus geotopographischer Sicht bei der physiognomischen Analyse des Siedlungskörpers Barrieren (z. B. Steilhänge, Hangkanten, Gewässer, Verkehrsinfrastruktur) berücksichtigt werden. Deren Auswirkungen wären z. B. in den Messgrößen zur Nachbarschaft, Formkomplexität oder Heterogenität im Detail zu untersuchen.

Bei Verwendung von Zeitreihen können Untersuchungen der Zersplitterung des Siedlungskörpers, differenziert nach Lage und Art der Siedlungsentwicklung, in ihrer Dynamik abgebildet werden und Aufschluss über mögliche auslösende Faktoren der Suburbanisierung geben.

Neben der komplexen Sicht der Gesamtheit aller 17 Umweltqualitäts- sowie Kompaktheits- und Effizienzmerkmale lassen sich problem- oder zielorientierte Teilzusammenhänge herauslösen und interpretieren, die bereits beispielhaft im vorhergehenden Abschnitt 5.2 entlang von drei Fragestellungen beschrieben wurden. In künftigen Forschungen könnte weiteren Teilzusammenhängen nachgegangen werden.

Weitere Anknüpfungspunkte bieten sich in der kombinierten Betrachtung von kleinräumigen Datenangeboten oder Erhebungen vor Ort mit gewonnenen physiognomischen Ergebnissen. Gerade Rasterdaten besitzen aufgrund ihrer Granularität und Ausdehnung noch ein erhebliches analytisches Forschungspotenzial, um Phänomene und räumliche Verteilungen mittels urbaner Metrik auf städtischer Ebene zu entdecken, die sonst nicht erkennbar wären.

Es lassen sich auch bereits verfügbare punkthafte, linienhafte oder flächenhafte Geoobjekte den Rasterzellen zuordnen. Durch Überlagerung der Einwohnerdichte – bezogen auf jedes Polygon baulich geprägter Flächen mit Wohn- oder Mischnutzung – kann z. B. die Betroffenheit der Bevölkerung durch Immissionsbelastungen, ungenügende Grünausstattung, nach Lage und Größenordnung direkt – nicht mittels Stellvertretergrößen wie z. B. der Baumasse – noch genauer ermittelt werden.

Rasterdaten ermöglichen auch die Auswertung von Zeitreihen und unterschiedliche Analysemaßstäbe im Sinne von Gitterweiten legen die Bearbeitung weiterer Zusammenhangsvermutungen nahe. Aktuell erfahren die Größe der Rasterzelle sowie das thematische Angebot Einschränkungen durch datenschutzrechtliche Bestimmungen. Vorschläge zur Nutzbarmachung, Verwendbarkeit und Archivierung von georeferenzierten Daten wurden vom Rat für Sozial- und Wirtschaftsdaten bereits im Jahr 2012 erarbeitet.

Es bleibt Folgestudien vorbehalten, den Anwendungsbereich des Ansatzes – derzeit auf Mittelstädte bis Großstädte begrenzt – zu erweitern. Auf internationaler Ebene ist der vorgestellte Ansatz für ähnliche große Städte prinzipiell anwendbar, wenn vergleichbare Daten für den jeweiligen Untersuchungsraum zur Verfügung stehen.

Alle Anwender der vorgestellten urbanen Metrik sollten berücksichtigen, dass – vor einer Interpretation der Ergebnisse oder gar Bewertung – die stadttypischen Ausgangs- und Rahmenbedingungen reflektiert und gewürdigt werden müssen. Die gesellschaftlichen Prozesse, die Entwicklungsgeschichte der jeweiligen Stadt und ihre geomorphologische bzw. topographische Situation stehen in engem Zusammenhang mit den physiognomischen Ausprägungen. Eine Diskussion um Stärken oder Schwächen einer Stadt hat deren Pfadabhängigkeit der Entwicklung aus der Vergangenheit in die Zukunft in ihren Grenzen und Chancen zu beachten.

Serviceteil

Literatur

AdV – Arbeitsgemeinschaft der Vermessungsverwaltungen der Länder der Bundesrepublik Deutschland (2012): Liegenschaftskataster.
http://www.adv-online.de/AdV-Produkte/Liegenschaftskataster [Zugriff: 20.02.2014].

AdV – Arbeitsgemeinschaft der Vermessungsverwaltungen der Länder der Bundesrepublik Deutschland (2014): Amtliches Topographisch-Kartographisches Informationssystem (ATKIS).
http://www.adv-online.de/AdV-Produkte/Geotopographie/ATKIS [Zugriff: 11.02.2014].

Albrecht, C. (2008): Umweltindikatoren und Umweltqualitätsziele in Sachsen. Vortrag auf der Projektwerkstatt „Umwelt- und Lebensqualitäten im Dreiländereck" am 06.11.2008 am Leibniz-Institut für ökologische Raumentwicklung, Dresden.

Apel, D.; Böhme, C.; Meyer, U.; Preisler-Holl, L. (2000): Szenarien und Potentiale einer nachhaltig flächensparenden und landschaftsschonenden Siedlungsentwicklung. Umweltbundesamt, Berichte 01/2000. Berlin: Erich-Schmidt-Verlag.

ARGEBAU – Arbeitsgemeinschaft für Städtebau, Bau- und Wohnungswesen (Bauministerkonferenz) (2008): Musterbauordnung (MBO). Fassung November 2002, zuletzt geändert durch Beschluss der Bauministerkonferenz vom Oktober 2008.
http://www.is-argebau.de/suchen.aspx?id=1623&o=1623&s=Musterbauordnung [Zugriff: 07.09.2015].

ARL – Akademie für Raumforschung und Landesplanung (2005): Handwörterbuch der Raumordnung. Hannover.
http://www.arl-net.de/content/handwoerterbuch-der-raumordnung [Zugriff: 09.11.2015].

Arlt, G.; Fürll, L.; Hennersdorf, J.; Kochan, B.; Lehmann, I.; Mathey, J. (2002): Stadtökologische Qualität und Vegetationsstrukturen städtischer Siedlungsräume. IÖR-Texte 139, Leibniz-Institut für ökologische Raumentwicklung, Dresden.

Arlt, G.; Gössel, J.; Heber, B.; Hennersdorf, J.; Lehmann, I.; Thinh, N.X. (2001): Auswirkungen städtischer Nutzungsstrukturen auf Bodenversiegelung und Bodenpreis. Leibniz-Institut für ökologische Raumentwicklung. Dresden: IÖR-Schriften 34, 183 S., CD-ROM.

Arlt, G.; Heber, B.; Lehmann, I.; Schumacher, U. (2002): Städtebauliche Strukturen in den kreisfreien Städten. In: Institut für Länderkunde, Leipzig (Hrsg.): Nationalatlas Bundesrepublik Deutschland. Band 5: Dörfer und Städte. Heidelberg – Berlin: Spektrum, 122-123.
http://archiv.nationalatlas.de/wp-content/art_pdf/Band5_122-123_archiv.pdf [Zugriff: 21.06.2016]

Arlt, G.; Hennersdorf, J.; Lehmann, I. (2010): Städtebauliche Strukturtypen zur Bestimmung von Bodenversiegelung und Grünausstattung in den kreisfreien Städten Deutschlands und deren Stadtregionen. In: Blum, A.; Gruhler, K. (Hrsg.): Typologien der gebauten Umwelt. Modellierung und Analyse der Siedlungsentwicklung mit dem Strukturtypenansatz. Aachen: Shaker, 41-60.

Arlt, G.; Hennersdorf, J.; Lehmann, I.; Thinh, N.X. (2005): Auswirkungen städtischer Nutzungsstrukturen auf Grünflächen und Grünvolumen. Leibniz-Institut für ökologische Raumentwicklung. Dresden: IÖR-Schriften 47, 136 S.

Arlt, G.; Lehmann, I. (2007): Ökologische Flächenleistungen. Typologische Untersuchungen von städtischen Wohn-, Misch- und Zentrumsgebieten. In: Stadt + Grün 56 (2007) 5, 36-41.

Arlt, G.; Lehmann, I. (2008a): Ökologische Flächenleistungen teilstädtischer Gebiete – Fallstudien in Bonn und Dresden. In: Roch, I.; Banse, J.; Leimbrock, H. (Hrsg.): Freiraum- und Wohnqualitäten – Potenziale für den städtischen Umbau. Aachen: Shaker, 259-279.

Arlt, G.; Lehmann, I. (2008b): Ökologische Leistungen. In: Bundesbaublatt 57 (2008) 1, 12-15.

Arlt, G.; Blum, A.; Gruhler, K.; Lehmann, I. (2010): Siedlungsraumbezogene Strukturtypen. In: Blum, A.; Gruhler, K. (Hrsg.): Typologien der gebauten Umwelt. Modellierung und Analyse der Siedlungsentwicklung mit dem Strukturtypenansatz. Aachen: Shaker, 27-37.

Banse, J.; Lehmann, I. (2011): Wohn- und Freiraumqualität in Stadtgebieten. In: Bundesbaublatt 60 (2011) 9, 42-44.

Banse, J.; Mathey, J. (2013). Wahrnehmung, Akzeptanz und Nutzung von Stadtbrachen. In: Breuste, J. et al. (Hrsg.) Stadtlandschaft – vielfältige Natur und ungleiche Entwicklung. CONTUREC 5, Darmstadt. 39-56.

Barre, K. (1977): Nachbarschaft im Neubaublock. Empirische Untersuchungen zur Gemeinwesenarbeit, theoretische Studien zur Wohnsituation. In: Gronemeyer, R.; Bahr, H.-E. (Hrsg.): Weinheim: Beltz Studienbücher.

Bastian, O.; Haase, D.; Grunewald, K. (2012): Ecosystem properties, potentials and services. The EPPS conceptual framework and an urban application example. In: Ecological Indicators, 21, 7-16.

Batistella, M.; Robeson, S.; Moran, E.F. (2003): Settlement Design, Forest Fragmentation, and Landscape Change in Rodonia, Amazonia. In: Photogrammetric Engineering & Remote Sensing, Vol. 69, No. 7, 805-812.

Batty, M. (2005): Cities and Complexity: Understanding Cities with Cellular Automata, Agent-Based Models, and Fractals. Cambridge (Massachusetts): MIT Press.

Batty, M. (2008): How tall can we go? How compact can we get? The real questions of urban sustainability. In: Environment and Planning B: Planning and Design 35(1), 1-2.

BauGB – Baugesetzbuch in der Fassung der Bekanntmachung vom 23. September 2004 (BGBl. Teil I, S. 2414). Änderung: Artikel 118 der Verordnung vom 31. August 2015 (BGBl. Teil I, S. 1474).

Baunetz Wissen (2015): Online-Fachlexikon. Nachhaltig Bauen. Stichwort: Gebäudeform.
http://www.baunetzwissen.de/standardartikel/Nachhaltig-Bauen_Gebaeudeform_662875.html
[Zugriff: 25.11.2015].

Bauriedl, S.; Baasch, S.; Winkler, M. (2008): Die klimagerechte europäische Stadt? Siedlungsstrukturen, städtischer Lebensstandard und Klimaveränderungen. In: RaumPlanung (137), 67-71.

BBR – Bundesamt für Bauwesen und Raumordnung (1999): Nutzungsmischung und Stadt der kurzen Wege. Werden die Vorzüge einer baulichen Mischung im Alltag genutzt? Sondergutachten im ExWoSt-Forschungsfeld „Nutzungsmischung im Städtebau". Bonn.

BBR – Bundesamt für Bauwesen und Raumordnung (2000): Nutzungsmischung im Städtebau. Endbericht (Autoren: Breuer, B; Müller, W.; Wiegandt, C.C.). Werkstatt: Praxis, Nr. 2. Bonn.

BBSR – Bundesinstitut für Bau-, Stadt- und Raumforschung (2010): INKAR 2010: Indikatoren und Karten zur Raum- und Stadtentwicklung. Bonn.

BBSR – Bundesinstitut für Bau-, Stadt- und Raumforschung (2012): Laufende Stadtbeobachtung – Raumabgrenzungen. Stadt- und Gemeindetypen in Deutschland. http://www.bbsr.bund.de/BBSR/DE/Raumbeobachtung/Raumabgrenzungen/StadtGemeindetyp/StadtGemeindetyp2012.html [Zugriff: 15.06.2015]

BBSR – Bundesinstitut für Bau-, Stadt- und Raumforschung (2013): INKAR 2013: Indikatoren und Karten zur Raum- und Stadtentwicklung. Bonn.

BBSR – Bundesinstitut für Bau-, Stadt- und Raumforschung (2015a): Raumbeobachtung. http://www.bbsr.bund.de/BBSR/DE/Raumbeobachtung/rbonline.html [Zugriff: 22.07.2015]

BBSR – Bundesinstitut für Bau-, Stadt- und Raumforschung (2015b): INKAR online. http://www.bbsr.bund.de/BBSR/DE/Raumbeobachtung/InteraktiveAnwendungen/INKAR/inkar_online_node.html [Zugriff: 22.07.2015]

BBSR – Bundesinstitut für Bau-, Stadt- und Raumforschung (2015c): INKAR 2014: Erläuterungen zu den Raumbezügen. http://www.inkar.de/documents/Erlaeuterungen%20Raumbezuege_bf.pdf [Zugriff: 28.10.2015]

Behnisch, M. (2009): Urban Data Mining – Operationalisierung der Strukturerkennung und Strukturbildung von Ähnlichkeitsmustern über die gebaute Umwelt. Karlsruhe: KIT Scientific Publishing.

Behnisch, M.; Bräuer, A.; Schumacher, U.; Deilmann, C. (2012): Urban Pattern Specification using Spatial Metrics and Density Values. In: Arndt, H.-K., Knetsch, G.; Pillmann, W. (Hrsg.): Enviroinfo 2012. Man – Environment – Bauhaus. Proceedings of the 26th International Conference "Informatics for Environmental Protection". Dessau, 319-329.

Behnisch, M.; Hagemann, U.; Meinel, G. (2013): Analyseergebnisse zum Gebäudebestand in Deutschland auf der Grundlage von Geobasisdaten. In: Meinel, G.; Schumacher, U.; Behnisch, M. (Hrsg.): Flächennutzungsmonitoring V. Methodik – Analyseergebnisse – Flächenmanagement. Berlin: Rhombos (IÖR Schriften 61), 231-241.

Behnisch, M.; Lehmann, I.; Schumacher, U. (2015): Messgrößen im Umfeld von Kompaktheit, Effizienz und Umweltqualität von Städten. In: Thinh, N.X. (Hrsg.): Modelling and Simulation of Ecosystems. Workshop Kölpinsee 2014. Berlin: Rhombos, 105-117.

Behnisch, M.; Ultsch, A. (2009): Urban data mining: spatiotemporal exploration of multidimensional data. In: Building Research & Information, Vol. 37, Nr. 5-6.

Behnisch, M.; Ultsch, A. (2015): Knowledge Discovery in Spatial Planning Data – A Concept for Cluster Understanding. In: Helbich, M.; Arsanjani, J.J.; Leitner, M.: Computational Approaches for Urban Environments (Geotechnologies and the Environment Series, Vol. 13), Berlin: Springer, 49-75.

Bertin, J. (1974): Graphische Semiologie. Diagramme, Netze, Karten. Berlin – New York: De Gruyter.

Birkmann, J.; Vollmer, M.; Schanze, J. (Hrsg.) (2013): Raumentwicklung im Klimawandel – Herausforderungen für die räumliche Planung. Forschungsberichte der ARL 2, Hannover.

BKG – Bundesamt für Kartographie und Geodäsie (Hrsg.) (2011): Digitales Basis-Landschaftsmodell. Frankfurt am Main, 53 S. [Stand der Dokumentation: 20.09.2011]. http://www.geodatenzentrum.de/docpdf/basis-dlm.pdf

BKG – Bundesamt für Kartographie und Geodäsie (Hrsg.) (2013): Digitales Basis-Landschaftsmodell (AAA-Modellierung). Frankfurt am Main, 61 S. [Stand der Dokumentation: 13.08.2013]. http://www.geodatenzentrum.de/docpdf/basis-dlm-aaa.pdf

BKG – Bundesamt für Kartographie und Geodäsie (Hrsg.) (2014): Verwaltungsgebiete 1 : 250 000 (VG250 und VG250-EW). Frankfurt am Main, 28 S. [Stand der Dokumentation: 09.04.2014]. http://sg.geodatenzentrum.de/web_download/vg/vg250_3112/vg250_3112.pdf

BKG – Bundesamt für Kartographie und Geodäsie (Hrsg.) (2015): Hausumringe (HU). Leipzig, 5 S. [Stand der Dokumentation: 14.10.2015]. http://www.geodatenzentrum.de/docpdf/hu.pdf

Blaschke, T. (1999): Quantifizierung von Fragmentierung, Konnektivität und Biotopverbund mit GIS. In: Angewandte Geographische Informationsverarbeitung XIV. Beiträge zum AGIT-Symposium, Salzburg, 60-73.

Blum, A.; Gruhler, K. (Hrsg.) (2010): Typologien der gebauten Umwelt. Modellierung und Analyse der Siedlungsentwicklung mit dem Strukturtypenansatz. Aachen: Shaker, 202 S.

BMU – Bundesministerium für Umwelt, Naturschutz und Reaktorsicherheit (Hrsg.) (2007): Nationale Strategie zur biologischen Vielfalt. Bonn, 178 S.

BMVBS – Bundesministerium für Verkehr, Bau und Stadtentwicklung (Hrsg.) (2007): Nachhaltigkeitsbarometer Fläche. Regionale Schlüsselindikatoren nachhaltiger Flächennutzung für die Fortschrittsberichte der Nationalen Nachhaltigkeitsstrategie – Flächenziele. BBR-Forschungen, Heft 130, Bonn, 178 S.

BMVBS – Bundesministerium für Verkehr, Bau und Stadtentwicklung (Hrsg.) (2012): Regionalplanerische Instrumente zur Reduzierung der Flächeninanspruchnahme. BMVBS-Online-Publikation 20/2012. http://www.bbsr.bund.de/BBSR/DE/Veroeffentlichungen/BMVBS/Online/2012/ON202012.html?nn=423048 [Zugriff: 27.01.2016].

BMVBS – Bundesministerium für Verkehr, Bau und Stadtentwicklung (Hrsg.) (2013): Systematische Datenanalyse im Bereich der Nichtwohngebäude – Erfassung und Quantifizierung von Energieeinspar- und CO2-Minderungspotenzialen. BMVBS-Online-Publikation 27/2013. http://www.bbsr.bund.de/BBSR/DE/Veroeffentlichungen/BMVBS/Online/2013/DL_ON272013.pdf;jsessionid=9C41217F536C869E2CC1E6C6625CC8E7.live2052?__blob=publicationFile&v=4 [Zugriff: 11.03.2016].

BNatSchG – Bundesnaturschutzgesetz (Gesetz über Naturschutz und Landschaftspflege) vom 29. Juli 2009 (BGBl. Teil I, Nr. 5, S. 2542 ff.). Änderung: Artikel 421 der Verordnung vom 31. August 2015 (BGBl. Teil I, S. 1474).

Bode, V. (2002): Kriegzerstörung und Wiederaufbau deutscher Städte nach 1945. In: Institut für Länderkunde, Leipzig (Hrsg.): Nationalatlas Bundesrepublik Deutschland, Band 5: Dörfer und Städte, Heidelberg – Berlin: Spektrum, 88-91.

Bollmann, J.; Koch, W.G. (Hrsg.) (2001): Lexikon der Kartographie und Geomatik, Bd. 1. Heidelberg – Berlin: Spektrum.

Bollmann, J.; Koch, W.G. (Hrsg.) (2002): Lexikon der Kartographie und Geomatik, Bd. 2. Heidelberg – Berlin: Spektrum.

Borgstedt, S.; Christ, T.; Reusswig, F. (2011): Umweltbewusstsein in Deutschland 2010. Ergebnisse einer repräsentativen Bevölkerungsumfrage. Vertiefungsbericht 1: Vertiefende Milieu-Profile im Spannungsfeld von Umwelt und Gerechtigkeit. Umweltbundesamt, Dessau-Roßlau. http://www.umweltbundesamt.de/sites/default/files/medien/461/publikationen/4234.pdf [Zugriff: 13.10.2015].

Bräuer, A.; Behnisch, M. (2013): Gebäudehöhe, Gebäudeabstand und deren Zusammenhang mit Bebauungsstruktur, Gebäudebelichtung und Wohnlage. In: Thinh, N.X. (Hrsg.): Modellierung und Simulation von Ökosystemen. Workshop Kölpinsee 2012. Aachen: Shaker, 77-90.

Bretschneider, B. (2007): Remix City. Nutzungsmischung: Ein Diskurs zu neuer Urbanität. Europäische Hochschulschriften, Reihe 37: Architektur, Bd. 27. Frankfurt am Main: Peter Lang – Internationaler Verlag der Wissenschaften.

Breuste, J.; Pauleit, S.; Haase, D.; Sauerwein, M. (2016): Stadtökosysteme. Funktion, Management und Entwicklung. Berlin – Heidelberg: Springer Spektrum, 260 S.

Brunekreeft, G. (2000): Kosten, Körbe, Konkurrenten: Price Cabs in the Theorie. In: Schriftenreihe der Deutschen Verkehrswissenschaftlichen Gesellschaft: Price, Cab-Regulierung in Netzindustrien – Chancen und Risiken eines neuen Regulierungsinstruments, Reihe B, B 232, 18-41.

Christ, W. (2016): Im Zentrum wohnen – allein! Thesen zur Zukunft von Haus, Straße und Stadt. In: Wohnung + Gesundheit. Zeitschrift für Baubiologie, 38 (2016) 159, Hrsg: Institut für Baubiologie + Nachhaltigkeit IBN, Rosenheim, 22-24.

Clark, G.; Moir, E. (2015): Density: drivers, dividends and debates. London: Urban Land Institute. http://europe.uli.org/wp-content/uploads/sites/3/ULI-Documents/Density-Drivers-Dividends-Debates.pdf [Zugriff: 08.01.2016].

Clemens, C. (2002): Planen mit der Landschaft im suburbanen Raum: Landschaft als Bedingung, Objekt und Chance räumlicher Planung für das Umland. Books on Demand, 276 S.

Deilmann, C. (Hrsg.) (2002): Zukunft – Wohngebiet: Entwicklungslinien für städtische Teilräume. Berlin: VWF Verlag für Wissenschaft und Forschung.

Deilmann, C. (2009a): Auf dem Effizienzpfad? Die Flächen- und Rohstoffintensität der deutschen Siedlungsentwicklung. In: Wissenschaft & Umwelt Interdisziplinär, 12/2009, 21-30.

Deilmann, C. (2009b): Urban Metabolism and the Surface of the City. In: Strubelt, W. (Ed.): Guiding Principles for Spatial Development in Germany. German Annual of Spatial Research and Policy 2008. Berlin – Heidelberg: Springer, 97-112.

Deilmann, C.; Lehmann, I.; Schumacher, U. (2015): Wirkungszusammenhänge zwischen Formstruktur und Lebenswelt – Monitor städtebaulicher Qualität? In: Meinel, G.; Schumacher, U.; Behnisch, M.; Krüger, T. (Hrsg.): Flächennutzungsmonitoring VII. Boden – Flächenmanagement – Analysen und Szenarien. Berlin: Rhombos (IÖR-Schriften 67), 289-296.

Destatis – Statistisches Bundesamt (2014a): GENESIS-Online Datenbank. https://www-genesis.destatis.de/genesis/online/logon [Zugriff: 01.09.2014].

Destatis – Statistisches Bundesamt (2014b): Regionaldatenbank Deutschland. Statistische Ämter des Bundes und der Länder. https://www.regionalstatistik.de/genesis/online/logon [Zugriff: 01.09.2014].

Destatis – Statistisches Bundesamt; Eurostat (2015): Europa in Zahlen. NUTS-Klassifikation. Die Einteilung der Europäischen Union in EU-Regionen. https://www.destatis.de/Europa/DE/MethodenMetadaten/Klassifikationen/UebersichtKlassifikationen_NUTS.html [Zugriff: 28.10.2015].

Destatis – Statistisches Bundesamt (2015): Regionalstatistischer Datenkatalog des Bundes und der Länder 2015. https://www.destatis.de/DE/Publikationen/Thematisch/Regionales/Regiostatkatalog2015.pdf?__blob=publicationFile [Zugriff: 04.12.2015].

Deutscher Städtetag (2013): Integrierte Stadtentwicklungsplanung und Stadtentwicklungsmanagement – Strategien und Instrumente nachhaltiger Stadtentwicklung. Positionspapier des Deutschen Städtetages. Berlin und Köln.

DUH – Deutsche Umwelthilfe (2015): Nachhaltigkeitsindikatoren. Leitkategorie ‚Umweltqualität und Ressourceneffizienz'.
http://www.duh.de/348.html [Zugriff: 10.08.2015].

DWD – Deutscher Wetterdienst (2016): Wetterlexikon. Klimatologische Kenntage. http://www.dwd.de/DE/service/lexikon/Functions/glossar.html?lv2=101334&lv3=101452. [Zugriff: 14.06.2016]

EASE – Energetische Aufwertung und Stadtentwicklung (2012): Forschungsprojekt des Leibniz-Instituts für Wirtschaftsforschung (IWH) Halle (Projektleitung) mit dem Leibniz-Institut für ökologische Raumentwicklung (IÖR) Dresden und dem E.ON Energy Research Center der Rheinisch-Westfälischen Technischen Hochschule (RWTH) Aachen.
http://www.ioer.de/projektarchiv/p-308
[Zugriff: 05.10.2015].

Ebert, U.; Welsch, H. (2003): Indikatoren der Umweltqualität. EINBLICKE Nr. 38, Carl von Ossietzky Universität Oldenburg.

EEA – European Environment Agency (2011): Landscape fragmentation in Europe. EEA Report, Copenhagen, 87 S.

Embree, L. (1974): Nachruf auf Aron Gurwitsch – Aron Gurwitsch als phänomenologischer Wissenschaftstheoretiker. In: Zeitschrift für allgemeine Wissenschaftstheorie V/1 1974. Wiesbaden: Steiner.

Empirica (2015): Schwarmstädte in Deutschland – Ursachen und Nachhaltigkeit der neuen Wanderungsmuster in Deutschland. Ausgewählte Ergebnisse [online].
http://web.gdw.de/uploads/pdf/Pressemeldungen/2015001_GdW_Schwarmstaedte_Ergebnisse_endg.pdf
[Zugriff 18.01.2016].

Energiesparhaus (2015): Fachbegriffe: A/V-Verhältnis, Kompaktheit von Gebäuden.
http://www.energiesparhaus.at/fachbegriffe/azuv.htm
[Zugriff: 01.10.2015].

Figge, F. (2001): Environmental Value Added – Ein neues Maß zur Messung der Öko-Effizienz. In: Zeitschrift für angewandte Umweltforschung, 14 (1-4), 184-197.

Fina, S. (2013): Indikatoren der Raumentwicklung. Flächeninanspruchnahme und Landschaftszersiedelung. Dissertation. Eberhard-Karls-Universität Tübingen, Mathematisch-Naturwissenschaftliche Fakultät.

Fina, S. (2014): Wie zersiedelt ist noch nachhaltig? Erfassung und Bewertung urbaner Flächennutzungsdynamik im Widerstreit unterschiedlicher Nachhaltigkeitsziele. In: Meinel, G.; Schumacher, U.; Behnisch, M. (Hrsg.): Flächennutzungsmonitoring VI. Innenentwicklung – Prognose – Datenschutz. Berlin: Rhombos (IÖR Schriften 65), 201-211.

Finke, L. (1993): Stadtentwicklung unter ökologisch veränderten Rahmenbedingungen. In: Zukunft Stadt 2000. Stuttgart, 321-381.

Flacke, J. (2003): Mehr Stadt – Weniger Fläche. Informationssystem nachhaltige Flächennutzung. Ein Instrument zur Förderung einer nachhaltigen Siedlungsentwicklung. Forschungen zur deutschen Landeskunde, Band 251, Flensburg, 260 S.

Frey, H. (2012): Autobahn und Schnellstraßen als Motor der Zersiedlung. (Im Auftrag von Zukunft statt Autobahn), Wien.
https://zukunftsbausteine.files.wordpress.com/2012/09/autobahn-und-schnellstrac39fen-als-motor-der-zersiedelung.pdf [Zugriff: 10.12.2015].

Friedrichs, J. (1977): Stadtanalyse. Soziale und räumliche Organisation der Gesellschaft. Reinbek: Rowohlt.

Frohn, R.C. (1995): Improved landscape metrics for environmental monitoring and assessment. PhD, University of California, Santa Barbara.

Frohn, R. C. (1998): Remote Sensing for Landscape Ecology. New metric indicators for monitoring, modelling, and assessment of ecosystems. Boca Raton: Lewis Publishers.

Gabler Wirtschaftslexikon (2009): Das Wissen der Experten. Wiesbaden: Springer Fachmedien.
http://wirtschaftslexikon.gabler.de [Zugriff: 04.10.2014].

Gabler Wirtschaftslexikon (2013): Die ganze Welt der Wirtschaft: Betriebswirtschaft, Volkswirtschaft, Wirtschaftsrecht, Recht und Steuern.
http://wirtschaftslexikon.gabler.de [Zugriff: 06.06.2016].

Gassner, E.; Heckenbücker, B.; Thünker, H. (1986): Entwicklung des Erschließungsaufwandes nach Flächeninanspruchnahme, Bau- und Bodenkosten: Eine Untersuchung für Verhältnisse im Verdichtungsraum und im ländlichen Siedlungsraum. Forschungsbericht. Informationszentrum Raum und Bau, Fraunhofer-Gesellschaft, IRB. T 1845. Stuttgart: IRB Verlag.

Gassner, E.; Thünker, H. (1992): Die technische Infrastruktur in der Bauleitplanung. Berlin: Institut für Städtebau.

Gebauer, H.; Komorek, O; Hofmann, M. (2010): Ressourceneffizienz von Siedlungsstrukturen aus komplexitätswissenschaftlicher Sicht. In: difo Schriften, Nr. 3.

Geisendorf, C.-E.; Schrepp, J.; Stanescu, A.; Tünshoff, H. (1983): Dichte individuelle Wohnbauformen: eine systematische Beispielsammlung. Niederteufen: Verlag Arthur Niggli.

GESIS – Leibniz-Institut für Sozialwissenschaften (2013): Regionale Standards: Ausgabe 2013. GESIS-Schriftenreihe, Band 12. Köln.
http://nbn-resolving.de/urn:nbn:de:0168-ssoar-348207
[Zugriff: 04.12.2015].

Gill, S.E.; Handley, J.F.; Ennos, A.R.; Pauleit, S. (2007): Adapting Cities for Climate Change: The Role of the Green Infrastructure. In: Built Environment 33 (1): 115-133.

Göbel, S. (2002): Möglichkeiten und Grenzen der Bewertung von Wohnlagen bei Immobilien im Bestand eines Großanbieters. Diplomarbeit. Fachhochschule Zittau.

Göderitz, J.; Rainer, R.; Hoffmann, H. (1957): Die gegliederte und aufgelockerte Stadt. Archiv für Städtebau und Landesplanung. Tübingen: Verlag Ernst Wassmuth.

Gómez-Baggethun, E.; Gren, Å.; Barton, D.N.; Langemeyer, J.; McPhearson, T.; O'Farrell, P.; Andersson, E.; Hamstead, Z.; Kremer, P. (2013): Urban Ecosystem Services. In: Elmqvist, T.; Fragkias, M.; Goodness, J.; Güneralp, B.; Marcotullio, P.J.; McDonald, R.I.; Parnell, S.; Schewenius, M.; Sendstad, M.; Seto, K.C.; Wilkinson, C. (Eds.): Urbanization, Biodiversity and Ecosystem Services: Challenges and Opportunities. A Global Assessment. Springer, 175-251.

Gruhler, K.; Deilmann, C.; Blum, A. (1999): Ökobilanzierung im Kontext planerischer Interessen – Bewertungsverfahren für Bauprodukte, IÖR-Schriften 31, Dresden.

Grunewald, K.; Bastian, O. (Hrsg.) (2015): Ecosystem services – concept, methods and case studies. Berlin – Heidelberg: Springer, 312 S.

Gustafson, E.J.; Parker, G.R. (1992): Relationships between landcover proportion and indices of landscape spatial pattern. In: Landscape Ecology, 7 (2), 101-110.

Gustafson, E.J.: Parker, G.R. (1994): Using an index of habitat patch proximity for landscape design. In: Landscape and Urban Planning 29, 117-130.

Gutsche, J.-M. (2005): Die ständige Ausweitung der Siedlungsfläche – ein Kostenproblem. In: Besecke, A.; Hänsch, R.; Pinetzky, M. (Hrsg): Das Flächensparbuch: Diskussion zu Flächenverbrauch und lokalem Bodenbewusstsein. IRS-Diskussionsbeiträge, Heft 56, Berlin.

Haan, G. de et al. (Hrsg.) (2001): Typenbildung in der sozialwissenschaftlichen Umweltforschung, Opladen: Leske + Budrich.

Haber, W. (1979): Theoretische Anmerkungen zur „ökologischen Planung". In: Verhandlungen der Gesellschaft für Ökologie 7, 19-30.

Haase, D. (2016): Was leisten Stadtökosysteme für den Menschen in der Stadt? In: Breuste, J.; Pauleit, S.; Haase, D.; Sauerwein, M. (2016): Stadtökosysteme. Funktion, Management und Entwicklung. Berlin – Heidelberg: Springer, 129-163.

Hain, B.; Schönthaler, K. (2004): Naturwissenschaftliche Anforderungen an Umweltindikatoren. In: Wiggering, H.; Müller F. (Hrsg.): Umweltziele und Indikatoren. Wissenschaftliche Anforderungen an ihre Festlegung und Fallbeispiele. Berlin – Heidelberg – New York: Springer, 141-162.

Hake, G. (1982): Kartographie: Allgemeines, Erfassung der Informationen, Netzentwürfe, Gestaltungsmerkmale, topographische Karten (Band 1). Berlin – New York: De Gruyter.

Hake, G.; Grünreich, D.; Meng, L. (2002): Kartographie. Visualisierung raum-zeitlicher Informationen. Berlin – New York: De Gruyter.

Häussermann, H. (2007): Phänomenologie und Struktur städtischer Dichte. In: Lampugnani, V.M.; Keller, T.K.; Buser, B. (Hrsg.): Städtische Dichte. Zürich: Avenir Suisse und Verlag Neue Zürcher Zeitung, 21-30.

Heber, B.; Lehmann, I. (1993): Stadtstrukturelle Orientierungswerte für die Bodenversiegelung in Wohngebieten – Teilergebnis zum Forschungsprojekt „Stadtstrukturelle Orientierungswerte für die Bodenversiegelung – Naturnahe Regenwasserbewirtschaftung in Siedlungsgebieten". IÖR-Schriften 05, Dresden.

Heber, B.; Lehmann, I. (1996): Beschreibung und Bewertung der Bodenversiegelung in Städten. Zweiter Beitrag zum Forschungsprojekt „Stadtstrukturelle Orientierungswerte für die Bodenversiegelung – Naturnahe Regenwasserbewirtschaftung in Siedlungsgebieten". IÖR-Schriften 15, Dresden.

Hecht, R. (2014): Automatische Klassifizierung von Gebäudegrundrissen – Ein Beitrag zur kleinräumigen Beschreibung der Siedlungsstruktur. Dissertation. Berlin: Rhombos (IÖR-Schriften 63), 440.

Hege, H.-P.; Lausterer, H.; Scheffler, V.; Schwarting, H. (1998/99): Verbesserung des Stadtklimas durch Grün – Wirkungen, Planung und Umsetzung. Seminarpapier zur Veranstaltung Instrumente der ökologischen Planung, Stadtklima 21. Universität Kaiserslautern, Lehr- und Forschungsgebiet Ökologische Planung und UVP.

Hellerforth, M. (2014) Energieeffizienz in der Wohnungs- und Immobilienwirtschaft. Nachhaltige Objektentwicklung nach der EnEV 2014. Freiburg – München: Haufe.

Herold, M.; Couclelis, H.; Clarke, K.C. (2003): Spatial Metrics and Image Texture for Mapping Urban Land Use. In: Photogrammetric Engineering & Remote Sensing, No. 9, 991-1001.

Herold, M.; Couclelis, H.; Clarke, K.C. (2005): The role of spatial metrics in the analysis and modeling of urban land use change. In: Computers, Environment and Urban Systems, 29 (2005) 369-399.

Herold, M.; Goldstein, N.C.; Clarke, K.C. (2003): The spatiotemporal form of urban growth: measurement, analysis and modeling. In: Remote Sensing of Environment 86 (2003) 286-302.

Hesse, M. (1996): Konzepte und Beispiele städtebaulicher Funktionsmischung in den USA. „Transit-oriented" and „Mixed use" – Developments als Ausgangspunkt einer innovativen Stadt- und Raumentwicklung. Schriftenreihe des IÖW 108, Berlin.

Hoechstetter, S.; Krüger, T.; Goldberg, V.; Kurbjuhn, C.; Hennersdorf, J.; Lehmann, I. (2010): Using geospatial data for assessing thermal stress in cities. In: Car, A.; Griesebner, G.; Strobl, J. (Eds.): Geospatial Crossroads @ GI Forum – 10. Proceedings of the Geoinformatics Forum Salzburg. Berlin – Offenbach: Wichmann, 101-110.

Holst, M. (1999): Kosten-Controlling in der kommunalen Infrastrukturplanung – Chance für eine ressourcenschonende Siedlungsentwicklung? In: Bergmann, A.; Einig, K.; Hutter, G.; Müller, B.; Siedentop, S. (Hrsg.): Siedlungspolitik auf neuen Wegen. Steuerungsinstrumente für eine ressourcenschonende Siedlungsentwicklung. Berlin: Edition Sigma, 223-242.

Holst, M.; Hogrebe, P.; Krüger, M. (1997): Erschließungskosten von neuen Wohn- und Mischgebieten im Städtevergleich. Untersuchung im Auftrag des Ministeriums für Stadtentwicklung, Kultur und Sport des Landes Nordrhein-Westfalen. Düsseldorf.

Huang, J.; Lu, X.X.; Sellers, J.M. (2007): A global comparative analysis of urban form: Applying spatial metrics and remote sensing. In: Landscape and Urban Planning, 82 (2007), 184-197.

Huber, B. (1992): Städtebau – Raumplanung. Band I: Städtebau. Verlag der Fachvereine, Stuttgart: Teubner, 45 S.

Hunsaker, C.T.; O'Neil, R.V.; Jackson, B.L.; Timmins, S.P.; Levine, D.A.; Norton, D.J. (1994): Sampling to characterize landscape patterns. In: Landscape Ecology, 9 (3), 207-226.

Husserl, E. (1913): Ideen zu einer reinen Phänomenologie und phänomenologischen Philosophie. Erstes Buch: Allgemeine Einführung in die reine Phänomenologie. Halle (Saale): Max Niemeyer Verlag.

Hutter, G.; Westphal, C.; Siedentop, S.; Müller, B.; Janssen, G. (2004): Handlungsansätze zur Berücksichtigung der Umwelt-, Aufenthalts- und Lebensqualität im Rahmen der Innenentwicklung von Städten und Gemeinden – Fallstudien. UBA-Texte, Nr. 41. Umweltbundesamt, Berlin.

INSPIRE – Infrastructure for Spatial Information in Europe (2014): D2.8.I.2 Data Specification on Geographical Grid Systems – Technical Guidelines.
http://inspire.ec.europa.eu/documents/Data_Specifications/INSPIRE_DataSpecification_GG_v3.1.pdf [Zugriff: 15.02.2016].

IÖR – Leibniz-Institut für ökologische Raumentwicklung (2016): Monitor der Siedlungs- und Freiraumentwicklung (IÖR-Monitor).
www.ioer-monitor.de [Zugriff: 11.04.2016].

Jaeger, J.A.G. (2000): Landscape division, splitting index, and effective mesh size: new measures of landscape fragmentation. In: Landscape Ecology 15 (2), 115-130.

Jaeger, J.A.G. (2001): Beschränkung der Landschaftszerschneidung durch die Einführung von Grenz- oder Richtwerten. In: Natur und Landschaft 76 (1), 26-34.

Jaeger, J.A.G. (2002): Landschaftszerschneidung. Eine transdisziplinäre Studie gemäß dem Konzept der Umweltgefährdung. Stuttgart: Ulmer, 447 S.

Jaeger, J.A.G.; Schwick, C. (2014): Improving the measurement of urban sprawl: Weighted Urban Proliferation (WUP) and its application to Switzerland. In: Ecological Indicators 38, 294-308. DOI:10.1016/j.ecolind.2013.11.022.

Kemper, R. (2012): Die 4/4 des Wohnumfelds in der Quartierentwicklung. [Stand der Dokumentation: 14.12.2012]. http://www.quartiersforschung.de/download/Kemper_Wohnumfeld.pdf [Zugriff: 15.07.2016].

Kimhi, I. (Hrsg.) (2005): Urban Environmental Quality. The Center for Environmental Policy Studies, Series 12.2005, The Jerusalem Institute for Israel Studies, 1-16.

Kleiber, W.; Simon, J.; Weyers, G. (2002): Verkehrswertermittlung von Grundstücken: Kommentar und Handbuch zur Ermittlung von Verkehrs-, Versicherungs- und Beleihungswerten unter Berücksichtigung von WertV und BauGB, 4. Auflage, Köln. 1245 Rn. 171 ff.

Königstein, T. (2009): Ratgeber energiesparendes Bauen. Auf den Punkt gebracht: Neutrale Fachinformationen für mehr Energieeffizienz. Taunusstein: Eberhard Blotter und Stuttgart: Fraunhofer IRB, 104.

Kohler, N.; Steadman, P.; Hassler, U. (2009): Research on the building stock and its applications (Editorial). In: Building Research & Information, 37/2009, 449-454.

Kosmol, J.; Kanthak, J.; Herrmann, F.; Golde, M.; Alsleben, C.; Penn-Bressel, G.; Schmitz, S.; Gromke, U. (2012): Glossar zum Ressourcenschutz. Umweltbundesamt, Dessau-Roßlau.
https://www.umweltbundesamt.de/sites/default/files/medien/publikation/long/4242.pdf [Zugriff: 01.06.2016].

Kowarik, I.; Bartz, R.; Brenck, M. (Hrsg.) (2016): Naturkapital Deutschland – TEEB DE. Ökosystemleistungen in der Stadt – Gesundheit in der Stadt – Gesundheit schützen und Lebensqualität erhöhen. Berlin – Leipzig: Technische Universität Berlin, Helmholtz-Zentrum für Umweltforschung, 51-63.

Krüger, T.; Meinel, G.; Schumacher, U. (2013): Land-use monitoring by topographic data analysis. In: Cartography and Geographic Information Science 40 (2013) 3, 220-228.

Kuckartz, U. (2001): Aggregation und Dis-Aggregation in der sozialwissenschaftlichen Umweltforschung. Methodische Anmerkungen zum Revival der Typenbildung. In: Haan, G. de et al. (Hrsg.): Typenbildung in der sozialwissenschaftlichen Umweltforschung. Opladen: Leske + Budrich, 17-38.

Kühnau, C.; Böhme, C.; Bunzel, A.; Böhm, J.; Reinke, M. (2016): Von der Theorie zur Umsetzung: Stadtnatur und doppelte Innenentwicklung. In: Natur und Landschaft, 91. Jahrgang, Heft 7, 329-335.

Kuttler, W. (2004): Stadtklima. Teil 1: Grundzüge und Ursachen. Umweltwissenschaften und Schadstoff-Forschung (UWSF - Z Umweltchem Ökotox) 16 (3), 187-199.

Kuttler, W. (2011): Klimawandel im urbanen Bereich. Teil 2: Maßnahmen. In: Environmental Scienes Europe (ESEU), Springer open, 1-15.
Doi: 10.1186/2190-4715-23-21.

Kuttler, W.; Müller, N.; Dütemeyer, D.; Barlag, A.-B. (2012): Prognose- und Diagnoseverfahren zur Verbesserung des Stadtklimas. Stadtklimatische Untersuchungen in Oberhausen und Simulation verschiedener Minderungsstrategien zur Reduktion der thermischen Belastung im Hinblick auf den Klimawandel. Dynaklim-Publikation, Nr. 25.

Lammert, U. (Hrsg.) (1979): Städtebau. Grundsätze – Methoden – Beispiele – Richtwerte. Berlin: VEB Verlag für Bauwesen.

Lampugnani, V.M. (2007): Die Architektur der städtischen Dichte. In: Lampugnani, V.M.; Keller, T.K.; Buser, N. (Hrsg.): Städtische Dichte. Zürich: Avenir Suisse und Verlag Neue Zürcher Zeitung.

Lang, S.; Blaschke, T. (2007): Landschaftsanalyse mit GIS. Stuttgart: Ulmer, 404.

Lehmann, I.; Mathey, J.; Rößler, S.; Bräuer, A.; Goldberg, V. (2014): Urban vegetation structure types as a methodological approach for identifying ecosystem services – Application to the analysis of microclimatic effects. In: Ecological Indicators 42, Special Issue "Modelling urban ecosystems – new approaches to resilience and sustainability", 58-72.
http://dx.doi.org/10.1016/j.ecolind.2014.02.036

Leimbrock, H. (2016, im Erscheinen): Theoretische und forschungspraktische Problemstellungen. In: Transformationsprozesse und Entwicklungsperspektiven im Grünen Dreieck. Berlin: Rhombos (IÖR Schriften 69).

Leipzig Charter (2007): EU2007.DE – Leipzig Charter on Sustainable European Cities.
http://ec.europa.eu/regional_policy/archive/themes/urban/leipzig_charter.pdf [Zugriff: 06.06.2016].

LfUG – Sächsisches Landesamt für Umwelt und Geologie (2001): Umweltqualitätsziele auf die Füße stellen. Band I: Einführung, 5 S.

Li, H.; Reynolds, J.F. (1993): A new contagion index to quantify spatial patterns of landscapes. In: Landscape Ecology 8 (3), 155-162.

Linhardt, A; Kandel, L.; Höfl, H. (1983): Kosten- und flächensparendes Bauen. München: Callwey.

Lowry, J.H.; Lowry, M.B. (2014): Comparing spatial metrics that quantify urban form. In: Computers, Environment and Urban Systems. 44 (03), 59-67.

Machule, D.; Usadel, J. (2011): Grün-Natur und Stadt-Struktur: Chancen für eine doppelte Urbanität. In: Stiftung Lebendige Stadt; Machule, D.; Usadel, J. (Hrsg.): Grün-Natur und Stadt-Struktur: Entwicklungsstrategien bei der Planung und Gestaltung von städtischen Freiräumen. Schriftenreihe Lebendige Stadt, Band 7. Frankfurt am Main: Societäts-Verlag, 7-17.

Mathey, J.; Rößler, S.; Banse, J.; Lehmann, I.; Bräuer, A. (2015): Brownfields as an element of green infrastructure for implementing ecosystem services into urban areas. In: Journal of Urban Planning and Development. 141 (2015) 3, S.A4015001-1.

Mathey, J.; Rößler, S.; Lehmann, I.; Bräuer, A. (2010): Funktionen von Stadtgrün bei der Anpassung an den Klimawandel. In: local land & soil news 32/33, 5-6.

Mathey, J.; Rößler, S.; Lehmann, I.; Bräuer, A.; Goldberg, V.; Kurbjuhn, C.; Westbeld, A.; Hennersdorf, J. (Mitarb.); Geidel, K. (Mitarb.); Meinel, G. (Mitarb.) (2011): Noch wärmer, noch trockener? Stadtnatur und Freiraumstrukturen im Klimawandel. Abschlussbericht zum F+E-Vorhaben „Noch wärmer, noch trockener? Stadtnatur und Freiraumstrukturen im Klimawandel". Bundesamt für Naturschutz, Bonn, 220 S.

McDougall, K.P. (2011): The Urban Landscape Mosaic, Assessing Barriers and their Impact on the Quality of Urban Form: A Montreal Case Study. Master Thesis. Concordia University Montreal, Quebec, Canada, 205 S.

McGarigal, K.; Cushman, S.A.; Neel, M.C.; Ene, E. (2002): FRAGSTATS: Spatial Pattern Analysis Program for Categorical Maps. Computer Software Program, University of Massachusetts, Amherst.

McGarigal, K.; Marks, B.J. (1995): FRAGSTATS: Spatial Pattern Analysis Program for Quantifying Landscape Structure. Gen. Tech. Rep. PNW-GTR-351. Portland or U.S. Department of Agriculture, Forest Service, Pacific Northwest Research Station, 122 S.

MEA – Millenium Ecosystem Assessment (2003): Ecosystems and Human Well-Being: A Framework for Assessment. Washington D.C.: Island Press.

MEA – Millenium Ecosystem Assessment (2005): Ecosystems and Human Well-Being: Syn-thesis. Washington D.C.: Island Press.

Meinel, G.; Hecht, R.; Herold, H. (2009): Analyzing Building Stock using Topographic Maps and GIS. In: Building Research & Information 37 (2009) 5-6, 468-482.

Meinel, G.; Krüger, T.; Hennersdorf, J.; Schorcht, M.; Förster, J.; Schumacher, U. (2015): Flächennutzungsentwicklung in Deutschland: Erkenntnisse aus dem IÖR-Monitor. In: Meinel, G.; Schumacher, U.; Behnisch, M.; Krüger, T. (Hrsg.): Flächennutzungsmonitoring VII. Boden – Flächenmanagement – Analysen und Szenarien. Berlin: Rhombos (IÖR-Schriften 67), 51-58.

Menkhoff, H.; Blum, A.; Bendisch, E.; Wente, E. (1979): Städtebauliche Verdichtung und ihre Bewertung. Querschnittsuntersuchung von Demonstrativbauvorhaben. Schriftenreihe "Versuchs- und Vergleichsbauten und Demonstrativmaßnahmen" des Bundesministers für Raumordnung, Bauwesen und Städtebau, Heft 01.067. Bonn.

Ministerium für Bauwesen der DDR (Hrsg.) (1976): Komplexrichtlinie für die städtebauliche Planung und Gestaltung von Neubauwohngebieten. Schriftenreihe der Bauforschung, Reihe Städtebau und Architektur, Sonderheft 2, Bauinformation der DDR, Berlin.

Ministerium für Bauwesen der DDR (Hrsg.) (1982): Komplexrichtlinie für die städtebauliche Planung und Gestaltung von Neubauwohngebieten im Fünfjahrplanzeitraum 1981-1985. Bauinformation der DDR, Berlin.

Ministerium für Bauwesen der DDR (Hrsg.) (1986): Komplexrichtlinie für die städtebauliche Planung und Gestaltung von Wohngebieten im Zeitraum 1986-1990, Berlin.

Mitscherlich, A. (1965): Die Unwirtlichkeit unserer Städte: Anstiftung zum Unfrieden. Frankfurt am Main: Suhrkamp.

Mitscherlich, A. (1971): Thesen zur Stadt der Zukunft. Frankfurt am Main: Suhrkamp.

Moser, B.; Jaeger, J.A.G.; Tappeiner, U.; Tasser, E.; Eiselt, B. (2007): Modification of the effective mesh size for measuring landscape fragmentation to solve the boundary problem. In: Landscape Ecology, 22 (3), 447-459.

MVI – Ministerium für Verkehr und Infrastruktur Baden-Württemberg (Hrsg.) (2013): Städtebauliche Lärmfibel Online. Hinweise für die Bauleitplanung. http://www.staedtebauliche-laermfibel.de/?p=8 [Zugriff: 25.03.2014].

MZG (2005): Mikrozensusgesetz vom 24. Juni 2004 (BGBl. Teil I, 1350), zuletzt geändert durch Artikel 1 des Gesetzes vom 2. Dezember 2014 (BGBl. Teil I, 1926).

NaWoh – Verein zur Förderung der Nachhaltigkeit im Wohnungsbau (2013): Bewertungssystem Nachhaltiger Wohnungsbau Mehrfamilienhäuser – Neubau. Kriteriensteckbriefe Wohnqualität Version 3.0. IFB Hamburg.

O'Neill, R.; Krummel, J.; Gardner, R.; Sugihara, G.; Jackson, B.; DeAngelis, D.; Milne, B.; Turner, M.; Zygmunt, B.; Christensen, S.; Dale, V.; Graham, R. (1988): Indices of landscape pattern. In: Landscape Ecology, 1 (3), 153-162.

Neufert, E. (1984): Bauentwurfslehre: Grundlagen, Normen und Vorschriften über Anlage, Bau, Gestaltung, Raumbedarf, Raumbeziehungen, Maße für Gebäude, Räume, Einrichtungen. Braunschweig – Wiesbaden: Vieweg, 132-135.

Nohl, W. (1993): Kommunales Grün in der ökologisch orientierten Stadterneuerung: Handbuch und Beispielsammlung. IMU-Institut für Medienforschung und Urbanistik, Studien, Bd. 19, München.

OECD – Organisation for Economic Co-Operation and Development (2000): Towards Sustainable Development – Indicators to measure progress. Rome Conference, Paris.

Pauleit, S.; Breuste, H.J. (2011): Ecology in Cities: Man-Made Physical Conditions. Chapter 1.1. Land-Use and Surface-Cover as Urban Ecological Indicators. In: Niemelä, J. (Ed.): Urban Ecology, patterns, processes, and applications, 19-72.

Petersen, R., Schallaböck, K.O. (1995): Mobilität für morgen: Chancen einer zukunftsfähigen Verkehrspolitik. Berlin – Basel – Boston: Birkhäuser.

Piperek, M. (1975): Umweltpsychohygiene – Wohn- und Baupsychologie. Wien: Jupiter.

RatSWD – Rat für Sozial- und Wirtschaftsdaten (2016): Arbeitsgruppe Georeferenzierung von Daten. http://www.ratswd.de/themen/geodaten [Zugriff: 25.07.2016].

Reginster, I.; Goffette-Nagot, F. (2005): Urban environmental quality in two Belgian cities, evaluated on the basis of residential choices and GIS data. In: Environment and Planning A, 37 (6), 1067-1090.

Research Studios Austria – Studio iSPACE (2010): Räumliche Siedlungsindikatoren. Entscheidungsgrundlagen für Raumbeobachtung und nachhaltige Raumentwicklung. Endbericht zum Forschungsprojekt, Salzburg, 67 S.

Reuther, I. (2002): Leitbilder für den Stadtumbau. In: BMVBW (Bundesministerium für Verkehr, Bau- und Wohnungswesen); BBR (Bundesamt für Bauwesen und Raumordnung) (Hrsg.): Fachdokumentation zum Bundeswettbewerb „Stadtumbau Ost". Expertisen zu städtebaulichen und wohnungswirtschaftlichen Aspekten des Stadtumbaus in den neuen Ländern. Bonn, 12-24.

Roch, I. (2008): Das Potenzial Freiraum in der Nutzung und Wahrnehmung. In: Roch, I; Banse, J.; Leimbrock, H. (Hrsg.): Freiraum- und Wohnqualitäten: Potenziale für den städtischen Umbau. Aachen: Shaker, 233-258.

Roskamm, N. (2016): Bauliche Dichte – Eine Begriffsbestimmung. In: StadtBauwelt, Jg. 107. Gütersloh: Bauverlag, 25-28.

Rößler, S. (2015): Klimawandelgerechte Stadtentwicklung durch grüne Infrastruktur. In: Raumforschung und Raumordnung 73, 123-132.

Russel, J.; Cohn, R. (2012): Stadtmorphologie. Edinburgh: Lennex Corp., 87 S.

Salat, S. (2009): Energy loads, CO_2 emissions and building stocks: morphologies, typologies, energy systems and behavior. In: Building Research & Information, 37/2009, 598-609.

Schmidt, A. (1993): Konsequenzen aus Belastung, Freiflächenverbrauch und stadtökologischen Erkenntnissen für eine ökologisch orientierte Stadtentwicklung. ILS-Schriften 71, Duisburg, 15.

Schiller, G. (2004): Siedlungsentwicklung und Infrastrukturaufwendungen. In: Wissenschaftliche Zeitschrift der TU Dresden 53 (2004) 1-2, 74-76.

Schiller, G.; Blum, A.; Behnisch, M. (2012): Resource efficiency of settlement structures: terms, conceptual implications and connecting factors to the resilience debate. In: Raumforschung und Raumordnung 70 (2012) 4, 377-386.

Schulze, D.; Kress, S. (1996): Städtebauliche und hochbauliche Planungen des industriellen Wohnungsbaus: 1959 bis 1989; Entwicklungskonzeptionen für Wohngebiete, Wohnbereiche und Wohngebäude. Stuttgart: Fraunhofer IRB, 129 S.

Schumacher, U.; Bräuer, A.; Behnisch, M. (2012): Zur Analyse der Formkomplexität von Siedlungsstrukturen und ihrer Lage zum Freiraum – Ergebnisse aus Halle (Saale). In: Strobl, J.; Blaschke, T.; Griesebner, G. (Hrsg.): Angewandte Geoinformatik 2012. Beiträge zum 24. AGIT-Symposium Salzburg. Berlin – Offenbach: Wichmann, 795-800. http://gispoint.de/fileadmin/user_upload/paper_gis_open/AGIT_2012/537520084.pdf [Zugriff: 14.06.2016].

Schumacher, U.; Bräuer, A.; Behnisch, M. (2013): Structural Analysis of Urban Areas in Germany from the Perspective of Sustainable Compactness – Representation in a Map Series. In: Buchroithner, M. (Ed.): 26th International Cartographic Conference. From Pole to Pole. Dresden, 341.

Schumacher, U.; Krüger, T.; Kaden, M. (2013): Gebietsreformen und Verwaltungsgrenzen: Zum Aufbau einer Verwaltungsgebietsgeometrie VG25 aus dem ATKIS-Basis-Landschaftsmodell. In: Kartographische Nachrichten, Bonn, Heft 5/2013, 276-282.

Schumacher, U.; Lehmann, I. (2014): Zur Wirkung von Verkehrstrassen im Siedlungskörper – eine vergleichende Analyse aus städtebaulicher Sicht. In: Strobl, J.; Blaschke, T.; Griesebner, G.; Zagel, B. (Hrsg.): Angewandte Geoinformatik 2014. Beiträge zum 26. AGIT-Symposium Salzburg. Berlin – Offenbach: Wichmann, 630-635. http://gispoint.de/fileadmin/user_upload/paper_gis_open/AGIT_2014/537543076.pdf [Zugriff: 14.06.2016].

Schumacher, U.; Lehmann, I.; Behnisch, M. (2016): Modellansatz zur geotopographischen Analyse von Wohngebieten und urbaner grüner Infrastruktur. In: Strobl, J.; Zagel, B.; Griesebner, G.; Blaschke, T. (Hrsg.): AGIT-Journal für Angewandte Geoinformatik, 2-2016. Berlin – Offenbach: Wichmann, 540-545. http://gispoint.de/fileadmin/user_upload/paper_gis_open/AGIT_2016/537622071.pdf [Zugriff: 12.07.2016].

Schumacher, U.; Meinel, G. (2009): ATKIS, ALK(IS), Orthobild – Vergleich von Datengrundlagen eines Flächenmonitorings. In: Meinel, G.; Schumacher, U. (Hrsg.): Flächennutzungsmonitoring. Konzepte – Indikatoren – Statistik. Aachen: Shaker, 47-67.

Schumacher, U.; Thinh, N.X. (2009): Ein empirischer Analyseansatz zum Zusammenhang von Siedlungsstruktur und Naturraum. In: Koch, A. (Hrsg.): Mensch – Umwelt – Interaktion. Überlegungen zum theoretischen Verständnis und zur methodischen Erfassung eines grundlegenden und vielschichtigen Zusammenhangs. Salzburger Geographische Arbeiten, Band 45, Salzburg, 81-92.

Schumacher, U.; Walz, U. (2006): Landschaftszerschneidung in Sachsen – Bewertung von Freiraumstrukturen auf der Basis grenzüberschreitender Geodaten. In: Aurada, K.D.; Rödel, R. (Hrsg.): Kooperation und Integration. Beiträge zum 16. Kolloquium „Theorie und quantitative Methoden in der Geographie". Greifswalder Geographische Arbeiten, Band 39, Greifswald, 39-48.

Schwarz, N. (2010): Urban form revisited – Selecting indicators for characterising European cities. In: Landscape and Urban Planning, 96 (2010), 29-47.

Seiwert, A. S. (2015): Grüne Infrastruktur. Eine kritische Auseinandersetzung mit der Entstehung, Entwicklung und Bedeutung eines Ansatzes der Raumplanung. Masterarbeit. Technische Universität Dortmund, Fakultät Raumplanung, 119 S.

Siedentop, S. (2005): Problemdimensionen der Flächeninanspruchnahme. In: Besecke, A.; Hänsch, R.; Pinetzky, M. (Hrsg): Das Flächensparbuch: Diskussion zu Flächenverbrauch und lokalem Bodenbewusstsein. Dokumentation einer Fachtagung der Technischen Universität Berlin, Institut für Stadt- und Regionalplanung und der Zentraleinrichtung Kooperation, Kooperationsstelle Wissenschaft/Arbeitswelt. Berlin.

Siedentop, S.; Fina, S. (2010): Monitoring urban sprawl in Germany: towards a GIS-based measurement and assessment approach. In: Journal of Land Use Science 5 (2), 73-104. DOI:10.1080/1747423X.2010.481075.

Siedentop, S.; Hesse, M. (2005): Mobilität im suburbanen Raum. Neue verkehrliche und raumordnerische Implikationen des räumlichen Strukturwandels. Abschlussbericht des Forschungsvorhabens 70.716 im Auftrag des Bundesministeriums für Verkehr, Bau- und Wohnungswesen (BMVBW), Forschungsprogramm Stadtverkehr.

Sieverts, T. (1998): Nutzungsmischung im historischen und kulturellen Zusammenhang. In: Informationen zum Forschungsfeld: Städtebau und Verkehr; nachhaltige Stadtentwicklung – Anforderungen an den Verkehr im Städtebau. BMBau 06.14, Bonn, 19-23.

Sigismund, M. (2014): Bedarf kleinräumiger Daten aus Ressortsicht. In: Destatis (Hrsg.): Kleinräumige Daten. 23. Wissenschaftliches Kolloquium, Wiesbaden. https://www.destatis.de/DE/Methoden/Kolloquien/2014/Sigismund.pdf?_blob=publicationFile [Zugriff: 04.12.2015].

Silva, E.A.; Healey, P.; Harris, N.; Van den Broeck, P. (2015): The Routledge Handbook of Planning Research Methods. New York: Routledge Handbooks.

SRU – Der Rat von Sachverständigen für Umweltfragen (1987): Umweltgutachten 1987. Stuttgart und Mainz.

Stadtentwicklungsbehörde Hamburg (Hrsg.) (1997): Versorgungsanalyse für wohnungsnahe, siedlungsnahe und übergeordnete Freiräume. Materialien zum Landschaftsprogramm. http://www.isebek-initiative.de/uploads/sn/FHH_1997_Freiraum-Versorgungsanalyse1.pdf [Zugriff: 15.04.2014].

Stadt Krefeld (2016): Internetportal der Stadt Krefeld. https://www.krefeld.de/de/marketingundstadtentwicklung/die-vielfalt-des-wohnens [Zugriff: 28.06.2016].

Stadt Neubrandenburg (2016): Internetportal der Stadt Neubrandenburg. http://www.neubrandenburg.de/index.php?option=com_content&view=article&id=127&Itemid=131 [Zugriff: 16.02.2016].

Statistische Ämter des Bundes und der Länder (Hrsg.) (2015): Bevölkerung: Ergebnisse des Zensus am 09. Mai 2011. Wiesbaden. https://www.zensus2011.de [Zugriff: 17.06.2016].

Statistisches Landesamt Sachsen (2014): Regionalstatistik Sachsen. http://www.statistik.sachsen.de [Zugriff: 01.10.2014].

Steadman, P.; Evans, S.; Batty, M. (2009): Wall area, volume and plan depth in the building stock. In: Building Research & Information, 37/2009, 455-467.

Streit, M.E. (1991): Theorie der Wirtschaftspolitik. Düsseldorf: Werner.

Taha, H.; Akbari, H.; Rosenfeld, A. H. (1991): Heat island and oasis effects of vegetative canopies: Micrometeorological field-measurements. In: Theoretical and Applied Climatology 44, 123-138.

TEEB – The Economics of Ecosystems & Biodiversity (2011): TEEB Manual for Cities. Ecosystem Services in Urban Management.
www.teebweb.org [Zugriff: 28.10.2015].

Thinh, N.X. (2008): Entwicklung von integrierten Indizes zur multikriteriellen Bewertung von Sachverhalten anhand mehrerer Variablen. Unveröffentlichtes Manuskript. Leibniz-Institut für ökologische Raumentwicklung, Dresden.

Thinh, N.X.; Flöter, A. (2008): Quantifizierung des Gebäudevolumens und der Gebäudeoberfläche in 116 kreisfreien Städten Deutschlands. In: Strobl, J.; Blaschke, T.; Griesebner, G. (Hrsg.): Angewandte Geoinformatik 2008. Beiträge zum 20. AGIT-Symposium Salzburg. Heidelberg: Wichmann, 69-77.

Thinh, N.X.; Schumacher, U. (2007): Ermittlung und Untersuchung von Indikatoren zur Charakterisierung der Ökoeffizienz von Siedlungsstrukturen. In: Wittmann, J.; Wohlgemuth, V. (Hrsg:): Simulation in den Umwelt- und Geowissenschaften, Workshop Berlin 2007, ASIM-Mitteilung AM 110. Aachen: Shaker, 189-196.

Thinh, N.X.; Schumacher, U.; Geier, K. (2007): Land Use and Land Cover Changes between 1990 and 2000 in the 440 German Urban and Rural Districts. In: Kremers, H.; Lessing, R. (Eds.): LCL 2007 International CODATA Symposium on Land Cover Logic. Lecture Notes in Information Sciences. Bonn, 11-32.

Thinh, N.X.; Schumacher, U. (2011): Bewertung der Ressourceneffizienz von Siedlungsstrukturen mit Methoden der Geoinformatik und Statistik. In: Thinh, N.X.; Behnisch, M.; Margraf, O. (Hrsg.): Beiträge zur Theorie und quantitativen Methodik in der Geographie. Berlin: Rhombos (IÖR Schriften 57), 67-84.

Turner, M.G. (1989): Landscape ecology: the effect of pattern on process. In: Annual Review of Ecological Systems 20, 171-197.

Turner, M.G.; Gardner, R.H.; O'Neill, R.V. (2003): Landscape Ecology in Theory and Practice – Pattern and Process. NewYork: Springer (Corr. 2nd printing).

UBA – Umweltbundesamt (2000): Ziele für die Umweltqualität – Eine Bestandsaufnahme. In: Beiträge zur nachhaltigen Entwicklung. Berlin: Schmidt.

UBA – Umweltbundesamt (2004): Hintergrundpapier: Flächenverbrauch, ein Umweltproblem mit wirtschaftlichen Folgen. Berlin.
https://www.umweltbundesamt.de/sites/default/files/medien/publikation/long/3576.pdf [Zugriff: 16.12.2015].

UBA – Umweltbundesamt (2015): Flächeninanspruchnahme für Siedlungen und Verkehr reduzieren. Dessau-Roßlau.
https://www.umweltbundesamt.de/themen/boden-landwirtschaft/flaechensparen-boeden-landschaften-erhalten/flaecheninanspruchnahme-fuer-siedlungen-verkehr [Zugriff: 15.12.2015].

UN – United Nations (1992): Convention on Biological Diversity.
https://www.cbd.int/doc/legal/cbd-en.pdf
[Zugriff: 28.10.2015].

Universal-Lexikon (2012): Stadt: Ökologische Aspekte.
http://universal_lexikon.deacademic.com/304326/Stadt%3A_%C3%96kologische_Aspekte
[Zugriff: 14.07.2015].

Universität Rostock (2012): Lexikon des Geoinformatik-Service.
http://www.geoinformatik.uni-rostock.de/lexikon.asp
[Zugriff: 28.09.2015].

Vanderhaegen, S.; Canters, F. (2010): Developing urban metrics to describe the morphology of urban areas at block level. In: The International Archives of the Photogrammetry, Remote Sensing and Spatial Information Sciences, 38 (4) C7.

van de Voorde, T.; Jacquet, W.; Canters, F. (2011): Mapping form and function in urban areas: An approach based on urban metrics and continuous impervious surface data. In: Landscape and Urban Planning, 102 (3), 143-155.

van Kamp, I.; Leidelmejier, K.; Marsman, G.; de Hollander, A. (2003). Urban environmental quality and human wellbeing: Towards a conceptual framework and demarcation of concepts; A literature study. Landscape and Urban Planning, 65 (1-2), 5-18.

Voigt, A., Wurster, D. (2014): Does Diversity Matter? The experience of urban nature's diversity: case study and cultural concept. In: Ecosystem Services (2014).

von Stülpnagel, A.; Horbert, M.; Sukopp, H. (1990): The importance of vegetation for the urban climate. In: Sukopp, H. (ed.): Urban Ecology. The Hague: SPB Academic Publishing, 175-193.

Walz, U. (2013): Landschaftsstrukturmaße und Indikatorensysteme zur Erfassung und Bewertung des Landschaftswandels und seiner Umweltauswirkungen – unter besonderer Berücksichtigung der biologischen Vielfalt. Habilitationsschrift. Universität Rostock, Agrar- und Umweltwissenschaftliche Fakultät, 260 S.

Wanner, H.-U.; Camenzind, R. (1995): Städtische Umweltqualität. Eine Frage der Technik und des Verhaltens. Zürich: vdf Hochschulverlag AG an der Eidgenössischen Technischen Hochschule.

Washington, H.G. (1984): Diversity, biotic and similarity indices – a review with special relevance to aquatic ecosystems. In: Water Resources, 18, 653-694.

Weinreich, S. (2004): Nachhaltige Entwicklung im Personenverkehr: Eine quantitative Analyse unter Einbezug externer Kosten. Schriftenreihe des Zentrums für Europäische Wirtschaftsforschung. Berlin – Heidelberg: Springer.

Wentz, M. (Hrsg.) (2000): Die kompakte Stadt. Frankfurt – New York: Campus.

Werner, P.; Zahner, R. (2009): Biologische Vielfalt und Städte. Eine Übersicht und Bibliographie. BfN-Skripten 245.

Westphal, C. (2008): Dichte und Schrumpfung. Kriterien zur Bestimmung angemessener Dichten in Wohnquartieren schrumpfender Städte aus Sicht der stadttechnischen Infrastruktur. Dresden: IÖR Schriften 49, 334 S.

Wurm, M.; Taubenböck, H. (2015): Die Morphologie deutscher Großstädte: Was die Dichte über die Struktur der Städte verrät. In: Taubenböck, H.; Wurm, M.; Esch, T.; Dech, S. (Hrsg.): Globale Urbanisierung. Perspektive aus dem All. Berlin – Heidelberg: Springer, 127-133.

Zensus (2014): Zensusdatenbank des Zensus 2011. Statistische Ämter des Bundes und der Länder. https://ergebnisse.zensus2011.de [Zugriff: 01.09.2014].

Sachwortverzeichnis

Kolibri 360 GmbH
Ferdinand-Jühlke-Straße 7
99095 Erfurt, Deutschland
produktsicherheit@kolibri360.de